PET 成像：物理与算法

刘华锋　编著

科 学 出 版 社

北　京

内 容 简 介

本书从正电子发射体层仪(PET)成像发展历史入手，重点描述了PET成像物理与图像重建算法。本书是在浙江大学光电科学与工程学院开设的一门研究生课程的讲义基础上不断更新而成，大部分内容源自作者及所在研究团队的科研成果，在相对独立的章节中介绍了相关的科学概念和技术细节。全书共四部分：PET成像概述，PET成像技术基础，PET成像信号探测、采集与处理和PET成像技术未来发展。

本书面向的对象是对医学成像感兴趣的科学家、工程师、高年级本科生和研究生等。

图书在版编目(CIP)数据

PET成像：物理与算法 / 刘华锋编著. —北京：科学出版社，2022.3

ISBN 978-7-03-067375-6

Ⅰ. ①P… Ⅱ. ①刘… Ⅲ. ①发射型计算机体层摄影-研究 Ⅳ. ①TH774

中国版本图书馆CIP数据核字(2020)第254776号

责任编辑：张海娜　崔慧娴 / 责任校对：任苗苗
责任印制：吴兆东 / 封面设计：蓝正设计

科学出版社 出版
北京东黄城根北街16号
邮政编码: 100717
http://www.sciencep.com
固安县铭成印刷有限公司 印刷
科学出版社发行　各地新华书店经销
*
2022年3月第 一 版　开本：720 × 1000 1/16
2024年1月第二次印刷　印张：18 1/2
字数：372 000

定价：128.00元

(如有印装质量问题，我社负责调换)

前　言

当前，生命活动已不再被看作是个别基因或蛋白质的行为，而是由成千上万种基因、蛋白质和其他化学分子相互作用构成的复杂系统的行为。以人脑为例，人脑中仅大脑皮层就有 140 亿个神经元，这些神经元之间通过约 100 万亿个连接点(突触间隙)高度复杂而有序地联系在一起。神经元之间通信主要通过突触间神经递质分子传导，使脑活跃起来，错综复杂的信号引起一连串的思维、行为和记忆。高时空分辨成像监测单细胞、单囊泡、多细胞、神经环路及脑活体释放神经递质分子、电信号等已经成为探索脑的有力工具。

再列举一个例子。根据世界卫生组织下属的国际癌症研究机构数据：2012 年约有 1400 万例癌症病例，其中死亡病例为 820 万例；2018 年约有 1800 万例癌症病例，其中死亡病例为 960 万例；有研究者预测患癌病例将在 2030 年达到 2200 万例。由此可见，随着医疗科技水平的发展，患癌后致死率虽然有所下降，但仍然不低。而通常大部分的癌症若能在早期被发现，并通过手术、放疗或化疗等手段，可以达到治愈的目的，因此癌症的早期诊断显得尤为重要。癌症由细胞癌变引起，通常表现为细胞异常增殖，可侵袭或扩散至身体的其他部位。其早期表现为肿块或赘生物，为良性肿瘤；随着癌变过程的推进，后期会转为难以治愈的恶性肿瘤。细胞癌变是指细胞基因组发生改变或其完整性遭受破坏而引发细胞丧失或失去控制正常生理功能，最终走向恶性转化的过程。在癌变过程中，癌变细胞通常会呈现以下生理特征：无限分裂和增殖，对生长抵制信号不敏感，生长因子的自给自足、抗拒程序性细胞死亡，持续的新血管生成、组织浸润和转移，对自身免疫不敏感及重构能量代谢体系。因此，癌变组织会具有异于正常组织的代谢、受体或抗原表达、血流灌注、乏氧、炎症反应及血管新生等特点。

正电子发射体层仪(positron emission tomography，PET)成像是当前核医学成像领域先进的临床影像检查技术，属于分子成像方法的一种，它通过成像放射性同位素标记的示踪剂在生物体内的浓度分布状态，可进一步反映各器官的代谢水平、功能活动、生化反应及灌注。由于具有超高灵敏度和特异性，以及实时、定量、动态活体成像等特征，PET 成像目前已成为脑科学研究及肿瘤等研究、临床诊疗应用的重要技术手段。

先对 PET 的字面意思进行解释。PET 中的字母 P 代表正电子，又称阳电子、反电子、正子，是基本粒子的一种，带正电荷，质量和电子相等，是电子的反粒子。正电子是由美国加利福尼亚理工学院的安德森(Anderson)利用云雾室技术来证实的，他因此获得诺贝尔物理学奖。接着把放射性核素与其他物质结合在一起，成为示踪剂，这个过程称为“标记”。如果把放射性核素标记的物质注入生物体内，它们就会参与生物体内部的生理活动，产生的 γ 射线可以穿出生物体。由于源是在体内，这样的成像方式为发射(emission)成像。与之对比，X 射线成像实际是透射(transmission)成像。γ 射线的波长比 X 射线要短，所以 γ 射线具有比 X 射线还要强的穿透能力。PET 中利用的 γ 光子的能量是 511keV，这个能量是用于诊断的 X 射线光子能量的 10 倍多。PET 中的字母 T 表示 tomography，tomography 中 tomo 表示“层”（slice 或 section）。

对于 γ 射线的探测，可以采用闪烁晶体和光电探测器相耦合的方式，也可以采用半导体探测器直接转换的模式。前者是整个 PET 探测的主流技术，其核心是 γ 相机。把这样的探测器构成一环或数环，采集到成千上万的符合光子，最后通过重建算法得到图像。

如果打算学习 PET 成像技术的基本原理，则必须掌握很多相关专业的知识。因为它涉及放射化学、核物理、晶体材料、光电探测、电子工程、计算机等专业。正是清楚意识到这种状况，作者基于在此领域的研究经历和成果撰写了本书。但由于作者的视角未必全面和精准，本书只是代表了作者对此领域的思考。

本书共四部分 14 章。第 1 章为绪论，回顾了 PET 成像有关的历史背景，介绍了 PET 成像的特点；第 2 章介绍了 PET 的生化原理、湮灭原理和数学原理；第 3～6 章讨论了 γ 光子与物质的相互作用；第 7～10 章重点给出了对于 γ 射线的探测技术；第 11 和 12 章开始在算法层面讲述 PET 图像重建技术；第 13 和 14 章讨论了 PET 成像技术的一些新进展。

感谢浙江大学光电科学与工程学院多届研究生的支持，同时感谢浙江大学的唐孝威院士和日本滨松光子学株式会社的山下贵司博士引导作者进入 PET 成像领域，感谢他们不倦的支持与鼓励。

限于作者水平，书中难免存在不足之处，敬请读者批评指正。

作　者

2021 年 10 月于杭州

目　录

第三部分 PET 成像信号探测、采集与处理

第四部分　PET 成像技术未来发展

第一部分　PET 成像概述

第1章 绪　论

1.1 PET成像的历史回顾

1895年，德国物理学家伦琴(W.C. Röntgen)在他的论文《一种新的射线》(A new kind of radiation)中论述了最新发现的X射线的物理特性[1]。X射线的发现使X射线成像技术问世。另一件对现代医学产生深远影响的事件是：1896年H. Becquerel发现了铀的放射性质，随后居里夫妇发现了镭这种新的放射性元素。此后不久，镭辐射源被用于恶性肿瘤的治疗。

1923年，de Hevesy发明了示踪技术。1931年，美国科学家E.O. Lawrence发明了回旋加速器，使得使用寿命短的核素试剂成为可能。这些技术为日后的核医学成像的发展奠定了基础。1958年，Anger[2]发明了γ相机。其后50年来，核医学成像仪器及技术得到了迅速发展。目前核医学成像技术在获取人体或动物的某些器官或病灶的影像信息方面起着非常重要的作用。PET成像作为一种生物医学研究技术和临床诊断手段是核医学成像装置中最为重要的应用之一。PET成像是基于这样一种思想：向体内注射正电子同位素标记的化合物而在体外测量它们的空间及时间分布。这个放射性标记的化合物叫作放射性药物，其更一般的说法是示踪剂，或者放射性示踪剂。当放射性核素衰变时，就会发射正电子。一个外部的位置敏感的γ相机可以检测到γ射线或者光子，并且形成一幅放射性核素的分布图像，也就是其所依附的化合物(包括被放射性标记的化合物的产物)的分布图像。

1961年，布鲁克海文国家实验室(BNL)的Rankowitz等[3]把32个碘化钠探测器配置成圆环状用来收集脑部血流的信息，这是正电子切面成像的首次尝试。20世纪70年代初期，英国EMI(电子与音乐工业)公司的工程师Hounsfield[4]将Cormack确立的投影图像重建技术的思想应用于医学领域，研制出第一台临床用的计算机体层摄影(computerized tomography，CT)装置。它克服了立体形态投影在二维平面内带来前后影像的重叠模糊缺点。CT的问世在医学界引起了爆炸性的轰动，被认为是继伦琴发现X射线后科学界对于人类又一划时代的贡献。在这样的背景下，PET成像技术诞生了。

1975～1976年，Phelps、Hoffman和Ter-Pogossian等[5-7]把投影图像重建思想引入正电子发射领域中，彻底改变了人们对于正电子发射传统的成像观念。1977年，加利福尼亚大学洛杉矶分校的Cho等[8]提出了在PET成像系统中使用一种新型的闪烁晶体锗酸铋($Bi_4Ge_3O_{12}$, BGO)。1979年，Thompson等[9]成功地开发出第一台使用 BGO 探测器的 PET 成像系统。值得一提的是，70 年代成功合成和应用氟代脱氧葡萄糖(^{18}F-FDG)[10]，也大大推动了 PET 成像技术的发展。

1981 年，Ter-Pogossian 等[11]发明了能探测湮灭 γ 射线飞行时间(time-of-flight, TOF)信息的 PET 成像系统，它的原理是根据光子到达时间的差别来确定湮灭发生的位置。从 80 年代至今，PET 成像技术的发展速度令人瞩目，目前已经发展到全身三维(3D)PET 成像的先进技术阶段。80 年代初期，世界上仅有 4 个 PET 中心，1990 年增至 120 个，现在全世界已有几千个。在美国、日本等国家，各大医院基本上都有 PET，其临床诊断早已对社会开放。

在国内，1980 年，陈惟昌教授等[12]在《生物化学与生物物理进展》上首次对 PET 成像的原理进行了介绍。1983 年，中国科学院高能物理研究所的赵永界教授领导的研究小组开始研究 PET 成像，到 1987 年，研制成功小型单环具有 64 个 BGO 探测器的动物用 PET 成像系统，并获得中国第一张猕猴脑的代谢图像。1996 年，研制出中国第一台供临床使用的 PET[13]。

PET 成像的生命力就在于它使用了自然界相当丰富的与生命密切相关的同位素，如 ^{11}C、^{13}N、^{15}O 等，这些同位素可以用来标记几乎所有的生物现存物质(如水、葡萄糖等)，所以从理论上讲，PET 成像具有提供任何与生理、生化反应相关信息的潜在可能性。

发射体层仪(emission computed tomograph, ECT)分为两种，即单光子发射计算机体层显像仪(single photon emission computed tomography, SPECT)和 PET，SPECT 成像是另一种发射断层成像技术，其由于具有易于得到放射性标记药物、价格低廉和运行成本低的特点而在临床上广泛使用[14]。与 SPECT 成像相比，PET 成像更适合于精确详细的研究(SPECT 成像的衰减校正在数学上还未彻底解决，只是相对校正)，具有更高的探测灵敏度(比 SPECT 成像高 10～100 倍)和大量成像可用的示踪试剂[15]。现在许多医学领域已经开始使用 PET 成像进行各方面的研究[16-21]。

在临床领域，^{18}F-FDG 的 PET 成像被用于癌症的诊断。PET 成像能够准确地对人体的许多器官进行成像，也能为心血管疾病提供有用的信息：血流速率、生理和病理状态下的心肌代谢及心脏的受体分布。在神经科学领域，人脑功能的成像研究是 PET 成像技术在人体脏器显像中的最早应用，被神经成像专家认为是揭示大脑秘密的最佳工具，受到越来越多人的重视。癫痫是世界十大医学难题之一，其诊断的困难在于定位。手术切除癫痫灶是有效的治疗方法，关键也在于准确定位，但使用脑电图、CT 检查，约半数以上的癫痫难以找到病灶，而使用 PET 成像确定病灶，正确判断率高达 60%～90%。

长期以来人们认识到动物实验不仅对于人类临床前的研究而且对于人类和动物的生理功能研究都是有效的方法。与传统的分析方法相比，PET 成像能实现快速动力学研究和在不使用大量动物的前提下对某些研究进行重复性实验。

在医药领域，PET 成像可以发现人体的病理，可见利用 PET 成像开发新药是一种有力的手段，而且可以在药物用于人类之前，利用 PET 成像对动物进行观测，从而达到准确地评估新药性能的目的。

虽说 PET 成像在医学研究中具有相当的优势，但是 PET 成像设备复杂，其设备的运行和维护需要大量的人员，不仅包括医生，还包括化学家、物理学家和工程技术人员。这些缺点在某种程度上限制了 PET 成像在医学领域更广泛的应用。PET 成像技术还处于早期发展阶段，还有许多方面期待完善和提高。但是毫无疑问的是，PET 已经成为生物学、生理学和认知科学不可或缺的设备，并且也成了分子生命科学的新武器。可以预见，未来医学及生命科学的重大突破将在一定程度上依赖 PET 成像技术。

1.2 PET 成像的特点

生物体的整个系统的有序组织，依赖的是信息的传递。完全可以这样讲，生物的生命活动离不开信号。“水归器内，各现方圆。”如果说“信号”是“水”，那么成像技术就是“器”。“假舆马者，非利足也，而致千里；假舟楫者，非能水也，而绝江河。”成像技术对于生物医学等诸多学科而言，就是舆马与舟楫，它改写了人们曾经用望闻问切定义的空间与时间。

近 30 年来，X 射线 CT 成像、PET 成像、SPECT 成像、磁共振成像(magnetic resonance imaging, MRI)与超声(ultrasound)成像等临床成像技术带动着成像技术的发展，下面从各成像技术的对比来说明 PET 成像的特点。

1. PET 成像和 SPECT 成像

PET 成像与 SPECT 成像都属于放射性核素成像技术，均需要示踪剂和提供相对低空间分辨率图像。PET 成像的灵敏度可以至皮摩尔水平，这意味着我们可以通过这种方法观察许多生理过程而不会由于标记探针分子而产生任何药理学上的反作用。然而 SPECT 成像用的示踪剂有着较长的半衰期，这与 PET 成像相比有时反而成为优势，因为 PET 成像用同位素较短的半衰期意味着它的生产与使用需要现场具有昂贵的放射化学仪器。

2. CT 成像与 MRI

CT 图像是通过相对对象旋转一个低能 X 射线源，体外探测器获得一系列投影所得。由于不同的组织对 X 射线的吸收不同，图像存在对比度。CT 常常用来提供组织解剖的图像并且越来越多地与 PET 一起使用。磁共振成像涉及在应用磁场的核自旋重定位。与 CT 类似，依赖检测组织水质子的 MRI 常常被用来提供解剖信息。图像分辨率受到信号探测灵敏度的限制，在临床相对低的磁场强度中，分辨率为 2～3mm；在高磁场强度下，灵敏度更高，分辨率可达 50～100μm。成像时间部分取决于所需要的分辨率，通常在分钟量级。

3. 超声成像

超声成像具有价格相对低廉、使用方便、成像速度快等优点。组织弹性成像被用于提升探测乳腺恶性病变的灵敏度，这是通过与周围正常组织弹性变化大小比较完成的。类似的测量通过 MRI 也可以实现。超声分子成像涉及靶向超声微泡造影剂的使用，由于其在超声场的共振特性，它产生声波信号。肿瘤定位由微泡的化学改性或附加一个靶向配体来实现。

4. 光学成像：荧光成像

在荧光成像中，光(通常是可见光)用来激励组织中的荧光探针，荧光探针会发射更长波长的荧光。虽然这项技术在培养的细胞中被广泛应用，在生物体中却受到激励光的穿透深度的限制。这个深度可以通过近红外光(650～900nm)来提高，因为近红外光不易被血红蛋白与水吸收。许多近红外荧光染料已经被开发出来，并可以与抗体和肽结合，以用于受体表达成像。

上面介绍的主要形态或解剖成像技术，如 CT 成像、磁共振成像(造影剂注射毫摩尔的血药浓度)和超声检查等，具有较高的空间分辨率。然而，它们都有同样的局限性，即都只能在组织发生较大的结构性变化后才能检测出疾病。而主要的分子成像技术，如光学成像、PET 成像和 SPECT 成像(放射性示踪剂注入血液，纳摩尔浓度级别)，能够在分子和细胞水平上检测疾病变化。

表 1.1 给出的是各医学成像技术的对比。可以看出，MRI、CT 成像、超声成像都具有较高的空间分辨率，而 PET 成像、SPECT 成像、荧光反射成像(flourescence reflectance imaging, FRI)的空间分辨率较低。在成像时间方面，MRI、PET 成像、SPECT 成像所花费的时间较久，以分钟甚至小时计；而超声成像与 FRI 花费的时间较短，以秒至分钟计。在应用领域方面，CT 成像、MRI、超声成像趋向宏观的解剖学和生理学的应用，而 PET 成像、SPECT 成像、FRI、荧光断层成像(fluorescence molecular tomography, FMT)侧重于微观上分子水平的应用。在成本方面，FRI 成本相对最低，而 MRI 与 PET 成像成本高昂。在应用对象方面，MRI 能实现高对比度的软组织多功能成像，CT 成像主要应用于肺与骨的成像，超声用于血管与介入类型成像，PET 成像用于功能成像，SPECT 成像用于被标志的抗体、蛋白、多肽成像，FRI 用于基于表面疾病的分子事件的快速筛选，FMT 成像用于荧光定量成像。表 1.2 给出了不同成像技术在不同应用领域中的生物标志物举例。

表 1.1 成像技术对比一览表

技术	分辨率①	深度	时间②	定量③	多通道	成像剂	目标	成本④	主要用途	临床应用
MRI	10～100μm	无限制	几分钟到几小时	是	否	顺磁螯合物、磁性粒子	解剖学、生理学、分子生物学	$$$	高软组织对比度的多功能成像方式	是
CT 成像	50μm	无限制	几分钟	是	否	碘化分子	解剖学、生理学	$$	肺和骨成像	是
超声成像	50μm	几厘米	几秒到几分钟	是	否	微泡	解剖学、生理学	$$	血管介入成像‖	是
PET 成像	1～2mm	无限制	几分钟到几小时	是	否	^{18}F、^{64}Cu 或 ^{11}C 标记化合物	生理学、分子生物学	$$$	多种示踪剂的多功能成像方式	是
SPECT 成像	1～2mm	无限制	几分钟到几小时	是	否	^{99m}Tc 或 ^{111}In 标记化合物	生理学、分子生物学	$$	成像标记抗体、蛋白质和肽	是
FRI	2～3mm	<1cm	几秒到几分钟	否	是	光蛋白、荧光染料	生理学、分子生物学	$	表面病分子事件的快速筛选	是
FMT	1mm	<10cm	几分钟到几小时	是	是	近红外荧光染料	生理学、分子生物学	$$	荧光显像仪的定量成像	发展中
光学成像	几毫米	几厘米	几分钟	否	是	荧光素	分子生物学	$$	基因表达、细胞和细菌追踪	否
活体显微镜检查法¶	1μm	<400～800μm	几秒到几小时	否	是	光蛋白、荧光染料	解剖学、生理学、分子生物学	$$$	高分辨率成像、深层组织光学成像	发展中#

①对于高分辨率的小动物成像系统(临床成像系统不同)。②图像采集时间。③这里的定量指的是内在的定量。所有方法都允许相对量化。④成本是根据美国成像系统的购买价格计算的：$表示小于 100000 美元；$$表示 100000～300000 美元；$$$表示大于 300000 美元。‖介入手段用于介入手术，如在超声引导下活检或细胞注射。¶激光扫描共聚焦或多光子显微术。#用于显微内窥镜和皮肤成像。

表 1.2　不同应用采用的生物标志物与成像技术

领域	成像生物标志物	成像方式
肿瘤学	肿瘤大小和范围	MRI、CT 成像、超声成像
	肿瘤代谢/增殖	PET 成像、SPECT 成像
	肿瘤血管生成	PET 成像、SPECT 成像、MRI、超声成像
心脏病学	易损动脉粥样硬化斑块	MRI、PET 成像、超声成像、CT 成像
	缺血和梗死中的血管生成	PET 成像、MRI、超声成像
	心肌活力	PET 成像、MRI
	心脏收缩功能	超声成像、MRI、CT 成像
	管腔直径/体积	MRI、CT 成像
	颈动脉内膜/斑块厚度	超声成像
	颈动脉斑块成分	MRI、CT 成像
	冠状动脉斑块	超声(血管内的)成像
	冠状动脉钙化	CT 成像
神经病学	脑梗死的大小和范围	MRI、CT 成像
	多发性硬化的病变大小和活动性	MRI、PET 成像、SPECT 成像
	阿尔茨海默病的结构萎缩	MRI
风湿病学	关节软骨的丢失及化学变化	MRI
	炎症	MRI、PET 成像
	骨密度	CT 成像、平片 X 射线摄影
	骨折	CT 成像、平片 X 射线摄影、MRI
肺病学	炎症	MRI、CT 成像
	灌注与通气	SPECT 成像、MRI

图 1.1 概括了成像技术的特点，各技术的优势与局限性非常明显地体现了出来。光学成像技术具有高通量与高灵敏度的优点，但由于低深度穿透能力的弱点，其应用未能拓展到临床。MRI 成像技术已广泛应用于临床，不仅分辨率高，而且软组织对比度好，但有着昂贵的成本与较长的成像时间。超声成像技术有较高时空分辨率和低成本的优点，但是存在成像结果与操作者手法相关等弱势。PET 成像技术有高灵敏度与无限深度穿透能力，但是成本高。SPECT 成像技术同样有无限深度穿透能力，但是空间分辨率再提升有较大限制。CT 成像技术在骨/肺成像上有广泛应用，但具有辐射危险和软组织对比度差的弱点。

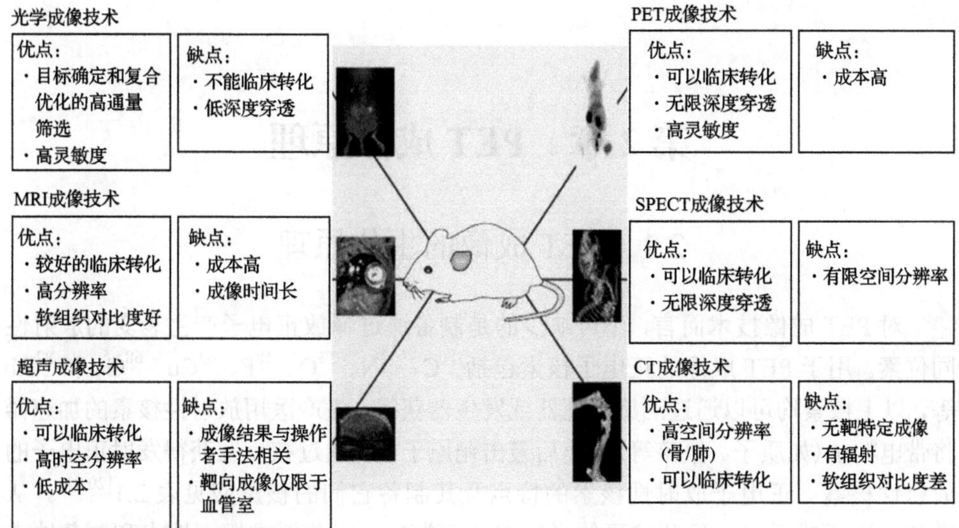

光学成像技术
优点：
·目标确定和复合优化的高通量筛选
·高灵敏度
缺点：
·不能临床转化
·低深度穿透
MRI成像技术
优点：
·较好的临床转化
·高分辨率
·软组织对比度好
缺点：
·成本高
·成像时间长
超声成像技术
优点：
·可以临床转化
·高时空分辨率
·低成本
缺点：
·成像结果与操作者手法相关
·靶向成像仅限于血管室
PET成像技术
优点：
·可以临床转化
·无限深度穿透
·高灵敏度
缺点：
·成本高
SPECT成像技术
优点：
·可以临床转化
·无限深度穿透
缺点：
·有限空间分辨率
CT成像技术
优点：
·高空间分辨率(骨/肺)
·可以临床转化
缺点：
·无靶特定成像
·有辐射
·软组织对比度差

图 1.1 成像技术的特点

毫无疑问，单一的成像技术是无法自足的，如今越来越多的混合成像技术使得提供的信息更为丰满与完整。例如PET-CT成像技术及近期开始流行的PET-MRI成像技术，这些混合成像技术可以结合形态/解剖成像技术和分子成像的优势。

总之，“夫尺有所短，寸有所长；物有所不足，智有所不明；数有所不逮，神有所不通。”方法各有所长，互相补充，能为医生做出确切诊断提供越来越详细和精确的信息。成像技术及其应用在数量上有着空前的发展，但仍存在许多挑战。

第 2 章　PET 成像原理

2.1　PET 成像的生化原理

对 PET 成像技术而言，不可缺少的是制备通过释放正电子产生衰变的放射性同位素。用于 PET 成像的正电子核素包括 ^{11}C、^{13}N、^{15}O、^{18}F、^{62}Cu、^{68}Ga 和 ^{82}Rb 等，以上核素均可以通过回旋加速器或发生器获得。生产医用放射性核素的加速器将带电粒子(如质子、氘核等)加速后轰击靶原子核，通过核反应获得发射正电子的放射性核素。正电子放射性核素的特点及其制备它们的核反应见表 2.1[20,22]。从表 2.1 中不难看出，这些核素的半衰期都非常短，因此要求探测地点和制备地点不能相隔太远，回旋加速器在某种程度上限制了 PET 成像的应用。值得注意的是，一些正电子核素也能通过从长半衰期母体核素中分离出短半衰期子核素的分离装置，即发生器获取。

表 2.1　PET 成像使用的主要正电子放射性核素

核素	半衰期/min	最大能量/MeV	核反应	产生装置
^{11}C	20.39	0.96	$^{14}N(p, \alpha)^{11}C$	回旋加速器
^{13}N	9.97	1.20	$^{12}C(d, n)^{13}N$, $^{16}O^{13}N$	回旋加速器
^{15}O	2.04	1.72	$^{14}N(d, n)^{15}O$, $^{15}N(p, n)^{15}O$	回旋加速器
^{18}F	109.80	0.63	$^{18}O(p, n)^{18}F$, $^{20}Nc(d, \alpha)^{18}F$	回旋加速器
^{62}Cu	9.74	0.65	$^{62}Zn[9.2h, EC, \beta^+]\rightarrow^{62}Cu$	发生器
^{68}Ga	68.10	1.90	$^{68}Ge[271d, EC]\rightarrow^{68}Ga$	发生器
^{82}Rb	1.27	3.37	$^{82}Sr[256.6d, EC]\rightarrow^{82}Rb$	发生器

注：EC 为电子俘获。

半衰期很短的放射性核素的制备工作完成后，它们可以用来标记大量的生理物质或药物，成为在保持人体原有的生理或病理状态下研究各种生化代谢过程的化学示踪剂。在 PET 成像中，化学示踪剂被注射入人体内，这些示踪剂通过血液的流动被运载到器官或病变区域参与人体的生理或代谢过程。因此，为获取所期望的人体的生理过程高质量的图像，必须选择合适有效的正电子发射示踪剂。示踪剂的选择所依据的前提之一是正电子发射示踪剂需与生理过程的时间常数相匹配；另一个需要考虑的前提是适当的放射剂量。表 2.2 给出了部分用于 PET 成像研究的化学示踪剂[20, 23]。

表 2.2　部分用于 PET 成像研究的化学示踪剂列表

化学示踪剂	测量类型
$^{15}O\text{-}CO_2$, $^{15}O\text{-}O_2$	血容量、耗氧量
$^{15}O\text{-}CO$, $^{11}C\text{-}CO$	血容量
$^{15}O\text{-}H_2O$	氨基酸代谢
^{13}N-氨基酸	血流量
^{18}F-FDOPA(氟多巴)	DOPA(多巴)
^{18}F-FDG	葡萄糖代谢

2.2　正电子湮灭的物理机制

当正电子放射性核素在体内发生衰变时，原子核通过发射正电子来去除本身多余的正电荷。正电子与周围组织产生碰撞而几乎立即丧失自己的动能并和负电子结合发生湮灭反应，如图 2.1 所示。对于湮灭过程，依据爱因斯坦方程

$$E = m_0 c^2 \tag{2.1}$$

负电子和正电子的质量将转化为电磁辐射能量。式中，m_0 为负电子和正电子的静止质量；c 为光速。正负电子的湮灭反应需遵守能量守恒定律和动量守恒定律。能量守恒是指：系统发生湮灭反应前的能量为 1.022MeV，发生湮灭反应后产生两个光子的能量之和也应为 1.022MeV。动量守恒是指：因为正电子和负电子是静止的，所以系统发生湮灭反应前系统的动量基本上为 0，系统发生湮灭反应后应当保持不变。因此，湮灭反应后的最终状态是：产生一对能量为 0.511MeV 的 γ 射线，方向相反，约成 180°从湮灭地点飞出。

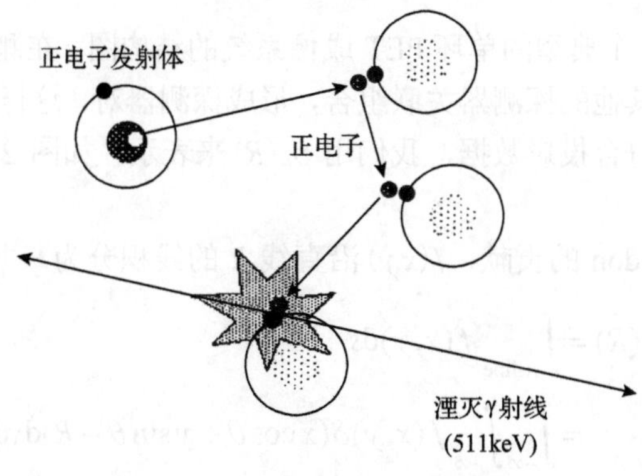

图 2.1　正电子湮灭的物理机制

2.3　正电子湮灭的探测

因为湮灭反应产生的一对 γ 射线有两个非常重要的性质：产生时间上的同时性及几乎以相反的方向飞出，所以可以在体外使用两个相对放置的探测器并利用符合一致技术对它们进行探测，如图 2.2 所示。一次符合事件是指一对 γ 射线在较短的符合时间窗内与相对放置的探测器对产生作用，则湮灭的原始地点位于两个探测器连线(称为响应线(line-of-response, LOR)，也称为符合线)的中心位置上。如果湮灭事件发生在所定义的体元之外，即不满足符合条件，这时候至多只有两个光子中的一个被符合线相连的探测器对所探测到，这个事件就被丢弃了。

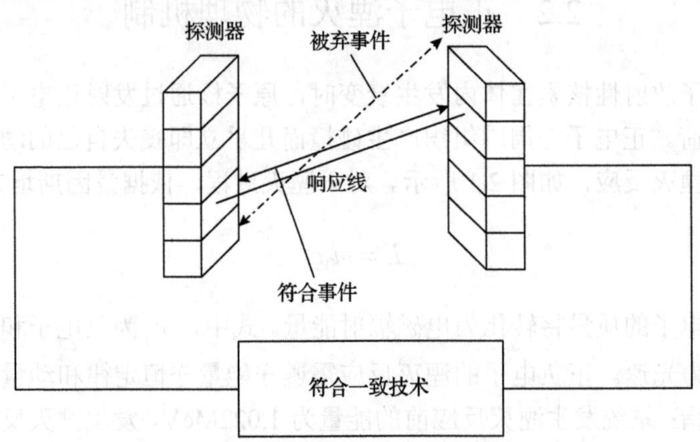

图 2.2　利用符合一致技术探测正电子湮灭辐射

2.4　PET 成像的数学原理

图 2.3 给出了一个典型的单环 PET 成像系统的结构图。在测量过程中，每个探测器可与环上所有其他的探测器关联组合，形成探测器对，这样可以采集不同角度和不同位置的线性符合投影数据，我们用 $p_\theta(R)$ 来表示，如图 2.4 所示，θ 表示出射方向。

根据数学家 Radon 的贡献，$f(x,y)$ 沿直线 R 的线积分为

$$\begin{aligned} p_\theta(R) &= \int_{s\in \text{line}} f(x,y)\mathrm{d}s \\ &= \int_{-\infty}^{\infty}\int_{-\infty}^{\infty} f(x,y)\delta(x\cos\theta + y\sin\theta - R)\mathrm{d}x\mathrm{d}y \end{aligned} \tag{2.2}$$

算子 $p_\theta(R)$ 有时也称为函数 $f(x,y)$ 的 Radon 变换。

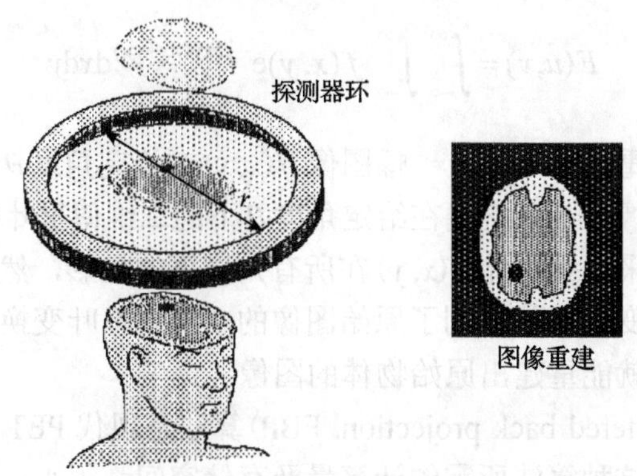

图 2.3　PET 成像的原理：探测器环构成和图像重建

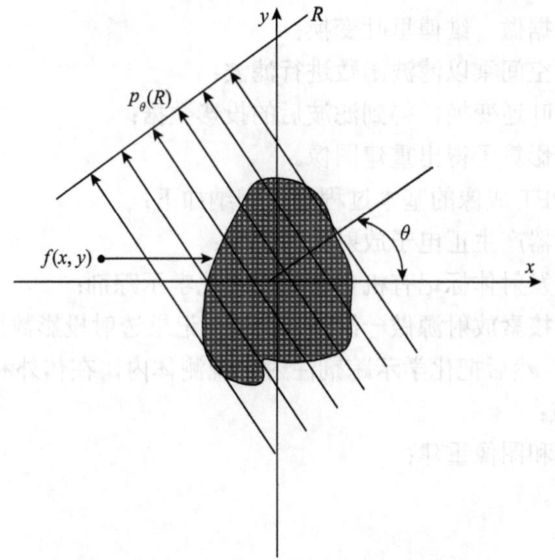

图 2.4　物体 $f(x,y)$ 和角度 θ 下的投影 $p_\theta(R)$

把 $p_\theta(R)$ 看作仅为 R 的函数，它的傅里叶变换可以由下式给出：

$$\begin{aligned} F_\theta(v) &= \int_{-\infty}^{\infty} p_\theta(R)\mathrm{e}^{-\mathrm{j}2\pi vR}\mathrm{d}R \\ &= \int_{-\infty}^{\infty}\left[\int_{-\infty}^{\infty}\int_{-\infty}^{\infty} f(x,y)\delta(x\cos\theta + y\sin\theta - R)\mathrm{d}x\mathrm{d}y\right]\mathrm{e}^{-\mathrm{j}2\pi vR}\mathrm{d}R \\ &= \int_{-\infty}^{\infty}\int_{-\infty}^{\infty} f(x,y)\mathrm{e}^{-\mathrm{j}2\pi v(x\cos\theta + y\sin\theta)}\mathrm{d}x\mathrm{d}y \\ &= F(v\cos\theta, v\sin\theta) \end{aligned} \tag{2.3}$$

而 $F(v\cos\theta, v\sin\theta)$ 就是二维函数 $f(x,y)$ 的二维傅里叶变换 $F(u,v)$：

$$F(u,v)=\int_{-\infty}^{\infty}\int_{-\infty}^{\infty}f(x,y)\mathrm{e}^{-\mathrm{j}2\pi v(ux+vy)}\mathrm{d}x\mathrm{d}y \tag{2.4}$$

由此得出一个非常重要的结论：一幅图像 $f(x,y)$ 在给定角度 θ 下的投影的一维傅里叶变换与这幅图像沿一条直线在给定角度 θ 下的二维傅里叶变换等价。

这样，只要能采集到物体 $f(x,y)$ 在所有角度下的投影，然后在每个投影方向上进行一维傅里叶变换，就得到了原始图像的二维傅里叶变换，最后利用简单的二维傅里叶逆变换就能重建出原始物体的图像。

滤波反投影(filtered back projection, FBP)算法是现代 PET 成像广泛使用的最基本的重建算法。这种算法所需的计算量及存储空间都很小，重建的速度快且具有高的分辨率。FBP 算法通过以下几个步骤来实现[24]：

(1) 对投影数据做一维傅里叶变换；

(2) 在傅里叶空间乘以滤波函数进行滤波；

(3) 进行傅里叶逆变换，得到滤波后的投影数据；

(4) 利用反投影算子得出重建图像。

综上所述，PET 成像的基本过程可以归纳如下：

(1) 使用加速器产生正电子放射性同位素；

(2) 用正电子发射体标记有机化合物成为化学示踪剂；

(3) 先用体外核素放射源做一次透射成像，记录透射投影数据，这组数据后来被用于衰减补偿，然后把化学示踪剂注射到观测体内，在体外利用探测器环探测 γ 光子的衰变地点；

(4) 数据处理和图像重建；

(5) 结果揭示。

第二部分　PET 成像技术基础

第3章 原子核的基本性质[25,26]

3.1 模型和结构

3.1.1 原子模型和原子结构

自然界存在各种各样的物质，尽管物质种类繁多、形态各异，但所有这些物质都是由存在于自然界中的90多种元素的原子所组成。

1911年卢瑟福(Ernest Rutherford)提出了原子结构模型，即原子中带正电的部分是原子的核心(即原子核)，电子绕着原子核运动。原子核集中了原子的全部正电荷和99.95%以上的质量。目前普遍认为原子像一个球体，半径为30～300pm，在元素周期表中的原子半径变化有规律可循，从而对元素的化学特性造成影响。1913年玻尔(Niels Bohr)进一步建立了带正电的原子核和带负电的轨道电子的玻尔原子结构模型，其中带负电的轨道电子围绕着带正电的原子核在不同的轨道上高速运行。1932年查德威克(James Chadwick)发现了中子，推动了人们对原子核结构的认识，并发现原子核是由带正电的质子和不带电的中子组成的。原子核内的质子和中子统称为核子。

3.1.2 原子核结构和原子核基本特性

原子的质量在10^{-22}～10^{-24}g的范围内。例如，氢为最轻的元素，其原子质量为1.6736×10^{-24}g，铀为自然界中最重的元素，其原子质量也只有3.9510×10^{-22}g。通常，原子质量以一种碳原子(原子核内有6个质子和6个中子)质量的1/12来表示，称为原子质量单位(记为u)。经测定：$1u = 1.66054\times10^{-24}$g，则质子、中子和电子的质量分别为$m_p$=1.007276u，$m_n$=1.008665u，$m_e$=0.000549u。

如果原子核由Z个质子(即原子序数为Z)和N个中子组成，则该原子核的质量为全部核子的质量之和，即$m=Zm_p+Nm_n$。因m_p和m_n接近于1u，当用u作单位时，该核的质量非常接近于一个整数，这里采用A表示原子核质量最接近的那个整数，并称之为质量数(mass number，即$A=Z+N$)。

3.1.3 核外电子与元素周期表

原子核带正电，核外电子(又称轨道电子)带负电，它们之间存在着静电吸引力，通过这种引力使电子束缚于原子内，并绕原子核运动。轨道电子严格遵循一定的规律，每一个电子除绕自身的轴旋转外，还按一定的轨道绕原子核旋转，这些轨道按能量的高低，分别属于不同的壳层。每个电子壳层用主量子数 n 表示($n=1,2,3,\cdots$)，如图 3.1 所示，n 越大，表示电子壳层离核越远，电子与原子核结合得越弱(即核对轨道电子的束缚力越弱)。最靠近核的电子壳层是 K 层($n=1$)，可容纳 2 个电子(即 $2n^2$ 个电子)；从该核往外计算的第二层是 L 层($n=2$)，可容纳 $2\times2^2=8$ 个电子；第三层是 M 层($n=3$)，可容纳 $2\times3^2=18$ 个电子；第四层是 N 层，可容纳 32 个电子……

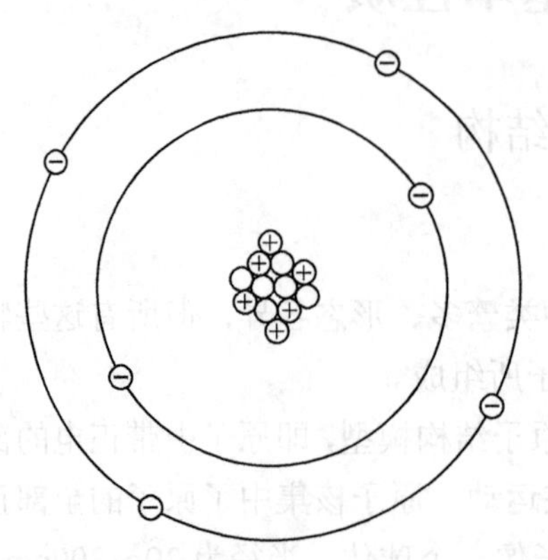

图 3.1　电子壳层模型与核外电子分布

人们还发现，电子壳层与元素所在的周期有内在联系，即各电子壳层所容纳的电子数与周期系的周期长度相一致。第 1 周期有 2 个元素，第 2、第 3 周期各有 8 个元素，第 4、第 5 周期各有 18 个元素，第 6、第 7 周期各有 32 个元素，元素周期表如图 3.2 所示。由于核内的质子数等于绕核运动的轨道电子数，整个原子呈电中性。

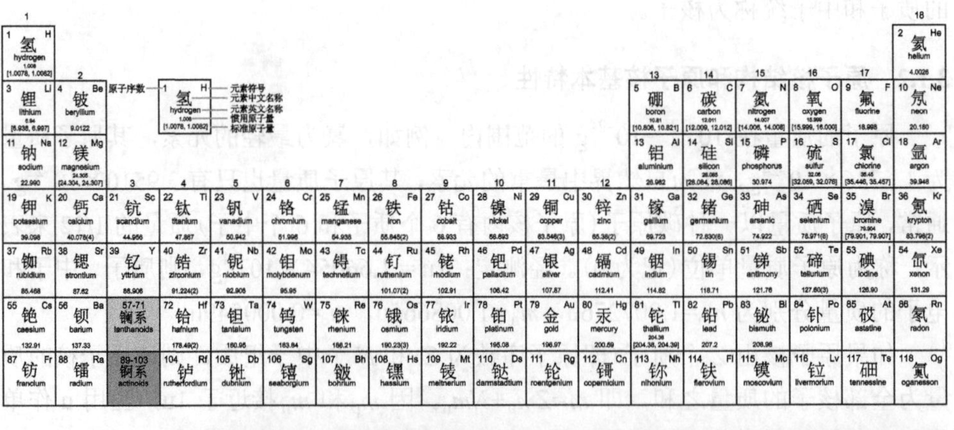

图 3.2　元素周期表示意图

图中每个元素包括其原子序数、元素符号、中文名称、平均质量数

3.2　能　　级

3.2.1　原子的能级

原子中束缚电子绕核运动有一定的轨道，相应原子处于一定的能量状态。每种原子的束缚电子数目和可能的运动轨道都是一定的，因此每一原子只能够在一定的、不连续的一系列稳定状态中，这一系列稳定状态可用相应的一组能量 E_i 来表征，称为原子的能级。

当原子由较高的能级 E_L 过渡到较低的能级 E_K 时，相应的能量变化为 $\Delta E=E_L-E_K$，并以发射光子的形式释放出来，即该光子的能量满足

$$h\nu = E_L - E_K \quad 或 \quad \nu = (E_L - E_K)/h \tag{3.1}$$

式中，h 为普朗克常量($h = 6.6262\times10^{-34}\,\mathrm{J\cdot s}$)；$\nu$ 为光子的频率；$h\nu$ 为光子的能量。

可见，光子的频率完全由能级之差决定。将某种原子发射的各种频率的光子按波长进行排列(也就是按能量排列)，便构成了该原子的发射光谱。原子的光谱也就是原子的能谱。在原子光谱学中，可以将其分为两种类型。

第一，轨道电子在外部壳层各轨道之间跳跃时所产生的光谱称为光学光谱。例如，若轨道电子原来位于 N 层，当它在 N、O、P、Q 等外部壳层之间跳跃时，就产生光学光谱。这种外部跳跃时的原子能量变化较小，发出的光频率较低，一般在可见光区或其附近。地质工作中用来分析岩矿元素的光谱，就是利用了该特性。

第二，轨道电子在 K、L、M 等壳层中间跳跃时，所产生的光谱称为线状伦琴光谱，这时的原子能量变化大，发射的光子频率高。线状伦琴光谱由内壳层电子的跳跃所引起，而内壳层电子离核很近，所以这种光谱与原子核电荷之间有密切关系，称为标识伦琴射线(又称特征 X 射线)。近年来，分析和鉴定中迅速发展起来的 X 射线荧光法便利用了该特性。

3.2.2　原子核的能级

组成原子核的中子和质子，也是在运动变化之中。核子的运动状态不同，相应的能量状态也不同。目前对于原子核的结构，虽然还不像原子的结构那样了解得很清楚，但是原子核如同原子一样有不同的能级，核子在能级之间也发生跃迁，因能级跃迁而辐射 γ 光子的现象早已被实验所证实，并且许多原子核的能级已经被实验所确定。类似于原子能级，原子核的能级也可形象地用图示来表示，例如 ${}^{137}_{55}\mathrm{Cs}$ 经 β 衰变，可成为 ${}^{137}_{56}\mathrm{Ba}$，其核能级变化可采用衰变纲图来描述，如图 3.3 所示。

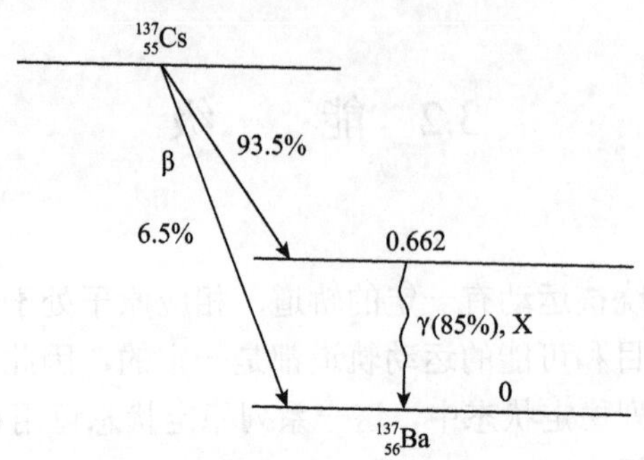

图 3.3　衰变纲图表示的核能级示意图

一个原子核最低的能量状态称为“基态”，比基态高的能量状态称为“激发态”。激发态的能级又分为第一能级、第二能级等。如果原子核的运动状态处于激发态的某个能级上，则这种状态是不稳定的，它往往通过放出光子从高能级的激发态回到基态(或低能级的激发态)。核能级变化放出的光子波长很短、能量很大，我们把这种光子称为 γ 光子(即 γ 射线)。原子核发射的各种能量的 γ 光子集合，称为该原子核的 γ 射线谱(即原始 γ 能谱)。

3.3　原子核的结合能

3.3.1　质能联系定律

质量和能量是物质同时具有的两个属性，任何具有一定质量的物体必与一定的能量相联系。如果物体的能量 E 以 J(焦耳)表示，物体的质量 m 以 kg(千克)表示，则质量和能量的相互关系为

$$E = mc^2 \quad 或 \quad m = E / c^2 \tag{3.2}$$

式中，$c = 2.99792458\times10^8\ \mathrm{m/s}\approx3\times10^8\ \mathrm{m/s}$。式(3.2)称为质能关系式，也就是质能联系定律。由式(3.2)可得到与一个原子质量单位相联系的能量为

$$E = \frac{1.66053873\times10^{-27}\,\mathrm{kg}\times(2.99792458\times10^8\,\mathrm{m/s})^2}{1.602176462\times10^{-13}\,\mathrm{J/MeV}} \approx 931.494013\mathrm{MeV}$$

根据相对论的观点，物体质量的大小随着物体运动状态的变化而变化。若物体静止时的质量为 m_0，则运动速度为 v 时该物体所具有的质量为

$$m = m_0 \Big/ \sqrt{1-(v/c)^2} \tag{3.3}$$

由式(3.3)，当$v \ll c$时，$m \approx m_0$，而真空中的光速 c 则是物体或粒子运动的极限。

$E=mc^2$中的能量包括两部分：一部分为物体的静止质量所对应的能量，即$E_0=m_0c^2$；另一部分为物体的动能 T。动能为

$$T = E - E_0 = mc^2 - m_0c^2 = m_0c^2\left[\frac{1}{\sqrt{1-(v/c)^2}} - 1\right]$$

在非相对论情况下，即$v \ll c$，$\sqrt{1-(v/c)^2}$可以按泰勒级数展开，则 T 可表示为

$$T \approx m_0c^2\left\{\left[1+\frac{1}{2}\left(\frac{v}{c}\right)^2+\frac{3}{8}\left(\frac{v}{c}\right)^4+\cdots\right]-1\right\} \approx \frac{1}{2}m_0v^2$$

这与经典力学所推出的结果是一致的。

对式(3.2)的两边取差分，得到

$$\Delta E = \Delta mc^2 \tag{3.4}$$

此式表示体系的质量变化必定与其能量的变化相联系，体系有质量的变化就一定伴随能量的变化。对于孤立体系而言，总能量守恒，也必然有总质量的守恒。

3.3.2　质量亏损与质量过剩

既然原子核是由中子和质子所组成，那么，原子核的质量似乎应该等于核内中子和质子的质量之和，但实际情况却并非如此。举一个最简单的例子，即氘核(^{2}H)，氘是氢的同位素，由一个中子和一个质子所组成。一个中子和一个质子的质量之和为$m_{\mathrm{n}}+m_{\mathrm{p}}=1.008665\mathrm{u}+1.007276\mathrm{u}=2.015941\mathrm{u}$，而氘核的质量为$m(Z=1, A=2)=2.013553\mathrm{u}$，显然，氘核的质量小于组成它的质子和中子质量之和，两者之差为

$$\Delta m(1,2) = m_{\mathrm{p}} + m_{\mathrm{n}} - m(1,2) = 0.002388\mathrm{u}$$

推而广之，定义原子核的质量亏损为组成原子核的 Z 个质子和 $A–Z$ 个中子的质量与该原子核的质量之差，记作

$$\Delta m(Z,A) = Z\cdot m_{\mathrm{p}} + (A-Z)\cdot m_{\mathrm{n}} - m(Z,A) \tag{3.5}$$

式中，$m(Z,A)$为质子数为 Z、质量数为 A 的原子核的质量。在实际应用中，实验给出的是原子质量，所以需要把式(3.5)中的质子质量m_{p}和核质量$m(Z,A)$用^{1}H

原子质量 $m(^1\mathrm{H})$ 和 ${}^A_Z\mathrm{X}$ 原子质量 $m(Z,A)$ 代替，而 Z 个 $^1\mathrm{H}$ 原子中的电子质量正好被 ${}^A_Z\mathrm{X}$ 原子中的 Z 个电子质量所抵消，这样，原子核的质量亏损也可表示为

$$\Delta m(Z,A)=Z\cdot m(^1H)+(A-Z)\cdot m_{\mathrm{n}}-m(Z,A) \tag{3.6}$$

从式(3.5)到式(3.6)也有近似的地方，即忽略了原子中核外电子结合能的差别。

从原子核质量亏损的定义可以明确地看出，所有的原子核都存在质量亏损，即 $\Delta m(Z,A)>0$ 。上述质量亏损是针对原子核质量亏损而提出的，进而可以引入广义质量亏损的概念。广义质量亏损定义为体系变化前后静止质量之差，即

$$\Delta m=\sum_i m_i-\sum_f m_f$$

式中，下标 i 表示体系变化前；f 表示体系变化后。

变化前后体系总动能的变化为

$$\Delta T=\sum_f T_f-\sum_i T_i$$

由能量守恒定律

$$\sum_i m_i c^2+\sum_i T_i=\sum_f m_f c^2+\sum_f T_f$$

整理可得

$$\Delta T=\Delta mc^2 \tag{3.7}$$

$\Delta m>0$ 表示变化中体系静止质量减少，而体系动能增加($\Delta T>0$)，这种变化称为放能变化；反之，$\Delta m<0$ 表示变化中体系静止质量增加，而体系动能减少($\Delta T<0$)，这种变化称为吸能变化。由广义质量亏损可以计算吸能和放能的数值。

在核数据表中，常会给出核素的质量过剩。核素的质量过剩定义为核素的原子质量(以 u 为单位)与质量数之差，即等于 $m(Z,A)-A$ ，它与核素的原子质量一一对应。与质量过剩对应的能量为

$$\varDelta(Z,A)=[m(Z,A)-A]c^2 \tag{3.8}$$

$\varDelta(Z,A)$ 一般也称为核素的质量过剩，以 MeV 为单位。在常用的核数据表中，给出的往往是 $\varDelta(Z,A)$ ，而不是核素的原子质量，这样，用质量差计算能量变化时，可以省去单位换算。

利用 $\varDelta(Z,A)$ 求原子质量也很简单。由式(3.8)，核素的原子质量(以 u 为单位)为

$$m(Z,A) = A + \frac{\Delta(Z,A)}{931.4940} \tag{3.9}$$

表3.1列出了一些核素的质量过剩值 $\Delta(Z,A)$ 和原子质量 $m(Z,A)$。

表3.1 一些核素的质量过剩值和原子质量

核素	A	$\Delta(Z,A)$ /MeV	$m(Z,A)$ /u
^{6}Li	6	14.087	6.015123
^{14}N	14	2.863	14.003074
^{56}Fe	56	–60.605	55.934937
^{208}Pb	208	–21.749	207.976651

3.3.3 结合能

既然原子核的质量亏损 $\Delta m > 0$，由质能守恒定律，相应能量的减少就是 $\Delta E = \Delta mc^2$。这表明核子结合成原子核时会释放出能量，这个能量称为结合能。由此，Z 个质子和 $A-Z$ 个中子结合成原子核时的结合能 $B(Z,A)$ 为

$$B(Z,A) = \Delta m(Z,A)c^2 \tag{3.10}$$

将式(3.6)和式(3.8)代入式(3.10)，得到

$$\begin{aligned} B(Z,A) &= [Z\cdot m(^1H) + (A-Z)\cdot m_{\mathrm{n}} - m(Z,A)]c^2 \\ &= Z\cdot \Delta(1,1) + (A-Z)\cdot \Delta(0,1) - \Delta(Z,A) \end{aligned} \tag{3.11}$$

一个中子和一个质子组成氘核时，会释放2.224MeV的能量，这就是氘的结合能，已被精确的实验测量所证明。实验还证实了它的逆过程：当有能量大于或等于2.224MeV的光子照射氘核时，氘核能一分为二，飞出质子和中子。

其实，一个体系的质量小于组成体系的个别质量之和这一现象，在化学和原子物理学中同样存在。例如，两个氢原子组成氢分子时，会放出4eV的能量；当一个电子与一个质子组成氢原子时，会放出13.6eV的能量。为了描述结合能的相对大小，我们可以求一下体系的结合能与组成体系的质量的比值。在化学和原子物理中，该比值很小，为 10^{-9} 量级；在原子核物理中，该比值为 10^{-3} 量级；而在高能物理中，该比值接近于1，那时，物质结构的观念将发生深刻的变化。

3.3.4 比结合能曲线

原子核的结合能 $B(Z,A)$ 除以原子核质量数 A 所得的商，称为比结合能，用符号 ε 表示：

$$\varepsilon(Z,A) = B(Z,A)/A \tag{3.12}$$

比结合能的单位是 MeV/Nu，Nu 代表每个核子。

比结合能的物理意义为：把原子核拆散成自由核子时，外界对每个核子所做的最小的平均功；或者说，核子结合成原子核时，平均一个核子所释放的能量。因此，ε表征了原子核结合的松紧程度。ε大，核结合紧，稳定性高；ε小，核结合松，稳定性差。例如，氘核的ε=1.1MeV/Nu，它结合得很松，在核反应中极易分裂；而氦核的ε=7.07MeV/Nu，它结合得很紧；结合得最紧的核是 ^{56}Fe，它的ε=8.79MeV/Nu，在自然界广泛存在。

图 3.4 是核素的比结合能对质量数作图，称为比结合能曲线。它与核素图是原子核物理学中最重要的两张图。从图 3.4 可见，比结合能曲线两边低、中间高，换句话说，就是中等质量的核素的比结合能比轻核、重核大；比结合能曲线在开始时有些起伏，逐渐光滑地达到极大值，然后又缓慢地变小。

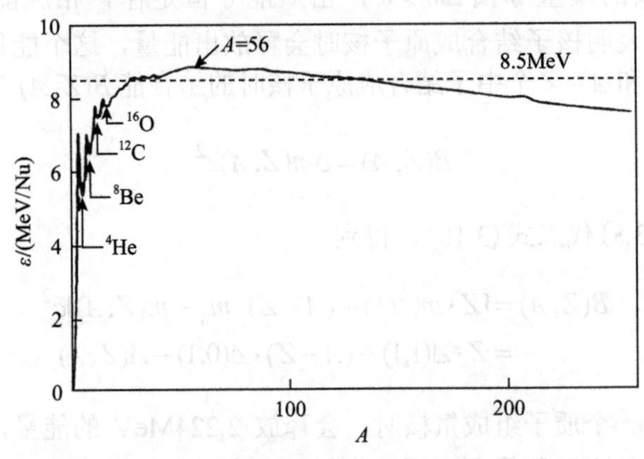

图 3.4　比结合能（ε-A）曲线

当比结合能小的核蜕变成比结合能大的核，即当结合得比较松的核变到结合得紧的核时，就会释放能量。从图 3.4 可以看出，有两个途径可以获得能量：一是重核裂变，即一个重核分裂成两个中等质量的核，依靠该原理制造出了原子反应堆与原子弹；二是轻核聚变，依靠该原理制造出了氢弹，并且正在探索可控聚变反应。由此可见，所谓原子能主要是指原子核结合能发生变化时释放的能量。

从图 3.4 还可见，当 $A<30$ 时，曲线在保持上升趋势的同时，有明显的起伏。在 A 为 4 的整数倍时，曲线有周期性的峰值，如 ^{4}He、^{12}C、^{16}O、^{20}Ne 和 ^{24}Mg 等偶偶核，并且 $N=Z$，这表明对于轻核可能存在α粒子的集团结构。

3.3.5　原子核最后一个核子的结合能

原子核最后一个核子的结合能，是一个自由核子与核的其余部分组成原子核时所释放的能量，也就是从核中分离出一个核子所需要给予的能量。显然，质子和中子作为最后一个核子的结合能是不等的。

最后一个质子的结合能定义为

$$\begin{aligned} S_{\mathrm{p}}(Z,A) &\equiv [m(Z-1,A-1)+m(^{1}H)-m(Z,A)]c^{2} \\ &= \Delta(Z-1,A-1)+\Delta(^{1}H)-\Delta(Z,A) \end{aligned} \tag{3.13}$$

或

$$S_{\mathrm{p}}(Z,A)=B(Z,A)-B(Z-1,A-1) \tag{3.14}$$

最后一个中子的结合能定义为

$$\begin{aligned} S_{\mathrm{n}}(Z,A) &\equiv [m(Z,A-1)+m_{\mathrm{n}}-m(Z,A)]c^{2} \\ &= \Delta(Z,A-1)+\Delta(0,1)-\Delta(Z,A) \end{aligned} \tag{3.15}$$

或

$$S_{\mathrm{n}}(Z,A)=B(Z,A)-B(Z,A-1) \tag{3.16}$$

原子核最后一个核子的结合能的大小反映了这种原子核对邻近的原子核的稳定程度。例如，由 S_{p} 和 S_{n} 的定义可计算出

$$S_{\mathrm{p}}(^{16}\mathrm{O}) = 12.127\mathrm{MeV}, \quad S_{\mathrm{n}}(^{16}\mathrm{O}) = 15.664\mathrm{MeV}$$

$$S_{\mathrm{n}}(^{17}\mathrm{O}) = 4.143\mathrm{MeV}, \quad S_{\mathrm{p}}(^{17}\mathrm{F}) = 0.600\mathrm{MeV}$$

此结果表明，最后一个核子的结合能对不同核素的差别可以很大。^{16}O 核最后一个中子或质子的结合能比邻近的 ^{17}O、^{17}F 核的最后一个中子或质子的结合能大得多，说明 ^{16}O 稳定得多。

第 4 章　放射性衰变和衰变规律[25,26]

4.1　核辐射的主要类型

辐射是以波和粒子束的形式进行能量传播的一种形式。核辐射涉及由原子核产生的各类辐射，包括由核辐射出的 α 粒子、β 粒子(正负电子)、γ 粒子(γ 光子)和中子等，分别称为 α 辐射、β 辐射、γ 辐射和中子辐射等，下面介绍常见的主要核辐射类型。

4.1.1　α 辐射

α 辐射是由氦原子核组成以粒子流形式传播的能量流。α 粒子由 2 个质子和 2 个中子组成，这 4 个粒子紧密结合，其质量为 4u，带 2 个正电荷(电子电量为 $2e$，$e=1.6\times10^{-19}$C)。它较重，在磁场中有微弱偏转。高速运动的 α 粒子能量流也称 α 射线。

在天然 α 辐射中，大多数核素的原子序数 $Z\geqslant 82$，仅少数 $Z<82$。如 ${}^{147}_{62}\text{Sm}$(钐，半衰期 $T_{1/2}=6.7\times10^{11}\text{a}$)的原子序数就小于 82。原子核进行 α 衰变的一般反应式为

$$ {}^{A}_{Z}\text{X}\longrightarrow {}^{A-4}_{Z-2}\text{Y}+{}^{4}_{2}\text{He}+Q \tag{4.1}$$

式中，X 为母体核素(简称母核素或母核)；Y 为子体核素(简称子核素或子核)；Q 为衰变能。

例如，${}^{226}_{88}\text{Ra}$(镭核，$T_{1/2}=1600\text{a}$)放出 α 粒子变成了 ${}^{222}_{86}\text{Rn}$，其 α 衰变的反应式为

$$ {}^{226}_{88}\text{Ra}\longrightarrow {}^{222}_{86}\text{Rn}+\alpha+Q $$

在 α 衰变过程中，核内释放出的能量为 α 粒子具有的动能与子核的反冲能之和。其中，α 粒子所具有的动能称为 α 辐射能。

4.1.2　β 辐射

β 辐射是由核电荷数改变而核子数不变的核衰变所产生，主要包括 β^+衰变、β^-衰变、电子俘获(EC)三种辐射方式。

1. β^- 辐射

β^-辐射是由原子核发射出来的高速运动的电子(称“核电子”)所组成，它以粒子流的形式传播能量流。核电子与原子电子具有相同的特性，带负电荷，质量数为(1/1840)u。因为它很轻，所以在磁场中有较大偏转。原子核进行 β^- 衰变的一般反应式为

$$ {}_{Z}^{A}\mathrm{X} \longrightarrow {}_{Z+1}^{A}\mathrm{Y} + \mathrm{e} + \overline{\upsilon} + Q \tag{4.2} $$

式中，$\overline{\upsilon}$ 是反中微子，它是在 β^- 衰变过程中伴随 β^- 粒子而发射出来的一种基本粒子，它的反粒子称为中微子，记作 υ 。$\overline{\upsilon}$ 和 υ 都不带电，静止质量接近为零，它们与其他物质的相互作用极微弱，$\overline{\upsilon}$ 和 υ 的穿透能力极强。

例如，${}_{82}^{214}\mathrm{Pb}$ (铅，$T_{1/2}=26.8\,\mathrm{min}$)放出一个电子变成了 ${}_{83}^{214}\mathrm{Bi}$，其 β^- 衰变的反应式为

$$ {}_{82}^{214}\mathrm{Pb} \longrightarrow {}_{83}^{214}\mathrm{Bi} + \beta^- + \overline{\upsilon} + Q $$

原子核是由质子和中子组成的，β^- 衰变可以看成是母核内的一个中子发生衰变，生成一个质子，放出一个电子和一个反中微子的过程，即

$$ \mathrm{n} \longrightarrow \mathrm{p} + \beta^- + \overline{\upsilon} \tag{4.3} $$

β^- 衰变的衰变能 Q 可以从母核静止质量和子核、电子及反中微子的质量之差中求出。

2. β^+ 辐射

1932 年，安德森发现了 β^+ 辐射，由于 β^+ 粒子是带一个正电荷的粒子，其质量也为(1/1840)u，它是电子的反粒子，故称为正电子(positron)，β^+ 辐射又称为正电子辐射。一般地，正电子在辐射防护中的辐射效应没有 β^- 粒子大。原子核进行 β^+ 衰变的一般反应式为

$$ {}_{Z}^{A}\mathrm{X} \longrightarrow {}_{Z-1}^{A}\mathrm{Y} + {}_{+1}^{0}\mathrm{e} + \upsilon + Q \tag{4.4} $$

例如，${}_{7}^{13}\mathrm{N}$ (氮，$T_{1/2}=9.96\,\mathrm{min}$)放出正电子(可记为 e^+)变成了 ${}_{6}^{13}\mathrm{C}$，其 β^+ 衰变式为

$$ {}_{7}^{13}\mathrm{N} \longrightarrow {}_{6}^{13}\mathrm{C} + {}_{+1}^{0}\mathrm{e} + \upsilon + Q $$

β^+ 衰变可以看成是母核内的一个质子转变为一个中子，放射出 β^+ 粒子和中微子的过程，这个过程可以写为

$$p \longrightarrow n + \beta^+ + \upsilon \tag{4.5}$$

3. 电子俘获

电子俘获是 β 衰变的另一种形式，它是原子核俘获某一电子壳层的核外电子，使核发生跃迁的过程，又称轨道电子俘获。由于 K 壳层的电子离原子核最近，故俘获 K 壳层电子的概率最大，常称 K 俘获。原子核发生电子俘获的一般反应式为

$${}_{Z}^{A}X + {}_{-1}^{0}e \longrightarrow {}_{Z-1}^{A}Y + \upsilon + Q \tag{4.6}$$

例如，${}_{4}^{7}Be$（铍，$T_{1/2} = 53.22d$）经电子俘获生成子核 ${}_{3}^{7}Li$ 的过程可用反应式表示为

$${}_{4}^{7}Be + {}_{-1}^{0}e \longrightarrow {}_{3}^{7}Li + \upsilon + Q$$

同理，电子俘获也可以看成是核内的一个质子转变为一个中子并放出中微子的过程，即

$$p + {}_{-1}^{0}e \longrightarrow n + \upsilon \tag{4.7}$$

如果母核发生了 K 俘获，则 K 壳层少了一个电子，K 层出现一个电子空穴，此时，处于较高能态的电子(如 L 壳层或其他壳层的电子)就会跃迁到 K 层来填补这个空穴，多余的能量以特征 X 射线的形式放射出来，即

$$E_X = h\nu = E_K - E_L \tag{4.8}$$

式中，E_X 为特征 X 射线能量；h 为普朗克常量；ν 为 X 射线频率；E_K、E_L 分别为 K、L 壳层电子的结合能。

在 K 俘获产生子核的过程中，多余能量除了可放出特征 X 射线外，还可能交给某层电子，如 L 层电子或其他壳层电子，使这个电子成为自由电子而被放出，该电子称为俄歇电子。K 俘获所引起的发射特征 X 射线(也称 KX 射线)和放出俄歇电子的过程，如图 4.1 所示。其中俄歇电子的动能为

$$E_e = h\nu - E_L \tag{4.9}$$

还应注意，β^- 衰变有三个生成物，即子核、电子和反中微子，而 β^+ 衰变的三个生成物则为子核、正电子和中微子，因此衰变能由这三个粒子共同携带。

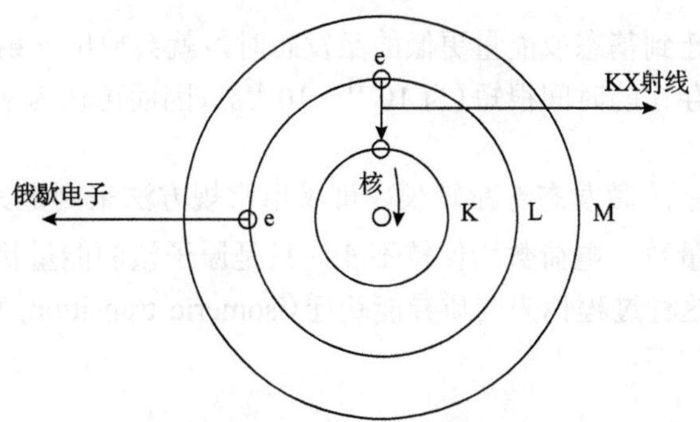

图 4.1　特征 X 射线、俄歇电子示意图

图 4.2 给出了所发射的 β 粒子的能量曲线。由图可以看出，β 射线的能量分布是连续的；右边有一个确定的最大能量值 $E_{\max}$。其中，在最大能量 1/3 左右，β 粒子数量最多，动能很小和动能很大的 β 粒子数目都很少，故取 β 粒子的平均能量为

$$E_{\beta}=\frac{1}{3}E_{\max} \tag{4.10}$$

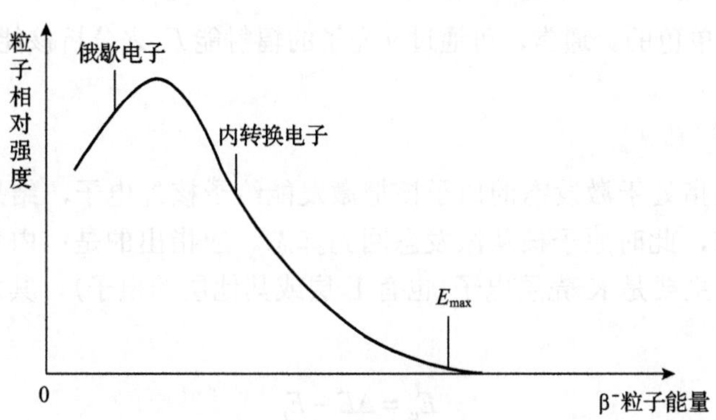

图 4.2　β 粒子能量曲线示意图

4.1.3　γ 辐射

γ 辐射是一种电磁辐射，该类辐射是由光子按波的运动方式传播能量流的。实验证明，光子的能量 E 与辐射的波长 λ 有关，即 E 与 $1/\lambda$ 成正比。光子不带电，在磁场中不发生偏转，γ 辐射是波长很短的光子流，具有很强穿透物质的能力。

γ 辐射是伴随着原子核的 α 衰变或 β 衰变而产生的核辐射。当某个原子核发生 α 衰变或 β 衰变时，衰变所产生的子核常常处于高能态，即子核的激发态。当

子核从激发态跃迁到基态或能量更低的激发态时，就会放出 γ 射线。一般来说，原子核在激发态存在的时间很短(为 10^{-11}～10^{-12}s)，因而可认为 γ 射线与 α 射线或 β 射线同时产生。

也有一些核素的激发态寿命较长，可采用常规方法来测定其半衰期 $T_{1/2}$。因这类原子核的质量数、电荷数均保持不变，只是原子核的能量状态发生了变化而放出 γ 射线，故这种过程称为同质异能跃迁(isomeric transition, IT)。同质异能跃迁的一般表达式如下：

$$ {}^{Am}_{Z}\mathrm{X} \longrightarrow {}^{A}_{Z}\mathrm{X} + \gamma + Q_{\gamma} \tag{4.11}$$

例如，同质异能跃迁 ${}^{60m}_{27}\mathrm{Co} \longrightarrow {}^{60}_{27}\mathrm{Co}+\gamma$ 可放出能量 E_{γ} 分别为 1.33MeV 和 1.17MeV 的 γ 光子。若衰变前后的核能级差为 Q_{γ}，则 γ 衰变能 Q_{γ} 可由 γ 光子辐射能 E_{γ} 和核反冲能 E_{R} 求得，即

$$ Q_{\gamma} = E_{\mathrm{R}} + E_{\gamma} \tag{4.12}$$

由于核反冲能 E_{R} 很小，故 $Q_{\gamma} \approx E_{\gamma} = h\nu$，即核能级差 Q_{γ} 几乎被 γ 光子带走，故 γ 光子的能量是单色的。通常，可通过 γ 光子的辐射能 E_{γ} 来分析核能级状况。

1. 内转换

内转换是指处于激发态的原子核把激发能给予核外电子，结果使该电子从壳层发射出来，此时原子核从激发态回到基态。应指出的是：内转换过程所发射出来的电子主要是 K 壳层电子(也有 L 层或其他层的电子)，其发射出来的电子能量为

$$ E_{\mathrm{e}} = \Delta E - E_i \tag{4.13}$$

式中，ΔE 为核激发态与核基态的能级差；E_i 为第 i 层的电子结合能，i = K, L, M, … 分别表示 i 取不同的电子壳层。

由于核能级的不连续性，故内转换电子的能量 E_{e} 是单一的，这一点与 β 衰变发射出来的电子有明显区别，但也有些核素的内转换电子与 β^- 粒子的能量混在一起。内转换也是一种 γ 跃迁，因为这种跃迁不放出光子，所以将该 γ 跃迁称为“无辐射跃迁”。内转换过程如图 4.3 所示，在该图中，M 层电子因内转换被发射出来，外层电子将填补空位，其后仍有可能发射特征 X 射线或放出俄歇电子，这与电子俘获相类似。

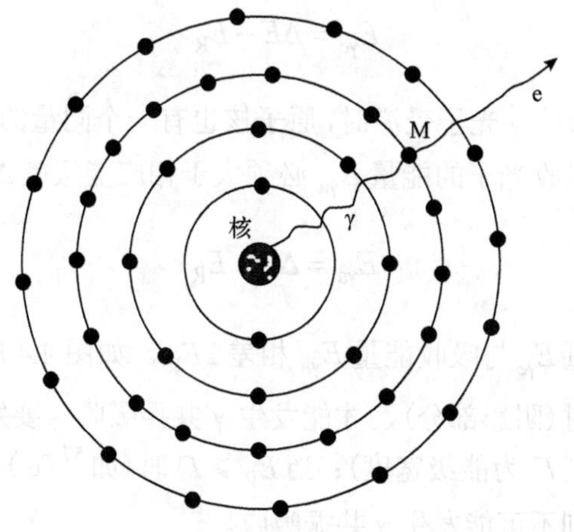

图 4.3　内转换过程示意图

2. 穆斯堡尔效应

穆斯堡尔(Mößbauer)于 1958 年发现了该效应，他将发射 γ 光子的原子核和吸收 γ 光子的原子核分别置入固体晶格中，使其尽可能固定，并与晶格形成一个整体，因而在吸收 γ 光子或发射 γ 光子时，反冲体不是一个原子核，而是整体晶体。此时核反冲能 E_R 极小，实际上可看成零，该现象称为穆斯堡尔效应。

利用穆斯堡尔效应，可直接观测核能级的超精细结构，以及验证广义相对论等。这种效应被大量应用的基础是原子核与核外电子的超精细作用，目前被广泛应用于物理学、化学、生物学、地质学、冶金学等学科的基础研究，已发展成为一门重要的边缘学科。

处于激发态的原子核进行 γ 跃迁时，原子核的反冲能 E_R 比 γ 光子辐射能 E_γ 小很多，可忽略，但 E_R 与核能级宽度比较，就不能忽略。因为只有稳定的原子核基态才有完全确定的能级，而具有一定寿命的非稳定核的能级是不能完全确定的，也就是它具有一定的能级宽度。

当核的激发能级有一定宽度并进行 γ 跃迁时，放出的 γ 射线能量具有一定的展宽，称为 γ 谱的自然展宽。在理论上，通过测量 γ 射线的展宽可以测定激发能级的宽度。由于目前的 γ 谱仪的能量分辨率尚不能达到如此高的要求，故只能对它进行间接测量。

例如，采用 γ 射线共振吸收法可进行相关测量。当入射 γ 射线的能量等于原子核激发能级的能量时，将发生 γ 射线的共振吸收现象，但让一种原子核放出的 γ 光子通过同类核素的原子核时，不易观测到该现象。原因是发射 γ 光子(能量为 $E_{\gamma e}$)的原子核携带了反冲能 E_R，导致 $E_{\gamma e}$ 小于相应能级差 ΔE，即

$$E_{\gamma e} = \Delta E - E_R \tag{4.14}$$

当同类原子核吸收γ光子受激时，原子核也有一个同量的反冲动能 E_R。因此，要发生共振吸收，吸收光子的能量 $E_{\gamma a}$ 必须大于相应能级差 ΔE，即

$$E_{\gamma a} = \Delta E - E_R \tag{4.15}$$

因此，实际发射能量 $E_{\gamma e}$ 与吸收能量 $E_{\gamma a}$ 相差 $2E_R$。如图 4.4 所示，只有当发射谱与吸收谱出现重叠时(阴影部分)，才能发生γ共振吸收。要发生显著的γ共振吸收，必须置 $E_R < \varGamma$（$\varGamma$ 为能级宽度）；当 $E_R \geqslant \varGamma$ 时(如 ^{57}Fe)，发射谱与吸收谱之间不能出现重叠，则不可能发生γ共振吸收。

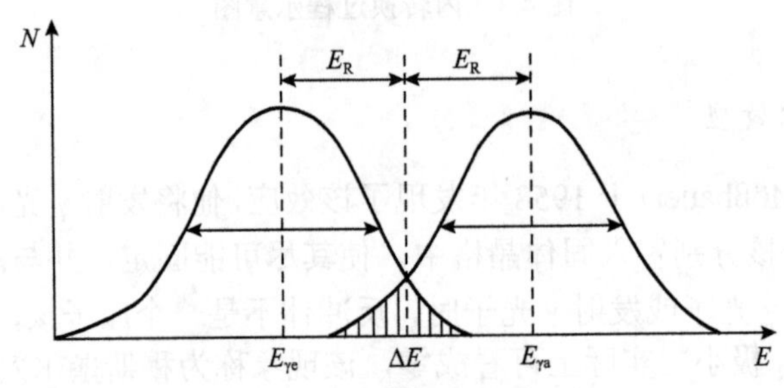

图 4.4　γ射线的发射谱与吸收谱

4.2　放射性衰变的基本规律

实际上，衰变是一个统计的过程，总的效果是随着时间的流逝，放射源中的放射性原子核数目按一定的规律减少。下面我们讨论放射性的衰变规律。

4.2.1　单一放射性指数衰减规律

以 $^{222}_{86}$Rn (常称氡射气)的 α 衰变为例，实验发现，把一定量的氡射气单独存放，大约 4d 之后氡射气的数量会减少一半，经过 8d 会减少到原来的 1/4，经过 12d 减到 1/8，一个月后就不到原来的百分之一了，衰变情况如图 4.5(a)所示。如果以氡射气数量的自然数为纵坐标，以时间为横坐标作图，则可得到图 4.5(b)，由此可列出线性方程：

$$\ln N(t) = -\lambda t + \ln N(0) \tag{4.16}$$

式中，$N(0)$ 和 $N(t)$ 是时间分别为 0 和 t 时的 $^{222}_{86}$Rn 核数；$-\lambda$ 为直线的斜率，是一

个常数。将式(4.16)化为指数形式，则得

$$N(t) = N(0)e^{-\lambda t} \tag{4.17}$$

可见氡的衰变服从指数规律。实验表明，任何放射性物质在单独存在时都服从指数规律。指数衰减规律不仅适用于单一放射性衰变，而且也适用于同时存在分支衰变的衰变过程，指数衰减规律是放射性核素衰变的普遍规律。但是对各种不同的核素来说，它们衰变的快慢又各不相同，即它们的 λ 各不相同，所以 λ 反映了不同的放射性核素的特性。

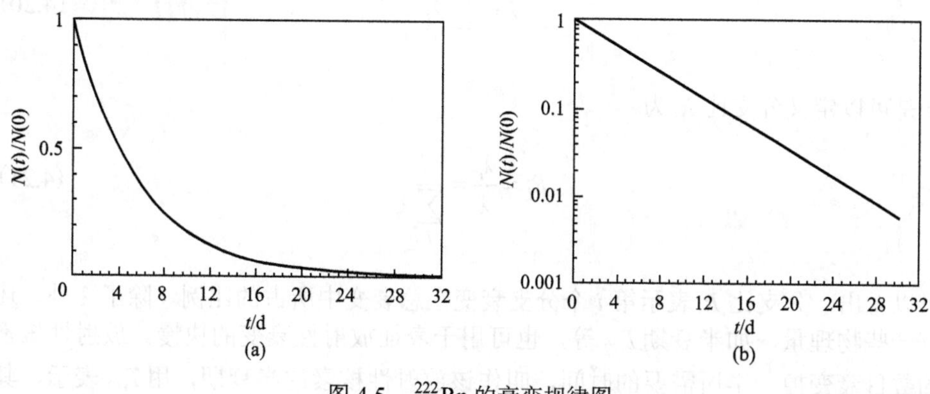

图 4.5　$^{222}_{86}Rn$ 的衰变规律图

应该指出，放射性指数衰减规律是一种统计规律。对于单个原子核的衰变，只能说它具有一定的衰变概率，而不能确切地确定它何时发生衰变。实验发现，用加压、加热、加电磁场、机械运动等物理或化学手段都不能改变指数衰减规律，也不能改变 λ 的大小，这表明放射性衰变是由原子核内部运动规律所决定的。

4.2.2　衰变常数、半衰期、平均寿命和衰变宽度

式(4.16)中的常数 λ 称为衰变常数。由式(4.16)微分可得

$$-dN(t) = \lambda N(t)dt \tag{4.18}$$

式中，$-dN(t)$ 为原子核在 $t \sim t+dt$ 时间间隔内的衰变数。由此可见，此衰变数正比于时间间隔 dt 和 t 时刻的原子核数 $N(t)$，其比例系数正好是衰变常数 λ。因此，λ 可写为

$$\lambda = \frac{-dN(t)/N(t)}{dt} \tag{4.19}$$

显然，式(4.19)中的分子 $-\mathrm{d}N(t)/N(t)$ 表示一个原子核的衰变概率。可见，λ 是单位时间内一个原子核发生衰变的概率，其单位为时间的倒数，如 s^{-1}、min^{-1}、h^{-1}、d^{-1}、a^{-1} 等。衰变常数表征该放射性核素衰变的快慢，λ 越大，衰变越快；λ 越小，衰变越慢。实验指出，每种放射性核素都有确定的衰变常数，衰变常数 λ 的大小与这种核素如何形成或何时形成都无关。

如果一种核素同时有几种衰变模式(如核素 $^{210}\mathrm{Po}$ 有两个 α 衰变，还有一些放射性核素，既能放射 α 粒子又能放射 β 粒子等)，则该核素的总衰变常数 λ 应该是各个分支衰变常数 λ_i 之和，即

$$\lambda = \sum_i \lambda_i \tag{4.20}$$

于是可以定义分支比 R_i 为

$$R_i = \frac{\lambda_i}{\lambda} = \frac{\lambda_i}{\sum_i \lambda_i} \tag{4.21}$$

可以看出，分支比 R_i 表示第 i 个分支衰变在总衰变中所占的比例。除了 λ 外，还有一些物理量，如半衰期 $T_{1/2}$ 等，也可用于表征放射性衰变的快慢。放射性核素的数目衰变掉一半所需要的时间，叫作该放射性核素的半衰期，用 $T_{1/2}$ 表示，其单位可采用秒(s)、分钟(min)、小时(h)、天(d)、年(a)等。根据定义

$$N(T_{1/2}) = N(0)/2 \tag{4.22}$$

将指数衰减规律式(4.17)代入上式，可得

$$T_{1/2} = \ln 2/\lambda \approx 0.693/\lambda \tag{4.23}$$

由此可见，$T_{1/2}$ 与 λ 成反比，因此 $T_{1/2}$ 越大，衰变越慢，而 $T_{1/2}$ 越小则衰变越快。式(4.22)也表示半衰期 $T_{1/2}$ 与何时作为时间起点是无关的，从任何时间开始算起这种原子核的数量减少一半的时间都一样，即等于 $T_{1/2}$。

还可以用平均寿命 τ 来量度衰变的快慢，简称寿命。平均寿命可以计算如下：若在 $t=0$ 时放射性核素的数目为 $N(0)$，当 $t=t$ 时就减为 $N(t)=N(0)\mathrm{e}^{-\lambda t}$。因此，在 $t \to t+\mathrm{d}t$ 这段很短的时间内，发生衰变的核数为 $-\mathrm{d}N(t)=\lambda N(t)\mathrm{d}t$，这些核的寿命为 t，它们的总寿命为 $t\lambda N(t)\mathrm{d}t$。由于有的原子核在 $t\approx 0$ 时就衰变，有的要到 $t\to\infty$ 时才发生衰变，因此，所有核素的总寿命为

$$\int_0^{\infty} t\lambda N(t)\,\mathrm{d}t \tag{4.24}$$

于是，任一核素的平均寿命 τ 为

$$\tau = \frac{\int_0^{\infty} t\lambda N(t)\mathrm{d}t}{N(0)} = \frac{1}{\lambda}\int_0^{\infty}(\lambda t)\cdot \mathrm{e}^{-\lambda t}\mathrm{d}(\lambda t) = \frac{1}{\lambda} \tag{4.25}$$

可见原子核的平均寿命为衰变常数的倒数。由于 $T_{1/2} = 0.693/\lambda$，故

$$\tau = \frac{T_{1/2}}{0.693} \approx 1.44 T_{1/2} \tag{4.26}$$

因此，平均寿命比半衰期长一点，是 $T_{1/2}$ 的 1.44 倍。在 $t=\tau$ 时，即得

$$N(t=\tau) = N(0)\mathrm{e}^{-1} \approx 37\% \cdot N(0) \tag{4.27}$$

表明放射性核素经过时间 τ 以后，剩下的核素数目约为原来的 37%。

除了用衰变常数 λ、半衰期 $T_{1/2}$ 和平均寿命 τ 表述核衰变的快慢外，还会用到衰变宽度 Γ 这一物理量。由放射性衰变的量子理论可以知道，当原子核处于某一能量为 E_0 的激发态时，并不意味着核的激发能仅为一确定的值 E_0，而是处于以 E_0 为中心的具有一定宽度的能量范围内，也就是说，能级存在一定的宽度。由量子力学跃迁概率公式(费米黄金规则)可得到激发能处于以 E_0 为中心的不同能量 E 的概率分布函数，即原子核激发能是 E 的概率为

$$|A(E)|^2 = \frac{1}{4\pi^2}\cdot\frac{1}{(E-E_0)^2 + (\hbar\lambda/2)^2} \tag{4.28}$$

式中，$A(E)$ 是能量为 E 的态的波函数振幅。

由不确定关系

$$\Gamma = \hbar\lambda \tag{4.29}$$

式中，$\hbar$ 为约化普朗克常量，$\hbar=\lambda/(2\pi)=1.05457266(63)\times10^{-34}\mathrm{J\cdot s}$。则有

$$|A(E)|^2 = \frac{1}{4\pi^2}\cdot\frac{1}{(E-E_0)^2 + (\Gamma/2)^2} \tag{4.30}$$

此式表明，原子核处于能量为 E 的态的概率随 E 的变化曲线在 $E=E_0$ 处有峰值，峰的半宽度为 Γ，见图 4.6。也就是说，衰变态的能量主要集中在 $E_0-\Gamma/2$ 和 E_0+

$\Gamma/2$之间，Γ 即为衰变核所处能级的自然宽度。

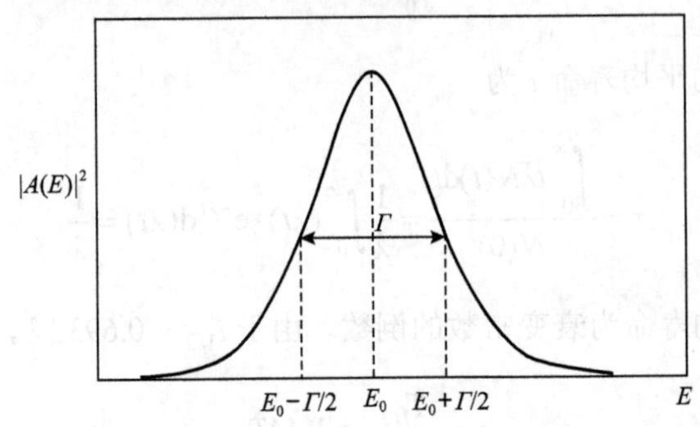

图 4.6　衰变态处于能量 E 的概率

由于$\lambda=1/\tau$，则式(4.29)可化为

$$\Gamma\tau\approx\hbar \tag{4.31}$$

式(4.31)表明，原子核的衰变(即寿命τ有限)是与它的能量不确定(存在能量展宽Γ)相关的。如果$\Gamma\to 0$，则$\tau\to\infty$，也就是说，当原子核的能量确定时，它就是稳定的，不会发生放射性衰变。典型的核激发态寿命为$\tau\approx10^{-12}\text{s}$，相应的$\Gamma\approx10^{-4}\text{eV}$，可见衰变核能级宽度非常小。由于与$\tau$存在一定的对应关系，$\Gamma$显然也可以表示不稳定核衰变的快慢程度，所以把$\Gamma$称为衰变宽度。

4.2.3　放射性的活度和单位

一个放射源在单位时间内发生衰变的原子核数称为它的放射性活度，通常用符号A表示。放射性活度表征了一个放射源的强弱，它不仅取决于放射性原子核的数量，而且还与这种核素的衰变常数有关。

如果一个放射源在t时刻含有$N(t)$个放射性原子核，放射源核素的衰变常数为λ，则这个放射源的放射性活度为

$$A(t)=-\frac{\mathrm{d}N(t)}{\mathrm{d}t}=\lambda N(t) \tag{4.32}$$

代入$N(t)$的指数规律式(4.17)，得到

$$A(t)=\lambda N(t)=\lambda N(0)\mathrm{e}^{-\lambda t}$$

即

$$A(t)=A_0\mathrm{e}^{-\lambda t} \tag{4.33}$$

这里$A_0=\lambda N(0)$，是放射源的初始放射性活度。由式(4.33)可见，一个放射源的放

射性活度也是随时间呈指数衰减的。

由于历史的原因，放射性活度常采用居里(简称居，用符号 Ci 表示)为单位。最初，1Ci 定义为 1g 镭的每秒衰变数目。1950 年，为了统一起见，国际上共同规定：一个放射源每秒钟有 3.7×10^{10} 次核衰变定义为 1Ci，即

$$1\,\mathrm{Ci}=3.7\times10^{10}\,\mathrm{s}^{-1} \tag{4.34}$$

更小的单位有毫居($1\mathrm{mCi}=10^{-3}\mathrm{Ci}$)和微居($1\mu\mathrm{Ci}=10^{-6}\mathrm{Ci}$)。1975 年，国际计量大会(General Conference on Weights and Measures)规定放射性活度的 SI 单位为贝可勒尔(简称贝可，用符号 Bq 表示)，即

$$1\mathrm{Bq}=1\mathrm{s}^{-1} \tag{4.35}$$

显见

$$1\mathrm{Ci}=3.7\times10^{10}\mathrm{Bq} \tag{4.36}$$

应该指出，放射性活度仅仅是指单位时间内原子核衰变的数目，而不是指在衰变过程中放射出的粒子数目。有些原子核在发生一次衰变时可能放出多个粒子。例如 ^{137}Cs 放射源，假如在某一时间间隔内有 10000 个原子核发生衰变，会平均放出 19456 个粒子，其中最大能量为 1.17MeV 的电子有 540 个，最大能量为 0.512MeV 的电子有 9460 个，并伴随有 8500 个能量为 0.662MeV 的光子和 956 个能量约为 0.662MeV 的内转换电子。

在实际工作中，除放射性活度外，还经常用到比放射性活度或比活度的概念。比放射性活度就是单位质量放射源的放射性活度，即

$$A_{\mathrm{m}}(t)=A(t)/m \tag{4.37}$$

式中，m 为放射源的质量，比放射性活度的单位为 Bq / g 或者 Ci / g。

衡量一个放射源或放射性样品放射性强弱的物理量，除放射性活度外，还常用衰变率这一概念。设 t 时刻放射性样品中，某一放射性核素的原子核数为 $N(t)$，该放射性核素的衰变常数为 λ，我们把这个放射源在单位时间内发生衰变的核的数目称为衰变率 $J(t)$，即

$$J(t)=\lambda N(t) \tag{4.38}$$

可见，放射性活度和衰变率具有相同的定义，是同一物理量的两种表述。前者多用于给出放射源或放射性样品的放射性活度，而后者则常作为描述衰变过程的物理量。

第 5 章　γ 射线与物质的相互作用[26]

5.1　辐射与物质的相互作用概述

辐射(radiation)又称射线(ray)，辐射的种类很多，能量范围也很宽，但一般说来，我们只关注能量在 10eV 量级以上的辐射。这个能量下限是辐射或辐射与物质相互作用的次级产物能使空气等典型材料发生电离所需的最低能量。能量大于这个最低能值的辐射称为电离辐射(ionizing radiation)。慢中子(尤其是热中子)本身的能量可能低于上述能量下限，但由于由慢中子引发的核反应及核裂变产物具有相当大的能量，因而也归入这一范畴。

5.1.1　辐射的分类

电离辐射按其电荷及其他性质，通常可分为四大类，如表 5.1 所示。下面分别对其作一简述。

表 5.1　辐射探测涉及的四类辐射

带电粒子辐射		非带电(粒子)辐射
快电子	⇐	电磁辐射
重带电粒子	⇐	中子

1. 快电子

电子(electron)是 1897 年汤姆孙(J.J. Thomson)研究阴极射线时发现的。辐射探测中涉及的快电子有：β 衰变产生的 β 射线、内转换电子、γ 射线与物质相互作用产生的次电子、由加速器产生的具有相当高能量的连续电子束或脉冲电子束等。

2. 重带电粒子

重带电粒子指质量为一个或多个原子质量单位并具有相当能量的带电粒子，一般带正电荷。重带电粒子实质上是原子的外层电子完全或部分剥离的原子核，如 α 粒子为氦原子核，质子为氢核，氘为重氢的核，裂变产物和核反应产物则是较重原子的核组成的重带电粒子。

3. 电磁辐射

辐射探测中涉及的电磁辐射包括两类：γ 射线和 X 射线。其中 γ 射线指由核发生的或物质与反物质之间的湮灭过程中产生的电磁辐射，前者称为特征 γ 射线，后者称为湮灭辐射；X 射线指处于激发态的原子退激时发出的电磁辐射或带电粒子在库仑场中慢化时所辐射的电磁辐射，前者称为特征 X 射线，后者称为韧致辐射(bremsstrahlung)。

4. 中子

中子不带电，一般由核反应、核裂变等核过程产生，易与物质发生核反应。在辐射探测中，可以通过各种核反应探测中子。

快电子和重带电粒子为带电辐射，电磁辐射和中子为非带电辐射。带电辐射和非带电辐射与物质相互作用有着显著的区别。国际辐射单位和测量委员会(International Commission on Radiation Units and Measurements，ICRU)推荐的有关电离辐射的术语中强调了这种区别，将带电辐射和非带电辐射分别称为直接致电离辐射和间接致电离辐射。

(1)直接致电离辐射。快速带电粒子通过物质时，沿着粒子径迹通过许多次小的库仑力相互作用，将其能量传递给物质。

(2)间接致电离辐射。X/γ 射线或中子通过物质时，可能会发生少数几次相对较强的相互作用，把其部分或全部能量转移给它们所通过物质中的某带电粒子，然后所产生的快速带电粒子再按直接致电离辐射的方式将能量传递给物质。

可以看出，间接致电离辐射在物质中沉积能量需要两个过程，即先把能量传递给某带电粒子，然后带电粒子沉积能量。表 5.1 中的箭头表示间接致电离辐射的第一个过程所产生的带电粒子，X 射线或 γ 射线将其全部或部分能量传递给物质中原子核外的电子，产生次级电子(secondary electron)；中子则几乎总是以核反应或核裂变过程产生次级重带电粒子。

由于非带电粒子是先通过与物质相互作用产生带电粒子才实现能量的转移或沉积的，所以带电粒子与物质的相互作用是辐射与物质相互作用的基础。

5.1.2　带电粒子与靶物质原子的碰撞过程

在核工程和核技术应用领域内，主要涉及辐射的能量范围为几千电子伏到20MeV。在这个能量范围内，带电粒子穿过靶物质时主要通过库仑力与靶物质原子发生相互作用，归纳起来可分为四种作用方式：①与核外电子的非弹性碰撞；②与原子核的非弹性碰撞；③与原子核的弹性碰撞；④与核外电子的弹性碰撞。

弹性碰撞和非弹性碰撞的唯一区别在于前者在碰撞过程中动能守恒，而后者则会将入射粒子的动能转化为其他形式的能量，例如转化为靶物质原子的激发能、电离能，或转化为电磁辐射能，这部分能量用 ΔE 表示。当 $\Delta E = 0$ 时，为弹性碰撞，当 $\Delta E \neq 0$ 时，为非弹性碰撞。

由于碰撞的发生，一定能量的带电粒子在靶物质中会经历一个慢化的过程，如果靶物质足够厚，入射的带电粒子将最终停留在靶物质中。入射带电粒子也有穿透原子核的库仑势垒而发生核反应的现象，但该现象发生的概率很小，对带电粒子的探测几乎没有影响。所以，我们只讨论上述四种碰撞的机制，并进一步分析各种碰撞过程引起的入射带电粒子的运动状态和靶物质原子状态的变化。

1. 带电粒子与靶物质原子核外电子的非弹性碰撞

带电粒子进入任何一种物质后，入射带电粒子均会与物质原子的核外电子发生库仑作用，使电子获得能量，并改变物质原子的能量状态，引起电离和激发。

电离(ionization)：电子克服原子核束缚成为自由电子，靶原子就分离成一个自由电子和一个失去一个电子的原子——正离子。原子最外层电子受原子核的束缚最弱，所以这些电子最容易被击出。有的自由电子具有足够的动能，可继续与其他靶原子发生相互作用，进一步产生电离，这些高速电子称为 δ 电子。

激发(excitation)：虽然转移能量较小，不足以发生电离过程，但可以使电子由低能级跃迁到高能级而使原子处于激发状态。处于激发态的原子不稳定，将很快从激发态跃迁回基态并发光。

入射带电粒子与核外电子发生非弹性碰撞，在核外电子获得能量的同时，带电粒子的能量将减少，运动速度降低。带电粒子正是通过与核外电子的大量的非弹性碰撞而不断损失能量的，直到能量损失完被阻止下来。带电粒子通过这种方式损失能量称为电离能量损失。这是带电粒子穿过物质时损失能量的主要方式。

2. 带电粒子与靶物质原子核的非弹性碰撞

入射带电粒子与靶物质原子核之间也会发生库仑相互作用，使入射带电粒子受到排斥或吸引，导致入射带电粒子的速度和方向发生变化。

由经典电动力学可知，当带电粒子加速(减速)时必然伴随辐射的产生。因此，当带电粒子与靶物质原子或原子核的库仑作用导致带电粒子骤然减速时，必然会伴随产生电磁辐射，称为轫致辐射。在此过程中，入射带电粒子不断地损失能量，这种形式的能量损失称为辐射能量损失。

只有当带电粒子的动能大于它的静止能量时，辐射能量损失才成为重要的能量损失形式。对于重带电粒子，只有当能量达到 10^3MeV 时，发生的轫致辐射才不可忽略。而快电子与原子核碰撞后运动状态会发生很大变化，因此，快电子的辐射损失占有重要地位。

3. 带电粒子与靶物质原子核的弹性碰撞

带电粒子与靶物质原子核的库仑场作用而发生弹性散射，也就是卢瑟福散射。该过程既不会使原子核激发也不会产生轫致辐射，只是使原子核反冲而带走带电粒子的一部分能量。这种能量损失称为核碰撞能量损失，把原子核对入射粒子的阻止作用称为核阻止。

卢瑟福散射公式给出了入射带电粒子与靶核发生弹性散射的截面 $d\sigma / d\Omega \propto Z^4 / E^2$，其中 Z 和 E 分别是带电粒子的电荷数和动能。可以看出，当入射带电粒子能量较低和电荷数较大时，必须考虑这种能量损失方式，尤其对低速重离子会是重要的能量损失过程。

带电粒子与靶原子核发生弹性碰撞时，原子核获得反冲能量，可使晶格原子发生位移，形成靶物质的辐射损伤。由于电子质量轻，电子与原子核的弹性碰撞所受到的偏转比重带电粒子严重得多，因此，该过程是引起电子散射严重的主要因素。

4. 带电粒子与靶物质原子核外电子的弹性碰撞

带电粒子与靶物质原子核外电子的弹性碰撞过程只有很小的能量转移。实际上，这是入射带电粒子与整个靶原子的相互作用。这种相互作用方式只有在极低能量(100eV)的电子才需考虑。由于这种作用方式对带电粒子能量损失贡献很小，一般不予讨论。

5.1.3　带电粒子在物质中的能量损失

带电粒子进入物质后，受库仑相互作用损失能量的过程也可以看成被物质阻止的过程，我们把某种吸收物质对带电粒子的线性阻止本领 S(简称阻止本领，stopping power)定义为该粒子在材料中的微分能量损失 $\mathrm{d}E$ 除以相应的微分路径 $\mathrm{d}x$，即

$$S = -\frac{\mathrm{d}E}{\mathrm{d}x} \tag{5.1}$$

式中，$(-\mathrm{d}E / \mathrm{d}x)$ 称为粒子的能量损失率(rate of energy loss)，或比能损失(specific energy loss)。

根据带电粒子与靶物质原子碰撞过程的分析，带电粒子的能量损失率由电离能量损失率 S_{ion} 、辐射能量损失率 S_{rad} 及核碰撞能量损失率 S_{n} 组成，式(5.1)可相应地表示为

$$S = S_{\mathrm{ion}} + S_{\mathrm{n}} + S_{\mathrm{rad}} = \left(-\frac{\mathrm{d}E}{\mathrm{d}x}\right)_{\mathrm{ion}} + \left(-\frac{\mathrm{d}E}{\mathrm{d}x}\right)_{\mathrm{n}} + \left(-\frac{\mathrm{d}E}{\mathrm{d}x}\right)_{\mathrm{rad}} \tag{5.2}$$

式中，电离能量损失率$(-\mathrm{d}E/\mathrm{d}x)_{ion}$是入射带电粒子与核外电子碰撞，致使原子电离和激发引起的能量损失，所以又可称为电子碰撞能量损失或电子阻止本领，表示为$(-\mathrm{d}E/\mathrm{d}x)_{e}$或$S_e$，这是相对于核阻止而言的。

对不同的带电粒子，三种能量损失方式所占的比重不一样。为了叙述方便，下面我们将具有一定能量的质子、氘核、α 粒子和 π 介子等重带电粒子称为快重带电粒子，将所有$Z>2$并失去了部分电子的原子(正离子)和裂变碎片等粒子称为重离子。在我们关注的能量范围内，快重带电粒子和重离子的电离能量损失S_{ion}都是最主要的能量损失方式，而辐射能量损失S_{rad}可以忽略；快重带电粒子的核碰撞能量损失S_n一般很小，但重离子(尤其速度很低时)的核碰撞能量损失S_n可以与电离能量损失S_{ion}相当。

对快电子来讲，快电子与核外电子发生非弹性碰撞使原子电离或激发引起的电离能量损失S_{ion}，仍是其能量损失的重要方式，但辐射能量损失S_{rad}也占有十分重要的地位，当电子能量达到十几兆电子伏时，辐射能量损失率S_{rad}将与电离能量损失率S_{ion}相当。由于电子质量小，核碰撞能量损失S_n所占份额很小，但核碰撞会引起严重的散射。

5.2　γ 射线与物质相互作用原理

光子(包括 X 射线和 γ 射线)是非带电粒子，它不能像带电粒子那样通过与原子作用产生电离与激发而不断地损失能量。光子与物质的相互作用是一种单次性的随机事件。就各个光子而言，它们穿过物质时只有两种可能：要么发生作用后消失或转换成另一能量与运动方向的光子，要么不发生任何作用而穿过物质。一旦发生作用，入射光子的全部或部分能量就转换为所产生的次电子的能量。

就大量入射光子的宏观效果而言，光子穿过有限厚度的介质后必然有一部分光子消失了，也必然仍有一部分光子毫无变化地通过，因此，射程与最大吸收厚度对于光子是没有意义的。由于光子与物质的相互作用是单次性的随机事件，发生作用的可能性需要用概率来描述，具体大小由截面σ来度量。

光子在介质中沉积能量(转移为次电子能量)的三种主要作用机制为光电吸收(photoelectric absorption)、康普顿散射(Compton scattering)及电子对产生(pair production)。这些作用过程都是使入射光子的部分或全部能量转换成次电子能量，同时入射光子或者完全消失，或者被散射变成另一具有不同能量与方向的光子。

汤姆孙散射(Thomson scattering)和瑞利散射(Rayleigh scattering)是光子与物质相互作用的另外两种方式，这两种作用过程可以看成是没有能量转移的过程。在汤姆孙散射中，被视为“自由”的电子在入射电磁波的电矢量的作用下发生振荡，振荡的电子发射与入射波相同频率的辐射(光子)。汤姆孙散射是弹性散射，其结果是入射光子没有发生与介质的能量交换，而仅仅改变了运动方向。瑞利散射是把原子作为整体的一种相干散射，散射角非常小，光子与原子之间基本上没有能量转移，原子的反冲仅“维持”动量守恒。由于没有明显的能量转移，所以这两种过程在辐射探测中不占主要地位，我们对此不做深入讨论。

5.2.1　光子与物质的三种主要作用机制

1. 光电吸收

光电吸收是 γ 光子与靶物质的原子发生作用，光子把全部能量转移给原子中某个内层束缚电子，使之发射出去，出射的电子称为光电子，而 γ 光子自身消失。光电吸收又常称为光电效应(photoelectric effect)，其过程可用图 5.1 表示。

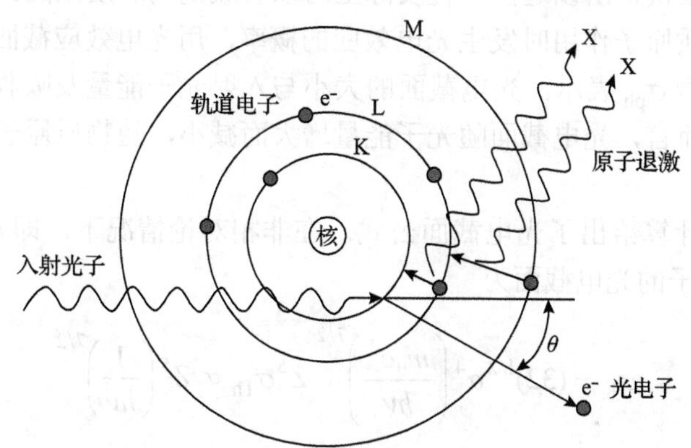

图 5.1　光电效应示意图

为解释光电效应，爱因斯坦于 1905 年提出了光量子理论，并据此获得了 1921 年诺贝尔物理学奖。他假定光的能量在空间的分布是不连续的，呈能量子的状态，这些能量子只能整个产生和吸收，称为光量子(即光子)，光子的能量为 $E_\gamma = h\nu$ 。1907 年，爱因斯坦进一步提出光子的动量为 $\boldsymbol{p}=\hbar\boldsymbol{k}$，$\boldsymbol{k}$ 为光子的波矢。

入射 γ 光子能量的一部分消耗于光电子脱离原子束缚所需的电离能和反冲原子的动能，另一部分就作为光电子的动能。因此，光电效应的动量和能量守恒方程分别为

$$\hbar\boldsymbol{k} = \boldsymbol{p}_\mathrm{e} + \boldsymbol{p}_\mathrm{a}, \quad h\nu = \hbar w = E_\mathrm{e} + E_\mathrm{a} + E_\mathrm{i}$$

式中，$\boldsymbol{p}_\mathrm{e}$ 和 $\boldsymbol{p}_\mathrm{a}$ 为光电子和反冲原子的动量；E_e 和 E_a 为相应的动能。由于 $E_\mathrm{a} = E_\mathrm{e}(m_0 / M)$，$M$ 为原子质量，通常可以将 E_a 忽略不计。所以，光电子的动能 E_e 就是入射光子能量 $h\nu$ 与该束缚电子所处电子壳层的结合能 E_i 之差：

$$E_\mathrm{e} = h\nu - E_\mathrm{i} \tag{5.3}$$

式(5.3)就是著名的爱因斯坦光电效应方程。

光电吸收中，入射 γ 光子不是与自由电子相互作用，而是与整个原子相互作用，这个过程必须考虑原子的反冲，否则不能同时满足能量守恒定律和动量守恒定律。K 层电子在原子中束缚得最为紧密，光电效应中击出 K 层电子的概率最大。光子在原子的 L、M 等壳层上也可以产生光电效应，但相对于 K 层而言，L、M 等壳层的光电截面要小得多。进一步推广而言，只要 γ 光子能量大于束缚电子的结合能，就能发生光电效应，包括外层电子。但对能量超过 K 层电子结合能的入射 γ 光子，大约 80%的光电子来自 K 层。

发生光电效应时，从内壳层上发射出了电子，就在此壳层上留下空位，使原子处于激发状态，并通过发射特征 X 射线或放出俄歇电子的方式退激。由于作用和退激过程都很快，所以这些过程实际上可以看成是同时发生的。

光子与物质原子作用时发生光电效应的概率，用光电效应截面描述，简称光电截面，用符号 σ_{ph} 表示。光电截面的大小与入射光子能量及吸收物质的原子序数有关。总体而言，光电截面随光子能量增大而减小，随物质原子序数 Z 增大而急剧增大。

量子力学计算给出了光电截面公式。在非相对论情况下，即 $h\nu \ll m_0c^2$ 时，发生在 K 层电子的光电截面为

$$\sigma_{\mathrm{K}} = (32)^{1/2}\alpha^4\left(\frac{m_0c^2}{h\nu}\right)^{7/2} Z^5\sigma_{\mathrm{Th}} \propto Z^5\left(\frac{1}{h\nu}\right)^{7/2} \tag{5.4}$$

式中，$\alpha = 1/137$ 为精细结构常数；$\sigma_{\mathrm{Th}} = 8\pi[e^2/(4\pi\varepsilon_0 m_0c^2)]^2/3 = 6.65\times10^{-25}\,\mathrm{cm}^2$。

在相对论情况下，即 $h\nu \gg m_0c^2$ 时，光电截面为

$$\sigma_{\mathrm{K}} = 1.5\alpha^4\frac{m_0c^2}{h\nu}Z^5\sigma_{\mathrm{Th}} \propto Z^5\cdot\frac{1}{h\nu} \tag{5.5}$$

原子的光电效应截面 σ_{Th} 则为

$$\sigma_{\mathrm{Th}} = \frac{5}{4}\sigma_{\mathrm{K}} \tag{5.6}$$

实际上，在实验中已经发现光电截面与 Z 和 $h\nu$ 的关系更加接近于

$$\sigma_{\mathrm{Th}} \propto Z^n/(h\nu)^m$$

随着 $h\nu$ 的值从 0.1MeV 增加到 3MeV，n 的值将由 4 增加到 4.6；并且当 $h\nu \gg m_0c^2$ 时，能量指数 m 将从 3 下降到 1，总的规律与理论计算结果符合得很好。

$\sigma_{\mathrm{K}} \propto Z^5$，这是由于原子序数 Z 越大的原子，电子在原子中束缚得越紧，越

容易使原子参与光电过程来满足能量和动量守恒，因而产生光电效应的截面越大。由此，往往选用高 Z 材料作为探测器，以获得对 γ 射线较高的探测效率。由于同样的原因，也选用高 Z 材料(如铅)作为 γ 射线或 X 射线的屏蔽材料。还可看出，σ_K 随 $h\nu$ 增大而减小，低能时减小得更快一些，高能时减小得缓慢一些。

图 5.2 中给出了铅(Pb)、锗(Ge)和硅(Si)原子的光电截面与入射光子能量的关系曲线，也称为光电吸收曲线。由图可见，σ_{Th} 随 $h\nu$ 的增大而减小。

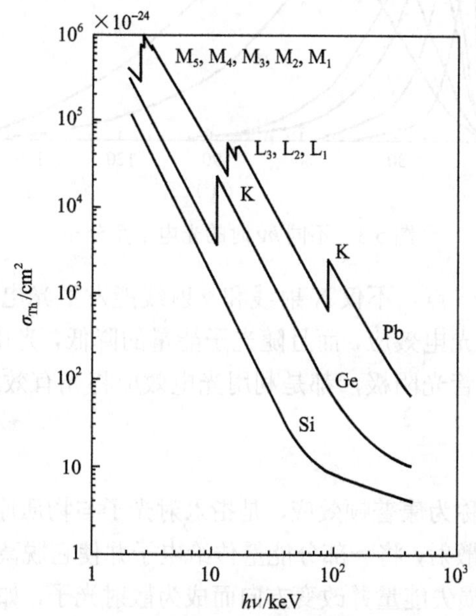

图 5.2　原子的光电截面与入射光子能量的关系曲线

当 $h\nu$ <100keV 时，尤其对高 Z 物质，光电截面显示出特征性的锯齿状结构，这种尖锐的突变称为吸收限，它是与 K、L、M 层电子的结合能相联系的。当光子能量逐渐增大到等于某一壳层电子的结合能时，这一壳层电子就对光电效应作贡献，导致 σ_{Th} 阶跃式地上升到某一较高数值，然后又随光子能量增大而下降。图 5.2 中铅的光电吸收曲线，其 K 层吸收限为 88.0keV，L 层吸收限有 3 个，分别对应能量为 13.04keV、15.20keV 和 15.86keV，M 层吸收限有 5 个。这种吸收限特性可用来有选择性地降低某一能量的 γ 辐射的强度，也可用于选择合适的能量激发产生某种特征 X 射线。

设光电子出射方向与光子入射方向的夹角为 θ(图 5.1)，在不同 θ 角出射光电子的概率是不一样的。用微分截面 $\mathrm{d}n/\mathrm{d}\Omega$ 代表进入平均角度为 θ 方向的单位立体角内的光电子数的份额，则光电子的角分布状态如图 5.3 所示。实验和计算表明，在 0°与 180°方向不可能出现光电子，对一定能量的入射光子，光电子出现概率最大的角度是一定的。当入射光子能量较低，如小于 20keV 时，光电子主要沿接近垂直于入射方向的角度发射；当光子能量较高时，光电子更多地朝前发射。

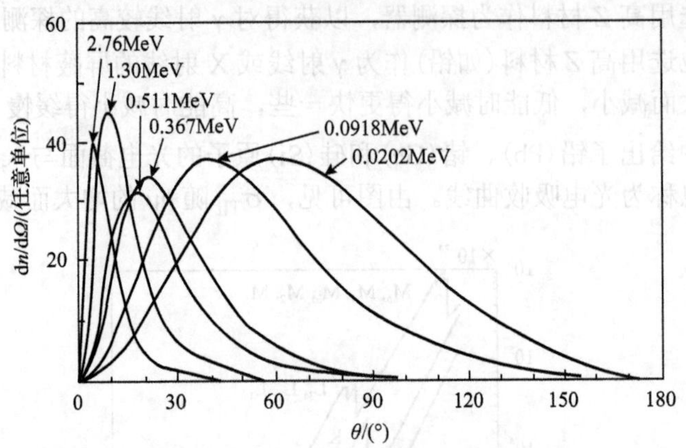

图 5.3 不同 $h\nu$ 时的光电子角分布

另外，还需强调一点，不仅 X 射线和 γ 射线能发生光电效应，紫外和可见光波段的光子也能发生光电效应，而且随光子能量的降低，光电截面呈增加的趋势。如光电池和光电倍增管光阴极，都是利用光电效应将光有效地转换为电流的。

2. 康普顿散射

康普顿散射又常称为康普顿效应，是指入射光子与物质原子作用时，入射光子与外层轨道电子发生散射，将一部分能量传给电子并使它脱离原子射出而成为反冲电子，同时入射光子损失能量并改变方向而成为散射光子，如图 5.4 所示。图中 $h\nu$ 和 $h\nu'$ 分别为入射光子能量与散射光子能量，θ 为散射光子与入射光子方向间的夹

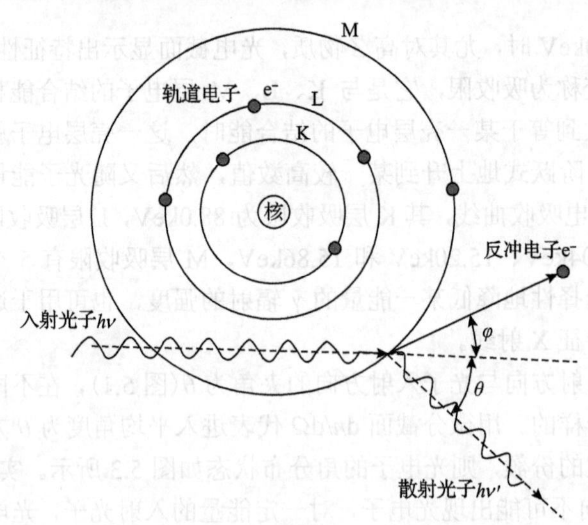

图 5.4 康普顿效应示意图

角，称为散射角，而 φ 是反冲电子与入射光子方向间的夹角，称为反冲角。与光电效应主要发生在束缚最紧的内层电子上不同，康普顿效应则主要发生在束缚最松的外层电子上。在放射性同位素的通常的 γ 射线能量范围内，康普顿散射是最重要的一种相互作用机制。

下面我们分别讨论康普顿散射中的能量传递关系、康普顿散射截面和角分布等情况。

1) 散射光子、反冲电子的能量与入射光子能量及散射角的关系

虽然入射光子与原子外层电子间的康普顿散射严格地说是一种非弹性碰撞过程，但由于原子外层电子的结合能很小，仅几电子伏量级，与入射光子能量相比可以忽略。这样，完全可以把外层电子看成是"自由电子"。康普顿效应可认为是入射光子与处于静止状态的自由电子之间的弹性碰撞，入射光子的能量就在反冲电子和散射光子两者之间进行分配。

根据能量守恒定律

$$h\nu = h\nu' + E_e \tag{5.7}$$

式中，E_e 为反冲电子的动能。

根据动量守恒定律有 $\hbar\boldsymbol{k} = \hbar\boldsymbol{k}' + \boldsymbol{p}_e$（分别对应入射光子动量、散射光子动量和反冲电子动量），可得到沿光子入射方向和垂直于光子入射方向的动量守恒方程：

$$\frac{h\nu}{c} = \frac{h\nu'}{c}\cos\theta + \boldsymbol{p}_e\cos\varphi \tag{5.8}$$

$$\frac{h\nu'}{c}\sin\theta = \boldsymbol{p}_e\sin\varphi \tag{5.9}$$

式中，$h\nu/c$ 和 $h\nu'/c$ 分别为入射光子动量和散射光子动量；$\boldsymbol{p}_e$ 为反冲电子动量。

由式 (5.7)～式 (5.9)，并令 $\alpha \equiv h\nu/(m_0c^2)$，$\alpha' \equiv h\nu'/(m_0c^2)$，可得到下面三个重要的关系。

(1) 散射光子的能量为

$$h\nu' = \frac{h\nu}{1+\dfrac{h\nu}{m_0c^2}(1-\cos\theta)} \quad 或 \quad \alpha' = \frac{\alpha}{1+\alpha(1-\cos\theta)} \tag{5.10}$$

(2) 反冲电子的动能为

$$E_e = \frac{(h\nu)^2(1-\cos\theta)}{m_0c^2 + h\nu(1-\cos\theta)} \quad 或 \quad \frac{E_e}{m_0c^2} = \frac{\alpha^2(1-\cos\theta)}{1+\alpha(1-\cos\theta)} \tag{5.11}$$

(3) 散射角 θ 和反冲角 φ 之间的关系为

$$\cot\varphi=\left(1+\frac{h\nu}{m_0c^2}\right)\cdot\tan\frac{\theta}{2}\quad 或\quad \cot\varphi=(1+\alpha)\cdot\tan\frac{\theta}{2} \tag{5.12}$$

可见，当入射光子能量 $h\nu$ 一定时，散射光子能量 $h\nu'$ 和反冲电子的动能 E_e 随散射角是变化的；同时，反冲角 φ 与散射角 θ 之间有确定的关系。下面对其做进一步讨论。

(1) 当散射角 $\theta=0°$ 时，散射光子能量 $h\nu=h\nu'$，达到最大值；而反冲电子动能 $E_e=0$。这实际上表明，此时入射光子从电子旁掠过，未受到散射，光子未发生变化。

(2) 当散射角 $\theta=180°$ 时，反冲角 $\varphi=0°$。对应于入射光子与电子对心碰撞的情况，散射光子沿入射光子反方向散射出来，反冲电子则沿入射光子方向出射，这种情况称为反散射。此时，散射光子能量最小，即

$$h\nu'_{\min}=\frac{h\nu}{1+2h\nu/(m_0c^2)}=\frac{h\nu\cdot m_0c^2}{m_0c^2+2h\nu} \tag{5.13}$$

而反冲电子的动能最大，即

$$E_{e\max}=\frac{h\nu}{1+m_0c^2/(2h\nu)} \tag{5.14}$$

由式(5.13)可见，当 $h\nu>m_0c^2$ 时，$h\nu'_{\min}$ 随 $h\nu$ 变化比较缓慢，因而对不同的入射光子能量，反散射光子能量变化不大。图 5.5 反映了这一情况。由图可见，在入射光子的能量变化范围相当大时，180°反散射光子的能量也都在 200keV 左右，这是以后要讲到的 γ 能谱测量中反散射峰的形成原因。

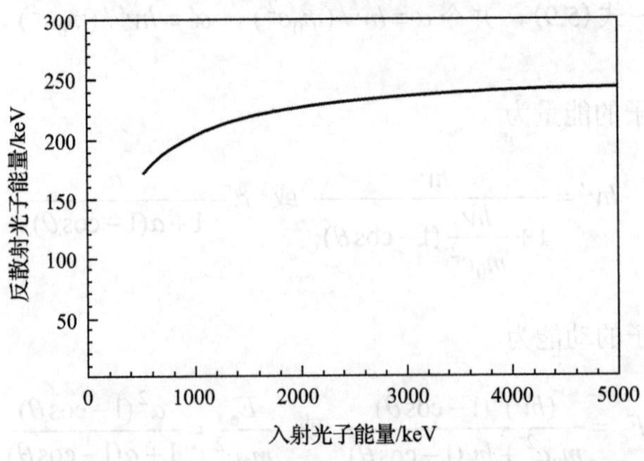

图 5.5　入射光子及相应的 180°反散射光子的能量

(3) 由式(5.12)，散射角 θ 与反冲角 φ 之间存在一一对应的关系。由 φ 和 θ 的半角关系，当散射角在 0°～180°变化时，反冲角相应地在 90°～0°变化，这就意味着反冲电子只能在 0°～90°出现。

2) 康普顿散射截面与角分布

由式(5.10)～式(5.12)可以看出，发生康普顿散射时，只要散射角(或反冲角)确定，就可唯一地确定其他各参量。那么，在康普顿散射中，散射角的取值服从什么样的分布呢？量子力学的康普顿散射理论给出了康普顿散射微分截面 $\mathrm{d}\sigma_{\mathrm{c,e}}/\mathrm{d}\Omega$ 的表达式，即著名的 Klein-Nishina 公式：

$$\frac{\mathrm{d}\sigma_{\mathrm{c,e}}}{\mathrm{d}\Omega}=r_0^2\left[\frac{1}{1+\alpha(1-\cos\theta)}\right]^2\frac{1+\cos^2\theta}{2}\left\{1+\frac{\alpha^2(1-\cos\theta)^2}{(1+\cos^2\theta)[1+\alpha(1-\cos\theta)]}\right\} \tag{5.15}$$

式中，$r_0=e^2/(4\pi\varepsilon_0 m_0c^2)=2.818\times10^{-15}\,\mathrm{m}$，为经典电子半径；$\alpha\equiv h\nu/(m_0c^2)$。康普顿散射微分截面 $\mathrm{d}\sigma_{\mathrm{c,e}}/\mathrm{d}\Omega$ 是指一个光子垂直入射到单位面积只包含一个电子的介质上时，散射光子落在 θ 方向单位弧度立体角内的概率，其单位为 $\mathrm{cm}^2/\mathrm{sr}$。由于散射光子在方位角上是对称的，所以 $\mathrm{d}\sigma_{\mathrm{c,e}}/\mathrm{d}\Omega$ 乘以 $2\pi\sin\theta$ 就转换为了 $\mathrm{d}\sigma_{\mathrm{c,e}}/\mathrm{d}\theta$，此即为散射光子的角分布。

图 5.6 给出了单个电子的微分散射截面与散射角及能量的关系。能量较高的入射光子有强烈的向前散射的趋势，而能量较低的入射光子向前和向后散射的概率相当。

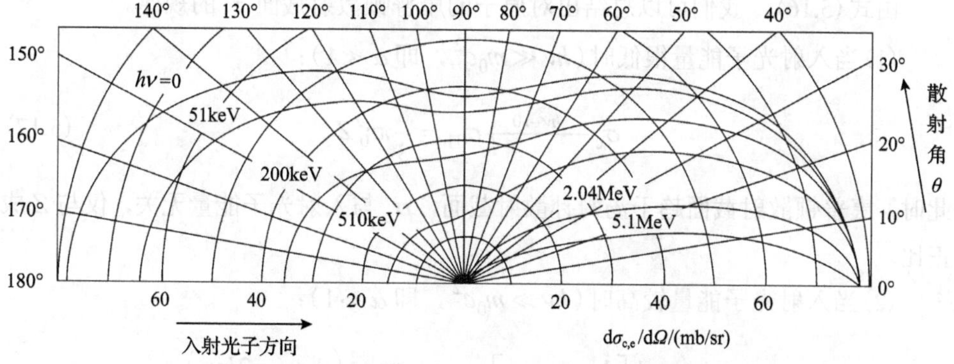

图 5.6　极坐标表示的微分散射截面 $\mathrm{d}\sigma_{\mathrm{c,e}}/\mathrm{d}\Omega$ 与散射角及能量的关系

$1\mathrm{b}=10^{-28}\mathrm{m}^2$

按概率论的规则，将微分截面 $\mathrm{d}\sigma_{\mathrm{c,e}}/\mathrm{d}\Omega$ 对全部 θ 可取值(即 θ=0°～180°)积分，即可得到对单个电子的康普顿效应总截面

$$\sigma_{\mathrm{c,e}}=2\pi\int_0^{\pi}\frac{\mathrm{d}\sigma_{\mathrm{c,e}}}{\mathrm{d}\Omega}\sin\theta\,\mathrm{d}\theta=2\pi r_0^2\left[\frac{\alpha^3+9\alpha^2+8\alpha+2}{\alpha^2(1+2\alpha)^2}+\frac{\alpha^2-2(1+\alpha)}{2\alpha^3}\ln(1+2\alpha)\right] \tag{5.16}$$

图 5.7 给出了康普顿散射截面$\sigma_{c,e}$与入射光子能量的关系曲线。可以看出，当入射光子能量增加时，康普顿散射截面还是呈下降趋势，但其下降速度比光电截面要慢。

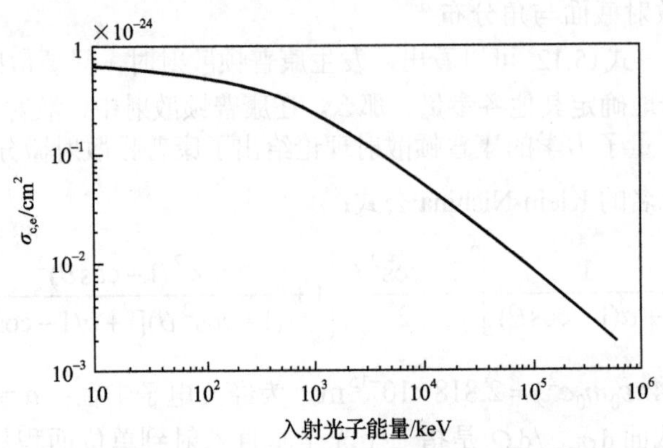

图 5.7　康普顿散射截面(对单个电子)与入射光子能量的关系曲线

在入射光子能量比原子中电子的最大结合能大得多时，即使原子的内层电子也可看成是“自由的”，也能与入射光子发生弹性碰撞。所以，入射光子与整个原子的康普顿散射总截面σ_c将是它与各个电子的康普顿散射截面$\sigma_{c,e}$之和，即

$$\sigma_c = Z\sigma_{c,e}$$

由式(5.16)，我们可以总结出对原子的康普顿散射截面σ_c的规律。

(1) 当入射光子能量很低时($h\nu \ll m_0c^2$，即$\alpha \ll 1$)：

$$\sigma_c \xrightarrow{h\nu \to 0} \sigma_{Th} = \frac{8}{3}\pi r_0^2 Z \tag{5.17}$$

此时，康普顿散射截面趋于汤姆孙散射截面，σ_c与入射光子能量无关，仅与Z成正比。

(2) 当入射光子能量较高时($h\nu \gg m_0c^2$，即$\alpha \gg 1$)：

$$\sigma_c = Z\pi r_0^2 \frac{1}{\alpha}\left[\frac{1}{2} + \ln(2\alpha)\right] = Z\pi r_0^2 \frac{m_0c^2}{h\nu}\left(\frac{1}{2} + \ln\frac{2h\nu}{m_0c^2}\right) \tag{5.18}$$

此时，σ_c与Z依然成正比，但近似地与光子能量成反比，随光子能量增加而减小。

当入射光子能量较低时(如低于几十千电子伏，$h\nu(1-\cos\theta) \ll m_0c^2$)，原子中的电子不能再被看成是自由电子，此时原子的康普顿散射截面用下面的公式表示：

$$\sigma_c = S(x,Z)\cdot\sigma_{c,e}$$

式中，$S(x,Z)$ 为非相干散射函数(incoherent scattering function)，Z 为介质的原子序数，$x=\sin(\theta/2)/\lambda$，θ 为散射角，λ 为入射光子的波长。入射光子能量较低时，x 乘以 $2h$ 约等于散射中传递给电子的动量。x 较小时，$S(x,Z)<Z$；x 值为几十时，$S(x,Z)=Z$，如图 5.8 所示。各种元素的 $S(x,Z)$ 已被制成表格(可参阅相关文献)，可以用于原子康普顿散射截面的计算。

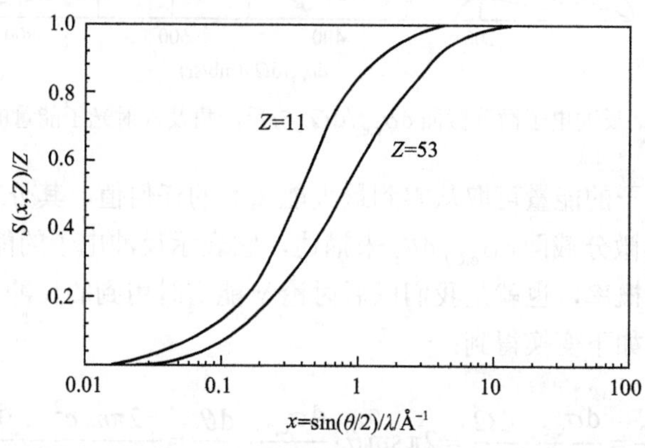

图 5.8　非相干散射函数 $S(x,Z)$

3) 反冲电子的能谱和角分布

发生康普顿效应时，散射光子可以向各个方向发射，不同方向的散射光子对应的反冲电子的出射方向和能量也不同，但二者之间存在一一对应关系。即对一定方向的散射光子，相应的反冲电子的方向和能量是确定的，也就是说，散射光子落在 $\theta\sim\theta+\mathrm{d}\theta$ 内与反冲电子落在对应的 $\varphi\sim\varphi+\mathrm{d}\varphi$ 内是同一随机事件，二者的发生概率相同，则有

$$\left(\frac{\mathrm{d}\sigma_{\mathrm{c,e}}}{\mathrm{d}\Omega}\right)_\theta 2\pi\sin\theta\mathrm{d}\theta=\left(\frac{\mathrm{d}\sigma_{\mathrm{c,e}}}{\mathrm{d}\Omega'}\right)_\varphi 2\pi\sin\varphi\mathrm{d}\varphi \tag{5.19}$$

式中，Ω 和 Ω' 分别表示与散射角 θ 和反冲角 φ 对应的立体角；微分截面 $(\mathrm{d}\sigma_{\mathrm{c,e}}/\mathrm{d}\Omega)_\theta$ 表示散射光子落在某 θ 方向单位散射立体角内的概率，由式(5.15)给出；微分截面 $(\mathrm{d}\sigma_{\mathrm{c,e}}/\mathrm{d}\Omega')_\varphi$ 表示反冲电子落在与上述散射角 θ 对应的某反冲角 φ 方向单位反冲立体角内的概率。由式(5.19)即可得到反冲电子的微分截面：

$$\left(\frac{\mathrm{d}\sigma_{\mathrm{c,e}}}{\mathrm{d}\Omega'}\right)_\varphi=\left(\frac{\mathrm{d}\sigma_{\mathrm{c,e}}}{\mathrm{d}\Omega}\right)_\theta\left(\frac{\sin\theta}{\sin\varphi}\frac{\mathrm{d}\theta}{\mathrm{d}\varphi}\right)=\left(\frac{\mathrm{d}\sigma_{\mathrm{c,e}}}{\mathrm{d}\Omega}\right)_\theta\frac{(1+\alpha)^2(1-\cos\theta)^2}{\cos^3\varphi} \tag{5.20}$$

式(5.20)反映了反冲电子落在 φ 方向单位弧度立体角内的概率，称为反冲电子的角分布。图 5.9 给出了一些入射光子能量的 $\mathrm{d}\sigma_{\mathrm{c,e}}/\mathrm{d}\Omega'$ 随反冲角 φ 的变化。由图可见，反冲电子只能在小于 90°方向发射。

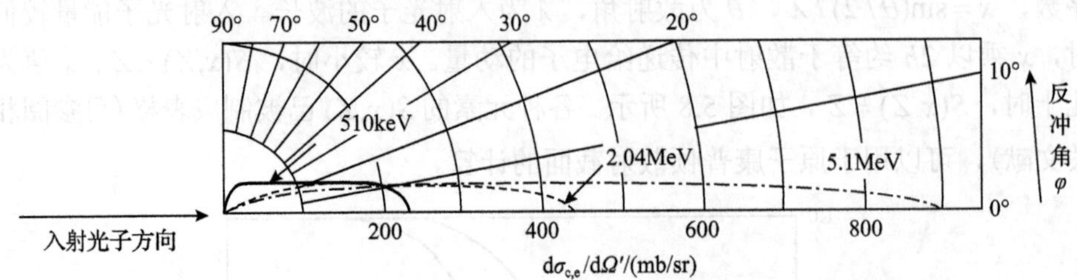

图 5.9　反冲电子微分截面 $\mathrm{d}\sigma_{\mathrm{c,e}}/\mathrm{d}\Omega'$ 与反冲角及入射光子能量的关系

已知反冲电子的能量可取从零到最大能量间的任何值，其分布情况需要用对反冲电子能量的微分截面 $\mathrm{d}\sigma_{\mathrm{c,e}}/\mathrm{d}E_{\mathrm{e}}$ 来描述，它表示反冲电子的能量落在 E_{e} 处单位能量间隔内的概率，也就是我们以后讨论 γ 能谱时用到的反冲电子能谱。该微分截面可以通过如下变换得到：

$$\frac{\mathrm{d}\sigma_{\mathrm{c,e}}}{\mathrm{d}E_{\mathrm{e}}}=\frac{\mathrm{d}\sigma_{\mathrm{c,e}}}{\mathrm{d}\Omega}\cdot\frac{\mathrm{d}\Omega}{\mathrm{d}E_{\mathrm{e}}}=2\pi\sin\theta\cdot\frac{\mathrm{d}\sigma_{\mathrm{c,e}}}{\mathrm{d}\Omega}\cdot\frac{\mathrm{d}\theta}{\mathrm{d}E_{\mathrm{e}}}=\frac{2\pi m_0c^2}{(h\nu-E_{\mathrm{e}})^2}\cdot\frac{\mathrm{d}\sigma_{\mathrm{c,e}}}{\mathrm{d}\Omega}$$

将式(5.15)代入，并整理为关于反冲电子能量 E_{e} 的表达式，则有

$$\frac{\mathrm{d}\sigma_{\mathrm{c,e}}}{\mathrm{d}E_{\mathrm{e}}}=\frac{\pi r_0^2}{\alpha^2m_0c^2}\cdot\left\{2+\left(\frac{E_{\mathrm{e}}}{h\nu-E_{\mathrm{e}}}\right)^2\left[\frac{1}{\alpha^2}-\frac{2(h\nu-E_{\mathrm{e}})}{\alpha E_{\mathrm{e}}}+\frac{h\nu-E_{\mathrm{e}}}{h\nu}\right]\right\}\tag{5.21}$$

式中，$0\leqslant E_{\mathrm{e}}\leqslant E_{\mathrm{emax}}$。根据式(5.21)，取定一些能量的入射光子，可以作出如图 5.10 所示的康普顿反冲电子能谱。可以看出，单能入射光子所产生的反冲电子的能量是连续分布的，在较低能量处，反冲电子数随能量变化较小，呈平台状；在最大能量 E_{emax} 处，反冲电子数目最多，呈现出尖锐的边界，在 γ 能谱学中称为康普顿沿(Compton edge)。

式(5.21)及图 5.10 均是对自由且静止的电子而言的，实际上，原子中的电子既不自由又不静止，在康普顿散射中，入射光子是与运动且被束缚的电子碰撞，碰撞后散射光子的能量不仅与入射光子能量及散射角有关，而且和碰撞前电子的运动状态有关。考虑电子运动后，对一定能量的入射光子，散射到一定角度的散射光子的能量不再是按式(5.10)唯一确定，而是展宽为以该能量为中心的一个分布，同样，反冲电子能量也被展宽，反映在图 5.10 中，就是反冲电子能谱中的康普顿沿不再尖锐，且向低能方向有所移动。

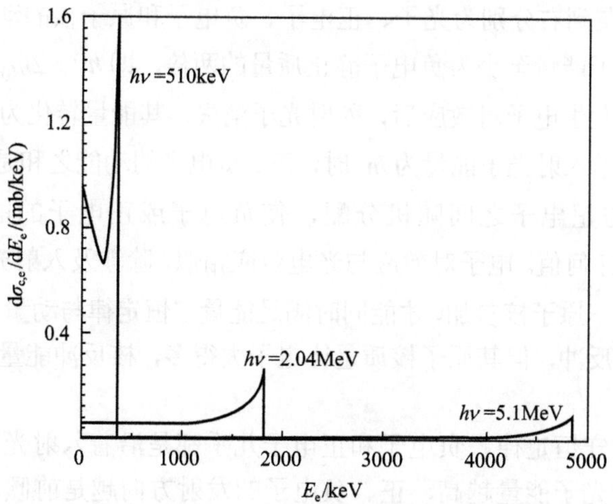

图 5.10　自由静止电子的康普顿反冲电子能谱

3. 电子对产生

电子对产生又常称电子对效应。如图 5.11 所示，当辐射光子的能量大于 1.022MeV 且经过原子核旁时，在核库仑场作用下，辐射光子可能转化为一个正电子和一个负电子。

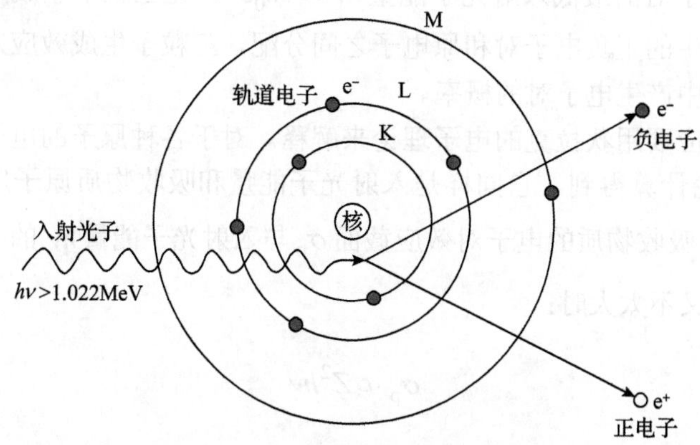

图 5.11　核库仑场中电子对效应的示意图

电子对效应过程中的动量守恒方程和能量守恒方程分别为

$$\hbar \boldsymbol{k}=\boldsymbol{p}_{\mathrm{e}^{+}}+\boldsymbol{p}_{\mathrm{e}^{-}}+\boldsymbol{p}_{\mathrm{r}} \tag{5.22}$$

$$h\nu=E_{\mathrm{e}^{+}}+E_{\mathrm{e}^{-}}+2m_{0}c^{2} \tag{5.23}$$

式(5.22)中，从左到右分别为光子、正电子、负电子和原子核的动量。由式(5.23)可知，只有当光子能量至少为负电子静止质量的两倍，即 $h\nu > 2m_0c^2$ 时，才可能发生电子对效应。发生电子对效应后，入射光子消失，其能量转化为正、负电子的静止质量及动能。当入射光子能量为 $h\nu$ 时，正、负电子的动能之和是 $h\nu - 2m_0c^2$，该能量在负电子与正电子之间随机分配，使负电子或正电子的能量可取从零到 $h\nu - 2m_0c^2$ 间的任何值。电子对效应与光电效应相似，除涉及入射光子和电子对外，必须有第三者——原子核参加，才能同时满足能量守恒定律与动量守恒定律。此时，原子核必然受到反冲，但其原子核质量比电子大得多，核反冲能量很小，可以忽略不计。

为满足动量守恒定律，负电子和正电子几乎都是沿着入射光子方向的前向角度发射的。入射光子能量越高，正、负电子的发射方向越是前倾。

电子对效应中产生的负电子和正电子在吸收介质中通过电离损失和辐射损失消耗能量。正电子在物质中很快被慢化后，将与物质中的负电子发生湮没，湮没光子在物质中可能再发生相互作用。正、负电子的湮没，可以看作高能光子产生电子对效应的逆过程。

光子除了在原子核库仑场中发生电子对效应外，在负电子的库仑场中也能产生电子对，即三粒子生成效应。不过电子质量小，反冲能量大，所以在电子的库仑场中产生电子对的最低入射光子能量 $h\nu > 4m_0c^2$。在三粒子生成效应中，光子能量将在所产生的正负电子对和原电子之间分配，三粒子生成效应发生的概率远小于在库仑场中产生电子对的概率。

电子对效应要用狄拉克的电子理论来解释。对于各种原子的电子对效应截面 σ_{p}，可由理论计算得到，它同样是入射光子能量和吸收物质原子序数的函数。图 5.12 给出了吸收物质的电子对效应截面 σ_{p} 与入射光子能量 $h\nu$ 的关系。当 $h\nu$ 稍大于 $2m_0c^2$ 但又不太大时：

$$\sigma_{\mathrm{p}} \propto Z^2 h\nu \tag{5.24}$$

当 $h\nu \gg 2m_0c^2$ 时：

$$\sigma_{\mathrm{p}} \propto Z^2 \ln(h\nu) \tag{5.25}$$

可以看出，在能量较低时，σ_{p} 随光子能量呈线性增加；在能量较高时，σ_{p} 随 $h\nu$ 的变化就慢一点，但均有 $\sigma_{\mathrm{p}} \propto Z^2$，即电子对效应截面与吸收物质原子序数的平方呈正相关。

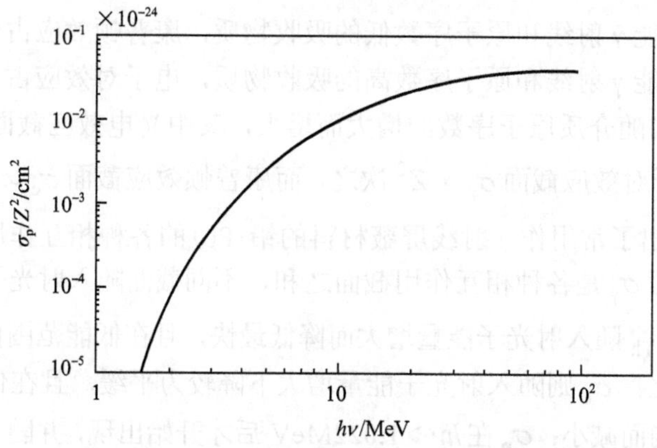

图 5.12　电子对效应截面与入射光子能量的关系

4. 三种效应的比较

用σ_γ代表入射光子与物质原子发生作用的总截面。按照概率相加的原理应当有

$$\sigma_\gamma = \sigma_{Th} + \sigma_c + \sigma_p \tag{5.26}$$

当$h\nu < 1.022\text{MeV}$时，$\sigma_p = 0$。

图 5.13 给出了在各种不同原子序数物质中和不同入射光子能量下三种效应的相对重要性。图中曲线表示两种相邻效应的截面正好相等时的 Z 与 $h\nu$ 值，其中左边曲线表示光电截面和康普顿散射截面相等，右边曲线表示康普顿散射截面与电子对效应截面相等，这两条曲线划分出了光电吸收、康普顿散射和电子对产生各自优势的三个领域。

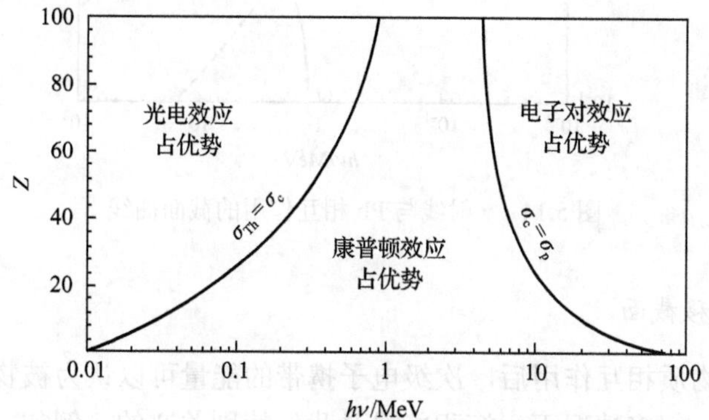

图 5.13　γ 射线与物质相互作用三种效应的相对重要性

由图 5.13 可以看出：

(1)对于低能 γ 射线和原子序数高的吸收物质，光电效应占优势；

(2) 对于中能 γ 射线和原子序数低的吸收物质，康普顿效应占优势；

(3) 对于高能 γ 射线和原子序数高的吸收物质，电子对效应占优势。

三种截面均随介质原子序数的增大而增大，其中光电效应截面 $\sigma_{\mathrm{Th}} \propto Z^5$，变化最剧烈；电子对效应截面 $\sigma_{\mathrm{p}} \propto Z^2$ 次之，而康普顿效应截面 $\sigma_{\mathrm{c}} \propto Z$ 的变化最小。

图 5.14 给出了常用作 γ 射线屏蔽材料的铅 (Pb) 的各种相互作用截面曲线，由图可见，总截面 σ_{γ} 是各种相互作用截面之和，不同截面随入射光子能量的变化趋势不同，其中 σ_{Th} 随入射光子能量增大而降低最快，且在低能范围内，对应吸收限出现阶跃的变化；σ_{c} 则随入射光子能量增大下降较为平缓，且在低能部分，由于电子结合能影响而减小；σ_{p} 在 $h\nu \geqslant 1.022\mathrm{MeV}$ 后才开始出现，并随 $h\nu$ 增大而增大。

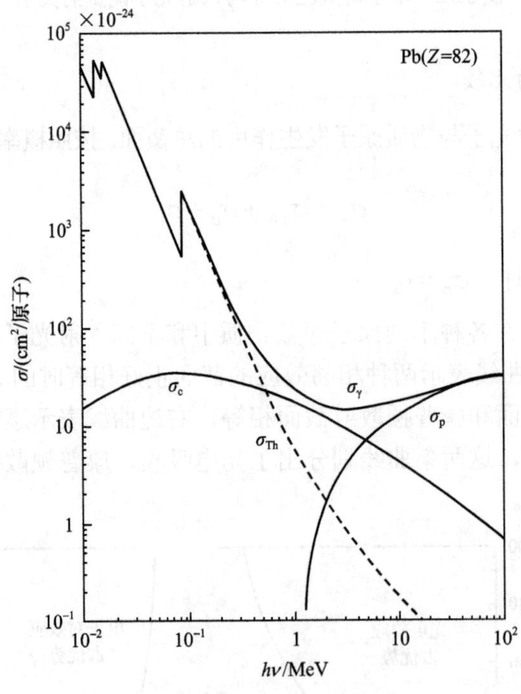

图 5.14　γ 射线与 Pb 相互作用的截面曲线

5. 能量转移截面

γ 射线与物质相互作用后，次级电子携带的能量可以认为被物质完全吸收，沉积在物质中。很多情况下，沉积能量是我们特别关心的。例如，在探测器中，只有沉积在探测器介质中的能量才能转化为输出信号；在剂量学中，沉积能量与剂量直接相关，如比释动能 (kinetic energy released in materials，KERMA) 定义中的能量指的就是沉积能量。为了描述 γ 射线与物质相互作用过程中的能量转移性质，人们定义了能量转移(energy transfer)截面或能量吸收截面：

$$\sigma_{\mathrm{a}}=\frac{\overline{E}_{\mathrm{e}}}{h\nu}\cdot\sigma_{\gamma} \tag{5.27}$$

它的微分形式为

$$\frac{\mathrm{d}\sigma_{\mathrm{a}}}{\mathrm{d}\Omega}=\frac{E_{\mathrm{e}}}{h\nu}\cdot\frac{\mathrm{d}\sigma_{\gamma}}{\mathrm{d}\Omega} \tag{5.28}$$

由此我们可以求出前面所述三种相互作用的能量转移截面。

对光电效应，由于入射光子能量几乎全部转移给了光电子，它的能量转移截面为

$$\sigma_{\mathrm{Th,a}}=\frac{\overline{E}_{\mathrm{e}}}{h\nu}\cdot\sigma_{\mathrm{Th}}\approx\frac{h\nu}{h\nu}\cdot\sigma_{\mathrm{Th}}=\sigma_{\mathrm{Th}} \tag{5.29}$$

在电子效应中，正负电子对带走的能量等于 $h\nu-2m_0c^2$，则该效应的能量转移截面为

$$\sigma_{\mathrm{p,a}}=\frac{\overline{E}_{\mathrm{e}}}{h\nu}\cdot\sigma_{\mathrm{p}}=\frac{h\nu-2m_0c^2}{h\nu}\cdot\sigma_{\mathrm{p}} \tag{5.30}$$

对康普顿散射，我们可以将康普顿散射截面 σ_{c} 按反冲电子与散射光子在散射中平均分配的能量份额分为两部分 $\sigma_{\mathrm{c,a}}$ 和 $\sigma_{\mathrm{c,s}}$，则

$$\sigma_{\mathrm{c}}=\sigma_{\mathrm{c,a}}+\sigma_{\mathrm{c,s}}=\frac{\overline{E}_{\mathrm{e}}}{h\nu}\sigma_{\mathrm{c}}+\frac{h\overline{\nu}'}{h\nu}\sigma_{\mathrm{c}} \tag{5.31}$$

式中，$\sigma_{\mathrm{c,a}}$ 对应反冲电子分配的能量份额，即为康普顿散射能量转移截面，表示发生康普顿散射并沉积能量的概率；$\sigma_{\mathrm{c,s}}$ 对应散射光子分配的能量份额，称为康普顿散射能量散射(energy scattering)截面，表示发生康普顿散射但不沉积能量的概率。在康普顿效应中，入射光子转移给反冲电子的能量随散射角的不同是变化的，所以必须先求出康普顿散射微分能量转移截面，根据 Klein-Nishina 公式并由式(5.28)，有

$$\begin{aligned}\frac{\mathrm{d}\sigma_{\mathrm{c,a}}}{\mathrm{d}\Omega}&=\frac{E_{\mathrm{e}}}{h\nu}\cdot\frac{\mathrm{d}\sigma_{\mathrm{c,e}}}{\mathrm{d}\Omega}=\frac{h\nu-h\nu'}{h\nu}\cdot\frac{\mathrm{d}\sigma_{\mathrm{c,e}}}{\mathrm{d}\Omega}\\&=\frac{r_0^2\alpha(1-\cos\theta)}{2}\left[\frac{1}{1+\alpha(1-\cos\theta)}\right]^3\left[1+\cos^2\theta+\frac{\alpha^2(1-\cos\theta)^2}{1+\alpha(1-\cos\theta)}\right]\end{aligned} \tag{5.32}$$

式中，$\alpha = h\nu/(m_0 c^2)$。将此式对$[0,\pi]$积分，则得到康普顿散射能量转移截面为

$$\sigma_{c,a} = \int_0^{\pi} \frac{d\sigma_{c,a}}{d\Omega} \cdot d\Omega = \pi r_0^2 \left[\frac{\alpha^2 - 2\alpha - 3}{\alpha^3} \ln(1+2\alpha) - \frac{20\alpha^4 - 102\alpha^3 - 186\alpha^2 - 102\alpha - 18}{3\alpha^2 (1+2\alpha)^3} \right] \tag{5.33}$$

进而可以由式(5.33)和式(5.16)求出康普顿反冲电子的平均能量为

$$\bar{E}_e = h\nu \cdot \frac{\sigma_{c,a}}{\sigma_{c,e}} \tag{5.34}$$

图 5.15 为式(5.33)和式(5.16)表示的截面曲线。由图可以看出，在入射光子能量较低时，能量转移截面比较小，且随着入射光子能量增加而增加，当入射光子能量约为 500keV 时，能量转移截面达到最大，然后随入射光子能量增加而减小。当入射光子能量较低时，能量转移截面小于能量散射截面，而当入射光子能量较高时，能量转移截面大于能量散射截面。

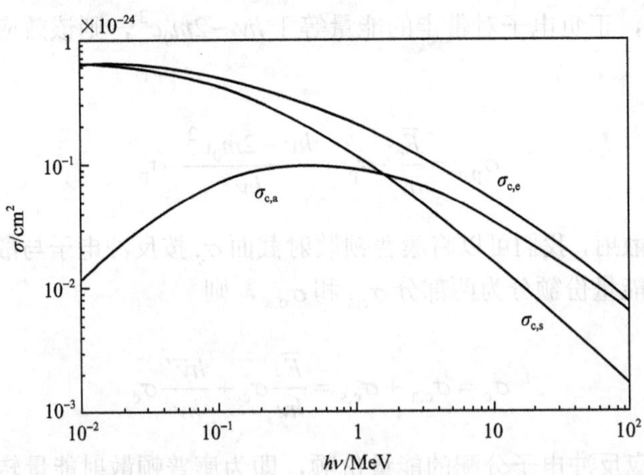

图 5.15　康普顿散射总截面、能量转移截面、能量散射截面

5.2.2　γ 射线窄束的衰减规律

综上所述，γ 射线通过介质时，如果发生了上述几种效应中的任何一种效应，入射光子就会消失或转化为另一能量和角度不同的光子，在康普顿效应中，即使发生小角度散射，也要把散射光子排除出原来的入射束，这种情况称为 γ 射线窄束的衰减情况。下面就来具体分析射线束通过物质的情况。

设有一准直的单能 γ 射线束沿水平方向垂直通过吸收物质，如图 5.16 所示。γ 射线束的初始强度即单位时间内通过单位截面积的 γ 光子数为 I_0，在深度 x 处 γ 射线束流强度减弱为 $I(x)$，吸收物质原子密度为 N，对该射线的总作用截面为 σ_γ。

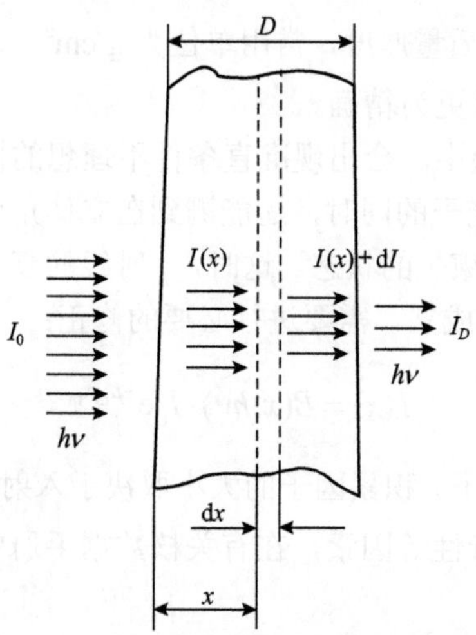

图 5.16　γ 射线通过物质时的衰减情况

我们来分析吸收体内深度 x 处一薄层 $\mathrm{d}x$ 前后的情况，在经过 $\mathrm{d}x$ 吸收层后，束流强度变化量 $\mathrm{d}I$ 为

$$\mathrm{d}I = -I(x)N\sigma_\gamma \mathrm{d}x \tag{5.35}$$

式中负号表示束流强度沿方向是减少的。并考虑到 x=0 时 I=I_0，解此微分方程可得

$$I(x) = I_0 \mathrm{e}^{-\sigma_\gamma N x} \tag{5.36}$$

令 $\mu = \sigma_\gamma N = \sigma_\gamma \dfrac{N_\mathrm{A}\rho}{A}$，称作线性衰减系数，其中 N_A 为阿伏伽德罗常量，ρ 和 A 为吸收物质的密度和材料元素的原子量，则

$$I(x) = I_0 \mathrm{e}^{-\mu x} \tag{5.37}$$

式(5.37)表明，准直单能 γ 射线束通过吸收物质时，其强度的衰减遵循指数规律。μ 的量纲为$[\mathrm{L}]^{-1}$，如 cm^{-1}。实际应用中，更多的是采用质量衰减系数：

$$\mu_\mathrm{m} = \frac{\mu}{\rho} = \sigma_\gamma \frac{N_\mathrm{A}}{A} \tag{5.38}$$

式中，ρ 是吸收物质密度；μ_m 的常用单位为 cm^2/g。对于一定能量的 γ 射线，μ_m 不随吸收物质的物理状态变化。例如对于水，无论液态或气态，μ_m 是相同的，在应用中带来很大方便。

按质量吸收系数的定义，式(5.37)应改为

$$I(x) = I_0 \mathrm{e}^{-\mu_\mathrm{m}\rho x} = I_0 \mathrm{e}^{-\mu_\mathrm{m} x_\mathrm{m}} \tag{5.39}$$

式中，$x_m = \rho x$ 为物质的质量厚度，常用单位为 g/cm²。采用质量厚度同样会带来很多方便，使厚度的测量更为精确。

在实际吸收测量实验中，会出现准直条件不理想的情况，这时探测器在测量进入探测器立体角内 γ 光子的同时，还能测到在立体角外的吸收体部分散射来的 γ 光子，我们称之为“宽束”的状态。这时，γ 射线的衰减规律不再服从简单的指数关系，即式(5.39)不再成立，需要进行必要的修正：

$$I(x) = B(x, h\nu) \cdot I_0 e^{-\mu_m x_m} \tag{5.40}$$

式中，$B(x, h\nu)$ 为积累因子。积累因子的大小取决于入射 γ 光子能量、吸收体、准直条件及探测器的响应特性等因素，在有关核数据手册中会给出典型条件下的积累因子表供采用。

当入射光子具有一定的能量分布(连续或分立的能谱，但不再是单能的)时，入射光子束流穿过物质时的衰减问题将更加复杂。在辐射屏蔽与剂量学相关文献中有专门分析处理这类问题的讨论，需要时可参考。

5.3　辐射探测中的统计学

由于微观世界的概率统计特性，所有核事件，例如放射性核素的衰变、带电粒子在介质中电离损失产生电子-离子对、γ 射线与物质相互作用发生次级效应等过程，在一定时间间隔内事件发生的数目和事件发生的时刻都是随机的，即具有统计涨落性，因而在辐射探测中，一定时间内测量到的核事件数目(如探测器的计数)或某核事件发生的时刻也是随机的。因此，概率论与数理统计就成为辐射探测学的重要的理论基础。

研究辐射探测中的统计学的意义有两个方面。一是用于检验探测装置的工作状态是否正常，判断测量值出现的不确定性是由统计性决定的，还是由仪器的工作状态异常所引起的；二是依据统计学预测固有的统计不确定性，判断单次或有限次测量结果的精度是否满足要求，进而指导设计实验方案，这更具有更重要的意义。

5.3.1　核衰变和放射性计数的统计分布

放射性衰变是一种随机过程，因此，衰变过程辐射的任何测量结果都会有一定的统计涨落。这就意味着在放射性测量中，在实验条件和参数严格保持不变的条件下，对同一放射性样品进行一组测量，每次测量的计数不会完全相同，而是围绕某一平均值上下涨落，而且重复另一组相同的测量时，也会服从大致相同的分布。

由于实验观测总是在一组条件下实现的，故每次观测可看成是一次试验，叫随机试验。而把每次随机试验的各种结果叫作各个事件，称为随机事件。表示随机试验各种结果的变量称为随机变量，更准确地说，一个随机试验可能结果的全体组成一个基本空间 Ω，随机变量 ξ 是定义在基本空间 Ω 上取值为实数的函数，即基本空间 Ω 中的每一个点。例如，上面所说的单位时间的计数是用一个数来代表随机试验的结果，这个数就叫随机变量。对应于一种随机试验可定义一个随机变量 ξ，这个随机变量可能取若干个数值，叫可取值，每个可取值代表某个可能出现的随机事件。

按照概率论的定义：反复进行同一随机试验，将所得各种结果(随机事件)排列、归纳，求出各种随机事件出现的频率，则当试验次数趋向于无穷大时，各事件出现的频率均将趋向于某一个稳定的数，此即该事件出现的概率。概率描写了对应于某种随机试验的各个随机事件出现的可能性，也就是相应的随机变量取某一可取值的概率。

例如，我们定义随机变量 ξ 为带电粒子在物质中电离能量损失产生的离子对数，则 ξ 可能取 n_i (n_i 为 1, 2, 3, 4 等正整数)，而 ξ 取某值 n_i 的概率就是该带电粒子在物质中产生 n_i 个离子对的概率。

按随机变量可取值的不同情况，随机变量可以分为两种类型。

(1) 离散型随机变量。若随机变量 ξ 只能取有限个数值 $x_1, x_2, \cdots, x_n$ 或可列无穷多个数值 $x_1, x_2, \cdots, x_i, \cdots$，则称 ξ 为离散型随机变量；ξ 取任一可能值 x_i 的概率记作 $P(x_i)$，其中 i=1, 2, ⋯, n。例如，放射性核衰变数只能取 n、n+1 等正整数，它就是离散型随机变量。

(2) 连续型随机变量。连续型随机变量 X 的可取值是整个数轴或其上某些区间内的所有数值，例如，放大器的放大倍数 A 就是一个连续型随机变量，可以取某区间内的所有数值。但连续型随机变量 X 取它的任一可能值 x 的概率却等于零，即 $P(X=x)=0$，事件 $X=x$ 不是不可能发生，只能说它发生的可能性很小。因此，对连续随机变量通常是考虑它落在某个区间 Δx 的概率，当 Δx 很小时趋于 dx。

后面我们经常会遇到一类随机试验，它只有两个可能的结果，这类随机试验称为伯努利试验。例如，γ 射线穿过物质时，要么发生作用，要么不发生作用，不可能再有其他结果，属于伯努利试验。相应于伯努利试验，伯努利型的随机变量只有两个可取值，一般用 0 和 1 表示。随机变量取 0 或 1 的概率分别是伯努利试验两种结果出现的概率。

1. 随机变量的分布函数与数字表征

对随机变量要有一定的了解，必须知道该随机变量的可取值及各可取值的发生概率。

1)随机变量的分布函数与概率(密度)函数

我们知道，像放射性衰变这样的随机事件是服从一定规律的，常用分布函数来描写按一定条件组定义的随机变量的这一特性。离散型随机变量和连续型随机变量具有不同的分布函数表达式。

设有一离散型随机变量 ξ，其可取值为 $x_1, x_2, \cdots, x_i, \cdots, x_n$。定义

$$F(x_i) = P\{\xi < x_i\} \tag{5.41}$$

为随机变量 ξ 的分布函数。这里，$P\{\xi < x_i\}$ 表示 ξ 取小于 x_i 的值的概率。我们还定义

$$f(x_i) = P\{\xi = x_i\} \tag{5.42}$$

为离散型随机变量的概率函数。这里，$P\{\xi = x_i\}$ 表示 ξ 取 x_i 的概率，又称概率分布表。

对连续型随机变量 X，其概率密度函数(又简称密度函数) $f(x)$ 为

$$f(x) = \lim_{\Delta x \to 0} \frac{P\{x < X < x + \Delta x\}}{\Delta x} \tag{5.43}$$

连续型随机变量 X 的分布函数 $F(x)$ 为

$$F(x) = P\{X < x\} = \int_{-\infty}^{x} f(x)\mathrm{d}x \tag{5.44}$$

表 5.2 给出了上述两种随机变量的主要特性。从表 5.2 可见，随机变量 ξ 的分布函数 $F(x)$ 是非减函数，函数呈台阶形状，跳跃点就是各个可取值 x_i。对于连续型随机变量 X，其分布函数 $F(x)$ 是一个连续递增函数，$F(x)$ 处处左连续。归一性是它们共有的特性。

表 5.2　离散型随机变量和连续型随机变量的主要特性

特性	离散型随机变量 ξ	连续型随机变量 X
随机变量的可取值	$\xi = x_1, x_2, \cdots, x_n$	$X = -\infty \to +\infty$
分布函数	$F(x_i) = P\{\xi < x_i\}$	$F(x) = P\{X < x\}$
概率(密度)函数	$F(x_i) = P\{\xi = x_i\}$	$F(x) = P\{x \leqslant X \leqslant x + \mathrm{d}x\}/\mathrm{d}x$
相互关系	$F(x_i) = \sum_{\xi < x_i} f(x_i)$	$F(x) = \int_{-\infty}^{x} f(x)\mathrm{d}x$
归一性	$\sum_i f(x_i) = 1$	$\int_{-\infty}^{x} f(x)\mathrm{d}x = 1$

2）随机变量的数字表征

除用分布函数或概率（密度）函数来描述随机变量外，在许多情况下可以仅用与分布函数相关的数值来描述随机变量，称作随机变量的数字表征。常用的数字表征为数学期望和均方偏差两种。

（1）数学期望。

数学期望又称平均值，对离散型随机变量 ξ，它的数学期望为

$$E(\xi)=\sum_{i=1}^{N\text{或}\infty}[x_i f(x_i)] \tag{5.45}$$

连续型随机变量 X 的数学期望为

$$E(X)=\int_{-\infty}^{+\infty} x f(x)\mathrm{d}x \tag{5.46}$$

式中，$f(x_i)$ 是 ξ 的概率函数；$f(x)$ 是 X 的概率密度函数。

在简单的数据处理中，常用到算术平均值，即 $\overline{x}_{\mathrm{e}}=\left(\sum_i x_i\right)\Big/ n$。概率论中的大数定律说明，当实验次数无限增多时，算术平均值将趋于数学期望。

（2）均方偏差。

均方偏差常简称为方差，离散型随机变量 ξ 的方差为

$$D(\xi)=\sum_{i=1}^{N\text{或}\infty}\{[x_i-E(\xi)]^2 f(x_i)\} \tag{5.47}$$

连续型随机变量 X 的方差为

$$D(X)=\int_{-\infty}^{+\infty}[x-E(x)]^2 f(x)\mathrm{d}x \tag{5.48}$$

方差代表了随机变量的各可取值围绕平均值的离散程度。方差越小，数据的离散程度越小，表示实验观测值越集中地分布在平均值附近。在数据表达中，更多用均方根偏差 σ 和相对均方根偏差 v 来表达数据的离散程度，它们与方差的关系为

$$\sigma_\xi=\sqrt{D(\xi)},\quad \sigma_X=\sqrt{D(X)} \tag{5.49}$$

$$v_\xi=\frac{\sigma_\xi}{E(\xi)},\quad v_X=\frac{\sigma_X}{E(X)} \tag{5.50}$$

σ 和 v 又分别称为标准偏差和相对标准偏差。确定了随机变量的数字表征，对于随

机变量的分布函数形式就有了一个基本的了解，在实际应用中是很重要的。

2. 核衰变的统计分布

一般地，随机试验结果的统计涨落遵循一定的统计分布规律。对核事件而言，它服从泊松(Poisson)分布和高斯分布，而泊松分布和高斯分布都可由更一般的二项式分布导出。下面将分别介绍这几种统计分布。

1)二项式分布

设一个事件 A 在单次试验中出现的概率为 p，在同一试验中不出现的概率为 q=1−p，用随机变量 ξ 表示在一组 N_0 次独立无关的试验中事件 A 出现的次数，那么事件 A 在上述试验中出现 n 次(即 $\xi=n$)的概率可用式(5.51)表示：

$$P\{\xi=n\}=P_{N_0}(n)=\frac{N_0\,!}{(N_0-n)!\,n!}p^n q^{N_0-n} \tag{5.51}$$

式中，$P\{\xi=n\}$ 表示 ξ 取 n 值的概率。显然，ξ 的可取值为 $0,1,2,\cdots,N_0$，是离散型随机变量。式(5.51)所示的概率函数叫作二项式分布，具有这种形式概率函数的随机变量，被称为遵守二项式分布的随机变量。二项式分布是最基本的统计规律分布，广泛适用于具有恒定的事件发生概率的统计过程。

由式(5.51)可以看出，二项式分布中存在两个参数 N_0 和 p。对于已知遵守二项式分布的随机变量 ξ，只要知道 N_0 及 p，就可以由式(5.45)及式(5.47)得出它们的数学期望与方差，即

$$E(\xi)=\sum_{n=0}^{N_0}[nP_{N_0}(n)]=N_0 p \tag{5.52}$$

$$D(\xi)=\sum_{n=0}^{N_0}\{[n-E(\xi)]^2 P_{N_0}(n)\}=N_0 pq=N_0 p(1-p) \tag{5.53}$$

例如掷骰子游戏中，总共掷 8 次骰子($N_0=8$)，求出现 4 次(即 $n=4$)点数为 1 的概率。对理想的骰子，掷得点数为 1～6 的可能性完全相同，因此，单次掷得点数为 1 的概率 p =1/6，代入式(5.51)得到 $P(n=4)=0.026$。由式(5.52)和式(5.53)可得到

$$m=E(\xi)=N_0 p=8\times 1/6\approx 1.33$$

$$\sigma^2=D(\xi)=N_0 pq=8\times(1/6)\times(5/6)\approx 1.11$$

再如放射性核衰变过程中，已知放射性核衰变的规律为

$$N(t) = N_0 \mathrm{e}^{-\lambda t}$$

式中，λ 为衰变常数；N_0 为 $t=0$ 时刻样品或放射源中的放射性核数；$N(t)$ 为 t 时刻样品或放射源中尚未发生衰变的核数。则在 0～t 时间内，N_0 个放射性核中发生了衰变的核的平均数为

$$\Delta N = N_0 - N(t) = N_0(1 - \mathrm{e}^{-\lambda t}) \tag{5.54}$$

单个核在 0～t 时间内发生衰变的概率为

$$p = \frac{\Delta N}{N_0} = 1 - \mathrm{e}^{-\lambda t} \tag{5.55}$$

而不发生衰变的概率 $q = 1 - p = \mathrm{e}^{-\lambda t}$。对确定的时间 t，p 是恒定的，这样的情况也属于典型的二项式分布。

将 p、q 代入式(5.51)，那么在 t 时间内发生的总衰变数为 n 的概率为

$$P\{\xi = n\} = P_{N_0}(n) = \frac{N_0!}{(N_0 - n)!n!}(1 - \mathrm{e}^{-\lambda t})^n(\mathrm{e}^{-\lambda t})^{N_0 - n} \tag{5.56}$$

其相应的数学期望及方差为

$$m = E(\xi) = N_0 p = N_0(1 - \mathrm{e}^{\lambda t}) \tag{5.57}$$

$$\sigma^2 = D(\xi) = N_0 pq = N_0(1 - \mathrm{e}^{-\lambda t})\mathrm{e}^{-\lambda t} \tag{5.58}$$

二项式分布有两个独立参数 N_0 和 p，用起来不方便，而且计算概率分布较为复杂。对于核衰变来说，N_0 是一个很大的数，二项式分布可简化为泊松分布和高斯分布。

2) 泊松分布

在二项式分布中，当 N_0 很大时，事件发生的概率 p 很小，同时 $m = N_0 p$ 为较小的常数时，可取值为全部非负整数的离散型随机变量 ξ(可取值为 0, 1, 2, ⋯)的概率函数可化为

$$P\{\xi = n\} = P(n) = \frac{m^n}{n!}\mathrm{e}^{-m} \tag{5.59}$$

我们称此随机变量遵守泊松分布。在 PET 成像中 $P(n)$ 表示平均计数率，即每个像素 m 个光子时恰好出现 n 个光子的概率。

由式(5.59)可见，泊松分布仅由一个参数 m 决定。在 m 较小时，泊松分布概率函数是不对称的，当 m 较大时概率函数趋于对称，如图 5.17 所示。

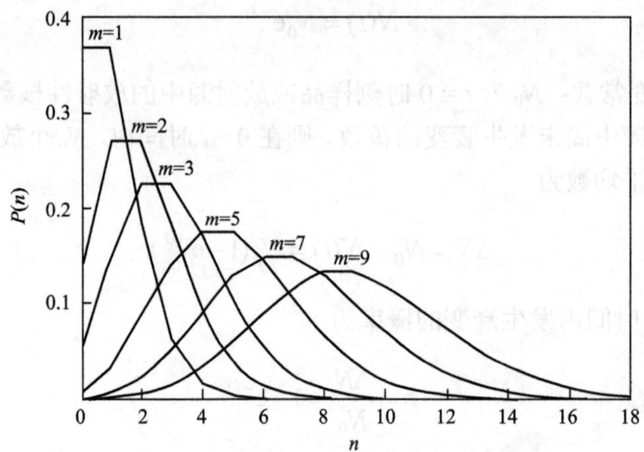

图 5.17　泊松分布曲线（m 为数学期望值）

由式(5.45)和式(5.47)可以得到遵守泊松分布的随机变量的数学期望和方差分别为

$$E(\xi)=\sum_{n=0}^{\infty}[nP(n)]=\sum_{n=0}^{\infty}\left(n\cdot\frac{m^n\mathrm{e}^{-m}}{n!}\right)=m \tag{5.60}$$

$$D(\xi)=\sum_{n=0}^{\infty}\{[n-E(\xi)]^2P(n)\}=\sum_{n=0}^{\infty}\left[(n-m)^2\cdot\frac{m^n\mathrm{e}^{-m}}{n!}\right]=m \tag{5.61}$$

可以看出，$D(\xi)=E(\xi)=m$。这是泊松分布的重要特性，而且也是判断一个随机变量是否服从泊松分布的重要依据。此外，概率论还证明：相互独立的遵守泊松分布的随机变量之和仍遵守泊松分布。

在核衰变过程中，N_0 一般非常大，对较长寿命的核素，在测量时间 t 内，单个核发生衰变的概率 $p=1-\mathrm{e}^{-\lambda t}\approx\lambda t$，是一个非常小的量，$N_0p\approx N_0\lambda t$ 是一个不大的数，完全符合泊松分布的条件。此时，t 时间内的总衰变数 n 的数学期望和方差为

$$m=\sigma^2=N_0\lambda t \tag{5.62}$$

这里可以得到一个重要的结论：对一般的放射性核素，t 时间内一个核发生衰变的概率 p 均能满足条件 $p\approx\lambda t$，从而核衰变的统计规律服从泊松分布。但对寿命非常短的核素，例如，其半衰期为秒量级的核素，在一般的观测时间内，$p\approx\lambda t$ 的关系不再成立，$N_0(1-\mathrm{e}^{-\lambda t})$ 不再是一个不大的数。此时，$\sigma^2\neq m$，n 不再服从泊松分布，仍需用二项式分布来描述。

3) 高斯分布

高斯分布又称正态分布，它是最常见的一种可取值范围是整个数轴$(-\infty, +\infty)$的连续型随机变量的统计分布，其概率密度函数为

$$f(x) = \frac{1}{\sqrt{2\pi} \cdot \sigma} \exp\left[-\frac{(x-m)^2}{2\sigma^2} \right] \tag{5.63}$$

可以看出，高斯分布由两个参量 m 与 σ 决定。

由式(5.46)和式(5.48)可以得到遵守高斯分布的随机变量 X 的数学期望和方差分别为

$$E(X) = \int_{-\infty}^{+\infty} x f(x) \mathrm{d}x = m \tag{5.64}$$

$$D(X) = \int_{-\infty}^{+\infty} [x - E(x)]^2 f(x) \mathrm{d}x = \sigma^2 \tag{5.65}$$

可见，式(5.63)中的两个参量 m 及 σ 实际上就是随机变量 X 的数学期望与均方根偏差值或标准偏差。

可以证明，当泊松分布的平均值 $m \gg 1$（如 $m \gg 20$）时，二项式分布或泊松分布可以用高斯分布来代替。这里又可得到另一个重要结论：一般情况下，核衰变的统计规律不仅服从泊松分布，同时也服从高斯分布。此时，高斯分布的随机变量 X 的取值范围仅为正整数，其两个参量 m 及 σ^2 采用泊松分布的平均值 m 代替即可，这种情况下仍满足 $\sigma^2 = m$。

高斯分布是对称的，图 5.18 给出了 m =20、σ^2 =20 的高斯分布和 m =20 的泊松分布的图形，可见它们已很相近。

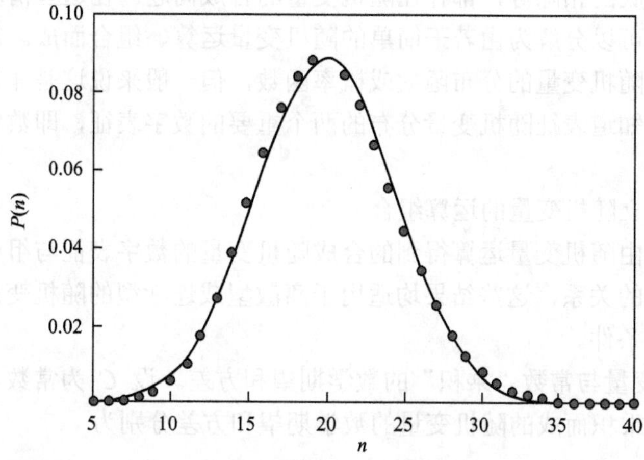

图 5.18　m =20 时泊松分布(圆点)和高斯分布(曲线)的比较

根据密度函数的定义，随机变量X落在某一区间(x_1, x_2)内的概率为

$$P\{x_1 < X < x_2\} = \int_{x_1}^{x_2} \frac{1}{\sqrt{2\pi} \cdot \sigma} \exp\left[-\frac{(x-m)^2}{2\sigma^2}\right] \mathrm{d}x \tag{5.66}$$

令

$$z = \frac{x-m}{\sigma}, \quad \mathrm{d}z = \frac{\mathrm{d}x}{\sigma} \tag{5.67}$$

则式(5.66)可化为

$$\begin{aligned} P\{x_1 < X < x_2\} &= \frac{1}{\sqrt{2\pi}} \int_{z_1}^{z_2} \mathrm{e}^{-z^2/2} \mathrm{d}z = \frac{1}{\sqrt{2\pi}} \int_0^{z_2} \mathrm{e}^{-z^2/2} \mathrm{d}z - \frac{1}{\sqrt{2\pi}} \int_0^{z_1} \mathrm{e}^{-z^2/2} \mathrm{d}z \\ &= \Phi(z_2) - \Phi(z_1) \end{aligned} \tag{5.68}$$

这样，式(5.66)中的积分值并不需直接计算，可从高斯函数积分值表中查出$\Phi(z_1)$和$\Phi(z_2)$，从而计算出$P\{x_1 < X < x_2\}$的数值。

高斯分布有十分重要的实际意义。因为尽管理论上连续型随机变量可以有各种各样的概率密度函数，但实践中发现，大部分连续型随机变量均遵守或近似遵守高斯分布，只要找出恰当的参数 m(平均值)与 σ(均方根偏差)，就可将其概率密度函数用式(5.63)写出来，并可利用高斯函数积分数值表计算各种概率。

3. 随机变量组合的分布

在实验数据的处理中常会遇到随机变量合成的问题。例如，当样品中含有两种放射性核素时，探测器测量的放射性计数为两种核素引起计数的和；在实验中实验数据的本底的扣除等，都存在随机变量的合成问题。在这些情况下，复杂的随机变量往往可以分解为由若干简单的随机变量运算、组合而成。从原理上讲，可以求出复杂随机变量的分布函数或概率函数，但一般来说这是非常复杂的。实际上，只需要知道表征随机变量分布的两个重要的数字表征，即数学期望和方差就够了。

1) 相互独立随机变量的运算组合

下面给出由随机变量运算得到的合成随机变量的数字表征与组成它的随机变量的数字表征的关系，这些结果均适用于离散型或连续型的随机变量，但请注意各关系成立的条件。

(1) 随机变量与常数“乘积”的数学期望和方差。设 C 为常数，则由该常数与随机变量ξ乘积而成的随机变量的数学期望和方差分别为

$$E(C \cdot \xi) = CE(\xi) \tag{5.69}$$

$$D(C \cdot \xi) = C^2 D(\xi) \tag{5.70}$$

(2) 相互独立的随机变量的“和”、“差”或“积”的数学期望。设 $\xi_1, \xi_2, \cdots, \xi_i, \cdots$ 为相互独立的随机变量，则由它们的“和”、“差”或“积”组成的随机变量的数学期望分别是各随机变量数学期望的“和”、“差”或“积”，即

$$E(\xi_1 \pm \xi_2 \pm \xi_3 \pm \cdots) = E(\xi_1) \pm E(\xi_2) \pm E(\xi_3) \pm \cdots \tag{5.71}$$

$$E(\xi_1 \xi_2 \xi_3 \cdots) = E(\xi_1) E(\xi_2) E(\xi_3) \cdots \tag{5.72}$$

(3) 相互独立的随机变量的“和”或“差”的方差。设 $\xi_1, \xi_2, \cdots, \xi_i, \cdots$ 为相互独立的随机变量，则由它们的“和”或“差”组成的随机变量的方差均是组成它的各随机变量方差的“和”，即

$$D(\xi_1 \pm \xi_2 \pm \xi_3 \pm \cdots) = D(\xi_1) + D(\xi_2) + D(\xi_3) + \cdots \tag{5.73}$$

(4) 相互独立的服从泊松分布的随机变量之“和”仍服从泊松分布。若随机变量 $\xi_1, \xi_2, \cdots, \xi_i, \cdots$ 相互独立且均服从泊松分布，设 $\xi = \xi_1 + \xi_2 + \xi_3 + \cdots$，由式(5.71)可得 $E(\xi) = E(\xi_1) + E(\xi_2) + E(\xi_3) + \cdots$，由式(5.73)可得 $D(\xi) = D(\xi_1) + D(\xi_2) + D(\xi_3) + \cdots$，由于 $E(\xi_i) = D(\xi_i)$，则可推得 $E(\xi) = D(\xi)$。所以，相互独立的遵守泊松分布的随机变量之和仍遵守泊松分布。但应注意，相互独立的遵守泊松分布的随机变量之差并不遵守泊松分布。

2) 串级随机变量

在辐射测量中经常会遇到级联、倍增过程的涨落问题。我们可应用概率论中的串级(级联)型随机变量的概念及运算规则来处理这类问题。

下面我们来看串级随机变量的定义。

设 ξ_1 为对应于试验条件组 A 定义的随机变量，ξ_2 为对应于另一试验条件组 B 定义的随机变量，且 ξ_1、ξ_2 相互独立。按如下规则定义一个新的随机变量 ξ:

(1) 按条件组 A 做一次试验，实现随机变量 ξ_1 的一个可取值 ξ_{1i};

(2) 按条件组 B 进行 ξ_{1i} 次试验，实现 ξ_{1i} 个随机变量 ξ_2 的可取值 ξ_{21}, $\xi_{22}, \cdots, \xi_{2\xi_{1i}}$;

(3) 将这些可取值加起来得到 ξ_i，是新随机变量 ξ 的一个可取值:

$$\xi_i = \xi_{21} + \xi_{22} + \cdots + \xi_{2\xi_{1i}} = \sum_{j=1}^{\xi_{1i}} \xi_{2j} \tag{5.74}$$

这时，称 ξ 为随机变量 ξ_1 和随机变量 ξ_2 的串级随机变量。随机变量 ξ_1 称为此串级随机变量的第一级，随机变量 ξ_2 称为其第二级。

概率论证明了二级串级随机变量 ξ 的数学期望 $E(\xi)$ 和方差 $D(\xi)$ 服从下列公式：

$$E(\xi)=E(\xi_1)\cdot E(\xi_2) \tag{5.75}$$

$$D(\xi)=[E(\xi_2)]^2\cdot D(\xi_1)+E(\xi_1)\cdot D(\xi_2) \tag{5.76}$$

$$v_\xi^2=\frac{D(\xi)}{[E(\xi)]^2}=v_{\xi_1}^2+\frac{1}{E(\xi)}v_{\xi_2}^2 \tag{5.77}$$

由式(5.77)可以看出，当第一级随机变量的数学期望值 $E(\xi_1)$ 较大时，在串级随机变量 ξ 的相对均方偏差 v_ξ^2 中，第二级随机变量的相对均方偏差 $v_{\xi_2}^2$ 的贡献要比第一级随机变量的相对均方偏差 $v_{\xi_1}^2$ 的贡献小得多，甚至可以忽略。

以上是关于两级串级型随机变量的情况。这些规则完全可以推广到 N 级串级随机变量的情况。对 N 个相互独立的随机变量 $\xi_1,\xi_2,\cdots,\xi_N$，按照与二级串级随机变量相似的方法可定义出 N 级串级随机变量 ξ。同样可以证明

$$E(\xi)=E(\xi_1)E(\xi_2)\cdots E(\xi_N) \tag{5.78}$$

$$v_\xi^2=v_{\xi_1}^2+\frac{v_{\xi_2}^2}{E(\xi_1)}+\frac{v_{\xi_3}^2}{E(\xi_1)E(\xi_2)}+\cdots+\frac{v_{\xi_N}^2}{E(\xi_1)E(\xi_2)\cdots v(\xi_{N-1})} \tag{5.79}$$

另外，串级型随机变量还服从下列运算规则：

(1) 由两个相互独立的伯努利型随机变量 ξ_1、ξ_2 串级而成的随机变量 ξ 仍是伯努利型随机变量。若随机变量 ξ_1 的正结果发生概率为 p_1，ξ_2 的正结果发生概率为 p_2，则 ξ 的正结果发生概率为

$$p=p_1p_2 \tag{5.80}$$

(2) 由相互独立的遵守泊松分布的随机变量 ξ_1(第一级)与伯努利型随机变量 ξ_2(第二级)串级而成的随机变量 ξ 仍遵守泊松分布。若 m_1 为 ξ_1 的平均值，p_2 为 ξ_2 的正结果发生概率，则 ξ 的平均值为

$$m=m_1p_2 \tag{5.81}$$

关于串级随机变量的更多运算规则和特点可以在相关文献中查到。

串级随机变量的引入在辐射探测中有很重要的意义，利用它，很多辐射探测学中的概率统计问题的分析会清晰而简单，后续我们可以看到很多具体的应用实例。

4. 放射性测量计数的统计分布

在原子核发生衰变后，我们必须用探测器对核衰变产生的粒子进行探测。但并不是所有辐射源发出的粒子都能进入探测器中，即使进入探测器也未必都能被记录下来，因此，粒子的探测也是一个随机过程，放射性测量的计数是一个随机变量。那么，放射性测量技术的统计分布是怎样的呢？

简化起见，我们假定在一定测量时间 t 内放射源衰变发出的 N 个粒子全部入射到探测器上，探测器对入射粒子的探测效率为 ε。探测器对单个入射粒子的探测显然属于伯努利试验，即探测到发生正事件的概率 $p=\varepsilon$，没探测到其概率 $q=1-\varepsilon$。N 个粒子入射，相当于 N 次独立的 $p=\varepsilon$ 伯努利试验，则探测器给出的计数 n 应服从二项式分布：

$$P_N(n)=\frac{N!}{(N-n)!n!}\varepsilon^n(1-\varepsilon)^{N-n} \tag{5.82}$$

式中，$P_N(n)$ 表示 N 为一确定值，但射入探测器的粒子数 N 不是一个常数，而是服从泊松分布的随机变量，设它的数学期望值为 M，于是有

$$P(N)=\frac{M^N}{N!}\mathrm{e}^{-M} \tag{5.83}$$

按全概率公式，可以得到探测器输出计数 n 的概率函数为

$$\begin{aligned}P(n)&=\sum_{N=n}^{\infty}[P_N(n)\cdot P(N)]=\sum_{N=n}^{\infty}\left[\frac{N!}{(N-n)!n!}\varepsilon^n(1-\varepsilon)^{N-n}\cdot\frac{M^N}{N!}\mathrm{e}^{-M}\right]\\&=\frac{(M\varepsilon)^n}{n!}\mathrm{e}^{-M}\sum_{N=n}^{\infty}\frac{(1-\varepsilon)^{N-n}M^{N-n}}{(N-n)!}\end{aligned}$$

由级数展开公式 $\mathrm{e}^x=1+x+x^2/2!+x^3/3!+\cdots$，可得到

$$P(n)=\frac{(M\varepsilon)^n}{n!}\cdot\mathrm{e}^{-M}\cdot\mathrm{e}^{(1-\varepsilon)M}=\frac{(M\varepsilon)^n}{n!}\mathrm{e}^{-M\varepsilon} \tag{5.84}$$

可见，当入射粒子数 N 服从平均值为 M 的泊松分布时，探测器的计数 n 同样服从泊松分布，且其平均值 m 和方差 σ^2 为

$$m=\sigma^2=M\varepsilon \tag{5.85}$$

由式(5.62)，$M=N_0\lambda t$，则式(5.85)可改写为

$$m=\sigma^2=N_0\lambda t\varepsilon \tag{5.86}$$

如果按照串级随机变量的运算规则进行分析，也可得到相同的结论，即由相互独立的遵守泊松分布的随机变量 N 与伯努利型随机变量串级而成的随机变量 n 仍遵守泊松分布。

5.3.2 放射性测量的统计误差

如前所述，由于放射性核衰变具有随机性，测量过程中射线与物质相互作用过程也具有随机性，因此，在某个测量时间内对样品进行测量得到的计数值同样是一个随机变量，它的各次测量值也总是围绕平均值上下涨落的。这种涨落是由放射性衰变和辐射与物质相互作用的统计性引起的，所以把单次或有限次测量结果与数学期望的误差称为统计误差。

统计误差与一般的偶然误差一样，服从正态分布，在表示和运算规则上亦很相似。其不同之处在于计数值统计误差与计数值本身相关，即计数的数学期望与方差相等。这也是判断测量值出现的不确定性是由统计性决定的，还是由仪器的工作状态异常所引起的重要手段。

1. 辐射探测数据的统计误差

我们已知，对一般辐射测量而言，粒子计数服从泊松分布，测量计数的平均值 m 与均方根偏差(标准偏差) σ 满足

$$\sigma^2=m \tag{5.87}$$

按照概率论中关于数学期望的论述(大数定律)，需要在同样的条件下进行大量实验，当实验次数趋向无穷多次时，实验值的算术平均值将趋向于数学期望。而实际上，我们得到的只能是有限次测量的算术平均值或一次测量值。由于泊松分布的特点，m 较大时，它与有限次测量的平均值 $\bar{N}$ 或任一次测量值 N_i 相差不大。所以可以认为

$$\sigma^2=m\approx\bar{N}\approx N_i \tag{5.88}$$

式中，N_i 为单次测量值；$\bar{N}$ 为 k 次测量值 $N_i(i=1,2,\cdots,k)$ 的平均值，即

$$\bar{N}=\frac{1}{k}\sum_{i=1}^{k}N_i \tag{5.89}$$

实验数据处理中，常常用到样本方差的概念。样本方差 σ_s^2 是总体方差的无偏估计，因此可以用样本方差来估计有限次测量结果的涨落，并把 σ_s 称为样本标准

偏差：

$$\sigma_{\mathrm{s}} = \sqrt{\frac{1}{k-1}\sum_{i=1}^{k}(N_i - \bar{N})^2} \tag{5.90}$$

σ_{s} 反映了包含统计涨落在内的各种因素引起的数据的离散，由 σ_{s} 是否明显大于 σ，可检验实验数据的质量，并判断测量仪器工作状态是否异常。

在正常的辐射测量情况下，统计误差是主要的，我们可只考虑统计误差的影响。这时，根据式(5.88)即可得到测量结果的标准偏差。考虑标准偏差，测量结果可用一定置信度的置信区间来表示。如对于单次测量，其测量结果可以表达为

$$N_i \pm \sigma = N_i \pm \sqrt{N_i} \tag{5.91}$$

该式表明置信区间为 $(N_i - \sqrt{N_i}, N_i + \sqrt{N_i})$，置信度为 68.3%。这意味着，在实验条件保持不变的情况下，任何一个单次测量的结果落在 $N_i \pm \sqrt{N_i}$ 区间内的概率为 68.3%，标准偏差正是表明具有这一概率的空间宽度。当用图来表示一组测量值时，常将对每次测量所估计的误差同时标在图上。图 5.19 给出了作为某变量 z 的函数 x 的一组测量值，变量 z 可以是时间或距离等参数，一般为准确值。测量数据用“点”来表示，而每点的测量误差用每点上下的误差棒(error bar)的长度来表示。按惯例，每点两边的误差棒的长度标准偏差 σ 值。在这种情况下，如果试图拟合一个函数变化曲线 $x = f(z)$，则拟合函数应该经过全部数据的误差棒的概率为 68.3%。

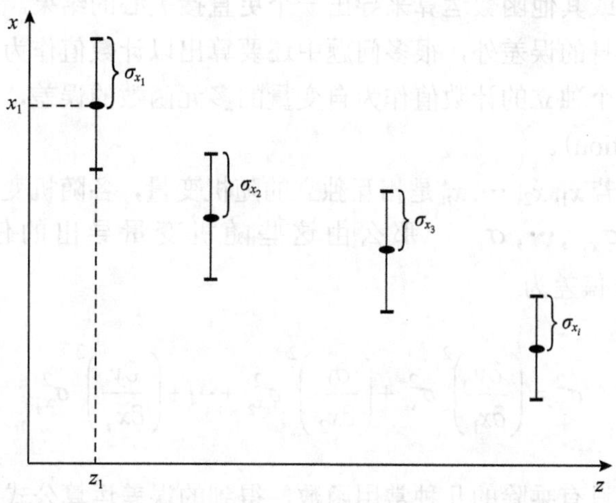

图 5.19　实验数据的误差棒的表示方法

由式(5.88)可知，随机变量的平均值 m 越大，则 σ 越大，但是切不要误认为 m 越大，测量反而越不精确。实际上，m 越大，测量精确度就越高。由于 σ 不能恰当地反映测量数据的离散程度，一般用相对均方根偏差 v 来表示，v 越小，表示随机变量的实验值越集中地分布在其平均值附近，测量精度就越高。对泊松分布，相对标准偏差 v 为

$$v = \frac{\sigma}{m} = \frac{\sqrt{m}}{m} = \frac{1}{\sqrt{m}} \approx \frac{1}{\sqrt{N_i}} \tag{5.92}$$

可见，测量值 N_i 越大，相对误差越小，测量精度越高。例如，当测量的计数为 100 时，v=10%，当测量的计数为 10000 时，v=1%，这也就是在实验中力求提高探测效率，得到高的总计数的原因。

由式(5.86)，在测量时间 t 内探测器计数的平均值为 $m = N_0 \lambda t \cdot \varepsilon = nt$（这里 n 代表单位时间的计数，即计数率)，则探测器计数的相对标准偏差为 $v = 1/\sqrt{nt}$ 。当 n 比较小时，为减小相对标准偏差，可适当增大测量时间 t。我们可以容易地从所要求的相对标准偏差 v 的数值估算出所必需的最短测量时间 t 为

$$t \geqslant \frac{1}{nv^2} \tag{5.93}$$

2. 计数统计误差的传递

在一般核测量中，人们很少对未处理的计数数据感兴趣。通常这种数据都要经过乘法、加法或其他函数运算来导出一个更直接关心的结果。所以，除了要确定测量计数值本身的误差外，很多问题中还要算出以计数值作为自变量的函数的误差，甚至是多个独立的计数值作为自变量的多元函数的误差，这就是误差的传递(error propagation)。

可以证明，若 $x_1, x_2, \cdots, x_n$ 是相互独立的随机变量，各随机变量相应的标准偏差分别为 $\sigma_{x_1}, \sigma_{x_2}, \cdots, \sigma_{x_n}$，那么由这些随机变量导出的任何量 $y = f(x_1, x_2, \cdots, x_n)$ 的均方偏差为

$$\sigma_y^2 = \left(\frac{\partial y}{\partial x_1}\right)^2 \sigma_{x_1}^2 + \left(\frac{\partial y}{\partial x_2}\right)^2 \sigma_{x_2}^2 + \cdots + \left(\frac{\partial y}{\partial x_n}\right)^2 \sigma_{x_n}^2 \tag{5.94}$$

对于只有加减或只有乘除的几种常用函数，得到的误差运算公式见表 5.3。

表 5.3 几个简单函数的标准偏差及相对标准偏差

函数 f	标准偏差	相对标准偏差
$y=ax_1\pm bx_2$	$\left[(a\sigma_{x_1})^2+(b\sigma_{x_2})^2\right]^{\frac{1}{2}}$	$\left[(a\sigma_{x_1})^2+(b\sigma_{x_2})^2\right]^{\frac{1}{2}}\Big/(ax_1\pm bx_2)$
$y=x_1x_2$	$x_1x_2\left[\left(\frac{\sigma_{x_1}}{x_1}\right)^2+\left(\frac{\sigma_{x_2}}{x_2}\right)^2\right]^{\frac{1}{2}}$	$\left[\left(\frac{\sigma_{x_1}}{x_1}\right)^2+\left(\frac{\sigma_{x_2}}{x_2}\right)^2\right]^{\frac{1}{2}}$
$y=x_1/x_2$	$\frac{x_1}{x_2}\left[\left(\frac{\sigma_{x_1}}{x_1}\right)^2+\left(\frac{\sigma_{x_2}}{x_2}\right)^2\right]^{\frac{1}{2}}$	$\left[\left(\frac{\sigma_{x_1}}{x_1}\right)^2+\left(\frac{\sigma_{x_2}}{x_2}\right)^2\right]^{\frac{1}{2}}$

下面我们来说明辐射测量中的几个典型问题的误差计算。

1) 计数率的统计误差

设在 t 时间内记录了 N 个计数，则计数率为 $n=N/t$，根据误差传递公式(5.94)，计数率 n 的标准偏差和相对标准误差分别为

$$\sigma_n=\sqrt{\frac{\sigma_N^2}{t^2}}=\sqrt{\frac{N}{t^2}}=\sqrt{\frac{n}{t}} \tag{5.95}$$

$$v_n=\frac{\sigma_n}{n}=\frac{\sqrt{\frac{n}{t}}}{n}=\frac{1}{\sqrt{nt}}=\frac{1}{\sqrt{N}} \tag{5.96}$$

计数率结果写成 $n\pm\sqrt{n/t}$ 或 $n\pm n/\sqrt{N}$。

式(5.96)表明，计数率的相对标准误差仅与总计数有关，且与总计数的相对标准偏差相等。

2) 多次测量结果平均计数的统计误差

假如对某样品重复测量了 k 次，每次测量时间 t 相同(即等精度测量)，得到 k 个计数值 $N_1, N_2, \cdots, N_k$，则在时间 t 内的平均计数值为

$$\bar{N}=\frac{1}{k}\sum_{i=1}^{k}N_i \tag{5.97}$$

由式(5.94)，$\bar{N}$ 的方差为

$$\sigma_{\bar{N}}^2=\frac{1}{k^2}\sum_{i=1}^{k}\sigma_{N_i}^2=\frac{1}{k^2}\sum_{i=1}^{k}N_i=\frac{\bar{N}}{k} \tag{5.98}$$

$\bar{N}$ 的相对标准偏差为

$$v_{\bar{N}} = \frac{\sigma_{\bar{N}}}{\bar{N}} = \frac{1}{\sqrt{k\bar{N}}} = \frac{1}{\sqrt{\sum_i N_i}} \tag{5.99}$$

多次测量结果平均计数的表达式为

$$\bar{N} \pm \sigma_{\bar{N}} = \bar{N} \pm \sqrt{\bar{N}/k} \tag{5.100}$$

相应地，我们还可以得到多次测量平均计数率、标准偏差和相对标准偏差分别为

$$\bar{n} = \frac{\bar{N}}{t} = \frac{1}{kt}\sum_{i=1}^{k} N_i \tag{5.101}$$

$$\sigma_{\bar{n}} = \sqrt{\frac{1}{t^2}\sigma_{\bar{N}}^2} = \sqrt{\frac{\bar{N}/k}{t^2}} = \frac{1}{\sqrt{k}}\sqrt{\frac{\bar{n}}{t}} \tag{5.102}$$

$$v_{\bar{n}} = \frac{\sigma_{\bar{n}}}{\bar{n}} = \frac{1}{\bar{n}\sqrt{k}}\sqrt{\frac{\bar{n}}{t}} = \frac{1}{\sqrt{k\bar{n}t}} = \frac{1}{\sqrt{\sum_i N_i}} \tag{5.103}$$

由式(5.99)和式(5.103)可以看出，在 t 时间内计数平均值或计数率平均值的相对标准偏差与只测量一次但时间增加 k 倍所得到结果的相对标准偏差相同。因此，在放射性测量中，不管是一次测量还是多次测量，只要测量得到的总计数相同，其结果的相对标准偏差就是相同的，即具有相同的测量精度，在每次测量时间一定的情况下，测量次数越多，其误差越小。

3) 存在本底时样品净计数率误差的计算

在辐射测量中，本底总是存在的。本底包括宇宙射线、环境中的天然放射性及仪器噪声等。这时，为求得净计数率，需要进行两次测量：第一次测本底，设在时间 t_b 内测得本底计数为 N_b；第二次测样品，设在 t_s 时间内测得样品计数(包括本底)为 N_s。这时样品的净计数率 n_0 为

$$n_0 = n_s - n_b = \frac{N_s}{t_s} - \frac{N_b}{t_b} \tag{5.104}$$

式中，n_s 和 n_b 分别为样品总计数率(包括本底)和本底计数率。由式(5.95)可求出 n_0 的标准偏差 σ_{n_0} 为

$$\sigma_{n_0} = \sqrt{\frac{N_s}{t_s^2} + \frac{N_b}{t_b^2}} = \sqrt{\frac{n_s}{t_s} + \frac{n_b}{t_b}} \tag{5.105}$$

结果写成

$$n_0 \pm \sigma_{n_0} = (n_s - n_b)\left(1 \pm \frac{1}{n_s - n_b}\sqrt{\frac{n_s}{t_s} + \frac{n_b}{t_b}}\right) \tag{5.106}$$

由式(5.106)，本底计数率越高，相对误差成大，所以实验中应尽量减少本底。

4)不等精度独立测量值的组合

对不等精度测量，简单地求平均不再是求单次“最佳值”的适宜方法，需进行加权平均，即给各次测量结果赋予一个权重，使得测量精度高的数据在求平均值时的贡献大，而测量精度低的数据在求平均值时的贡献较小。下面以不等精度测量计数率为例来说明这种方法。

如果对同一量进行了 k 次独立测量，各次测量的时间为 t_i，计数为 N_i。这样，计数率的加权平均值应为

$$\bar{n} = \frac{\sum_i W_i n_i}{\sum_i t_i} \tag{5.107}$$

先求各次测量的计数率及方差为

$$n_i = N_i / t_i\,,\ \sigma_{n_i}^2 = n_i / t_i\,,\ \ i = 1, 2, \cdots, k$$

设各次测量的权为 $W_i = \lambda^2 / \sigma_{n_i}^2\ (i = 1, 2, \cdots, k)$，其中 λ^2 为任一常数，可用 $\bar{n}$ 来代替，进而用 n_i 代替，则

$$W_i \approx \frac{\lambda^2}{\sigma_{n_i}^2} \approx \frac{n_i}{n_i / t_i} = t_i\,,\quad i = 1, 2, \cdots, k \tag{5.108}$$

代入得到计数率的加权平均值 $\bar{n}$ 为

$$\bar{n} = \sum_i W_i n_i \Big/ \sum_i t_i = \sum_i N_i \Big/ \sum_i t_i \tag{5.109}$$

$\bar{n}$ 的标准偏差为

$$\sigma_{\bar{n}} = \sqrt{\frac{1}{\left(\sum_i t_i\right)^2} \cdot \sum_i \sigma_{N_i}^2} = \sqrt{\frac{1}{\left(\sum_i t_i\right)^2} \cdot \sum_i N_i} = \sqrt{\frac{\bar{n}}{\sum_i t_i}}$$

$\bar{n}$ 的相对标准偏差为

$$v_{\overline{n}} = \frac{\sigma_{\overline{n}}}{\overline{n}} = \frac{1}{\sqrt{\sum_i N_i}} \tag{5.110}$$

所以其结果可表示为

$$\overline{n} \pm \sigma_{\overline{n}} = \overline{n} \pm \sqrt{\frac{\overline{n}}{\sum_i t_i}} \tag{5.111}$$

对相同测量时间，则变为等精度测量

$$\overline{n} \pm \sigma_{\overline{n}} = \overline{n} \pm \sqrt{\overline{n}/(kt)}$$

5) 测量时间和测量条件的选择

不考虑本底时，由式(5.93)可由计数率 n 和要求的测量精度 v_n 得到必需的最小测量时间 t，其中计数率 n 可以用短时间测量结果估计。例如，短时间测量估计到 $n \approx 10^3 \text{min}^{-1}$，若要求 $v_n \leqslant 1\%$，则要求测量时间 $t \geqslant 10\,\text{min}$。

在有本底存在时，需要合理分配样品测量时间 t_s 和本底测量时间 t_b，以便在规定的总测量时间 $T(T = t_s + t_b)$ 内使结果的误差最小。

设 t_s 内测得辐射源加本底的计数为 N_s，t_b 内测得的本底计数为 N_b，由此可得到源净计数率 $n_0 = n_s - n_b = \dfrac{N_s}{t_s} - \dfrac{N_b}{t_b}$，及其标准偏差 $\sigma_{n_0} = \left(\dfrac{n_s}{t_s} + \dfrac{n_b}{t_b}\right)^{1/2}$。

为在规定的总测量时间 $T = t_s + t_b$ 内使测量结果误差最小，由极值条件

$$\frac{\mathrm{d}}{\mathrm{d}t_s}\left(\sqrt{\frac{n_s}{t_s} + \frac{n_b}{T - t_s}}\right) = 0 \tag{5.112}$$

得到

$$t_s / t_b = \sqrt{n_s / n_b} \tag{5.113}$$

进而求得最佳时间分配

$$t_s = \frac{\sqrt{n_s / n_b}}{1 + \sqrt{n_s / n_b}} T, \quad t_b = \frac{1}{1 + \sqrt{n_s / n_b}} T$$

在这种最佳条件下测量结果的相对方差为

$$v_{n_0}^2 = \left(\frac{1}{n_s - n_b}\sqrt{\frac{n_s}{t_s} + \frac{n_b}{t_b}}\right)^2 = \frac{1}{T n_b \left(\sqrt{n_s / n_b} - 1\right)^2} \tag{5.114}$$

在给定的情况下，需要的最小测量时间为

$$T_{\min} = \frac{1}{n_{\mathrm{b}} v_{n_0}^2 \left(\sqrt{n_{\mathrm{s}}/n_{\mathrm{b}}} - 1\right)^2} \tag{5.115}$$

式中，n_{s}、n_{b} 可先通过粗测进行估计。

5.3.3　带电粒子在介质中电离过程的统计涨落

在辐射测量中，除了要对输出脉冲进行计数外，很多情况下还需要测量输出脉冲的幅度。作为粒子能量测量的探测器，其输出脉冲幅度一般与入射粒子在探测器中损失的能量成正比。但是，在探测器内损失完全相同的能量，所对应的输出脉冲幅度却并不完全相同，而是围绕一个幅度的平均值波动，这是由带电粒子在探测器介质中电离过程的统计性所引起的。各种探测器输出脉冲幅度的分布及其影响因素等，将在探测器的章节中论述，这里仅对带电粒子在介质中电离过程的统计涨落所服从的规律进行讨论。

1. 电离过程的涨落和法诺分布

带电粒子通过库仑力与物质原子的核外电子进行非弹性碰撞使介质原子电离，激发产生电子-正离子对(对气体)或电子-空穴对(对半导体)而损失能量。这些产生电离或激发的碰撞都是随机的，因此一定能量的带电粒子在介质中产生的离子对数也是一个随机变量，应服从一定的概率分布。下面以气体介质为例进行说明。

实验发现，带电粒子在气体中每产生一对离子，电子所消耗的平均能量 W 基本上是一个常数，大约为 30eV，则能量为 E_0 的带电粒子把全部能量损耗在气体介质中后，产生的平均离子对数为

$$\overline{n} = \frac{E_0}{W} \tag{5.116}$$

设该带电粒子在气体中与气体原子(分子)总共进行了 N 次碰撞，则每次碰撞产生离子对的概率就是 $\overline{n}/N$。假设每次碰撞过程是相互独立的，则带电粒子总共产生的离子对数 n 将遵守二项式分布。一般 N 是一个很大的数，$\overline{n}/N$ 很小，而 $N(\overline{n}/N) = \overline{n} = E_0/W$ 是一个有限的常数，因而该二项式分布趋于泊松分布，即

$$P(n) = \frac{(\overline{n})^n}{n!} \mathrm{e}^{-\overline{n}} \tag{5.117}$$

由此可以得到离子对数 n 的标准偏差及相对标准偏差为

$$\sigma = \sqrt{\overline{n}} = \sqrt{\frac{E_0}{W}} \tag{5.118}$$

$$v = \frac{\sigma}{\overline{n}} = \frac{1}{\sigma} = \sqrt{\frac{W}{E_0}} \tag{5.119}$$

式(5.119)表明，带电粒子在探测器介质中损失的能量 E_0 越大，平均电离能 W 越小，则产生的离子对数越大，离子对数的相对涨落就越小。

实验发现，离子对数 n 的涨落比式(5.118)计算的结果要小。式(5.118)是按照带电粒子与介质原子的各次碰撞时相互独立的假设推导出来的。但实际上，带电粒子在与介质原子的碰撞过程中，能量会不断变小，形成离子对的概率也不断发生变化；另外，电离产生的 δ 电子可引起进一步的电离，形成新的离子对，因此，各次碰撞不能看成完全独立的。此外，总的碰撞次数 N 本身也不是一个常数，而是有涨落的。所以，带电粒子总共产生的离子对数 n 不能简单地仅用泊松分布来描述。

法诺(U. Fano)通过引入法诺因子 F 解决了这个问题。设 σ^2 为离子对数 n 的实际涨落，$\overline{n}$ 为离子对数的平均值，则定义法诺因子为

$$F = \frac{\sigma^2}{\overline{n}} \tag{5.120}$$

这样，离子对数涨落的方差即为

$$\sigma^2 = F\overline{n} = F\frac{E_0}{W} \tag{5.121}$$

相应地有

$$v^2 = \frac{F}{n} = \frac{FW}{E_0} \tag{5.122}$$

不同材料的法诺因子不同，需要由实验测定。气体的法诺因子一般为 0.2～0.5，而半导体的法诺因子一般为 0.10～0.15。

这种描述电离过程产生的离子对数(或电子-空穴对数)涨落的分布称为法诺分布，在辐射探测学中十分重要，后面我们分析探测器输出信号时会经常用到。

2. 粒子束脉冲的总电离电荷量的涨落

辐射探测器可以有不同的工作方式：在脉冲型工作方式下，探测器逐个对辐射粒子进行探测，输出信号为脉冲信号，脉冲的个数与入射粒子数对应，而脉冲

的幅度反映了入射粒子的能量；在累计型工作方式下，探测器输出信号反映的是一定数量入射粒子的累计特性。累计型工作方式又可分为两种情况：①入射粒子呈脉冲状态，即一束束粒子间隔而来，束与束间隔时间 T 较长，而每束粒子持续时间 t 很短，粒子数量很大，这样同束粒子在探测器中的电离效果相互叠加，使探测器输出一个大脉冲，脉冲幅度与该束粒子包含的粒子数和每个粒子的能量有关，此工作状态可称为脉冲束工作状态；②入射粒子为稳定粒子束流，输出信号为一个近似直流的电流或电压信号，信号大小正比于粒子束流在探测器内产生的平均电离效应，该工作状态称为电流型工作状态。不同工作状态探测器的输出信号的涨落有不同的处理方式，本节仅讨论粒子束脉冲的总电离电荷量的涨落问题。

在高能物理或核技术应用等领域中常会有探测器工作于脉冲束工作状态的情况。例如，用电子直线加速器加速电子打靶产生轫致辐射时，每个持续时间 t 仅为 2～3μs 的脉冲内包含了大量粒子，这时，探测器的输出信号反映的是该脉冲内所有粒子在探测器介质内产生的总电离效果，如图 5.20 所示。

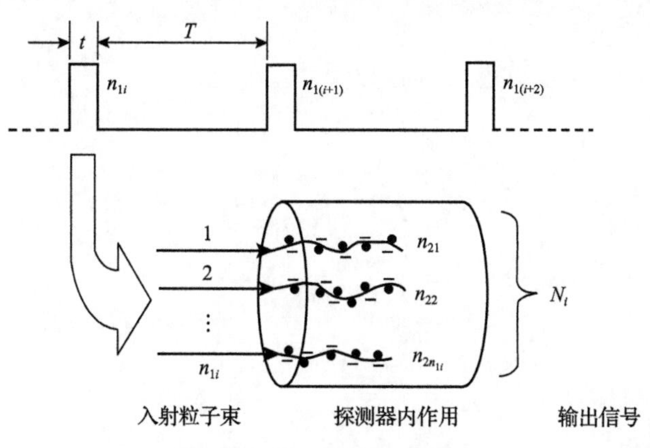

图 5.20　粒子束脉冲的探测

设 n_1 代表一个粒子束脉冲所包含的带电粒子数，它是一个随机变量，假设其服从泊松分布，每个粒子束脉冲中的实际粒子数是它的一个可取值，例如第 i 个脉冲束中包含的粒子数为 n_{1i}。每个入射的带电粒子在探测器内产生 n_2 个离子对，n_2 也是一个随机变量，服从法诺分布。在探测器中，第 i 个入射粒子束脉冲中的 n_{1i} 个粒子，将分别产生 n_{21}, n_{22}, …, n_{2j}, …, $n_{2n_{1i}}$ 个离子对，则第 i 个入射粒子束脉冲所产生的总离子对数为

$$v^2 = \frac{F}{\bar{n}} = \frac{FW}{E_0} \tag{5.123}$$

显然，这是一个典型的由 n_1 和 n_2 两个随机变量串级而成的串级随机变量。其平均

值和相对均方偏差分别为

$$\overline{N}_i = \overline{n}_1 \cdot \overline{n}_2 \tag{5.124}$$

$$v_{N_i}^2 = v_{n_1}^2 + \frac{1}{\overline{n}_1} v_{n_2}^2 = \frac{1}{\overline{n}_1} + \frac{1}{\overline{n}_1} \cdot \frac{F}{\overline{n}_2} = \frac{1}{\overline{n}_1}\left(1 + \frac{F}{\overline{n}_2}\right) \tag{5.125}$$

由于法诺因子 $F<1$，而 $\overline{n}_2$ 又相当大，由式(5.125)可知，决定输出信号相对均方涨落的主要是入射粒子数 n_1，而电离过程涨落的影响可近似忽略。

第6章 示踪剂及示踪动力学模型

6.1 正电子放射性同位素

在过去的三十年里，PET成像技术在以蛋白质为目标、对人体脑部进行放射性强度的显像中得到了越来越多的应用。蛋白质是一种包含一个或多个氨基酸长链的生物分子，它能在生物体内实现各种各样的功能。事实上，由于蛋白质几乎参与了细胞内发生的每一个过程，作为一种重要的生物分子，了解它们的分布信息对于理解脑部正常或病理生理学都是十分重要的。

在PET成像中，越来越多的研究展示了基于 ^{11}C 和 ^{18}F 标记的示踪物在对人脑中蛋白质的浓度分布及功能进行量化评价中的应用。从过去的研究可以发现，PET成像主要关注六大类脑内蛋白质的相关信息：G蛋白偶联受体(GPCR)、膜转运蛋白、配体门控性离子通道(LGIC)、酶、错误折叠蛋白和色氨酸丰富的转位因子蛋白(TSPO)。其中，GPCR是细胞信号传导中重要的组成部分，它们的主要功能是联系一个信号分子并在细胞中产生一个生化的响应。膜转运蛋白和LGIC都属于跨膜蛋白，它们能够调整细胞膜的通透性使得小分子和离子也能得以通过，起到配体转运蛋白的作用。酶作为细胞内各类生化反应的催化剂，也许是蛋白质中最为有名的一类。由于蛋白质的错误折叠导致其发生聚集，最终会对细胞本身产生毒性，从而引起许多疾病的发生(如阿尔茨海默病和帕金森病)。最后一类TSPO是人类线粒体外膜上的一类蛋白质，它的主要功能也是实现跨膜信号的交换。

历史上第一次对人体的神经受体进行的成像研究是1984年Wagner和他的同事[27]在约翰霍普金斯大学完成的。他们当时使用 ^{11}C-N-methylspiperone作为示踪剂来对多巴胺D2受体进行成像。这项研究是第一次在多种精神疾病的患者(精神分裂症、帕金森病和药物成瘾)中探索多巴胺的神经传递，为后续的相关研究提供了一个全新的视角。随后，Farde和他的同事[28]发现 ^{11}C-雷氯必利是一种能够对多巴胺D2受体进行量化评价的重要的示踪物质，基于这个特性他们还探索出了 ^{11}C-雷氯必利在研发与多巴胺D2受体相互作用的抗精神病药物中的重要应用价值[28]。因为这些发现，在过去的十年里利用PET成像技术对新型药物的研究越来越丰富。由于能在临床I期试验中从较小的人类群体中获得脑渗透的信息和丰富的剂量信息，大型制药公司也已经开始利用这项技术来降低新型中枢神经系统(CNS)药物研发中的风险[29]。

在脑功能 PET 成像技术发展的第一个十年中，大多数的研究还是跟随着 Wagner 和 Farde 完成的核心研究，对 GPCR 成像，尤其是多巴胺受体。其他的研究目标还包括使用 ^{11}C-卡芬太尼[30]和 ^{11}C-二丙诺啡[31]作为示踪物的阿片类物质的受体研究，以及对 TSPO 利用 ^{11}C-PK11195 进行显像的研究[32]。当进入到第二个十年时，对脑功能 PET 成像的研究更加丰富，并且有大量的成果发表，几乎是前一个十年的 6 倍。其中，越来越多的研究开始转向对酶的成像研究，结合 ^{18}F-DOPA 对合成多巴胺的测量，对酶进行功能显像能够为精神分裂症中的突触前功能障碍提供十分宝贵的信息[33]。到了最后一个十年，以 GPCR 为目标的示踪物有了更加广泛的应用，包括将多巴胺 D3 亚种示踪剂(^{11}C-(+)- PHNO) [34,35]引入到功能成像的研究中。此外，对膜转运物质的研究也得到了扩展，出现了利用 ^{11}C-MRB 作为标记物对去甲肾上腺素的分布情况的研究[36]。随着对放射性配体研究的不断发展，TSPO 的显像技术也得到了扩充。相较于使用 ^{11}C-PK11195 作为示踪物的时代，目前已经新发现了大量的可示踪物质(如 ^{11}C-PBR28、^{18}F-PBR111 和 ^{18}F-FEPPA)，成像结果的信噪比与之前相比得到了显著的提高。

基于这些研究，我们或许可以了解到脑功能成像在下一个十年的发展中有两个关键的影响因素：一个是神经退行性疾病(如痴呆等)正在迫使我们去发展能够揭示其发病根源的新型技术，另一个则是 CNS 药物的研究发展方向。CNS 药物的研究是基于商业调查和临床前、临床 I 期占位研究的信息来进行的，历史上曾经对示踪物质的发展有着强烈的导向作用。

在脑功能 PET 成像的发展中，能够对动态 PET 成像进行示踪动力学分析得益于大量研究中获得的动态 PET 数据及相关的动脉血输入数据和代谢数据的量化分析方法。这一类数值分析方法与合理的验证配置，往往被视为评估减少侵入性、更简单的成像方法发展和验证的金标准。

为了显示生物体内发生的生化过程，选用的示踪剂核素一般是人体内生物分子的主要构成元素。随着对 PET 成像中可用探针的研究逐渐深入，目前可用的放射性药物的种类越来越多[37]，除了最常见的 ^{18}F-FDG，还有 ^{13}N-Ammonia(可用于心肌诊断)、^{11}C-nicotine(烟碱型乙酰胆碱受体的密度检测)、^{11}C-GSK189254(组胺 H_3 受体的密度检测)等[38,39]。这些示踪物质能反映生物体内某个特定的生命活动，如参与的合成与代谢过程、分布状态与对应的功能，以及基因表达等，应用到诊断治疗中时能够在疾病早期、细胞的功能与代谢发生了变化但是还未出现病症的时候就发现病变，比临床提前数月甚至数年[40]。

表 6.1 列出了 PET 成像中常见的正电子放射性同位素。表 6.2 则列出了近十年来成功应用于人类被试的放射示踪物，其中仅列举了较为广泛的示踪物，涵盖

表 6.1　PET 成像中常见正电子放射性同位素列表

核素	最大正电子能量/MeV	半衰期/min	水环境中		在 PET 成像中的应用
			最大射程/mm	平均射程/mm	
^{11}C	0.959	20.4	4.1	1.1	标记有机分子
^{13}N	1.197	9.96	5.1	1.5	$^{13}NH_3$
^{15}O	1.738	2.03	7.3	2.5	$^{15}O_2$,$H_2{}^{15}O$,$C^{15}O$,$C^{15}O_2$
^{18}F	0.633	109.8	2.4	0.6	^{18}F-FDG,^{18}F
^{68}Ga	1.898	68.3	8.2	2.9	^{68}Ga-EDTA,^{68}Ga-PTSM
^{82}Rb	3.400	1.25	14.1	5.9	灌注用标签
^{94m}Tc	2.44	52	无记录		主要使用发射 β^+的 ^{94m}Tc
^{124}I	2.13	6.0×10^3	无记录		碘化分子

了现有的用于人类脑蛋白成像的示踪物种类。并且，表 6.2 中所不包括的许多示踪物也已经在临床前动物试验中进行过测试，其中部分还未被证明在人体中的有效性；还有一些示踪物则从未发展到可以进行人体试验，或在早期的人体试验中即失败。究其原因可能是不适宜的药物动力学特性，如特异性结合对非特异性结合的比例很低(即信噪比很低)，或者是有很高的亲和力，从而导致量化的可靠性更差。影响示踪物的药物动力学特性因素的作用方式较为复杂。举例来说，高亲油性会产生较高的血脑屏障通透性，这正是所需要的性能，但是也同时导致了较高的背景信号(非特异性结合)。能够用于量化的有效示踪物往往需要平衡这些性质。外周清除率会影响大脑对示踪剂的摄取和排出。当清除率较高时，可能会使高亲和性示踪物达到短暂平衡，并且能够进入一段时间的消退期(washout phase)，有益于定量成像分析。考虑到同位素衰变的实际约束和衰减时间内被测在扫描器中保持静止的耐力，具有相同亲和性但是外周清除率较低的示踪物可能不能够达到上述指标。除此之外，高亲和性在目标蛋白质浓度较低时更有利。示踪物有效应用于定量分析的另一个潜在障碍是，如果放射性示踪的代谢物(扫描发现在血液里聚集)是血脑屏障可渗透的，则会产生信号混淆。有一种示踪物质在生物体外即可展示它的应用潜力并最终被证明是一种具有主动流出机制的底物，如 P-糖蛋白。这些相关属性目前已经无法通过临床前的显像对其进行完全的预测。目前为止，示踪物质的发展主要是借助试错的方法得以进行的。尽管目前已经有一些研究开始关注利用一种合理的方法来预测新示踪物质在量化分析中的潜力[41]，但有时要为一个给定的目标物匹配到合适的示踪物质仍然是十分困难的[42]。

表 6.2　以蛋白质为目标的常用示踪物

蛋白质	放射性配体	蛋白质目标	描述	发表年份
多巴胺	^{11}C-fallypride	D2/3 受体	D2/3 拮抗物	1985
	^{18}F-fallypride	D2/3 受体	D2/3 拮抗物	2002
	^{11}C-fallypride	D2/3 受体	D2/3 拮抗物	2009
	^{11}C-FLB457	D2/3 受体	D2/3 拮抗物	1999
	^{11}C-(+)-PHNO	D2/3 受体	D2/3 激动剂	2006
	^{11}C-NPA	D2/3 受体	D2/3 激动剂	2008
	^{11}C-MNPA	D2/3 受体	D2/3 激动剂	2009
	^{11}C-NNC112	D1 受体	D1 拮抗物	1998
	^{11}C-SCH23390	D1 受体	D1 拮抗物	1991
	^{11}C-PE2I	DAT	DAT 拮抗物	2006
	^{11}C-altropane	DAT	DAT 拮抗物	2007
	^{18}F-CFT	DAT	DAT 拮抗物	1998
	^{11}C-CFT	DAT	DAT 拮抗物	1998
	^{18}F-DOPA	DA 终端	AADC 基质	1986
	^{18}F-FMT	DA 终端	AADC 基质	1995
	^{11}C-DTBZ	VMAT2	VMAT2 拮抗物	1996
	^{18}F-AV133	VMAT2	VMAT2 拮抗物	2009
血清素	^{11}C-McN5652	SERT	SERT 拮抗物	1995
	^{11}C-DASB	SERT	SERT 拮抗物	2000
	^{11}C-AFM	SERT	SERT 拮抗物	2011
	^{11}C-HOMADAM	SERT	SERT 拮抗物	2011
	^{11}C-羰基-WAY100635	5-HT_{1A} 受体	5-HT_{1A} 拮抗物	1998
	^{18}F-MPPF	5-HT_{1A} 受体	5-HT_{1A} 拮抗物	2000
	^{18}F-FCWAY	5-HT_{1A} 受体	5-HT_{1A} 拮抗物	2003
	^{11}C-CUMI101	5-HT_{1A} 受体	5-HT_{1A} 拮抗物	2010
	^{11}C-MDL100907	5-HT_{2A} 受体	5-HT_{2A} 拮抗物	1998
	^{11}C-CIMBI-36	5-HT_{2A} 受体	5-HT_{2A} 激动剂	2014
	^{18}F-阿坦塞林	5-HT_{2A} 受体	5-HT_{2A} 拮抗物	1994
	^{11}C-P943	5-HT_{1B} 受体	5-HT_{1B} 拮抗物	2010
	^{11}C-AZ10419369	5-HT_{1B} 受体	5-HT_{1B} 拮抗物	2011
	^{11}C-GSK215083	5-HT_6 受体	5-HT_6 拮抗物	2012
去甲肾上腺素	^{18}F-MeNER	NET	NET 拮抗物	2005
	^{11}C-MRB	NET	NET 拮抗物	2007

续表

蛋白质	放射性配体	蛋白质目标	描述	发表年份
阿片类物质	^{11}C-卡芬太尼	μ 阿片受体	μ 阿片激动剂	1988
	^{11}C-二丙诺啡	阿片受体	非选择性的阿片拮抗物	1988
	^{11}C-LY2795050	κ 阿片受体	κ 阿片拮抗物	2015
乙酰胆碱	2-^{18}F-FA-85380	烟碱受体	α4β2 烟碱乙酰胆碱受体拮抗物	2005
	^{18}F-FP-TZTP	毒蕈碱型 M2 受体	M2 激动剂	2003
甘氨酸	^{11}C-GSK931145	甘氨酸转运蛋白 1	甘氨酸转运蛋白 1 拮抗物	2011
	^{11}C-RO5013853	甘氨酸转运蛋白 1	甘氨酸转运蛋白 1 拮抗物	2013
γ-氨基丁酸	^{11}C-氟马西尼	氨基丁酸受体	氨基丁酸受体拮抗物	1985
谷氨酸	^{11}C-ABP688	代谢型谷氨酸受体第五型	变构拮抗物	2008
	^{18}F-FPEB	代谢型谷氨酸受体第五型	变构拮抗物	2013
P 物质	^{18}F-SPA-RQ	NK1 受体	NK1 拮抗物	2004
酶	^{11}C-deprenyl	B 型单胺氧化酶	B 型单胺氧化酶拮抗物	1987
	^{11}C-氯吉兰	A 型单胺氧化酶	A 型单胺氧化酶拮抗物	1987
	^{11}C-咯利普兰	第四型磷酸二酯酶	第四型磷酸二酯酶拮抗物	2002
	^{11}C-IMA107	第十型磷酸二酯酶	第十型磷酸二酯酶拮抗物	2014
	^{18}F-MNI659	第十型磷酸二酯酶	第十型磷酸二酯酶拮抗物	2014
转运因子蛋白	^{11}C-PK11195	转位因子蛋白	转位因子蛋白配合基	1999
	^{11}C-PBR28	转位因子蛋白	转位因子蛋白配合基	2008
	^{18}F-PBR06	转位因子蛋白	转位因子蛋白配合基	2009
	^{18}F-PBR111	转位因子蛋白	转位因子蛋白配合基	2013
	^{18}F-FEPPA	转位因子蛋白	转位因子蛋白配合基	2011
β 淀粉样蛋白	^{11}C-PiB	β 淀粉样蛋白	β 淀粉样蛋白的 β-折叠原纤维	2004
	^{11}C-AZD2184	β 淀粉样蛋白	β 淀粉样蛋白的 β-折叠原纤维	2009
	^{11}C-AZD4694	β 淀粉样蛋白	β 淀粉样蛋白的 β-折叠原纤维	2012
	^{18}F-GE067	β 淀粉样蛋白	β 淀粉样蛋白的 β-折叠原纤维	2009
	^{11}C-SB13	β 淀粉样蛋白	β 淀粉样蛋白的 β-折叠原纤维	2007
	^{18}F-BAY9409172	β 淀粉样蛋白	β 淀粉样蛋白的 β-折叠原纤维	2008
	^{18}F-AV45	β 淀粉样蛋白	β 淀粉样蛋白的 β-折叠原纤维	2012
	^{18}F-FDDNP	β 淀粉样蛋白	β 淀粉样蛋白的 β-折叠原纤维	2006
Tau	^{18}F-AV-1451	Tau	PHF-Tau 蛋白	2013
	^{18}F-THK5117	Tau	PHF-Tau 蛋白	2013
	^{18}F-THK5351	Tau	PHF-Tau 蛋白	2014
	^{11}C-PBB3	Tau	PHF-Tau 蛋白	2013

6.2 示踪动力学模型

示踪动力学模型是为了定量地评估生物组织内新陈代谢反应的状态，对生物体的生理特性进行数学建模得到的结果[43]。根据不同示踪物质的特性和参与的生理反应，建立了不同的生理学模型，也定义了一系列的动力学参数，用于评价生物组织、器官的各种功能状态。将动力学参数与生理模型相耦合并且对其进行求解即可分析示踪物质在生物代谢系统中的病理特性，实现 PET 成像技术中的量化分析[44]。为了将 PET 图像和示踪动力学模型联系起来，通常的做法是先将放射性强度分布随时间变化的情况作为一条曲线提取出来，这条曲线也称为时间放射性曲线(time-activity curve，TAC)，再将其与示踪动力学模型进行匹配。

线性的示踪动力学模型利用一组时间基函数来表示 TAC，如 B 样条曲线[45]、小波分析[46]、PET 成像数据的自适应估计[47]等。尽管这些算法相较于非线性的模型更为容易实现，但其中定义的参数和揭示潜在生理反应的动力学参数无法直接相关。

在另一类非线性模型中，房室模型是一种常用的示踪动力学模型，它能够通过模拟示踪物质在生物体内的吸收与排出状态[48,49]，从而呈现出潜在发生的生理反应[50]。其中，房室指的是示踪物质的某种可能存在的状态，如所存在的物理位置(如血管、细胞内、细胞外)或化学形态(如 ^{18}F-FDG 与 ^{18}F-FDG 在参与细胞代谢后的产物)，并不是解剖学中固定的物理结构。因此，同一个房室可以由不同的生物组织组成，而相同组织的不同部分则可能分属于不同的房室。由于房室是对示踪物质具有相近的传输速率的器官、组织的组合，在同一个房室内的示踪物质的量处于动态平衡。运用一个或多个房室模型能够对复杂的示踪物质的分布进行建模，可以实现 PET 数据的量化分析。

房室模型可以视为一个由常数系数和与其对应的一阶微分方程组成的系统：

$$\begin{aligned}\frac{\mathrm{d}\boldsymbol{C}(t)}{\mathrm{d}t} &= \boldsymbol{MC}(t)+\boldsymbol{b}C_{\mathrm{P}}(t)\\ &= \boldsymbol{P\Lambda P}^{-1}\boldsymbol{C}(t)+\boldsymbol{b}C_{\mathrm{P}}(t)\end{aligned} \tag{6.1}$$

式中，$\boldsymbol{C}(t)$ 是表征房室模型浓度的向量；$\boldsymbol{M}$ 是一个矩阵，由房室间物质交换的速率常数组成；$C_{\mathrm{P}}(t)$ 则是放射性示踪剂在动脉血浆中的浓度标量；$\boldsymbol{b}$ 是一个向量，由各房室和输入函数 $C_{\mathrm{P}}(t)$ 的直接物质交换速率常数组成；$\boldsymbol{\Lambda}$ 是一个对角矩阵，其对角线上的值为矩阵 $\boldsymbol{M}$ 的特征值；$\boldsymbol{P}$ 是对 $\boldsymbol{M}$ 进行对角化处理后得到的矩阵。在系统设置中，$t \geqslant 0$ 并且所有 N 个房室的初始值都满足 $C_h(0)=C_{\mathrm{P}}(0)=0$ 。对式(6.1)

两边同时左乘 $\boldsymbol{P}^{-1}$，可以对参数进行变形得到一系列互相不耦合的方程组：

$$\frac{\mathrm{d}\boldsymbol{P}^{-1}\boldsymbol{C}(t)}{\mathrm{d}t}=\boldsymbol{\varLambda}\boldsymbol{P}^{-1}\boldsymbol{C}(t)+\boldsymbol{P}^{-1}\boldsymbol{b}C_{\mathrm{P}}(t)$$

$$(\boldsymbol{P}^{-1}\boldsymbol{C}(t))_h=\exp(a_h)\otimes C_{\mathrm{P}}(t)(\boldsymbol{P}^{-1}\boldsymbol{b})_h \tag{6.2}$$

$$\boldsymbol{P}^{-1}\boldsymbol{C}(t)=\exp(\boldsymbol{\varLambda})\otimes C_{\mathrm{P}}(t)\boldsymbol{P}^{-1}\boldsymbol{b}$$

$$\boldsymbol{C}(t)=\boldsymbol{P}\exp(\boldsymbol{\varLambda})\otimes C_{\mathrm{P}}(t)\boldsymbol{P}^{-1}\boldsymbol{b}$$

式中，h 表示第一个向量中的第 h 个元素；$\exp(\boldsymbol{\varLambda})\otimes C_{\mathrm{P}}(t)$ 则是一个对角矩阵，其对角线上的每一个元素是 $\exp(a_h)\otimes C_{\mathrm{P}}(t)$，对应一个特征值 a_h。对于 PET 成像，观察到的数据应该是所有房室的总和：

$$\mathbf{1}_N^{\mathrm{T}}\boldsymbol{C}(t)=\mathbf{1}_N^{\mathrm{T}}\boldsymbol{P}\exp(\boldsymbol{\varLambda}t)\otimes C_{\mathrm{P}}(t)\boldsymbol{P}^{-1}\boldsymbol{b} \tag{6.3}$$

式中，$\mathbf{1}_N^{\mathrm{T}}$ 是一个长度为 N、所有值都为 1 的向量。从式(6.3)我们可以得出，观察的标量数据 $C_{\mathrm{T}}(t)$ 可以用动脉输入函数和脉冲响应函数 $h(t)$ 的卷积来表示，其中的脉冲响应函数 $h(t)$ 是一组和房室数量相当的指数函数的和组成的：

$$C_{\mathrm{T}}(t)=C_{\mathrm{P}}(t)\otimes h(t),\quad \text{s.t.}\quad h(t)=\sum_{h=1}^{N}A_h\exp(a_h t) \tag{6.4}$$

式中，系数 A_h 和特征值 a_h 可以由模型的速率常数计算得到。

图 6.1 是一个可逆的双房室模型。基于菲克定律，即单位时间内示踪物质进入并滞留在生物组织内的量等于随着动脉血流入生物组织的示踪物质的量与随着静脉血带走的示踪物质的量的差，可以用方程组(6.5)来表示这个过程。

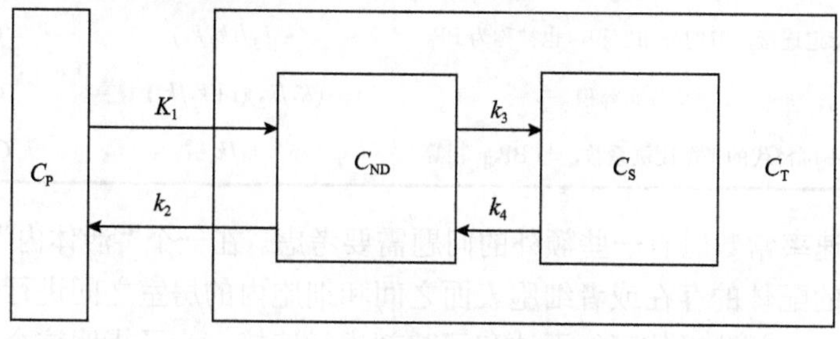

图 6.1　双房室模型示意图

$$\frac{\mathrm{d}C_{\mathrm{ND}}(t)}{\mathrm{d}t}=K_1C_{\mathrm{P}}(t)-(k_2+k_3)C_{\mathrm{ND}}(t)+k_4C_{\mathrm{S}}(t)$$

$$\frac{\mathrm{d}C_{\mathrm{S}}(t)}{\mathrm{d}t} = k_3 C_{\mathrm{ND}}(t) - k_4 C_{\mathrm{S}}(t)$$

$$C_{\mathrm{T}}(t) = C_{\mathrm{ND}}(t) + C_{\mathrm{S}}(t) = C_{\mathrm{P}}(t) \otimes h(t)$$

$$h(t) = A_{+}\exp(-a_{+}t) + A_{-}\exp(-a_{-}t) \tag{6.5}$$

$$a_{\pm} = 0.5\left[k_2 + k_3 + k_4 \pm \sqrt{(k_2 + k_3 + k_4)^2 - 4k_2 k_4}\right]$$

$$A_{\pm} = \pm K_1 \frac{k_3 + k_4 - a_{\pm}}{a_{-} - a_{+}}$$

式中，$C_{\mathrm{ND}}(t)$ 是不可替换的房室的浓度，而 $C_{\mathrm{S}}(t)$ 则是有特定连接的房室的浓度。当一个可逆的示踪物质进入脑内组织时，它既有可能基于质量作用定律和一个特定的目标物连接起来，也有可能非特异性地和细胞膜及其他组织相连接，或者随血液离开脑部。其中，非特异性的连接具有以下的特征：①在配体竞争中是无法替代的，即使与之竞争的物质同样和目标物有特定的连接关系；②与自由浓度既是线性相关也是非饱和的，也就是说，无论以什么比例来提高自由浓度，非特异性连接的示踪物质都会同比例增加；③当自由示踪物的浓度发生变化时，它能很快实现动态平衡的状态。非特异性的连接的最后一个特点使得我们能够将自由和非特异性连接的示踪物视为一个单房室模型的浓度 C_{ND}，这意味着自由浓度总是等于 C_{ND} 的一个固定的分量 f_{ND}。基于以上的结论，在平衡状态下，双房室模型中各浓度的比例能够用速率常数来表示，具体如表 6.3 所示。

表 6.3　平衡状态的浓度比例与速率常数的关系

参数	描述	速率常数表达式	浓度比例
V_{ND}	不可替代房室的分布容积	K_1/k_2	$C_{\mathrm{ND}}/C_{\mathrm{T}}$
V_{S}	特定连接房室的分布容积，也被称为 $\mathrm{BP_P}$	$K_1 k_3/(k_2 k_4)$	$C_{\mathrm{S}}/C_{\mathrm{P}}$
V_{T}	总分布容积	$(K_1/k_2)(1+k_3/k_4)$	$C_{\mathrm{T}}/C_{\mathrm{P}}$
—	不可替代的平衡比例系数，与 $\mathrm{BP_{ND}}$ 相等	k_3/k_4	$C_{\mathrm{S}}/C_{\mathrm{ND}}$

在应用速率常数时有一些额外的问题需要考虑。在一个“活体内”的设定下，由于内源性的配体的存在或者细胞表面之间和细胞内的房室之间进行物质运输占用了示踪物，一部分受体可能无法和示踪剂进行连接。为了指明这个问题，可以用浓度 C_{AVAIL} 来表示可连接的受体的浓度。在动脉血浆中，示踪物质会与血浆蛋白大量地非特异性连接。由于非特异性连接有着能够迅速达到动态平衡状态的特性，引入一个变量 f_{P} 表示能够自由穿过血液-脑部屏障的浓度比例，并假设物质

交换已经达到了动态平衡的状态，这个问题就能够处理了。浓度比例 f_P 虽然不能每次都得到一个准确的测量结果，但是仍然对一些输出测量结果有着重大的影响。双房室模型中的速率常数能够通过其生理意义来进行解释，具体如表 6.4 所示。

表 6.4　双房室模型参数和它们的生理组成

速率常数	生理等价式	单位
K_1	$FE = F\left[1-\exp(PS/F)\right]$	$\text{mL}/(\text{cm}^3\cdot\text{min})$
k_2	K_1/V_{ND}	min^{-1}
k_3	$f_{ND}k_{ON}C_{AVAIL}$	min^{-1}
k_4	k_{OFF}	min^{-1}

注：k_{ON} 为流量输入常数；k_{OFF} 为流量输出常数。

基于 Kety[51]在早年的研究，K_1 可以理解为血流量 F 与提取分数 E 的乘积。其中，提取分数 E 是基于毛细血管的渗透率(P)、表面积(S)和血流量获得的[52]。其他速率常数的生理意义与它们在质量作用定律和质量传输定律中的作用有关。在大多数情况下，束缚势是最关心的输出测量结果。束缚势有 3 种不同的变体，具体如表 6.5 所示，其中 K_D 为平衡解离常数。速率常数由于反映了微观物质交换的过程，也被称为微观参数；相对地，还有一部分参数需要通过速率参数计算得到，这部分参数也被称为宏观参数，如分布容积和束缚势。

表 6.5　三种不同的束缚势测量输出、生理意义和描述

束缚势	生理意义	描述
BP_P	$f_P C_{AVAIL}/K_D$	与 V_S 等价
BP_F	C_{AVAIL}/K_D	当 f_P 已知时，可由 V_S 导出
BP_{ND}	$f_{ND}C_{AVAIL}/K_D$	无须测量动脉血浆即可估计得到

第三部分　PET 成像信号探测、采集与处理

第 7 章　PET 成像系统概述

7.1　PET 成像系统的计算机模拟

PET 的开发和设计是一项复杂而艰巨的课题。基于一个简单而实用的 PET 模型，利用现代计算机技术辅助分析和设计，是常用的有效的方法之一。PET 成像系统的最关键的性能指标是空间分辨率，它准确地反映了所观察区域的放射性分布能力，通常用计数分布图的极大值一半处的全宽度计数率来表示。我们首先基于线性衰减模型设计了 PET 成像系统的模拟器，然后利用其讨论了闪烁晶体的物理、几何特性，以及探测器环的直径大小对 PET 成像系统的空间分辨率的影响[53]。

7.1.1　探测器构造和数学模型

如今的 PET 成像系统，为了获得最大的灵敏度，探测器一般呈圆环状配置。探测器组合采用多晶体结构，即探测器单元要么是把一块大晶体刻成很多槽，把晶体分为 $n\times m$ 个小矩阵，后面与 p 个光电倍增管耦合，要么是 $n\times m$ 个晶体与一个位置灵敏型光电倍增管(PS-PMT)耦合构成。后者由于采用 PS-PMT，位置的确定不需要通过光分布来计算，因此采用这种结构的 PET 在分辨率、灵敏度方面比前者有较大提高，是 PET 成像探测器最具发展潜力的方向之一。

图 7.1(a)是用于模拟器的探测器模型。探测器阵列的单个闪烁晶体的尺寸为：w(宽度)$\times l$(长度)$\times d$(深度)，晶体之间相距 t。

假设探测器微分概率密度函数为 $g(x)$，x 为距视野中心的距离。如图 7.1(b)所示，射线斜入射时，总是要穿过前面 n 个晶体(在这些晶体内行走的长度称为吸收长度 l_{abso})，最后才被第 m 个晶体吸收(在这个晶体内行走的长度称为有效长度 l_{effe})。因此，可以写出探测器微分概率密度函数的一般形式为[54,55]

$$g(x)=\mathrm{e}^{-\mu l_{\text{abso}}}(1-\mathrm{e}^{-\mu l_{\text{effe}}}) \tag{7.1}$$

式中，μ 为晶体的总线性衰减系数。射线垂直入射时，$g(x)$ 简化为

$$g(x)=1-\mathrm{e}^{-\mu l_{\text{effe}}} \tag{7.2}$$

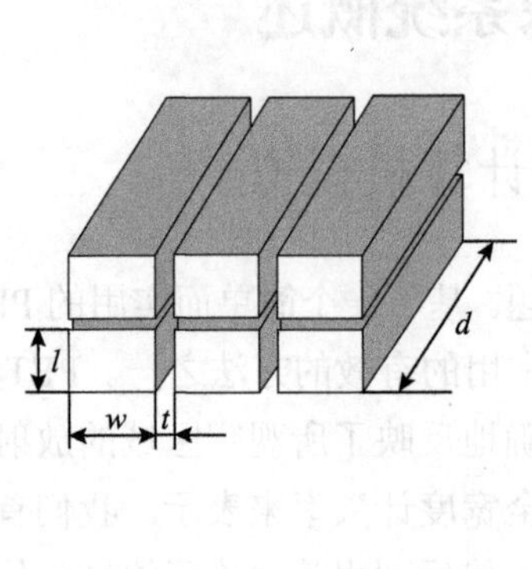

(a) 用于模拟器的探测器模型

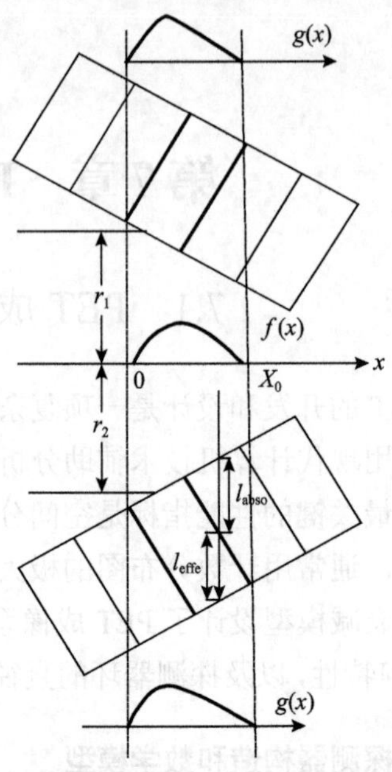

(b) 符合一致函数(CRF)曲线计算示意图

图 7.1　用于模拟器的探测器模型及其数学模型

通过以上分析，我们知道 $g(x)$ 为 Lebesgue 积分函数，即 $g(x) \in L^2(0, X_0)$，很显然符合探测器对组成的成像系统为线性系统，这样，我们可以利用线性系统理论描述其输入-输出关系[56]：

$$f(X, \varepsilon) = \langle g(x), g(X + \varepsilon(X - x) \rangle = \int_0^{X_0} g(x) g[X + \varepsilon(X - x)] \mathrm{d}x \qquad (7.3)$$

式中，$\varepsilon = \dfrac{r_2}{r_1}$ 为点辐射源相对符合探测器对的位置；X_0 为在入射角一定的条件下投影区域有效的道数宽度；$f(X, \varepsilon)$ 即为符合一致函数。

参照 Lecomte 等[54,57]的工作，可推导出这个线性系统的半峰全宽(FWHM)的值，即空间分辨率：

$$R = \frac{1}{\int_v [\mathrm{MTF}(v)]^2 \mathrm{d}v} = \frac{\left[\int_x f(x) \mathrm{d}x\right]^2}{\int_x [f(x)]^2 \mathrm{d}x} \qquad (7.4)$$

式中，MTF(v) 为系统的调制传递函数。

7.1.2　计算机程序实现

第一步，输入系统的初始量，如闪烁晶体的总线性衰减系数、探测器所用的单个闪烁晶体的尺寸、PET 成像系统的环直径等。

第二步，求探测器的固有分辨率(DRF)。

第三步，求系统的符合一致函数。

为了方便计算机处理，必须对上述内积模型进行离散化。

把 x 等分为 N 个小区间，则每个区间的长度 $\Delta L = \dfrac{X_0}{N}$，由此可以得出适于计算机处理的模型：

$$f'(X,\varepsilon) = \sum_{i=1}^{N} g(x_i) g(X + \varepsilon(X - x_i)) \Delta L \tag{7.5}$$

该算法一共要进行卷积计算 $N \times N$ 次乘法和 N 次加法，复杂度为 $O(n^3)$。

第四步，计算系统在不同 γ 射线入射角度下的空间分辨率。

7.1.3　结果和讨论

1. 射线以不同入射角度入射时对 CRF 的影响

图 7.2 闪烁晶体为锗酸铋(BGO)(线性衰减系数为 0.90cm^{-5})，晶体尺寸为 5mm×5mm×30mm，PET 成像系统直径为 200mm，γ 射线以不同角度入射时，模拟所得的 CRF 曲线。γ 射线垂直入射时，CRF 曲线形状为三角形，随着 γ 射线入射角度的增大，CRF 曲线也随之加宽，也就是说空间分辨率随之劣化。

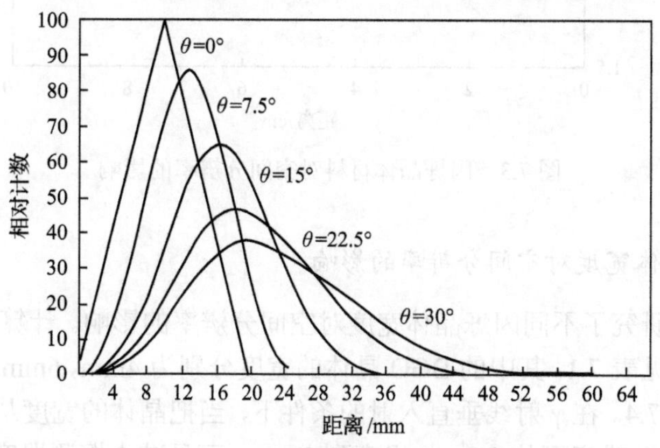

图 7.2　模拟所得的 CRF 曲线

2. 闪烁晶体材料对空间分辨率的影响

目前几乎所有的 PET 成像系统均采用 BGO 闪烁晶体，BGO 晶体具有不潮解、探测效率高等特点，缺点是发光产额低。近来由于闪烁晶体技术的进步，出现了几种新型的闪烁晶体，硅酸镥(LSO)晶体是其中的代表之一。LSO 晶体因其光产额高、衰减时间快和探测效率高等特点，而成为将来在 PET 探测器领域替代 BGO 晶体的首选晶体材料，但 LSO 晶体的缺点是价格昂贵。PET 成像技术发展的一个重要的方向是低成本，可提高临床应用价值。其中钨酸铅(PWO)晶体因其价格低廉而备受瞩目。LSO、PWO 晶体的线性衰减系数分别为 0.88cm^{-1}、1.13cm^{-1}[58,59]。

假设一个系统，只改变闪烁晶体材料，其他参数不变，我们通过计算机模拟程序评价了该系统使用 BGO、LSO 和 PWO 晶体材料时空间分辨率。结果见图 7.3。LSO 和 BGO 晶体因线性衰减系数差别不大，所以空间分辨率也几乎一致。线性衰减系数大的晶体可以开阔视野四周的空间分辨率。实际应用时还涉及晶体的光输出量问题，因为 BGO、PWO 晶体的发光产额低，所以选用 BGO、PWO 晶体的尺寸太小时，很可能得不到闪烁图像，因此寻找提高晶体的光输出量的方法一直是 PET 成像中的一项重要课题。

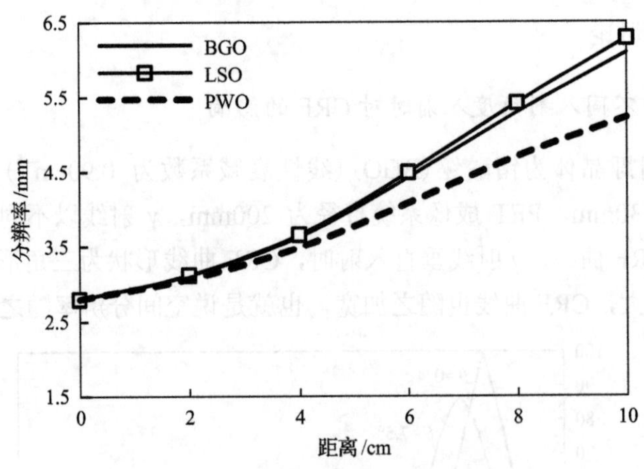

图 7.3　闪烁晶体材料对空间分辨率的影响

3. 闪烁晶体宽度对空间分辨率的影响

接着我们研究了不同闪烁晶体宽度对空间分辨率的影响。计算所用的 PET 成像系统的参数见表 7.1，其中的 BGO 晶体的宽度分别为 4mm、6mm、8mm、10mm，模拟结果见图 7.4。在 γ 射线垂直入射的条件下，当把晶体的宽度从 10mm 减少到 4mm 时，空间分辨率可从 5.2mm 提高到 2mm，可见减少探测器宽度可以大大提高系统的空间分辨率。

表 7.1　晶体材料为 BGO 的系统主要参数

参数	值
晶体段尺寸	w(mm) × w(mm) ×30mm
晶体节距 t	0.2mm
环直径	300mm

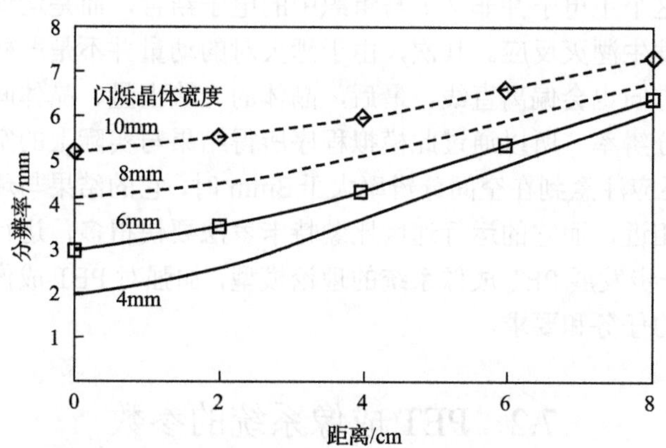

图 7.4　闪烁晶体宽度对空间分辨率的影响

4. 同一闪烁晶体构成的不同直径的 PET 成像系统的比较

仍然使用表 7.1 所描述的系统，系统直径分别选用 300mm 与 600mm，BGO 晶体的宽度选用 5mm，所得模拟结果见图 7.5。从图中可以看出，PET 成像系统直径增大时，空间分辨率的劣化趋势也随之趋于平缓。可见，当设计小型 PET 成像系统时，有必要解决或者最大限度地减小空间分辨率的一致性问题。

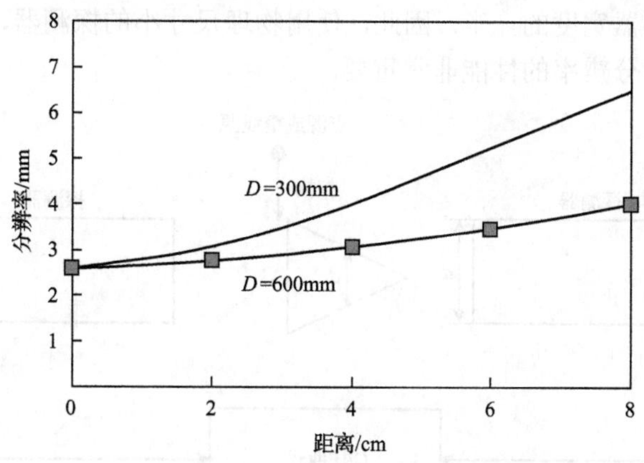

图 7.5　同一闪烁晶体构成的不同直径的 PET 成像系统的比较

7.1.4　结论

在一个简单的数学模型基础上，利用现代计算机技术探讨了闪烁晶体材料对 PET 成像系统的性能的作用和影响。必须指出的是，前面我们所描述的理论模型，没有涉及以下几种情况。PET 的探测是依靠正负电子的湮灭，首先正电子同位素产生正电子，这个正电子并非马上与组织中的电子结合，而是运动一段很短的距离后才与电子发生湮灭反应。其次，由于湮灭对的动量并不是严格为零，故产生的光子的运动方向也会偏离直线。最后，晶体的光输出量、晶体间的光子串扰等也影响着空间分辨率。所以通过此模拟程序所得结果与实际上的空间分辨率存在着差异，但是还应注意到在空间分辨率大于 3mm 时，它的结果与现在流行的蒙特卡罗法的结果相近，而它的运行速度比蒙特卡罗法要快得多，运行环境要求也不苛刻，因此进一步发展 PET 成像系统的理论模型，加强对 PET 成像系统的认识和了解是下一步的任务和要求。

7.2　PET 成像系统的参数

1. 空间分辨率

最常用的技术指标是空间分辨率。空间分辨率是用来描述反应准确地再现被观察的放射性分布的能力的一种专门术语。测量空间分辨率，实际就是对线性扩展函数(line spread function, LSF)进行测量，通常用其分布图极大值一半处的全宽度(半峰全宽，FWHM)来表示。目前，PET 成像系统的空间分辨率主要是由探测器物理尺寸的一半所决定的。如图 7.6 所示，当点源或窄线源从中心处扫描通过一对矩形探测器时，将会得到三角形的 CRF 曲线。这个符合分布图的 FWHM 的数值就等于探测器宽度的一半。因此，使用物理尺寸小的探测器，对于 PET 成像系统获取高空间分辨率的性能非常重要。

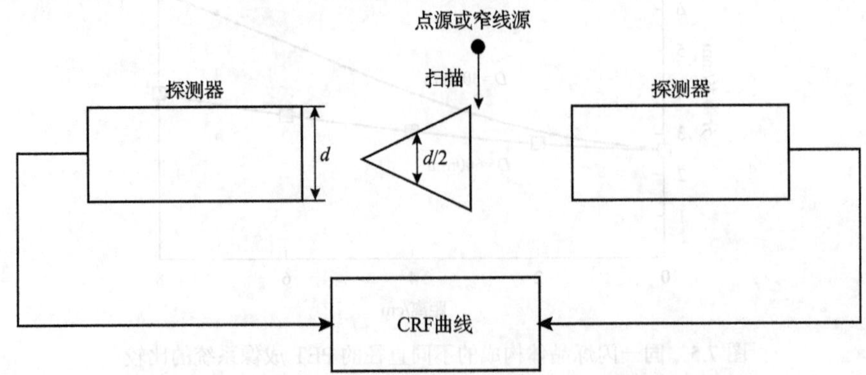

图 7.6　探测器如何影响 PET 成像系统的空间分辨率示意图

PET 成像系统的最终物理空间极限分辨率还受到两类因素的影响。前面提到，正负电子的湮灭过程中，假设正电子的动量为 0，而实际情况是：正负电子在发生湮灭时，正电子还有少许的动能，这使得湮灭光子对的飞行方向不是成严格的 180°。现在许多研究小组已经开始研究如何精确测量湮灭光子对飞行角度对空间分辨率的影响，初期研究发现此效应将使空间分辨率(FWHM 数值)损失位于小于几毫米的范围内，具体的数值与发射的正电子的能量紧密相关[60,61]。早在 1950 年，de Benedetti 等[61]就对湮灭的非准直性对于空间分辨率的影响进行了估测研究。研究结果是湮灭的非准直性效应使得空间分辨率降低约为 0.5°的 FWHM[62]。这样空间分辨率与探测器对之间的距离的关系可以大致表示为[63]

$$\Delta \text{FWHM} = \frac{D}{2} \tan 0.25° = 0.0022D \tag{7.6}$$

式中，ΔFWHM 为分辨率的损失值；D 为探测器环直径。

另一类是与图像重建相关联的因素，如采样、重建过程的平滑和图像的像素大小等，最终也对 PET 成像系统的空间分辨率产生影响。

结合这些因素，Derenzo 等[63]推导出 PET 成像系统重建图像空间分辨率(FWHM)的估算公式：

$$\Gamma = 1.25\sqrt{(d/2)^2 + (0.0022D)^2 + b^2} \tag{7.7}$$

式中，Γ 为探测器环中心的重建图像分辨率；d 为探测器的物理尺寸；D 为环直径；b 为一些额外因素(如图像的像素大小等)。

2. 分辨率一致性

如前所述，如今的 PET 成像系统，探测器一般呈环状配置。处于视野四周的 γ 射线将斜入射到探测器的晶体上，这些 γ 射线极有可能透射过这个晶体与相邻的晶体产生作用或在第一个晶体中由于康普顿散射而产生的二次 γ 射线与相邻的晶体产生作用，如图 7.7 所示。这些作用造成了用于图像重建的投影数据符合线的不确定性，因而使得空间分辨率从中心到视野的四周位置呈下降趋势[64]。因此，采用带有深度编码(depth of interaction, DOI)信息的深度编码探测器对于提高 PET 成像系统的分辨率变得非常重要。

3. 随机符合和散射符合

人们期望获取的符合事件是同一湮灭地点发出的在被探测之前在体内未被散射的 γ 射线。我们把这些事件称为“真符合”(图 7.8(a))，然而实际情况是，符合事件还包含那些在符合时间内被探测到的来自不同湮灭地点的 γ 射线对和那些在抵达探测系统之前因为 γ 康普顿散射作用改变了方向和能量的 γ 射线对。前者被称为“随机符合”(图 7.8(b))，后者被称为“散射符合”(图 7.8(c))。

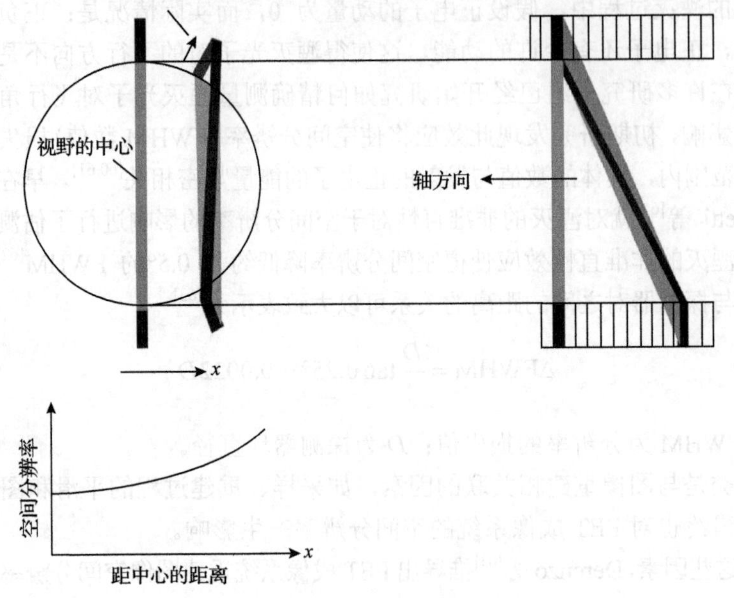

图 7.7　PET 成像系统的分辨率一致性问题

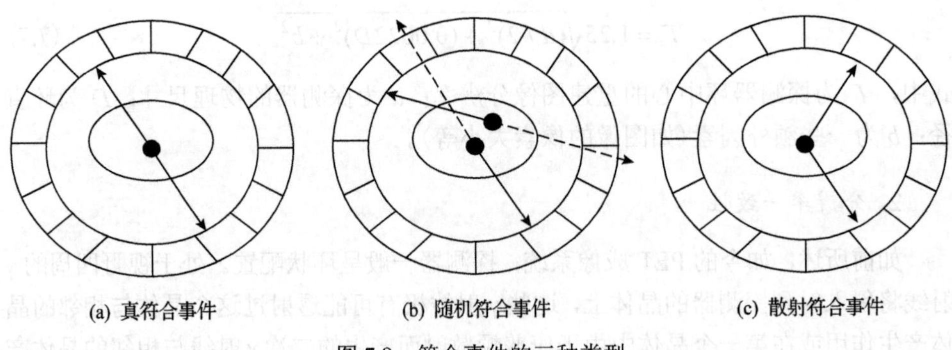

图 7.8　符合事件的三种类型

在给定的时间内，探测器对探测随机事件的概率为[65]

$$R_{\mathrm{r}} = 2t \cdot S_1 \cdot S_2 \tag{7.8}$$

式中，R_{r} 为随机符合概率；S_1、S_2 分别为两个探测器的单个概率；$2t$ 为符合分辨时间。通常，随机符合就成了投影的背景噪声，尽可能短的时间窗口是降低随机符合的唯一办法。

散射符合事件因光子飞行路线的不准直性而造成定位错误。散射光子由于康普顿散射而损失了部分能量，通过测量能量阈值的方法可以把散射光子和非散射光子区分开来。

4. 灵敏度

直径为 20cm 的虚拟圆柱体，每处的放射性活度均为 κ(μCi/mL)，常被用于灵敏度的计算。灵敏度的公式可以写为[65]

$$C_t = 14500\ \kappa\alpha\varepsilon^2 h^2 d^2 / D \tag{7.9}$$

式中，h 为晶体高度；d 为圆柱体直径；α 为未被衰减的符合 γ 射线部分；D 为环直径；ε 为探测效率。

正电子成像系统的整体灵敏度与探测器的几何尺寸、探测器的停止能、符合速度等因素紧密相关。另外，若能利用飞行时间信息，将可以提高灵敏度。

5. 计数率性能

计数率性能也是最重要的性能参数之一，它可以利用每处的放射性活度均为 ρ(μCi/mL)、直径为 10cm 的虚拟圆柱体进行测试，也可以用 Strother 等[66]于 1990 年提出的噪声等值计数率(noise equivalent count rate, NEC)的方法进行估算。NEC 的计算公式如下[66]：

$$\mathrm{NEC} = \frac{T^2}{T + S + 2kR_r} \tag{7.10}$$

式中，T 为真符合率；S 为散射符合率。因子 k 为被测物体的投影部分。高计数性能在研究低放射浓度的活性物体中非常有用。

6. 信噪比

假设总计数率为 N，单元尺寸的有效分辨率为 r，则直径为 d 的球状物的三维图像中心的信噪比为[67-69]

$$\mathrm{SNR} = k\sqrt{N}\frac{r^2}{d^2} \tag{7.11}$$

式中，k 为常数。

第 8 章　PET 探测器

8.1　闪烁探测器的基本工作原理[26]

闪烁探测器主要由闪烁体、光电转换器件及相应的电子学系统三部分组成，如图 8.1 所示。目前常用的光电转换器件是光电倍增管，但雪崩光电二极管和硅光电倍增管(Si-PMT)的应用也在逐渐增多。在闪烁体与光电转换器件之间有时会配置光导，以确保闪烁光子的收集与传输。下面以配有光电倍增管的闪烁探测器为例，描述闪烁探测器的工作过程：

(1) 首先入射辐射射入闪烁体并在闪烁体中损耗能量，引起闪烁体原子的电离和激发；

(2) 受激原子被激发出波长位于可见光或邻近可见光的闪烁光子；

(3) 闪烁光子通过反射、透射等光传输过程打到光电倍增管的光阴极上；

(4) 打到光阴极上的闪烁光子按一定概率在光阴极上转换成光电子；

(5) 光电子飞向光电倍增管的第一打拿极被收集并发射出更多的电子；

(6) 电子在光电倍增管的打拿极系统传输并倍增；

(7) 倍增后的电子在光电倍增管的最后一个打拿极与阳极间运动时，在相应输出回路上形成输出信号。

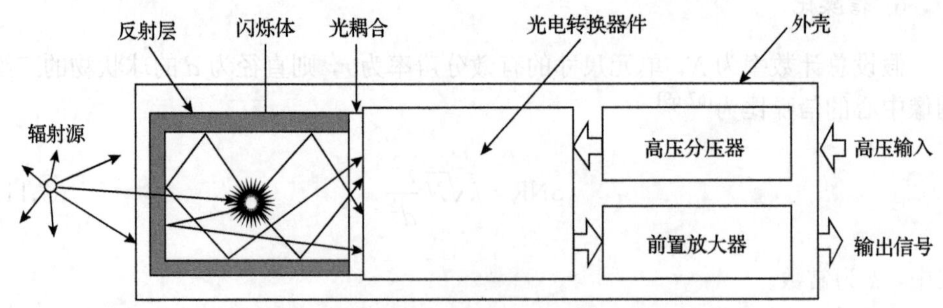

图 8.1　闪烁探测器及闪烁谱仪组成示意图

若用 N_e 表示在光电倍增管第一打拿极上收集到的光电子数，M 表示光电倍增管的总倍增系数，那么在光电倍增管输出端的输出电荷量为

$$Q = MN_e e \tag{8.1}$$

一般情况下，闪烁体产生的闪烁光子数正比于入射粒子损耗在闪烁体中的能量，因此，当入射粒子能量全部损失在闪烁体内时，测量输出信号的大小可以得到入射粒子的能量。闪烁探测器主要工作于脉冲工作状态，如用于计数或输出脉冲幅度的分析，输出信号反映的都是单个入射粒子的信息；当然有些情况下，闪烁探测器也可以工作于累计工作状态。

8.2 闪 烁 体[26]

闪烁体是指和辐射相互作用之后能产生闪烁光子的物质，主要包括以下三种类型：

(1) 无机闪烁体，如碱金属卤化物晶体(如 NaI(Tl)、CsI(Tl)等)或其他无机晶体(如 $CdWO_4$、ZnS(Ag)、BGO 等)，以及玻璃体；

(2) 有机闪烁体，如有机晶体(如蒽、芪晶体等)、有机液体与塑料闪烁体；

(3) 气体闪烁体，如氩、氙等。

8.2.1 无机闪烁体

无机闪烁探测器的使用已有 100 多年的历史，大致经过了三个发展阶段。

第一个阶段是 20 世纪 50 年代以前，典型的如最早期的 $CdWO_4$ 和 ZnS 的使用，这一阶段闪烁体的作用类似一个荧光屏，人们主要通过肉眼观察闪光来判断是否有粒子入射并发生了相互作用，但效率很低，使用不便。

第二个阶段从 1948 年开始，主要标志是霍夫施塔特(R. Hofstadter)发明了基于 Tl 激活的碘化钠晶体的闪烁计数器。随后人们发展了一系列卤化碱金属晶体，使闪烁探测器得到了迅速发展。该阶段开拓和发展了近代 γ 射线闪烁谱学，是闪烁探测器的一个重要发展时期。

第三个阶段大致从 20 世纪 80 年代开始，此阶段，Ce^{3+}激活的多种新型探测材料得到了广泛应用，这些新型的无机闪烁体不仅具有传统卤化碱金属晶体闪烁效率高、阻止本领强外的优点，还具有较短的发光衰减时间，可以用于高计数率的测量。

目前常见的有代表性的无机闪烁材料的主要性能见表 8.1，下面分类介绍几种常用的无机闪烁体的性能和应用。

1. 具有激活剂的卤化碱金属闪烁体

一般的卤化碱金属闪烁体带有激活剂，是当前无机闪烁体的主流，具有闪烁效率高、密度大和阻止本领强等优点，但发光衰减时间较短。

表 8.1 常见无机闪烁体的性能

	材料	发射谱极大值的波长 λ_m/nm	发光衰减时间常数/μs	λ_m 的折射率	密度 ρ/(g/cm^3)	光输出/(光子数/keV)	X/γ 相对光输出（双碱光阴极）/%	是否潮解
碱金属卤化物	NaI(Tl)	410	0.23	1.85	3.67	38	100	严重
	CsI(Na)	420	0.63	1.84	4.51	41	85	是
	CsI(Tl)	565	0.68(64%), 3.34(36%)	1.79	4.51	54	45	轻微
	LiI(Eu)	470～485	1.4	1.96	4.08	11	23	是
其他慢晶体	ZnS(Ag) [a]	450	0.20	2.36	4.09	约 50	130 [b]	否
	CaF_2(Eu)	435	0.9	1.44	3.19	19	50	否
	$Bi_4Ge_3O_{12}$	480	0.30	2.15	7.13	8～10	8～20	否
	$CdWO_4$	475	1.1(40%), 14.5(60%)	2.30	7.90	12～15	30～50	否
非掺杂快晶体	BaF_2	220, 310	0.0006, 0.63	1.56	4.89	1.8,10	3,16	否
	CsI	315, 500	0.016(80%), 1.0(20%)	1.80	4.51	2	4～6	轻微
	CeF_3	310, 340	0.005, 0.027	1.68	6.16	4	0.04～0.05	否
Ce 激活快晶体	GSO	440	0.056(90%), 0.4(10%)	1.85	6.71	9	20	否
	YAP	370	0.027	1.95	5.37	18	40	否
	YAG	550	0.088(72%), 0.302(28%)	1.82	4.56	8	15	否
	LSO	420	0.047	1.82	7.40	25	75	否
	LuAP	365	0.017	1.94	8.40	17	30	否
	BrilLance™ 350	350	0.028	约 1.9	3.79	49	70～90	—
	BrilLance™ 380	380	0.026	约 1.9	5.29	63	130	是
	PreLude™ 420	420	0.041	1.81	7.10	32	75	否
玻璃闪烁体	锂玻璃 [c]	395	0.075	1.55	2.5	3～5	10	否

a. 多晶的；b. 对 α 粒子；c. 特性随配方不同而变化。YAP 为铝酸钇；YAG 为钇铝石榴石；LuAP 为铝酸镥。

1) NaI(Tl) 闪烁晶体

NaI(Tl) 表示铊激活的碘化钠闪烁晶体，无色透明，密度为 3.67g/cm^3。NaI(Tl) 晶体最突出的优点是闪烁效率很高，尽管在它应用于辐射探测的半个多世纪以来，人们已研制了多种其他闪烁晶体，但 NaI(Tl) 晶体始终是最卓越的闪烁晶体之一，应用十分广泛，是常规测量 γ 射线能谱的标准闪烁材料。NaI(Tl) 晶体较容易生长，可以制成尺寸很大(如直径大于 ϕ300mm) 的 NaI(Tl) 晶体毛坯。通常

NaI(Tl) 晶体有一定脆性，遇到机械振动或温度冲击容易损坏，但通过热锻工艺可以得到有效改善，而且并不影响其闪烁性能。热锻后可用车、铣等机械加工手段制成各种尺寸和形状，如ϕ25.4mm×25.4mm、ϕ50.8mm×50.8mm、ϕ76.2mm×76.2mm 等标准尺寸圆柱体，直径达ϕ800mm 的圆片，100mm×150mm×1200mm 的长方体等。

NaI(Tl) 晶体闪烁光脉冲主要成分的发光衰减时间常数为 230ns，限制了它在高计数率及高时间分辨本领测量中的应用。此外，光脉冲中还有约 9%的发光衰减时间长达 0.15s 的磷光，这个时间特性一般比光电倍增管输出电路的时间常数大得多，因此在光电倍增管输出回路中会形成滞后于主脉冲的信号，其幅度很小。所以在低计数率工作时，其不会影响主脉冲的测量，但在高计数率工作时可能会由于脉冲的堆积对测量产生不利影响。

实际应用中，NaI(Tl) 晶体的最大缺点是易潮解，制备和使用过程中必须密封包装，否则将很快地潮解变色、性能下降，直至不能使用。

2) CsI(Tl) 和 CsI(Na) 闪烁晶体

碘化铯是另一种应用广泛的卤化碱金属闪烁体，共有纯碘化铯(CsI)、铊激活的碘化铯(CsI(Tl))和钠激活的碘化铯(CsI(Na))三种，虽然主要成分一样，且一般物理特性，如密度等完全一致，但它们的闪烁性能却有很大不同。图 8.2 给出了三种碘化铯闪烁体的发射光谱及闪烁效率随温度的变化曲线。由图可见，纯 CsI、CsI(Na) 和 CsI(Tl) 的发射谱极大值的波长分别为 315nm、420nm 和 565nm，闪烁效率随温度的变化也不相同。此外，三者的发光衰减时间常数也不一样，详见表 8.1。

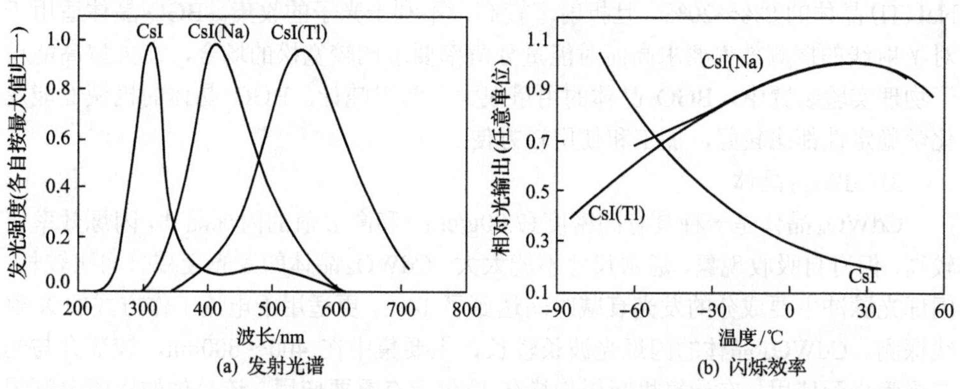

图 8.2　三种碘化铯晶体的发射光谱及闪烁效率随温度的变化曲线

相对来说，CsI(Tl) 晶体的吸湿性要轻微得多，封装和使用较为方便。CsI(Tl) 晶体的闪烁光脉冲由快慢(分别对应发光衰减时间常数为 0.68μs 和 3.34μs) 两种成分组成，对于不同的入射粒子，快慢成分的比例不同。因此，可用脉冲形状甄别技术来分辨不同类型的入射粒子，特别是可清晰分辨重带电粒子和电子。

各种碘化铯晶体的共同点是铯的原子序数高于钠，对γ射线的探测效率较高；与碘化钠相比，碘化铯不易碎裂，能经受较剧烈的冲击和振动，切割成薄片时能弯曲成各种形状而不致断裂。但由于碘化铯晶体材料价格昂贵，这限制了它的使用。

3) LiI (Eu) 闪烁体

铕激活的碘化锂是对中子探测特别重要的一种无机闪烁晶体，其主要性能参见表 8.1。

2. 其他较慢的非卤化碱金属闪烁体

1) ZnS (Ag) 闪烁体

银激活的硫化锌具有很高的闪烁效率，甚至比 NaI (Tl) 晶体的还高，但 ZnS (Ag) 晶体仅以多晶粉末形式存在，透光性很差，应用厚度一般不超过 25mg/cm^2。ZnS (Ag) 对快电子的闪烁效率较低，主要用于探测 α 粒子或其他重带电粒子，且能容忍较高的 γ 本底。在卢瑟福的 α 粒子大角度散射实验中，就采用了 ZnS (Ag) 屏作为探测器。

2) BGO 闪烁晶体

锗酸铋晶体的分子式为 $Bi_4Ge_3O_{12}$，一般简称为 BGO 晶体。BGO 晶体是一种没有激活剂的纯无机闪烁体，它的发光机制与 Bi^{3+}的跃迁有关，发射谱和吸收谱有少量重叠，存在自吸收，限制了闪烁体的最大尺寸，并对原材料的纯度要求很高。由于 Bi 的原子序数 (Z=83) 很高，且 BGO 晶体具有较高的密度 (7.13g/cm^3)，因而 BGO 对 γ 射线的探测效率很高。但是，BGO 晶体的发光效率较低，仅为 NaI (Tl) 晶体的 8%～20%，且折射率较高，不利于光子的收集。BGO 晶体适用于对 γ 射线的探测效率要求高而对能量分辨率要求比较宽松的场合，在大型高能粒子物理实验装置中，BGO 晶体的用量很大，常以吨计。BGO 晶体的机械性能及化学稳定性都比较好，加工和使用较方便。

3) $CdWO_4$ 晶体

$CdWO_4$ 晶体是一种具有高密度 (7.90g/cm^3) 和高 Z 值的闪烁晶体，闪烁效率比较高，但有自吸收现象，通常尺寸不能太大。$CdWO_4$ 晶体的发光衰减时间比较长，闪烁光脉冲主要成分的发光衰减时间达到了 14μs，更适用于电流工作方式的 X 射线探测。$CdWO_4$ 晶体的闪烁光波长较长，主要集中在 400～600nm，较适合与光二极管搭配使用，在计算机断层扫描 (CT) 仪上有重要应用。该晶体的辐照余辉很弱，3ms 之后即小于 0.1%。

3. 非掺杂快无机晶体

1) BaF_2 闪烁体

BaF_2 晶体是目前最快的无机闪烁体。它的闪烁光脉冲由几种成分构成，快成分为紫外光，发射谱极大值的波长为 195nm 和 220nm，发光衰减时间常数仅为 0.6～0.8ns，慢成分发射谱极大值的波长为 310nm，发光衰减时间常数为 0.63μs，其中慢成分所占比例较大，在采用石英端窗的光电倍增管时，快成分可占总闪烁产额的 15%。BaF_2 晶体兼有对 γ 射线探测效率高和发光衰减时间短的优点，常用于快时间测量系统，如正电子湮没技术及粒子物理实验等。BaF_2 晶体几乎没有自吸收，可以有较大的尺寸，它的耐辐照性能很好，在 10^5Gy 照射下，闪烁性能没有明显变坏。

2) 纯 CsI 晶体

纯 CsI 晶体的闪烁效率较低，仅为有激活剂时的 5%～8%，其发射光谱及温度性能见图 8.2。CsI 晶体的优点是其闪烁光脉冲中以快成分为主，发光衰减时间常数仅为 16ns，这使得它可以应用于快时间测量系统。纯 CsI 晶体的抗辐照性能比掺有激活剂的 CsI 晶体要好得多，而且辐照损伤经过一段时间可以恢复。

4. Ce 激活的快无机晶体

20 世纪 80 年代起，Ce(铈)激活的无机闪烁体开始出现，由于闪烁效率一般较高，同时发光衰减时间可以很小(在 20～80ns 的范围内)，所以立即引起人们的重视。到目前为止，主要的产品如下。

1) GSO : Ce 晶体

GSO 晶体是铈激活的硅酸乳钆(Gd_2SiO_5 : Ce)晶体，其闪烁效率高于 BGO 晶体，发光衰减时间很短，典型值为 56ns(与铈的掺杂量相关)；有效原子序数很大；不潮解；适用于中能粒子实验用的 γ 谱仪，在很多领域具有替代 NaI(Tl)、CsI(Tl) 和 BGO 的潜在可能，但目前它的价格很高。

由于 Gd 有非常大的俘获截面，即使是天然丰度下，热中子俘获截面也有 47900b，所以它也可以应用于中子探测领域。

2) YAP : Ce 闪烁晶体

YAP 是铈激活的铝酸钇($YAlO_3$: Ce)晶体，密度较大，γ 闪烁效率较高，发光衰减时间较短；但有效原子序数较小，只有 36(如 NaI(Tl) 为 50，BGO 为 83)，因此应用范围偏向于低能 γ 射线探测和 X 射线探测。该晶体的机械性能很好，可被加工成各种形状，如切割成小块用在成像领域。但目前这种闪烁晶体尺寸还不能做大，所以限制了它的应用。

YAP 晶体的一大优点是光输出随温度变化非常小，只有 0.01%/℃(−20～70℃)，这使得它在石油测井领域和高温工业领域都有比较广阔的应用前景。

上面所述的 GSO : Ce 和 YAP : Ce 已经成为常见的闪烁晶体。此外，Ce^{3+}掺杂的闪烁体还有 LSO : Ce(Lu_2SiO_2 : Ce)、YAG : Ce($Y_3Al_5O_{12}$: Ce)、LuAP : Ce($LuAlO_3$: Ce)，以及后来推出的 BrilLance^{TM}350(LaC_{l3} : Ce)、380($LaBr_3$: Ce)和 PreLude^{TM}420($Lu_{16}Y_2SiO_5$: Ce)等，以更高的闪烁效率和更短的发光时间引起各个领域的广泛关注。

目前，LSO : Ce、YAP : Ce 和 LuAP : Ce 等闪烁晶体已被列为下一代 PET 成像系统中的理想探测器(目前主要以 BGO 为主)。其中，YAP : Ce 晶体在动物 PET 成像扫描探头等精细辐射成像领域有广泛的应用，而 LSO : Ce 和 LuAP : Ce 晶体在人类 PET 成像扫描系统、高能物理等领域也有巨大的潜在应用。

尽管掺 Ce^{3+} 闪烁晶体的研究取得了很大的成功，但是还存在许多问题。例如，YAP : Ce 晶体在 511keV 能量处探测效率很低，并且具有自吸收现象，使其无法应用于人类 PET 成像系统中；再如 LSO : Ce 和 LuAP : Ce 晶体，它们的熔点高、生长困难，同时 Lu 元素有天然放射性且高纯原料价格昂贵等，大大制约了它们的发展，真正的大规模应用尚需时日。可以预计，今后闪烁晶体的发展将还是围绕高闪烁效率、快响应及高密度等性能为中心的综合研究。

5. 锂玻璃闪烁体

锂玻璃闪烁体是一种铈激活的含锂硅酸盐玻璃，表示为 LiO_2-$2SiO_2$: Ce。天然锂制成的玻璃闪烁体可作 β 或 γ 射线强度测量，丰度 90%以上的 ^{6}Li 制成的锂玻璃可用于中子探测。玻璃闪烁体的相对光输出很低，但它可以工作在通常的闪烁体不能工作的恶劣环境条件下，如高温或化学腐蚀性环境下。

锂玻璃闪烁体发射蓝光，其光输出呈非线性且对入射粒子的比电离很敏感，如 1MeV 的电子的光输出比相同能量的质子、氘核和 α 粒子的光输出分别高 2.1、2.8 和 9.5 倍。

此外，玻璃可能含有天然放射性物质钍或钾，当要求较低本底水平时，须选用由低钍和低钾材料制作的玻璃。

6. 气体闪烁体

有些高纯气体在入射带电粒子作用下会产生闪烁光，可以作为有效的闪烁探测介质，称为气体闪烁体，例如，惰性气体大多具有这方面的性质。表 8.2 中列出了几种惰性气体在常压条件下的性能，其中氮仅供比较。

表 8.2　常压条件下气体闪烁体的性能

气体	辐射的平均波长/nm	每个 α 粒子(4.7MeV)的光子数(λ>200nm)
氙 Xe	325	3700
氪 Kr	318	2100
氩 Ar	250	1100
氦 He	390	1100
氮 N(供比较)	390	800

气体产生闪光的机制为：当入射带电粒子通过气体时，沿径迹产生激发的气

体分子，这些分子退激时便会发射出光子。一般气体产生的闪烁光都处于紫外光谱区域，必须选用对紫外光灵敏的光电倍增管配合使用。也可以在气体中加入少量的第二气体(如氮气)，通过吸收紫外光子再产生波长长一些的光子，使闪烁光的波长移入可见光区域。一般来说，气体闪烁体的发光衰减时间很小，仅几个纳秒或更小，属于最快的辐射探测器之一。此外，气体闪烁体还具有较容易改变大小、形状和对辐射的阻止本领(如通过气压调整阻止本领)等优点，并且在很大的粒子能量和 dE/dx 值范围内都具有很好的线性。

气体闪烁体的主要缺点就是闪烁效率低，比 NaI(Tl)(辐射的平均波长为 410nm，每个 α 粒子的光子数为 41000)要低一个数量级以上。由于气体的阻止本领小，所以在能谱测量中气体闪烁体只限于测量重带电粒子。

新的研究表明，一些惰性气体在低温下凝聚为液体或固体时可成为一种有效的探测器，液态或固态的氩、氪、氙和液态的氦都取得了成功，如液态氩和液态氙的绝对光产额可达到 40000 光子/MeV，与室温下 NaI(Tl)晶体的相近，便于低温条件下辐射的探测。

8.2.2 有机闪烁体

有机闪烁体指入射带电粒子能引起闪光的有机材料。常见的有机闪烁体的主要性能见表 8.3，下面分类简要介绍一下。

表 8.3 某些有机闪烁体的性能

闪烁体		密度/(g/cm³)	折射率	闪点温度/℃	光输出(蒽为100)[a]	主要组分的衰减常数/ns	最大发射谱的波长/nm	加载元素及含量(质量百分比)	H/C(H原子数/C原子数)	主要应用[b]
晶体	蒽	1.25	1.62	217	100	30	447	—	0.715	γ，α，β，快中子
	芪	1.16	1.626	125	50	1.4	410	—	0.858	快中子，PSD，γ 等
液体	BC-501	0.874	1.508	26	78	3.2	425	—	1.212	快中子谱仪，γ 能量>100keV
	BC-505	0.877	1.442	47	80	2.5	425	—	1.331	γ，快中子，大面积
	BC-517	0.85	1.505	115	28	2.2	425	—	2.05	γ，快中子，带电粒子
	BC-519	0.875	1.38	74	60	4.0	425	—	1.73	γ，快中子，PSD
塑料	BC-400	1.032	1.581	70	65	2.4	423	—	1.103	γ，α，β，快中子
	BC-404	1.032	1.581	70	68	1.8	408	—	1.107	快计数
	BC-420	1.032	1.58	70	64	1.5	391	—	1.100	超快定时，薄片
	BC-430	1.032	1.58	75	45	16.8	580	红发射	1.108	硅二极管，红光阴极管
	BC-434	1.049	1.59	100	60	2.2	425	—	0.995	γ，α，β，快中子
	BC-454	1.026	1.58	75	48	2.2	425	B(5%)	1.169	中子谱仪，热中子
加载	BC-523	0.93	1.411	1	65	3.7	425	B(5%)	1.67	总吸收中子谱仪
	BC-525	0.88	1.506	64	56	3.8	425	Gd(5%)	1.57	中子
	BC-537	0.954	1.496	−11	61	2.8	425		—	快中子，PSD
	BC-553	0.951	1.50	42	34	3.8	425	Sn(10%)	1.47	γ/X 射线

a. 按此标度 NaI(Tl)为 230%；b. PSD 表示中子-γ 射线脉冲形状甄别。

1. 纯有机晶体

广泛使用的纯有机晶体闪烁体只有蒽与芪两种。蒽是应用最早的有机闪烁体，而且有机闪烁体中发光效率最高。芪的发光效率较低，但在利用脉冲形状甄别技术辨别粒子种类方面常会用到。这两种材料都相当脆，体积不易做大，而且闪烁效率是各向异性的(不同方向可差到 20%～30%)，会使能量分辨率变差。

2. 液体闪烁体

液体闪烁体是将一种有机闪烁物质(如聚苯醚(PPO)、联三苯等)溶解在甲苯或二甲苯等有机溶剂中组成的二元体系闪烁体。实际应用中，还往往同时加入一定量的移波剂。习惯上把有机闪烁物质称为第一溶质，把移波剂称为第二溶质。入射粒子首先使大量溶剂分子处于激发态，而后这些激发能会有效地传递给第一溶质并按其特征发出闪光。第二溶质的作用是先有效地吸收第一溶质的闪光，而后再发出波长变长了的光子，使得闪烁体的发射光谱与光电倍增管的光谱响应更好地匹配。

液体闪烁体可用于测量 ^{3}H、^{14}C 等的低能 β 放射性，也可用于中子探测，特别是被测物质能溶解在液体闪烁体中时，探测效率几乎可以达到 100%。由于其体积可以做得非常大(其体积就是容器的容积)，所以在高能粒子物理实验中有广泛的应用。

3. 塑料闪烁体

塑料闪烁体实质上就是固态聚合的液体闪烁体。例如，可先把第一溶质及第二溶质按一定配比溶入苯乙烯单体组成的溶剂中，再加温聚合成聚苯乙烯状态的塑料闪烁体。塑料闪烁体的发光机制与液体闪烁体相同，它的突出优点是易于加工成各种形状，体积可以做得很大，价格也便宜，常常是大体积固态闪烁体的优先选择。但在尺寸很大时，需要认真考虑闪烁体的自吸收。

塑料闪烁体也可以制成光纤，称为闪烁光纤。闪烁光子在光纤壁上发生全反射，只能在光纤的端面出射。闪烁光纤可以单根使用，也可以多根扎成一捆使用，根据输出光子的光纤位置可以确定入射粒子的位置。闪烁光纤有良好的柔性，可以弯曲，所以构成的探测器容易在各种几何条件下与光电器件耦合。此外，闪烁光纤构成的探测器还具有时间响应特性好和对磁场不灵敏等特性，因此，在高能物理实验中应用较广泛。

4. 加载有机闪烁体

有机闪烁体可以直接用于测量 β 粒子和 α 粒子等带电粒子，通过质子反冲也可以测量快中子。由于有机闪烁体的成分都是低 Z 值原子(氢和碳等)，对一般能量γ射线的光电截面非常小，因此普通有机闪烁体测量的γ谱中将只出现康普顿连续谱，而没有光电峰。为了能获得一定的光电截面，人们尝试在有机闪烁体中加入高 Z 值元素，如铅或锡，这样构成的有机闪烁体对低能γ射线具有相当高的光电截面，而且响应快，价格低，但加载的物质会使有机闪烁体光输出降低，能量分辨率远不如无机闪烁体。

另一个有机闪烁体加载的例子是在液体闪烁体中加入镉。镉具有很高的中子俘获截面，俘获中子后会产生可直接在有机闪烁体中探测的β和γ放射性。把这种加载镉的液体闪烁体盛在大容器中，用多个光电倍增管观察，就得到了大体积的中子探测器。但需特别注意的是，加载的物质往往会有发光的猝灭作用，纯度和加入量要严格控制并进行猝灭的修正。

8.3　闪烁体的发光机制[26]

有机闪烁体的发光机制和无机闪烁体有很大的不同，有机闪烁体的发光过程是单个分子的能级结构决定的，与整个闪烁体的物理状态(如固体、液体、气体或溶液等)无关，而无机闪烁体的发光过程由材料晶格结构与组分的能态(能带与杂质能级等)确定。下面重点讨论无机闪烁体的发光机制。

无机闪烁体的发光机制以无机晶体尤其是掺杂激活剂的卤素碱金属最为典型，如 NaI(Tl)、CsI(Tl)等晶体。晶体材料是指空间点阵结构，即组成晶体的原子、分子或离子是按一定的规则排列的材料。在晶体中，大量原子按一定规律紧密地排列在一起，相邻原子间的相互作用得到明显的加强。在晶体内按周期性排列的各原子核电场的作用下，各原子的外层电子可以转移到围绕晶体内的其他原子核而运动。这样的电子不再从属于某个特定的原子，而是从属于整个晶体。晶体内的这种现象称为电子的共有化。

晶体中电子所处的能量状态将由孤立原子中的一系列能级变为一组能带。对 N 个原子组成的晶体，每个能带将由 N 个能差非常小的能级组成，且只能容纳有限个电子。在基态时，总是低能量的能带先被占据，然后逐步向上填。由价电子所填充的能带称为价带，比价带能级更低的能带则被内层电子填满。比价带能级高的能带称为导带，处于导带中的电子可以在晶体中自由迁移。价带顶与导带底之间称为禁带，其宽度称为禁带宽度 E_G。纯净晶体的禁带中不可能有电子。图 8.3 给出了晶体闪烁体的简化能带图。

当入射粒子使晶体获得一定能量时，将使一些电子主要由价带跃过禁带而进入导带，同时在价带中留下一些空穴，即产生了电子-空穴对。伴随着电子从导带跃迁回价带，将发出一个能量与禁带宽度相当的光子，一般而言，这些光子处于不可见的紫外区域。在纯晶体中，这些光子会被介质原子共振吸收而不能透射出闪烁体。为了使无机闪烁晶体能发出可输出的闪烁光子，通常在晶体中加入少量杂质，即激活剂。这些激活剂是发光中心，可以提高晶体的发光效率并使发射的光子处于可见光的范围。

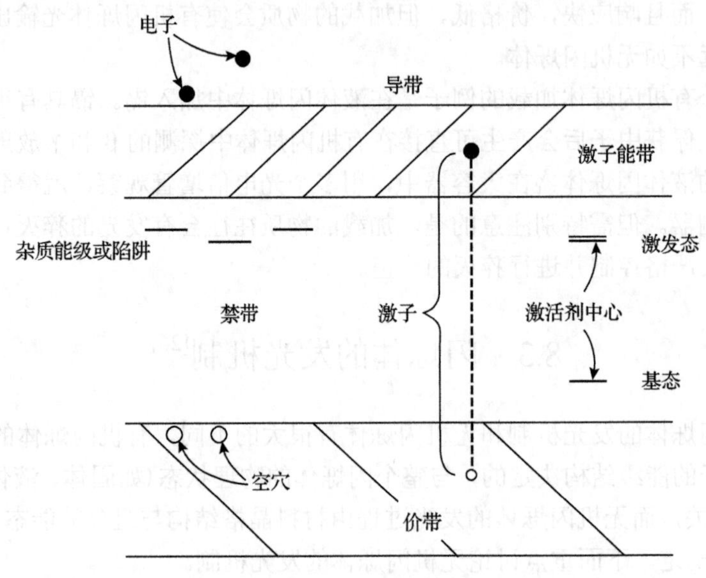

图 8.3　卤素碱金属晶体的能带结构

激活剂在纯晶体的禁带中产生了一些局部能级，如图 8.3 所示。当带电粒子经过探测介质并与探测介质发生相互作用时，电子将从价带上升到导带，形成大量电子-空穴对。由于激活剂原子的电离能小于典型晶格点的电离能，带正电的空穴将迅速向一个激活剂晶格点迁移并使其电离，同时，导带中的电子在晶体内自由移动直到碰到这种电离子的激活剂为止，此时电子落入激活剂晶格点，从而形成了处于激发态的激活剂原子，这些激发态在图 8.3 中用禁带内的短线表示。

当激活剂原子处于允许跃迁的激发态时，原子会很快地(典型寿命约为 10^{-7}s 或更小)退激并且发射出光子，其能量为激活剂的激发态到其基态的能量差，这些光子称为荧光光子，是我们关心的主要对象。由于电子-空穴对的产生及迁移过程极快，闪烁晶体的发光过程可以看成在粒子入射的瞬间就使一批激活剂原子处于激发态，然后按各激发态特有的寿命退激发光。对大多数无机闪烁体来说，可用一个发光衰减时间，即单一的指数衰减规律来描述发光过程。

上述过程中发出的光子的能量小于晶体的禁带宽度，不能被晶体吸收，而且由于激活剂的浓度很低，一般也不能再引起激活剂的激发而被吸收。也就是说，激活剂使晶体的发射光谱和吸收光谱不再严重地重叠，产生的闪烁光子容易从晶体中传输出来。适当地选择激活剂，可以使退激光子能量处于可见光区域。

有时，激活剂原子会处于禁止跃迁回基态的激发态，只有从热运动中获得能量而升至某一较高能量的允许跃迁能级后，才能跃回基态而发出光子。该退激过程将延续 10^{-4}～1s，甚至到小时的量级，所发出的光子称为磷光光子，磷光是闪烁体的本底光或“余辉”的重要来源。另外，当电子及空穴被激活剂晶格点俘获后，可能发生某些无辐射跃迁，这种情况下不产生闪烁光子，称为猝灭。

固体物理研究表明，当电子被激发到靠近导带底时，电子与空穴将以一种联系松散的组态一起跃迁来代替上述电子与空穴的单独迁移，形成所谓的激子(exciton)。当激子遇到一个激活剂原子的晶格点时，也将发生与前相同的退激过程并发出光子。

下面我们来看一下闪烁过程中的能量传递效率。对多数物质，产生一个电子-空穴对平均约需要三倍的禁带宽度的能量。例如，NaI(Tl) 晶体的禁带宽度 E_G=7.3eV，则在 NaI(Tl) 晶体中产生一个电子-空穴对约需要 22eV 的能量，所以，入射带电粒子在 NaI(Tl) 中损耗 1MeV 能量时将产生约 4.5×10^4 个电子-空穴对。实验测得 NaI(Tl) 的闪烁光总能量与入射 β 粒子消耗能量之比约为 13%，闪烁光子的平均能量约为 3eV，这样，入射 β 粒子消耗 1MeV 能量后将产生 4.3×10^4 个闪烁光子。可以看出，闪烁光子数非常接近于粒子入射时形成的电子-空穴对数，几乎每一电子-空穴对都将产生一个闪烁光子，能量传递给激活剂晶格点的过程是非常有效的。

有机闪烁体大多属于苯环结构的芳香族碳氢化合物，发光过程主要由 π 电子能态间的跃迁实现。在有机闪烁体中，同样可以观察到荧光和磷光的发射，其荧光衰减时间为 10^{-9}s，磷光过程则可达 10^{-4}s，且磷光光谱的波长比荧光光谱的波长要长。

在有机闪烁体中还可观察到波长和荧光一样但时间滞后的延迟荧光。延迟荧光具有较长的寿命并服从一定的指数规律，用两个指数衰减曲线(即快闪烁成分和慢闪烁成分)之和能恰当地描述复合产额曲线。

有机闪烁体的发射光谱和吸收光谱的峰值是分开的，但发射谱的短波部分与吸收谱的长波部分有少许重叠，导致闪烁体对自身发射的荧光仍有一定的自吸收。为提高发光效率，会加入一些低浓度的高效闪烁物质，形成“二元”有机闪烁体。为进一步改善与光电倍增管光谱响应的匹配，常又加入微量的“波长移位剂”(又称移波剂)，使产生的发射波长更长，构成“三元”有机闪烁体。这些有机闪烁体可以是液体或塑料闪烁体。

8.4　PET 探测器对闪烁晶体的要求

8.4.1　闪烁晶体材料概述

用于测量湮灭 511keV γ 射线位置的 PET 探测器，其设计应该满足以下性能参数[70]：①高灵敏度，对 511keV γ 射线对的探测效率高；②高空间分辨率，更精确地确定湮灭的位置；③良好的时间分辨率，消除随机符合事件；④良好的能量分辨率，消除康普顿散射的影响；⑤价格低廉；⑥分辨时间(又称死时间)短；⑦稳定性好。

由于大多数的 PET 探测器采用无机闪烁晶体阵列设计，故闪烁晶体在 PET 探测器中起着非常重要的作用。闪烁晶体材料的选择是由它们对于 PET 探测器性能的影响决定的。

第 1 代 PET 探测器使用的是 Robert Hofstadter 及其同事 20 世纪 40 年代后期发明的 NaI(Tl) 晶体[71]。70 年代后期，市场上出现了一种新的闪烁晶体 $Bi_4Ge_3O_{12}$(通常缩写为 BGO)，被迅速应用到许多领域。NaI 晶体的探测效率低而且容易潮解，因此需要封装使用。现在的 PET 成像系统大多采用 BGO 晶体[8]。80 年代早期也曾使用过一种 CsF 的晶体，CsF 晶体的响应速度快，能够分辨湮灭光子对的飞行时间差，从而可以精确定位正电子湮灭发生区域，使得空间分辨率和信噪比大大提高。但 CsF 晶体的探测效率低、易潮解，BGO 晶体的光输出低和衰减时间长。为了获得更高空间分辨率和时间分辨率的探测器，使用新的闪烁晶体是最有效的方法之一。

近 20 年来，闪烁晶体材料得到迅速的发展，出现几种高质量、性能优良的闪烁晶体，它们有可能替代 BGO 晶体，极大地提高 PET 成像系统的探测效率和分辨率。新闪烁晶体的物理特性见表 8.4[72-80]。

表 8.4　新闪烁晶体的物理特性

物理量	BGO ($Bi_4Ge_3O_{12}$)	LSO ($Lu_2SiO_2:Ce$)	GSO ($Gd_2SiO_5:Ce$)	YAP ($YAlO_3:Ce$)	LuAP ($LuAlO_3:Ce$)
密度/(g/cm³)	7.13	7.35	6.71	5.55	8.36
原子序数	75	66	49	34	65
射程长度/cm	1.13	1.23	1.5	2.13	1.05
相对光输出量	22	72	20	47	30
衰减时间/ns	60/300	40	60/600	31	17
波长/nm	480	420	430	380	365
折射率	2.15	1.82	1.85	1.97	1.94
熔点/℃	1050	2150	1900	1875	1960
是否潮解	否	否	否	否	否

8.4.2　闪烁晶体的物理特性要求

1. 射程

PET 成像系统因采用符合探测技术，系统的灵敏度与单个探测器的灵敏度的平方成正比，有效原子序数大和密度高的闪烁晶体材料有较强的阻止本领，即 511keV γ 射线的射程短，因而 γ 射线被完全吸收的概率大，这就保证了 PET 探测器能获得较高的灵敏度和探测效率。

射程短还能更有效地阻止光子与相邻的晶体发生作用，由此可见，可提高在 γ 射线斜入射时的空间分辨率。

从表 8.1 可以看出，LuAP 晶体的射程最短，因此它对 γ 射线的探测效率最高。LSO 晶体的密度高（7.35g/cm^3），有效原子序数大，因此也具有较短的射程，被认为有可能替代 BGO 晶体。

2. 光输出量

光输出量直接影响着探测器的能量、时间及空间分辨率。闪烁晶体吸收 γ 射线后，产生的光子数目 N 越大，则探测 γ 射线作用的位置越准确。能量分辨率与 $1/\sqrt{N}$ 成正比。时间分辨率与 $\tau/\sqrt{N}$ 成正比，其中 τ 为衰减时间[81]。对于慢闪烁晶体，时间分辨率主要依赖于闪烁信号的上升时间。

在表 8.1 所列的晶体中，LSO 具有较高的相对光输出量，约为 BGO 的 3 倍，为 NaI 的 70%。

3. 衰减时间

闪烁晶体受激后，并不是立即发射全部光子，单位时间内放出的光子数是随时间变化的，较为复杂。在一级近似下可以表示成两个指数过程的组合，一个描述闪烁增长，另一个描述闪烁下降（衰减），由于增长时间一般小于 10^{-12}s，远小于衰减时间，闪烁晶体的衰减时间是另一项重要的参数，其数值大小影响着探测器的时间分辨率与死时间。衰减时间越短则时间分辨率越好，而良好的时间分辨率可以大大降低随机符合，使利用飞行时间信息成为可能。

若闪烁光脉冲的上升时间远小于衰减时间，则可认为上升过程是瞬时完成的，因此可用一个简单的指数函数模型来描述该时间响应，即从带电粒子入射到闪烁体的时刻起，t 时刻单位时间内闪烁体发射的光子数 $N(t)$ 近似为

$$N(t) = N(0)\mathrm{e}^{-t/\tau_0} \tag{8.2}$$

式中，$N(0)$ 为 t=0 时刻单位时间内发射的光子数；τ_0 为闪烁体的发光衰减时间常数，是闪烁光脉冲发光强度降为 1/e 所需的时间。作为闪烁体的重要指标之一，不同的闪烁体会有不同的 τ_0，例如，NaI(Tl) 晶体的 τ_0 为 0.23μs，CsI(Na) 晶体的 τ_0 为 0.63μs。

由式(8.2)，在一个闪烁光脉冲中闪烁体发射的总光子数应为

$$N_{\mathrm{ph}}=\int_0^{\infty}N(t)\mathrm{d}t=\int_0^{\infty}N(0)\mathrm{e}^{-t/\tau_0}\mathrm{d}t=N(0)\cdot\tau_0$$

则式(8.2)可改写为

$$N(t)=\frac{N_{\mathrm{ph}}}{\tau_0}\cdot\mathrm{e}^{-t/\tau_0}\tag{8.3}$$

式(8.3)适用于大多数无机闪烁体，它们的 τ_0 大部分为百纳秒或微秒量级，远大于光脉冲的上升时间。而有机闪烁体和少数无机闪烁体具有小得多的发光衰减时间，如塑料闪烁体 NE102A 的 τ_0=2.4ns，这时闪烁体发光能态形成所需要的时间不能再看成是瞬间的，因此全面描述闪烁光脉冲形状必须考虑它的上升时间。一些研究认为可采用标准偏差为 σ_{ET} 的高斯函数 $f(t)$ 来描述发光能态的形成。这时，闪烁光脉冲将为(*号表示卷积)

$$N(t)=N(0)\cdot f(t)*\mathrm{e}^{-t/\tau_0}\tag{8.4}$$

实验中，可用高速测量手段测量 FWHM 来表征闪烁光脉冲的上升和下降时间，而且用 FWHM 比单独用 τ_0 更能准确地描述特别快的闪烁体的性能。

另外，前面提到过有机闪烁体除荧光光子的发射外，还可观察到波长和荧光一样但时间滞后的延迟荧光。也就是说，有机闪烁体闪烁光脉冲由快、慢两种成分构成，需要用两个光脉冲的叠加来描述。我们仍采用忽略上升时间的简化指数函数模型描述每个光脉冲，则总的光脉冲可表示为

$$N(t)=\frac{N_{\mathrm{f}}}{\tau_{\mathrm{f}}}\mathrm{e}^{-t/\tau_{\mathrm{f}}}+\frac{N_{\mathrm{s}}}{\tau_{\mathrm{s}}}\mathrm{e}^{-t/\tau_{\mathrm{s}}}\tag{8.5}$$

式中，τ_{f} 与 N_{f} 分别为快成分的发光衰减时间常数和总光子数，而 τ_{s} 及 N_{s} 则分别为慢成分的发光衰减时间常数和总光子数。一般说来，τ_{f} 为纳秒量级，τ_{s} 则在数十至数百纳秒之间，如 NE213 液体闪烁体的 τ_{f}=2.4ns 和 τ_{s}=200ns，分别对应荧光和延迟荧光的发光衰减时间常数。理论研究表明，慢成分的份额主要取决于激发粒子的能量损失率 dE/dx，dE/dx 大的粒子，慢成分的比例要大，例如 α 粒子的大于质子的，质子的又大于电子的。

图 8.4 为不同粒子在有机闪烁晶体芪中的发光衰减曲线，各曲线在时间零点取相同数值。由图可见，在半对数坐标上发光衰减曲线均不是一条直线，证明了闪烁光脉冲中存在着至少快、慢两种成分，而各曲线并不重合也反映了不同成分的相对比例与入射粒子种类有关，其中，α 粒子的 dE/dx 最大，所以其引起的发光衰减曲线中慢成分的比例最大，发光衰减曲线随时间缓慢下降；γ 射线(对应的

次电子)的 dE/dx 最小，所以其引起的发光衰减曲线中慢成分的比例最小，发光衰减曲线随时间很快下降；而快中子(对应的反冲质子)的处于中间。由此，可根据输出脉冲信号的形状，利用脉冲形状甄别技术来判断入射粒子的类型。例如，在强 γ 场背景下测量中子注量率时，就常采用脉冲形状甄别技术，去除 γ 射线引起的信号，从而减弱 γ 射线对中子计数的影响，这是一项非常有用的实验技术。

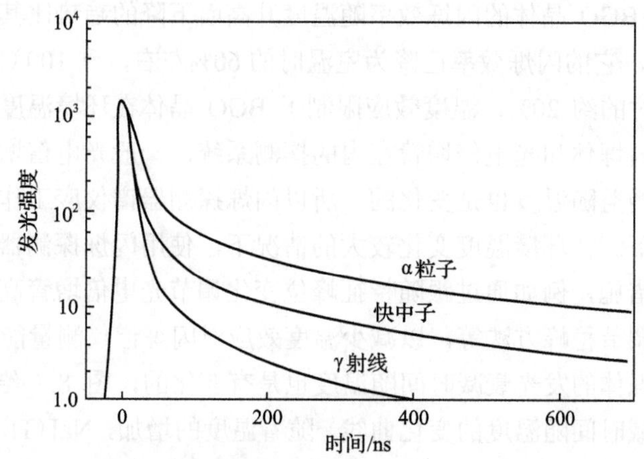

图 8.4　用不同类型辐射激发时芪有机闪烁晶体的发光衰减曲线

4. 发射光谱

闪烁体受激发光不是单色的，而有一定的波长范围，发光强度随波长的分布称为发射光谱。闪烁晶体的发射光谱应与相耦合的光电传感器的光谱响应曲线吻合。例如，对于双碱光电阴极的光电倍增管，所期望的光谱范围是 300～500nm，而光电二极管所要求的光谱范围则为 400～900nm。图 8.5[71,72,82]给出了 BGO、GSO、LSO 和 NaI 的发射光谱。所有晶体的峰值发射波长均为 400～500nm，与典型 PMT 的光谱响应相匹配。

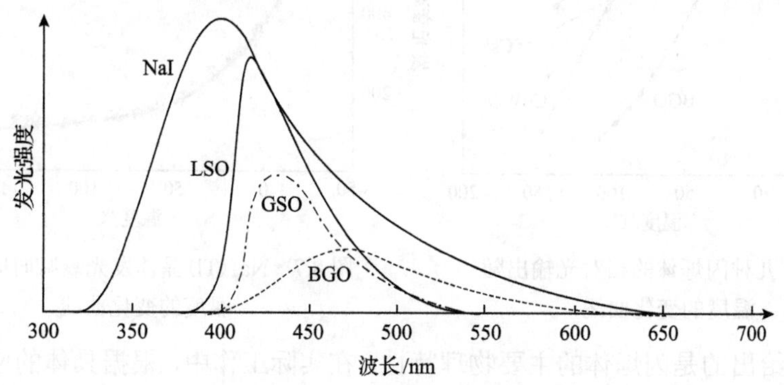

图 8.5　几种闪烁晶体的发射光谱

5. 闪烁体的温度效应

大多闪烁体的闪烁效率，也就是闪烁体的光输出随温度是变化的，图 8.6 给出了几种常用闪烁体的相对光输出随温度的变化曲线。由图可见，温差较大时，闪烁体闪烁效率的差别可以很大，如 NaI(Tl) 晶体在 150℃时的闪烁效率约为室温时的 70%，而 BGO 晶体的闪烁效率随温度升高而下降的趋势比其他闪烁体大得多，在 50℃时，它的闪烁效率已降为室温时的 60%左右，到 100℃时其闪烁效率更是低至室温时的约 20%，温度效应限制了 BGO 晶体在环境温度较高条件下的应用。对包括闪烁体和光电倍增管在内的探测系统，一般光电倍增管也是温度敏感的器件，其增益随温度也是变化的，所以闪烁探测器谱仪应工作在温度变化较小的环境条件下。在环境温度变化较大的情况下，使用闪烁探测器谱仪时需要采用一定的稳谱措施，例如通过跟随特征峰位变化调节光电倍增管高压或放大器放大倍数的反馈调节稳峰方法等，以减少温度效应对闪烁谱仪测量能谱的影响。

此外，闪烁体的发光衰减时间随温度也是有变化的，图 8.7 给出了 NaI(Tl) 晶体的发光衰减时间随温度的变化曲线，随着温度的增加，NaI(Tl) 晶体的发光衰减时间逐渐减小，我们通常说的 NaI(Tl) 晶体的发光衰减时间为 0.23μs，指的是室温下的数值。在应用脉冲形状甄别技术的场合，特别要注意这一点，可采取控制环境温度或随温度改变甄别阈等方法来解决。发光衰减时间的变化也会给能谱测量带来影响，因为同样光子数时，不同的发光衰减时间对应不同的输出电流形状，从而使输出电压信号的幅度也不再相同，前面提到的稳谱方法在这里依然有效。

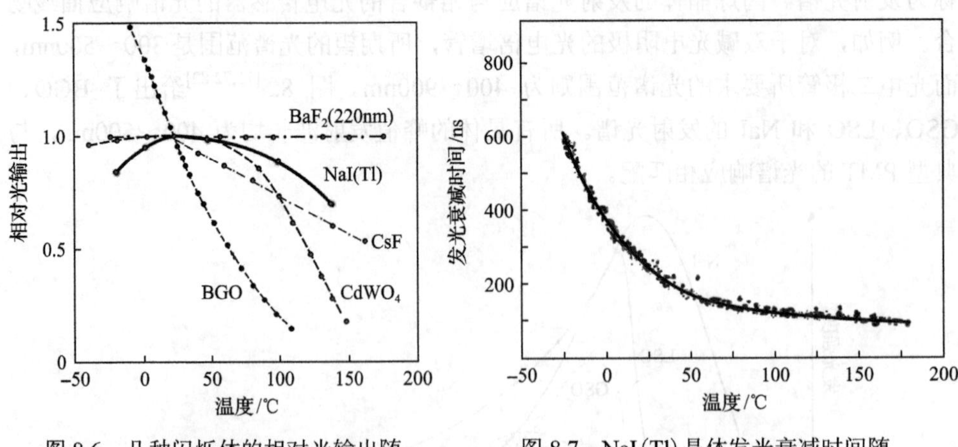

图 8.6　几种闪烁体的相对光输出随温度的变化曲线

图 8.7　NaI(Tl) 晶体发光衰减时间随温度的变化曲线

上面给出的是闪烁体的主要物理特性，在实际工作中，根据具体的应用要求，还必须考虑闪烁体的密度、有效原子序数、折射率、加工性能、吸湿性能、机械性能等；在强辐射测量中，还应特别关注闪烁体的辐照性能。

8.4.3　闪烁晶体的几何特性要求

很显然，闪烁晶体的其他特性(如晶体形状、晶体尺寸)也影响着探测效率、空间分辨率和闪烁光信号的收集，因此有必要对它们进行探讨。

1. 晶体形状

早期的 PET 探测器使用圆柱形晶体。随着对 PET 成像系统的灵敏度要求越来越高，闪烁晶体的最佳形状变成长方体，因为这能使得探测器尽可能紧密地排列成环形系统，获得最高的探测效率。

2. 晶体宽度

晶体宽度是探测器的空间分辨率的最具决定性的因素，也就是说减小晶体宽度可以最大限度地提高探测器的空间分辨率。但是随着晶体的宽度变窄，晶体间的光子串扰增加，由此将降低空间分辨率和灵敏度。

3. 晶体长度

晶体长度的选择主要是由灵敏度及轴向空间分辨率决定的。减小晶体长度可以提高轴向空间分辨率，但另一方面却使得灵敏度下降。为了获得更高的灵敏度，PET 成像系统朝着三维数据采集的方向发展。用于三维重建的投影数据要求有统一的采样，因而闪烁晶体的长度应该与宽度等值。

4. 晶体深度

探测 511keV γ 射线对的符合效率 ε 是晶体深度的函数，其关系可以由式(8.6)给出[83]：

$$\varepsilon = [1-\exp(-\mu h)]^2 \tag{8.6}$$

式中，μ 为闪烁晶体的光传输线性衰减系数。此外，BGO 的光收集效率大体上与 $h/(wl)$ 成反比，h 为晶体深度，w 为晶体宽度，l 为晶体长度。

闪烁方法现在仍然是用于各种核辐射的探测和能谱学的最有效的方法之一，以上详细讨论了用于PET成像系统的闪烁晶体及其应用时各项参数指标的具体考虑。20 世纪 50 年代初，Tl 激活的碘化钠的发现开创了现代 γ 射线闪烁谱学的时代。新型闪烁晶体的出现使得在保证获得高探测效率的条件下，开发具有飞行时间信息的 PET 成为可能。现在人们普遍看好 LSO 晶体，该晶体具有与 BGO 晶体几乎相同的探测效率，但其光输出是 BGO 的 3 倍多，衰减时间仅为 40ns(而 BGO

晶体约为 300ns)，然而 LSO 晶体价格昂贵，最终能否取代 BGO 还要视其关键技术的进一步发展而定。

8.4.4 闪烁体的封装与光的收集[26]

闪烁体将入射粒子损耗的能量转化为闪烁光子只是完成了闪烁探测器测量辐射的第一步，而后还必须进行光电转换和电子倍增，然后才能输出电信号。输出信号的大小和涨落首先决定于入射粒子损耗的能量和闪烁体的闪烁效率，同时也会受从闪烁光到光电子的转换效率的大小和均匀性的直接影响。光电转换效率的大小和均匀性，一方面取决于光电转换器件的性能(如光电倍增管光阴极的量子效率)，另一方面也受制于光传输和收集的效率及均匀性：当光传输和收集的效率较差时，未能收集到光电转换器件上的闪烁光子数会增多，则此次闪光的输出信号幅度减小，相对均方涨落增大；当光收集的均匀性不好时，则在闪烁体不同位置产生的同样大小闪光会输出不同幅度的信号，也会增大相对均方涨落，使能量分辨率变差。因此，在选择了适当的光电转换器件后，需要仔细考虑闪烁光子传输和收集的各个环节，以保证闪烁体发出的闪烁光子能均匀、有效地收集到光电转换器件上。

闪烁光子传输和收集通道由反射层、光学耦合剂及光导等构成，闪烁体的封装将综合考虑上述因素，达到尽可能多地收集光子，并满足一些特殊的要求，如闪烁体的防潮等问题。

1. 反射层与闪烁体的封装

闪烁体产生的闪烁光子是向各个方向发射的，而闪烁体与光电转换器件一般是通过某个面耦合的，我们可以把闪烁体的该表面称为闪烁体的窗，只有达到窗的光子才能有效输出，因此，需要在闪烁体四周除窗外的所有表面上都覆盖反射层，从而把光有效地传输到窗上。反射层有漫反射层和镜面反射层两种，常用的如氧化镁、二氧化钛粉等属于漫反射层，而铝箔和聚四氟乙烯带等属于镜面反射层。这两种反射层对闪烁体表面的处理要求是不同的，漫反射一般要把闪烁体表面打毛，而镜面反射则要把闪烁体表面抛光。一般情况下，漫反射层比镜面反射层要好，但具体情况需要由实验来确定，有时一个闪烁体在不同表面可能会用到不同的反射层。例如，BaF_2 晶体用聚四氟乙烯带子缠绕作为反射层效果就较好；NaI(Tl) 晶体用氧化镁、二氧化钛粉漫反射层就比较理想。

除反射层外，闪烁体还需要适当地封装，以保护闪烁体并使其不受外界环境的影响。特别是像 NaI(Tl) 这样易潮解的闪烁体，封装必须严格保证密封，否则，潮气渗入后，闪烁体将很快损坏。对不潮解的闪烁体的封装则可大大简化。一般闪烁体用铝壳包装，窗为光学或石英玻璃，闪烁体发出的闪烁光子要从该窗输出到光电转换器件上。为了提高光输出效率，需要减少闪烁光子在界面上的全反射，因此，闪烁体与窗之间及窗与光电转换器件或光导之间均应涂以光学耦合剂，如图 8.8 所示。

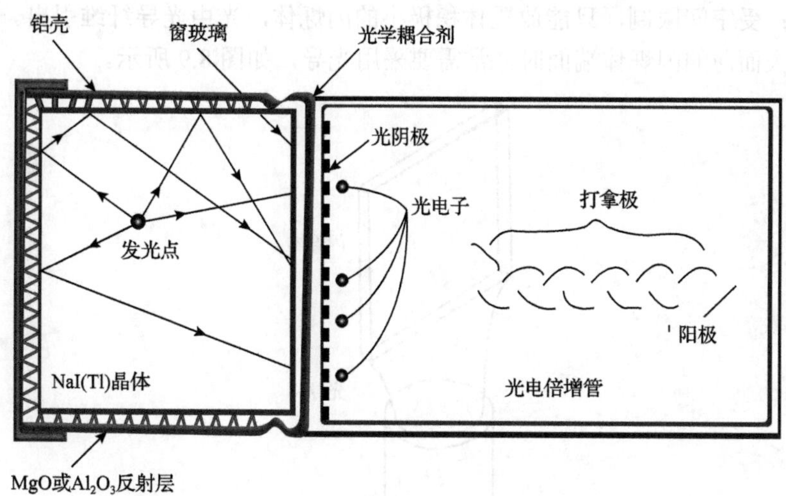

图 8.8　闪烁体的封装及光收集

2. 光学耦合剂

当光由光密介质(光在此介质中的折射率大)射向光疏介质(光在此介质中的折射率小)时，折射角将大于入射角。设入射角为 θ_c 时，折射角恰等于 90°，则入射角大于 θ_c 后，折射现象不再存在，这就是全反射。但当发生全发射后，光无法从光密介质中传输出来。设 n_0 为光密介质的折射率，n_1 为光疏介质的折射率，则发生全反射的临界角 θ_c 为

$$\theta_c = \arcsin\frac{n_1}{n_0} \tag{8.7}$$

显然，在 n_0 一定的情况下，n_1 越小，θ_c 就越小，将会有更多的光子在界面处发生全反射而传不出去。在闪烁探测器中，一般闪烁体的折射率为 1.4～2.3，而空气的折射率为 1，若闪烁体与窗玻璃之间有一层空气，则闪烁光子由闪烁体射到空气中时，会因全反射而损失。

光学耦合剂是一些折射系数较大的透明介质(如硅油、硅胶等)，把它们置于闪烁体与窗玻璃之间及窗玻璃与光电转换器件或光导之间，能有效地排除空气，显著减少由全反射造成的闪烁光子损失，见图 8.8。

3. 光导

光导放置在闪烁体和光电转换器件之间。光导的作用是有效地把光传输到光

电转换器件上。光导一般适用于下列情况：闪烁体的大小、形状与所用光电转换器件不匹配；为避免强磁场干扰，必须将光电倍增管放在与闪烁体相隔一段距离的地方；受空间限制，只能放置体积极小的闪烁体，光由光导纤维引出。例如观测面积大而薄的闪烁体端面时，常需要采用光导，如图 8.9 所示。

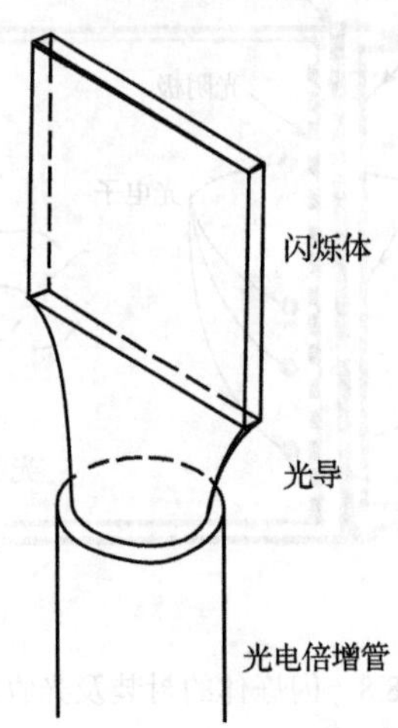

图 8.9　通过光导耦合平板状闪烁体的端面与光电倍增管

光导材料常用聚苯乙烯塑料、有机玻璃、石英玻璃或纤维等。要求光导材料有较高的折射系数，并与闪烁体和光电转换器件有良好的光学接触。它的外表要高度抛光并用反射外套包装好(两端面除外)。有机玻璃的折射系数达到 1.49～1.51，而且易于制成各种形状，是理想的光导材料。

通常情况下，光导的截面形状将沿着它的长度而变化，但截面积的变化，例如由闪烁体到光电倍增管逐渐减小的光导都会带来显著的光损失，应按光学的原理仔细地进行设计。

8.5　闪烁探测器的输出[26]

8.5.1　闪烁探测器的输出回路及信号形成的物理过程

前面提到，典型的闪烁探测器由闪烁体与光电倍增管构成，其中闪烁体是入射粒子能量转换为光的过程，光电倍增管是光转换为电并放大的过程，对于整个闪烁探测器来说，电信号来自光电倍增管的输出。图 8.10 给出了光电倍增管中信号的形成过程及闪烁探测器输出回路的示意图，图中所示光电倍增管为正高压供电，必须经隔直流电容 C_c 再与测量电路相连。图中 K 为光电倍增管的光阴极，A 为阳极，$D_1, D_2, \cdots, D_n$ 表示 n 个打拿极，而 $R_K, R_F, R_1, \cdots, R_n$ 是分压电阻，R_a 是用来形成输出电压信号的负载电阻。

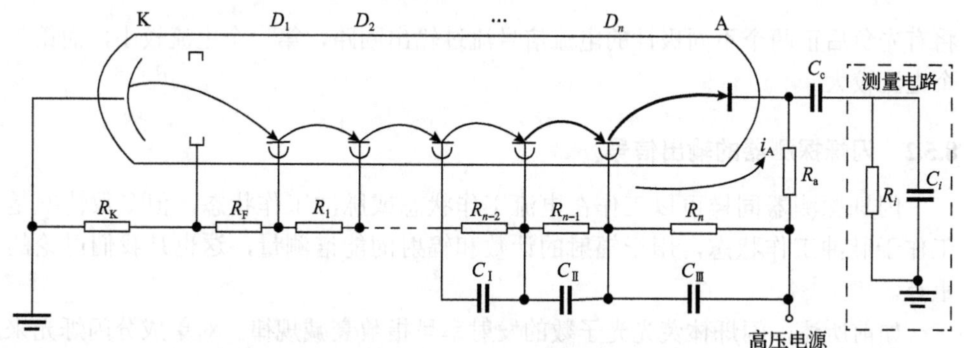

图 8.10　光电倍增管各电极分压器与输出回路的示意图

在光电倍增管最后的倍增过程中，最后打拿极 D_n 收到自打拿极 D_{n-1} 射来的电子后再倍增 δ 倍，倍增后的电子在电场作用下向阳极 A 运动并被其收集时，将有电流信号 i_A 流过 R_n、R_a 及测量电路输入电阻 R_i 与输入电容 C_i 等组成的回路，形成输出信号。该过程类似于电离室中输出电流信号的形成过程，只是真空中运动的电子代替了气体中运动的离子和电子。此外，电子在其他打拿极间飞行过程中，相应的回路中都会流过电流，在分压电阻上形成脉冲信号。

通常情况下，我们是从阳极 A 引出输出信号，这时输出回路即为图 8.10 从最后打拿极开始往后的部分。由于电流信号 i_A 比分压电阻上流过的直流电流小得多，而且分压电阻上并联有电容，因此分压电阻两端的电位差基本不变，相当于一个直流电源，对交流信号分析可看成为短路。经过一定简化，则得到图 8.11 所示的输出回路的等效电路，从这里可以充分理解不同探测器输出信号形成过程的共性。图中 $I(t)$ 是电流信号源，它由 D_n 与 A 间电子的运动状态决定，$R_0=R_a//R_i$，$C_0=C_1+C_i+C'$，其中 C_1 为 D_n 与 A 之间的电容，C' 为阳极和输入端的杂散电容。由图 8.11 可知，输出电压信号将是一个负脉冲。

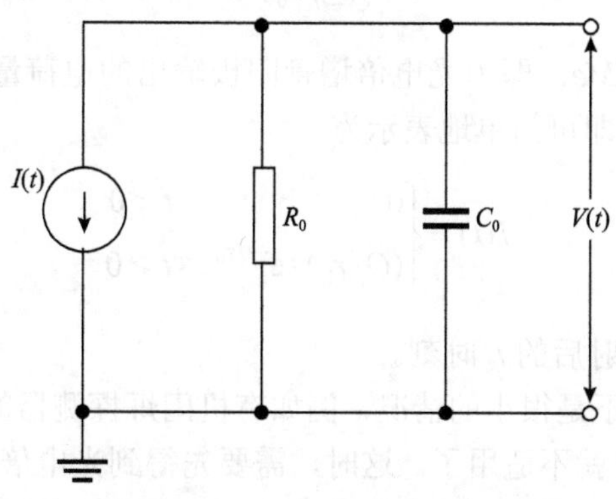

图 8.11　输出回路的等效电路

有些情况下，我们还从最后打拿极 D_n 或其他打拿极上引出信号，应注意此时将有先负后正两个不同极性的电流信号流过输出回路，第一个电流较小，而第二个电流较大。

8.5.2 闪烁探测器的输出信号

闪烁探测器同样可以工作在电流工作状态或脉冲工作状态，但多数情况是工作于脉冲工作状态，用于辐射的计数和辐射的能谱测量，这也是我们讨论的重点。

如前所述，闪烁体荧光光子数的发射率呈指数衰减规律，对单成分闪烁光来说，闪烁光脉冲可表示为

$$N(t)=\begin{cases}0, & t<0\\ (N_{\mathrm{ph}}/\tau_0)\cdot \mathrm{e}^{-t/\tau_0}, & t\geqslant 0\end{cases} \tag{8.8}$$

式中，$N(t)$为 t 时刻单位时间发射的光子数；N_{ph} 为闪烁光脉冲中的总光子数；τ_0 为闪烁体的发光衰减时间。以应用最多的 NaI(Tl) 晶体为例，τ_0=230ns，与此相比，光子的传输、收集及光电转换过程可以看成是瞬时完成的。另外，通常光电倍增管电子渡越时间的涨落 Δt_{e} 远小于电子渡越时间 t_{e}，可以忽略 Δt_{e} 对输出电流脉冲的影响，也就是认为从阴极发射的每个光电子到被阳极收集都经过了相同的时间 t_{e}，且数量上都增加到了 M 倍。这样，每个闪烁光脉冲在阳极引起的电流脉冲的形状与 $N(t)$ 相同，只是时间上滞后了 t_{e}。由于每个闪烁光子在阳极引起的输出电荷量为 TMe(T 为转换因子，M 为光电倍增管的倍增系数，e 为电子电荷)，则闪烁光脉冲在阳极引起的电流脉冲如图 8.12 所示，表达式为

$$I(t)=TMeN(t)=\begin{cases}0, & t<t_{\mathrm{e}}\\ (Q/\tau_0)\cdot \mathrm{e}^{-(t-t_{\mathrm{e}})/\tau_0}, & t\geqslant t_{\mathrm{e}}\end{cases} \tag{8.9}$$

式中，$Q=N_{\mathrm{A}}\cdot e=N_{\mathrm{ph}}TMe$，即为光电倍增管阳极输出的电荷量。显然，$I(t)$ 只要在时间轴上做一平移，即可简单地表示为

$$I(t)=\begin{cases}0, & t<0\\ (Q/\tau_0)\cdot \mathrm{e}^{-t/\tau_0}, & t\geqslant 0\end{cases} \tag{8.10}$$

此时 t=0 代表粒子入射后的 t_{e} 时刻。

对 Δt_{e} 与 τ_0 相比不是很小的情况，例如有机闪烁探测器的情况，τ_0 和 Δt_{e} 均在纳秒的范围，式(8.9)就不适用了。这时，需要先得到光电倍增管对单个光电子输出电流的响应函数，然后将闪烁光脉冲函数与响应函数卷积，才能得到电流脉冲的表达式。

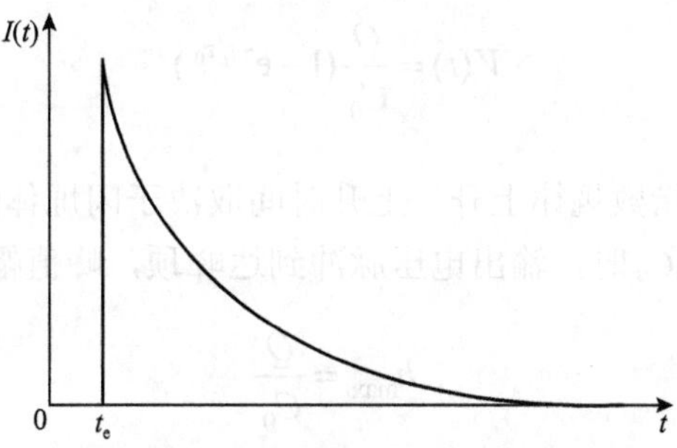

图 8.12　闪烁探测器输出电流脉冲形状

按图 8.11，由基尔霍夫定律可写出闪烁探测器输出电压脉冲信号 $V(t)$ 和电流脉冲信号的关系式为

$$I(t)=\frac{V(t)}{R_0}+C_0\frac{\mathrm{d}V(t)}{\mathrm{d}t} \tag{8.11}$$

式(8.11)的一般解为

$$V(t)=\frac{\mathrm{e}^{-t/(R_0C_0)}}{C_0}\int_0^t I(t')\mathrm{e}^{t'/(R_0C_0)}\mathrm{d}t' \tag{8.12}$$

将式(8.10)代入式(8.12)，可得

$$V(t)=\frac{Q}{C_0\tau_0}\mathrm{e}^{-t/(R_0C_0)}\int_0^t \mathrm{e}^{t'/(R_0C_0)-t'/\tau_0}\mathrm{d}t'$$

求解上式，则得到光电倍增管阳极输出电压脉冲信号的表达式

$$V(t)=\frac{Q}{C_0}\frac{R_0C_0}{R_0C_0-\tau_0}\left[\mathrm{e}^{-t/(R_0C_0)}-\mathrm{e}^{-t/\tau_0}\right] \tag{8.13}$$

由式(8.13)，不管 R_0C_0 及 τ_0 为何值，$V(t)$ 及脉冲幅度都正比于闪光引起的脉冲信号的总电荷量 Q。

当 R_0C 与 τ_0 的相对取值关系不同时，闪烁探测器的脉冲工作状态可进一步细分为电压脉冲工作状态和电流脉冲工作状态。这里虽然讨论的是闪烁探测器，但其内容同样适用于其他探测器。图 8.13 为假定的指数型光脉冲(图 8.13(a))输出的电压脉冲(图 8.13(b))和电流脉冲(图 8.13(c))。

1. 电压脉冲工作状态

电压脉冲工作状态下，$R_0C_0\gg\tau_0$，$R_0C_0-\tau_0\to R_0C_0$。

(1) 当 t 很小时，$\mathrm{e}^{-t/(R_0C_0)}-\mathrm{e}^{-t/\tau_0}\to 1-\mathrm{e}^{-t/\tau_0}$，则式(8.13)可简化为

$$V(t)=\frac{Q}{C_0}(1-\mathrm{e}^{-t/\tau_0})$$

即 $V(t)$ 按 $1-\mathrm{e}^{-t/\tau_0}$ 的指数规律上升，上升时间取决于闪烁体的发光衰减时间 τ_0。

(2) 当 $\tau_0 \ll t \ll R_0C_0$ 时，输出电压脉冲到达峰顶，峰值幅度为

$$h_{\max}=\frac{Q}{C_0} \tag{8.14}$$

(3) 当 $t>R_0C_0$ 时，$\mathrm{e}^{-t/(R_0C_0)}-\mathrm{e}^{-t/\tau_0}\to\mathrm{e}^{-t/(R_0C_0)}$，则式(8.13)可简化为

$$V(t)=\frac{Q}{C_0}\cdot\mathrm{e}^{-t/(R_0C_0)}$$

即按时间常数 R_0C_0 呈指数衰减。该情况对应于图 8.13(b)，其特点是输出电压脉冲幅度最大，$h_{\max}=Q/C_0$；但输出电压脉冲的宽度也比较大。以 NaI(Tl) 闪烁探测器为例，τ_0=0.23μs，当 $R_0C_0\approx$1μs 时，即可认为工作于电压脉冲工作状态，这是闪烁谱仪常选用的工作状态。

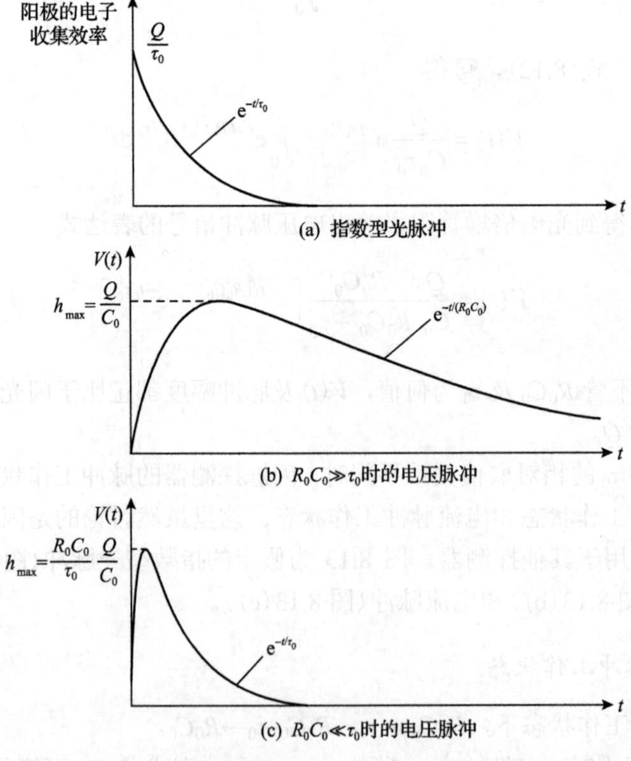

图 8.13　闪烁探测器的电流和电压脉冲示意图

2. 电流脉冲工作状态

电流脉冲工作状态下 $R_0C \ll \tau_0$，式(8.13)可简化为

$$V(t)=\frac{R_0C_0}{\tau_0}\frac{Q}{C_0}\left[\mathrm{e}^{-t/\tau_0}-\mathrm{e}^{-t/(R_0C_0)}\right] \tag{8.15}$$

(1)当 t 很小时，$\mathrm{e}^{-t/\tau_0}-\mathrm{e}^{-t/(R_0C_0)}\to 1-\mathrm{e}^{-t/(R_0C_0)}$，则式(8.15)可简化为

$$V(t)=\frac{R_0C_0}{\tau_0}\frac{Q}{C_0}\left[1-\mathrm{e}^{-t/(R_0C_0)}\right]$$

即 $V(t)$ 按 $1-\mathrm{e}^{-t/(R_0C_0)}$ 的指数规律上升，由于 R_0C_0 很小，所以电压脉冲上升得很快。

(2)当 $R_0C_0 \ll t \ll \tau_0$ 时，输出电压脉冲到达峰顶，峰值幅度为

$$h=\frac{R_0C_0}{\tau_0}\frac{Q}{C_0} \tag{8.16}$$

(3)当 $t>\tau_0$ 时，$\mathrm{e}^{-t/\tau_0}-\mathrm{e}^{-t/(R_0C_0)}\to \mathrm{e}^{-t/\tau_0}$，则式(8.15)可简化为

$$V(t)=\frac{R_0C_0}{\tau_0}\frac{Q}{C_0}\mathrm{e}^{-t/\tau_0}$$

即按闪烁体的发光衰减时间常数 τ_0 指数衰减。

在电流脉冲工作状态下，由于 $R_0C_0 \ll \tau_0$，则 $h \ll h_{\max}$，即输出电压脉冲幅度较小，但此时电压脉冲宽度也较小，其形状趋于电流脉冲形状，如图 8.13(c)所示。电流脉冲工作状态适用于高计数率谱仪和时间测量的情况。

表 8.5 中列出了两种脉冲工作状态的特点和区别。将表中的条件由闪烁探测器特有的发光衰减时间 τ_0 改为电荷收集时间 τ(即探测器中电流持续时间)，表中工作状态的特点也适用于其他类型的辐射探测器。

表 8.5　电压脉冲与电流脉冲工作状态的特点

工作状态	条件	脉冲前沿特点	脉冲后沿特点	脉冲幅度	脉冲特征
电压脉冲	$R_0C_0 \gg \tau_0$	$1-\mathrm{e}^{-t/\tau_0}$	$\mathrm{e}^{-t/(R_0C_0)}$	$\frac{Q}{C_0}$	幅度大，脉冲宽
电流脉冲	$R_0C_0 \ll \tau_0$	$1-\mathrm{e}^{-t/(R_0C_0)}$	e^{-t/τ_0}	$\frac{R_0C_0}{\tau_0}\cdot\frac{Q}{C_0}$	幅度小，脉冲窄

实际应用中，可根据具体情况选择 R_0C_0 的值，如选 R_0C_0 与 τ_0 相近或略大一点，则既可得到较大的幅度，又有较小的分辨时间。在 Δt_e 与 τ_0 相比不是很小的情况下，电流脉冲信号及电压脉冲信号不能再用式(8.9)和式(8.13)表示，但输出

电压脉冲信号的幅度仍然与入射粒子损耗在闪烁体中的能量 E 成正比，可以用来测量入射粒子的能谱。

8.5.3 闪烁探测器输出信号的涨落

由前面的讨论可知，闪烁探测器的输出脉冲电荷量、脉冲电流及电压脉冲幅度均正比于光电倍增管阳极收集到的总电子数 N_A。N_A 实际上是由以下三个随机变量串级而成的随机变量：①闪烁体发出的光子数 N_{ph}，是一个近似服从泊松分布的随机变量；②转换因子 T，是一个伯努利型随机变量，正事件发生的概率为 T；③倍增系数 M，前面已说明 M 是一个由各打拿极倍增因子串级而成的多级串级随机变量。

依据泊松分布随机变量与伯努利型随机变量串级而成的随机变量仍遵守泊松分布的规则，第一打拿极所收集到的光电子数 N_e 应遵守泊松分布，因而

$$\overline{N}_e = \overline{N}_{ph} \cdot T$$

$$v_{N_e}^2 = \frac{1}{\overline{N}_e} = \frac{1}{\overline{N}_{ph} \cdot T} \tag{8.17}$$

随机变量 N_A 也可看成是由 N_e 与 M 两个随机变量串级而成，因而

$$\overline{N}_A = \overline{N}_e \overline{M} = \overline{N}_{ph} T \overline{M} \tag{8.18}$$

$$v_{N_A}^2 = \frac{1}{\overline{N}_{ph} T} + \frac{1}{\overline{N}_{ph} T} v_M^2 = \frac{1}{\overline{N}_{ph} T}(1 + v_M^2) \tag{8.19}$$

而

$$v_M^2 = \frac{\overline{\delta}}{\overline{\delta}_1}\left(\frac{1}{\overline{\delta} - 1}\right) \tag{8.20}$$

将式(8.20)代入式(8.19)，可得

$$v_{N_A}^2 = \frac{1}{\overline{N}_{ph} T}\left[1 + \frac{\overline{\delta}}{\overline{\delta}_1}\left(\frac{1}{\overline{\delta} - 1}\right)\right]$$

通常就用 δ_1 及 δ 表示 $\overline{\delta}_1$ 及 $\overline{\delta}$，则上式可表示为

$$v_{N_A}^2 = \frac{1}{\overline{N}_{ph} T}\left[1 + \frac{\delta}{\delta_1}\left(\frac{1}{\delta - 1}\right)\right] \tag{8.21}$$

由于脉冲幅度 h 正比于 N_A，因此 h 的相对均方涨落为

$$v_h^2 = v_{N_A}^2 = \frac{1}{\overline{N}_{ph} T}\left[1+\frac{\delta}{\delta_1}\left(\frac{1}{\delta-1}\right)\right] \tag{8.22}$$

在更精细的工作中发现，N_{ph} 并不完全遵守泊松分布，而且转换因子 T 也是与粒子入射位置有关的随机变量，考虑到这些因素后，布列顿伯格(E. Breitenberger)提出 N_A 的相对均方涨落①为

$$v_{N_A}^2 = \frac{1}{\overline{N}_{ph}\cdot T}\left[1+\frac{\delta}{\delta_1}\left(\frac{1}{\delta-1}\right)\right] + v_T^2 + (1-v_T^2)\left[\left(\frac{\sigma_{N_{ph}}}{\overline{N}_{ph}}\right)^2 - \frac{1}{\overline{N}_{ph}}\right] \tag{8.23}$$

式(8.23)中等式右边第二项代表 T 的不均匀性的影响，而第三项反映了 n_{ph} 所遵守的概率分布与泊松分布差异的影响。当 T 不变时，$v_T^2=0$；当严格遵守泊松分布时，则 $\sigma_{N_{ph}}^2 = \overline{N}_{ph}$，于是式(8.23)又可化为式(8.22)。

本节所述内容只涉及闪烁探测器输出的脉冲信号，对于平均电流信号等未加讨论。这是因为光电倍增管中存在暗电流，故不适于测量其平均直流信号。因此，闪烁探测器一般都工作在脉冲状态而不是累计状态。当然，也可以在闪烁探测器的输出脉冲信号经过放大及处理后，再测量其累计的平均效果。例如，线性率表就是这样工作的，但这与在探测器及输出回路上就实现“累计测量”的工作状态不同，它实际上只是对输出脉冲信号的一种处理及测量方式。

8.6　闪烁 γ 谱学及闪烁探测器的主要性能[26]

由于以 NaI(Tl) 为代表的闪烁体对 γ 射线具有相当好的能量分辨率，在早期 PET 探测器中得到很多应用。本节将以 NaI(Tl) 单晶 γ 闪烁谱仪为实例，使读者对γ能谱测量中的各种技术问题有基本了解。格伦 F.诺尔在 *Radiation Detection and Measurement* 一书中对闪烁 γ 能谱学的论述较为经典，被各教材广泛引用，读者除阅读本书外可参考原著。

8.6.1　单能带电粒子的脉冲幅度谱

虽然闪烁探测器输出脉冲幅度正比于入射粒子在闪烁体内损耗的能量，但由于统计涨落的存在，即使对能量全部损失在闪烁体内的单能带电粒子，每个粒子对应的输出脉冲幅度也是有涨落的，使单能带电粒子的脉冲幅度谱近似呈高斯型分布。同时，由于光电倍增管噪声(主要的)和电子学噪声(次要的)的存在，在幅度谱上还有一与入射粒子能量无关的连续低能分布，如图 8.14 所示。图中的 A 部分

① Breitenberger E. Progress in nuclear. Physics, 1955, 4: 56.

就是光电倍增管噪声的幅度分布，而 B 是与入射带电粒子能量相应的单峰状分布。横坐标 h 是脉冲幅度指标，纵坐标 $f(h)$ 是幅度在微分幅度增量 dh 范围内的微分脉冲数 dN 除以增量 dh，即 $f(h)=dN/dh$。

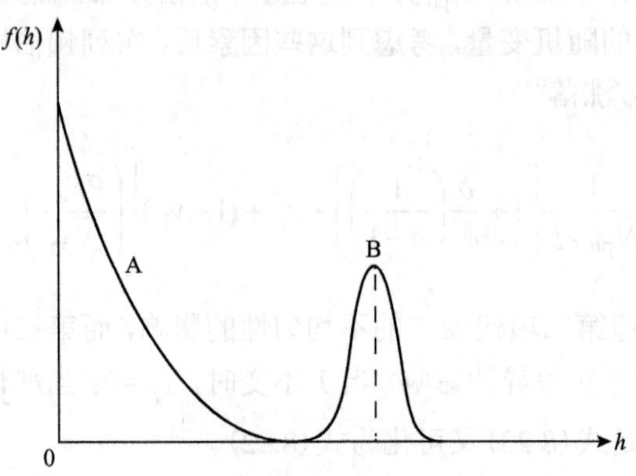

图 8.14　单能带电粒子输出脉冲的幅度分布

当工作电压升高时，光电倍增管的倍增系数 M 迅速变大，则对应一定能量的脉冲幅度变大，脉冲幅度谱上的单峰将向右方移动。同时，噪声幅度增大，与噪声相应的低能连续谱也将向右方延伸。

由于噪声的影响，闪烁探测器不适于测量低能粒子。降低温度，可使幅度谱上的低能噪声部分减小。另外，用符合法也可显著降低光电倍增管噪声的影响。

8.6.2　单能 γ 射线的脉冲幅度谱

在闪烁体中，γ 射线必须先通过某种效应与闪烁体发生相互作用并产生次级电子，然后次级电子在闪烁体内沉积能量产生荧光光子而被探测，所以闪烁探测器输出的脉冲幅度对应的是次级电子的能量，得到的脉冲幅度谱实际上是 γ 射线在闪烁体内产生的次级电子的能谱。由于各种相互作用都可能发生(电子对效应的阈能是 1.022MeV)，且各种相互作用中产生的次级电子的能量不同，因此，即使入射的是单能 γ 射线，测量得到的脉冲幅度谱也是相当复杂的。此外，γ 射线在探测器周围材料中发生的相互作用对所测脉冲幅度谱也会产生影响，因此，对 γ 闪烁谱仪而言，脉冲幅度谱的解析是一项十分重要而烦琐的工作。通常，γ 谱解析的核心问题就是确定能谱的特征峰及其对应的能量，并由特征峰的面积得到某一能量 γ 射线的强度，从而达到物理测量的目的。

1. 单能 γ 射线在闪烁体中产生的次级电子能谱

γ 射线打到闪烁体上时，一部分会穿过闪烁体而不发生任何相互作用，另一部分则在闪烁体内发生相互作用而被吸收，其概率取决于闪烁体材料对 γ 射线的

线性衰减系数 μ 及 γ 射线穿透闪烁体的长度。被吸收的部分又按三种效应的截面分别发生光电效应、康普顿效应和电子对效应，由于次级电子在闪烁体中的射程很短，所以可以认为不论是哪种效应产生的带电粒子(光电子、康普顿电子、正负电子对)，其能量都能全部被闪烁体吸收，但次级电磁辐射(康普顿效应中产生的次级 γ 射线或其余两种效应的后续过程中产生的特征 X 射线或湮没辐射)是否能再次与闪烁体发生相互作用又和闪烁体材料及大小有关。因此，γ 射线在闪烁体中产生的次级电子能谱与闪烁体的材料及大小和形状密切有关。下面按闪烁体的大小，分三种情况来讨论。

1)闪烁体“足够小”的情况

在闪烁体足够小的极限情况下，可以认为由入射 γ 射线产生的所有次级电磁辐射都不会再次与闪烁体发生相互作用，而全部逃逸出了闪烁体，如图 8.15 所示。图 8.16 给出了在“小闪烁体”中单能 γ 射线产生的次级电子能谱，(a)为 γ 射线能

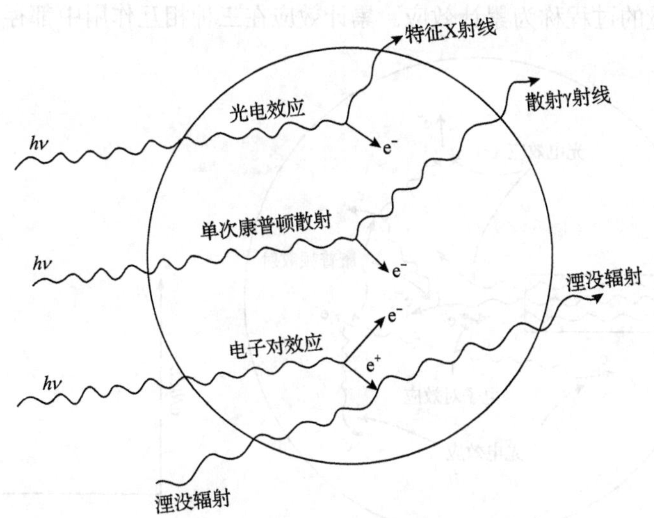

图 8.15 γ 射线与“小闪烁体”的相互作用

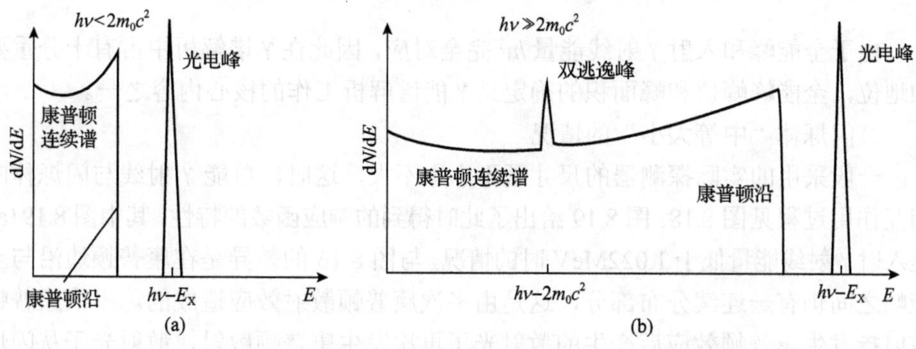

图 8.16 “小闪烁体”中单能 γ 射线产生的次级电子能谱

量小于 1.022MeV 而仅发生光电效应和康普顿效应的情况。图中光电峰对应能量为入射光子能量 $h\nu$ 减去特征 X 射线能量 E_X，在 NaI(Tl)中碘的特征 X 射线能量约为 29keV，则光电峰对应能量为 $h\nu$ –29keV，也称为碘逃逸峰。康普顿沿对应康普顿反冲电子的最大能量。(b)为能量高于 1.022MeV 时的情况，这时可发生电子对效应，且正电子湮没产生的两个湮没光子都将逃逸，留在闪烁体中的能量，即正、负电子的总动能为 $h\nu-2m_0c^2$，对应能峰称为双逃逸峰。

2) 闪烁体“特别大”的情况

在闪烁体特别大时，可以认为入射 γ 射线产生的次级电磁辐射会继续与闪烁体发生作用而不逃逸出闪烁体，则 γ 射线的全部能量最终都将转化为次级电子的能量，并沉积在闪烁体中，如图 8.17 所示。由于整个作用过程在很短时间内完成，所以闪烁探测器输出脉冲信号的幅度与总沉积能量，即 γ 射线的能量成正比，对单能 γ 射线而言，能谱中将只出现对应 γ 射线能量的单一能峰，称为全能峰。这种多次作用累加沉积能量的过程称为累计效应。累计效应在三种相互作用中都存在。

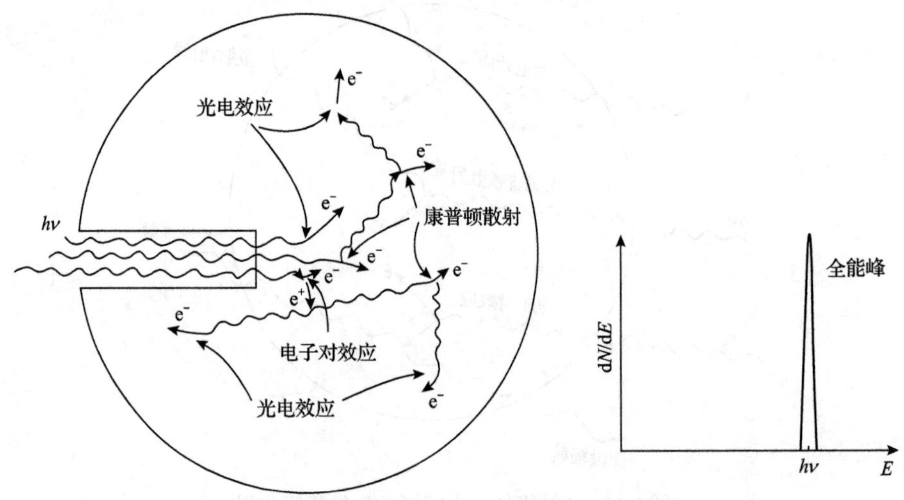

图 8.17　“特别大”闪烁体中单能 γ 射线产生次级电子的过程及次级电子能谱

由于全能峰和入射 γ 射线能量 $h\nu$ 完全对应，因此在 γ 谱解析中占有十分重要的地位，全能峰峰位和峰面积的确定是 γ 能谱解析工作的核心内容之一。

3) 闪烁体“中等大小”的情况

一般采用的实际探测器的尺寸既不小也不大，这时，单能 γ 射线与闪烁体的相互作用过程见图 8.18。图 8.19 给出了此时得到的响应函数的特性，其中图 8.19(a)是入射 γ 射线能量低于 1.022MeV 时的情况，与图 8.16 的差异是在康普顿边沿与全能峰之间仍有一连续分布部分，这是由多次康普顿散射效应造成的。多次康普顿散射指发生康普顿效应后产生的散射光子再次发生康普顿散射，散射光子从闪烁体逃逸，带走的能量可以小于初次康普顿效应的最小散射光子能量，这种情况下输出脉冲分布在全能峰和康普顿沿之间。

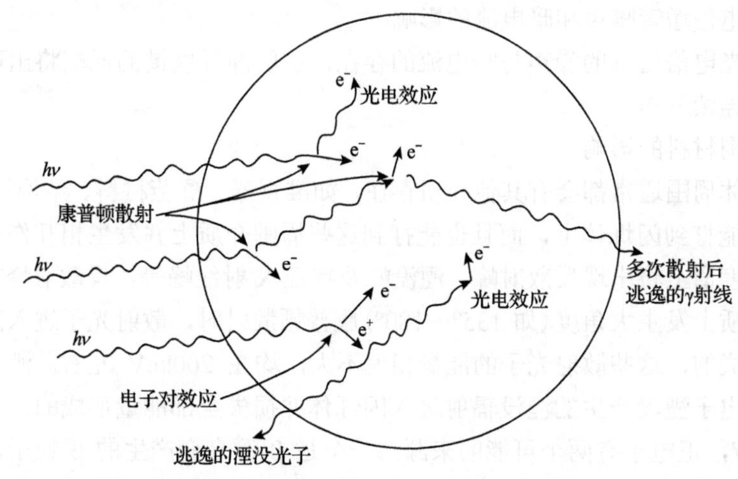

图 8.18 γ 射线与中等大小闪烁体的相互作用

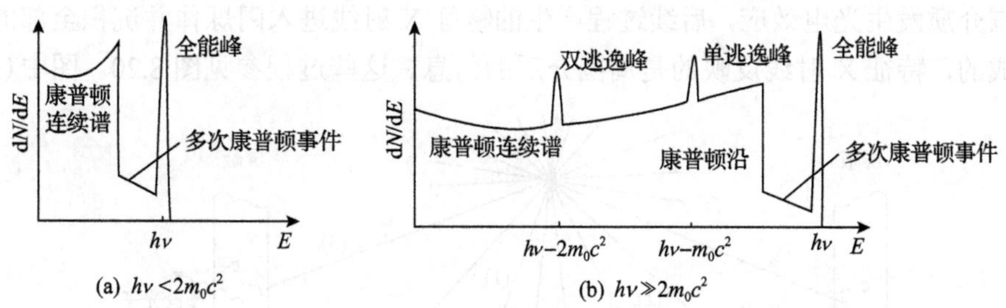

图 8.19 中等大小闪烁体中单能 γ 光子产生的响应函数的特性

图 8.19(b)为入射光子能量大于 1.022MeV 时的情况，图中单逃逸峰是正电子湮没时产生的两个 0.511MeV 湮没光子中一个逃逸而另一个被吸收的结果，而双逃逸峰是两个湮没光子全都逃逸形成的。图中各部分面积的相对比例与入射单能 γ 射线产生各种效应的截面有关，也与闪烁体的大小、形状和结构有关。

2. 单能 γ 射线的脉冲幅度谱

可以说，入射 γ 射线在闪烁体中产生的次级电子能谱决定了 γ 闪烁谱仪输出脉冲幅度谱的大部分基本特征，如全能峰、康普顿沿、单逃逸峰和双逃逸峰对应的位置等。除此之外，γ 谱还受到如下因素的影响，实际分析时必须注意。

1)统计涨落的影响

在闪烁探测器中，能量沉积产生光子及后续光电转换和电子倍增过程均存在统计涨落，则单能带电粒子对应的脉冲幅度围绕平均值呈现一定分布。反映在脉冲幅度谱上，全能峰(包括光电峰)、逃逸峰等均产生了展宽，康普顿沿也不再陡峭而变得平缓。

2) 光电倍增管噪声和暗电流的影响

由于光电倍增管的噪声与暗电流的存在，在脉冲幅度谱的低端将出现一随幅度递降的连续分布。

3) 周围材料的影响

闪烁体周围通常都会有其他介质存在，如准直器、屏蔽材料、结构材料等。γ 射线不但能打到闪烁体上，而且也能打到这些周围介质上并发生相互作用，这样在脉冲幅度谱上将出现反散射峰、湮没峰及特征 X 射线峰等。反散射峰是 γ 射线在周围介质上发生大角度(如 135°～180°)康普顿散射时，散射光子进入闪烁体并被探测形成的，这些散射光子的能量相差不大，均在 200keV 左右。湮没峰是闪烁体外正电子湮没产生的湮没辐射进入闪烁体并损失全部能量形成的，对应能量为 511keV，正电子有两个可能的来源，一个是 β^+源衰变产生的 β^+粒子，另一个是高能 γ 射线在周围介质上发生电子对效应产生的。特征 X 射线峰则是 γ 射线与周围介质发生光电效应，后续过程产生的特征 X 射线进入闪烁体并沉积全部能量形成的，特征 X 射线反映的是周围介质的信息。这些过程参见图 8.20。图中(1)、

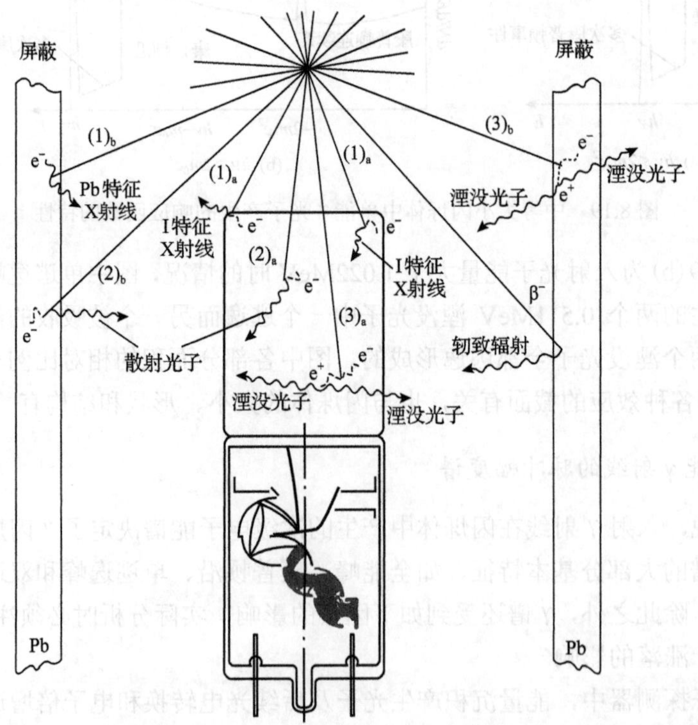

图 8.20　闪烁体的一次闪烁及周围介质对脉冲幅度谱的影响示意图

(2)、(3) 分别代表光电效应、康普顿效应和电子对效应；下标 a、b 分别代表发生在闪烁体内和闪烁体外的事件。另外需注意，为防止放射源的 β 射线进入闪烁体，一般均在晶体前放置 β 射线吸收片，即 β 射线不会进入闪烁体，但由 β 射线与物质产生的轫致辐射可能进入闪烁体。

图 8.21 给出了 $\phi 3'' \times 3''$ 的 NaI(Tl) 探测器实测 ^{24}Na 放射源放出的能量为 2754keV 和 1369keV 的 γ 射线脉冲幅度谱，图中除对应的全能峰、单(双)逃逸峰和康普顿沿外，还可见对应能量为 511keV 的湮没峰和能量约为 200keV 的反散射峰，各峰的相对大小与晶体的大小密切相关。

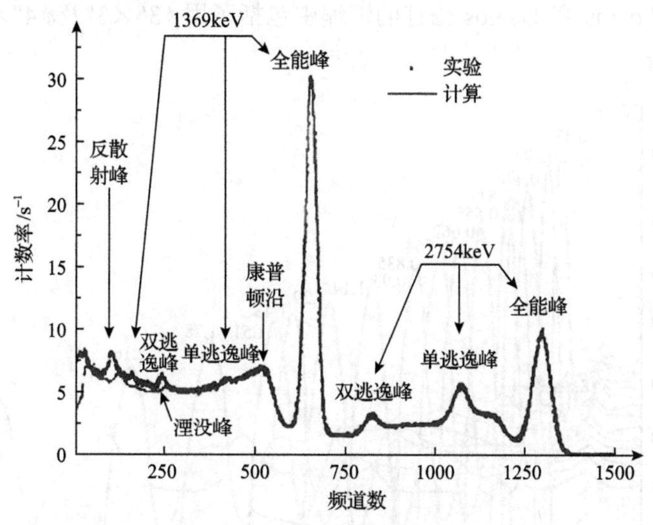

图 8.21　^{24}Na 的实验和计算谱

综上可见，即使是对单能 γ 射线，闪烁谱仪给出的脉冲幅度谱已是比较复杂。可想而知，当入射 γ 射线具有多种能量时，闪烁谱仪的输出脉冲幅度谱将会更加复杂。

8.6.3　单晶 γ 谱仪的性能指标

对工作于脉冲工作状态的闪烁探测器，衡量其性能的各项指标与其他脉冲探测器是一样的，包括：脉冲幅度分布与能量分辨率、探测效率、计数率与工作电压的关系曲线、分辨时间及时间分辨本领等。当然，不同的应用场合，对各性能指标的要求也各有侧重。例如，闪烁谱仪要求能量分辨率好，而用于强度测量的闪烁计数器则对分辨时间有更高的要求，至于时间分辨本领，则对时间测量装置尤为重要。

本节重点分析 NaI(Tl) 单晶 γ 谱仪的性能与指标，这些内容同样适用于其他闪烁谱仪。

1. NaI(Tl)单晶闪烁谱仪对单能γ射线的响应函数

当分析由多种能量γ射线形成的能谱时，首先要得到各单能γ射线所产生的能谱。我们把γ闪烁谱仪对某单能γ射线的能谱称为此γ闪烁谱仪对该能量γ射线的响应函数。显然，闪烁谱仪γ射线的响应函数与闪烁体种类、大小、形状、光导与光电倍增管，以及实验装置的布置等都有关，图 8.22 中给出了其中一些γ射线能量的响应函数。某些标准形状 NaI(Tl)晶体γ闪烁谱仪的γ能谱可在文献中找到，例如 Heath 公布了用$\phi 3'' \times 3''$的闪烁谱仪测得的近 300 个放射性核素的γ能谱，后来由 Adams 和 Damos 修订的汇编中包括了用$\phi 3'' \times 3''$及$\phi 4'' \times 4''$两种晶体测得的γ能谱。

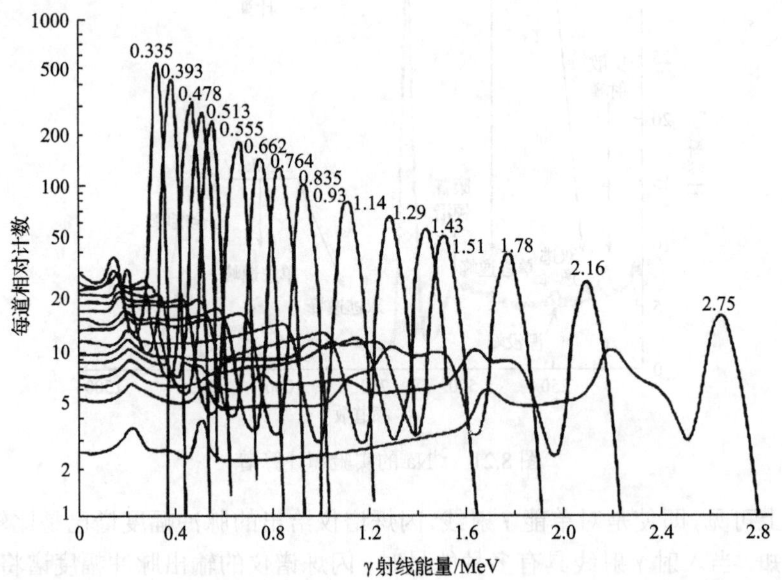

图 8.22　$\phi 3'' \times 3''$圆柱形 NaI(Tl)闪烁体对 0.335～2.75MeV γ射线的响应函数

实际工作中，由于γ能谱和仪器条件、测量条件等密切相关，上述实验测得的γ射线的响应函数通常并不能直接使用，而重新测量响应函数又十分困难，因此，目前很多工作中都利用蒙特卡罗方法来获得响应函数。

2. 单晶γ谱仪的能量分辨率

闪烁谱仪的γ谱相当复杂，我们用其全能峰来确定γ闪烁谱仪的能量分辨率为

$$\eta = \frac{\text{全能峰的半宽度}}{\text{全能峰顶所在处的幅度值}} \tag{8.24}$$

由式(8.24)，仅考虑统计涨落时，则响应函数是高斯型的，闪烁谱仪所能达到的

最佳能量分辨率为

$$\eta = \frac{\Delta E}{E} = \frac{2.35}{\sqrt{N}} \tag{8.25}$$

这里假设闪烁谱仪的响应是近似线性的，因此平均脉冲幅度 $E=KN$，这里 K 是比例常数，N 为载流子数。对于利用光电倍增管的单晶闪烁体 γ 谱仪的最佳能量分辨率为

$$\eta = 2.35\sqrt{\frac{1}{EY_{\mathrm{ph}}T}\left[1+\frac{\delta}{\delta_1}\left(\frac{1}{\delta-1}\right)\right]} \tag{8.26}$$

式中，δ 为打拿极倍增系数；δ_1 为第一打拿极倍增系数。由此可见，$\eta \propto 1/\sqrt{E}$，即能量分辨率反比于 γ 射线能量的平方根。因此，作为 γ 谱仪指标之一的能量分辨率是对某一定 γ 射线能量而言的。

由式(8.26)，对一定能量的 γ 射线，提高 Y_{ph}、T 和 δ 值均有助于改善谱仪的能量分辨率。其中，Y_{ph} 由闪烁体决定；T 与 PMT 的量子效率和光电面光子收集效率有关，采用负电子亲和力材料作为第一打拿极，可有效提高 δ_1，而其他打拿极的 δ 可通过工作电压的升高而增大，但由式(8.26)可知，当 δ 值稍大后，它对 η 值的影响变小，因此一般不宜通过过高的工作电压来改善能量分辨率。

对一个打拿极数 N=10 的光电倍增管，增益 $M \propto V_0^7$。这样，当工作电压变化 ΔV_0 时，增益 M 将变化 ΔM，且存在下列近似关系：

$$\frac{\Delta M}{M} = 7\frac{\Delta V_0}{V_0} \tag{8.27}$$

即当工作电压 V_0 的相对变化为 1%时，它所引起的增益的相对变化为 7%。这种变化将使能量分辨率变差，因而闪烁谱仪对高压稳定性的要求很高，一般在 0.05%左右。

应当知道式(8.26)表示的能量分辨率是理论极限值，实际的测量值要差一些，这是因为闪烁体和光阴极的不均匀性及电子线路的噪声等都会使能量分辨率进一步变差。

3. 能量的线性响应

对不同种类及不同能量的带电粒子，闪烁体的闪烁效率 C_{np} 有所不同，这就带来了测量能谱的非线性。在 γ 闪烁谱仪中，这种非线性是由闪烁体的闪烁效率随电子能量不同而变化引起的。图 8.23 给出了 NaI(Tl) 晶体在不同光子能量下单位能量对应的脉冲幅度，它与闪烁效率 C_{np} 线性相关，称为微分线性度。微分线

性度在理想情况下应为一条水平线。由图可见，对 NaI(Tl) 闪烁体从 100keV 到 1MeV，曲线纵坐标的变化为 15%左右。

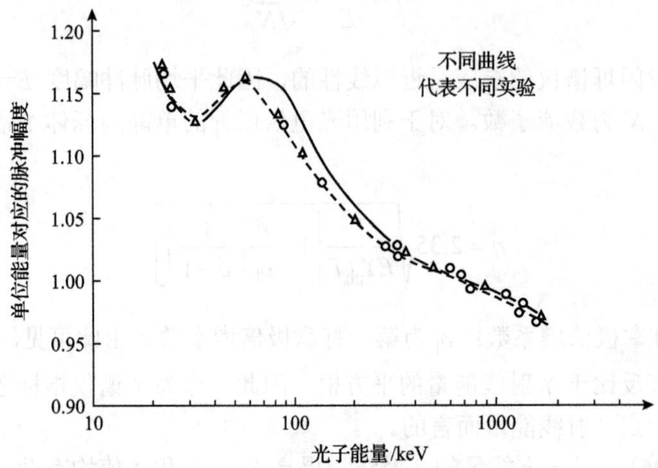

图 8.23 用 NaI(Tl) 闪烁体测得的微分线性度

4. 探测效率

对 γ 闪烁谱仪而言，γ 射线只有首先在闪烁体内产生次级电子才可能被探测到，因此，γ 闪烁谱仪对 γ 射线探测效率主要取决于 γ 射线在闪烁体内产生次级电子的概率，这将由 γ 射线与闪烁体的相互作用截面、闪烁体的大小和形状、源与闪烁体的几何位置等因素决定。

鉴于使用中的实际需要，常用的单晶 γ 谱仪的探测效率有下列两种定义。

1) 绝对总效率 ε_s

绝对总效率 ε_s 定义为探测器记录的脉冲数除以同时间内放射源发出的 γ 射线数，ε_s 为 γ 射线能量的函数，即

$$\varepsilon_s(E)=\frac{\text{记录的脉冲数}}{\text{放射源发出的}\gamma\text{射线数}} \tag{8.28}$$

点源条件下绝对总效率的计算模型如图 8.24 所示，这时 γ 射线在闪烁体内的穿透长度 x 是源到晶体表面距离 b、晶体半径 r 和厚度 h 的函数。由 γ 吸收规律可推算闪烁体对 γ 射线的绝对总效率为

$$\varepsilon_s(E)=\frac{1}{4\pi}\int_{\Omega_0}(1-e^{-\mu x})d\Omega \tag{8.29}$$

式中，μ 为闪烁体对一定能量 γ 射线的线性衰减系数；Ω_0 为探测器对点源所张的

立体角。根据所张立体角的定义，有

$$\Omega_0 = 2\pi\int_0^{\theta_2}\sin\theta \mathrm{d}\theta = 2\pi(1-\cos\theta_2) = 2\pi\left(1-\frac{b}{\sqrt{b^2+r^2}}\right)$$

$$\varepsilon_{\mathrm{s}}(E) = \frac{1}{2}\int_0^{\theta_2}(1-\mathrm{e}^{-\mu x})\sin\theta \mathrm{d}\theta \tag{8.30}$$

式中，x 的计算可以分在 $\theta \leqslant \theta_1$ 和 $\theta_1 < \theta \leqslant \theta_2$ 两个区域，θ_1 和 θ_2 的定义如图 8.24 所示，则

$$\varepsilon_{\mathrm{s}}(E) = \frac{1}{2}\left\{\int_0^{\theta_1}(1-\mathrm{e}^{-\mu h\sec\theta})\sin\theta \mathrm{d}\theta + \int_{\theta_1}^{\theta_2}\left[1-\mathrm{e}^{-\mu(r\csc\theta - b\sec\theta)}\right]\sin\theta \mathrm{d}\theta\right\} \tag{8.31}$$

图 8.25 中给出了不同 b 参数下，$\phi 2'' \times 2''$的 NaI(Tl) 晶体对不同能量 γ 射线的绝对总效率。由图可见，在 b=5cm 时，对 0.1MeV 的 γ 射线的绝对总效率仅约为 5%。

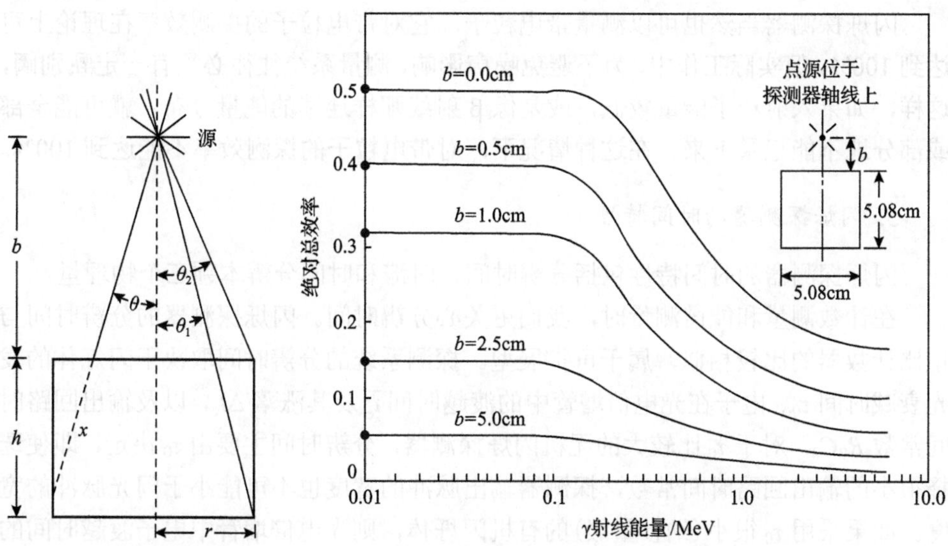

图 8.24　点源条件下绝对总效率的计算模型

图 8.25　$\phi 2'' \times 2''$ NaI(Tl) 晶体绝对总效率曲线

2) 源峰探测效率 $\varepsilon_{\mathrm{sp}}$ 和峰总比 $f_{\mathrm{p/t}}$

源峰探测效率为 γ 谱全能峰下包含的计数与放射源在相同时间内发射的 γ 射线数的比值，即

$$\varepsilon_{\mathrm{sp}} = \frac{\text{全能峰的计数}}{\text{放射源发出的γ射线数}} \tag{8.32}$$

从源峰探测效率 ε_{sp} 的定义可见，ε_{sp} 与绝对总效率 ε_s 的关系为

$$\varepsilon_{sp} = \varepsilon_s f_{p/t} \tag{8.33}$$

式中，$f_{p/t}$ 称为峰总比，其定义为 γ 谱全能峰的计数与全谱总计数的比值，也称为光因子(photo-factor)。由于全能峰可以作为 γ 谱的特征峰，其峰位与入射的 γ 射线能量关系简单，峰面积下的计数也容易确定。所以，在 γ 谱仪源峰探测效率已知的条件下，通过测定全能峰面积下的计数(或计数率)就能很容易地得到放射源的活度。

峰总比与 γ 射线能量，探测器的种类、形状、大小及源与探测器的几何位置有关，它是一个比 γ 谱仪探测效率更常用到的指标。

由于 γ 射线的次电子脉冲幅度谱的复杂性和康普顿平台的连续性，闪烁探测器的坪特性(即入射辐射不变的情况下测得的计数率与工作电压的关系曲线)很不明显，没有重要价值。而对单能带电粒子，坪特性可能呈现一个平坦的坪区，可作为计数测量时工作电压的选择依据。

闪烁探测器当然也可以测量带电粒子，它对带电粒子的探测效率在理论上可达到 100%，但实际工作中，为了避免噪声影响，测量系统往往必须有一定甄别阈，这样，如果入射粒子能量较低，或是像 β 射线那样连续的能量分布，就可能全部或部分地不能记录下来。在这种情况下，对带电粒子的探测效率不能达到 100%。

5. 闪烁探测器的时间特性

闪烁探测器的时间特性包括分辨时间、时滞和时间分辨本领三个物理量。

在计数测量和能谱测量时，我们更关心分辨时间。闪烁探测器的分辨时间与正比计数器的比较相似，属于可扩展型。探测系统的分辨时间取决于闪烁体的发光衰减时间 τ_0、电子在光电倍增管中的渡越时间 $\overline{t_e}$ 及其涨落 Δt_e，以及输出回路时间常数 R_0C_0。对于 τ_0 比较大的无机闪烁探测器，分辨时间主要由 τ_0 决定，即使选择很小的输出回路时间常数，探测器输出脉冲的宽度也不可能小于闪光脉冲的宽度。如果采用 τ_0 很小(纳秒量级)的有机闪烁体，则光电倍增管中电子渡越时间的涨落 Δt_e 也可能对分辨时间有决定性的影响。

闪烁探测器的时滞主要取决于光电倍增管的电子渡越时间 $\overline{t_e}$，而时滞的涨落决定着闪烁探测器的时间分辨本领。在时间测量中，为了获得快时间响应和快计数，通常选用极快的有机闪烁体和快的光电倍增管，脉冲成形时间常数也取得很小，这时输出电压脉冲的前沿会受到 Δt_e 的影响，使时滞出现涨落，从而影响时间分辨本领。选用快的闪烁体和光电倍增管，闪烁探测器的时间分辨本领可以达到 10^{-10}～10^{-9}s。更进一步的要求则须考虑发光衰减时间 τ_0 的涨落，即从开始发光到发射出一定的光子数，使输出信号上升到一定阈值而触发拾取电路所经过的时

间也是涨落的。

6. 闪烁探测器的稳定性

闪烁探测器的稳定性是其应用中需要十分重视的一个问题。除了前面谈到的高压电源不稳定的影响外，光电倍增管的不稳定性是造成闪烁探测器性能不稳定的一个主要原因。此外，闪烁体的性能也与温度有一定的关系。某些闪烁体，如 NaI(Tl) 等易潮解，一旦包装不可靠就会使闪烁体性能随着时间而改变。

为了解决高压电源等因素引起的光电倍增管倍增系数漂移的问题，实际应用中常用到稳峰技术。这时先要确定输出脉冲幅度谱上的一个“标志能峰”，标志能峰可以是被测样品本身的能峰，也可以是另外加入的标志放射性样品的能峰，然后通过电子技术，随时对工作电压进行微小的调整而确保标志能峰保持在原来的位置上。这种方法可明显消除各种漂移因素的影响，提高闪烁探测器的稳定性。

由于光电倍增管对磁场干扰很敏感，又不能见光，闪烁探测器中一般将闪烁体、光电倍增管、分压器及前端电路都安装在同一金属密封外壳中，构成一个单独的部件。金属外壳应当能避光、抗电磁干扰及防潮等。在磁场环境中，还需要对光电倍增管进行单独的磁屏蔽或采用抗磁场能力强的其他光电探测器，如光电二极管、雪崩光电二极管等。

8.7 闪烁晶体的性能测量技术

8.7.1 光输出量和能量分辨率

闪烁晶体的光输出量和能量响应可以类似“分光计”的仪器系统测定，它一般由 PMT、多通道分析仪(multichannel analyzer, MCA)、电荷灵敏前置放大器(charge sensitive preamplifier, CS-preamp)、脉冲放大器(pulse amplifier, pulse AMP)和高压电源(HV)等构成。简单的脉冲幅度分析系统如图 8.26 所示。

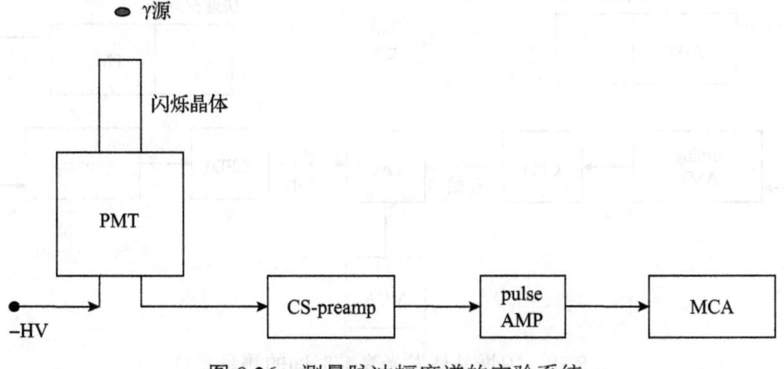

图 8.26　测量脉冲幅度谱的实验系统

8.7.2　符合时间分辨率

利用快-慢符合计数的方法可以测量符合时间分辨率。两个独立的探测器(Pb)受同一个放射性同位素源照射，两个支路的 PMT(经前置放大器(preamp)和滤波放大器(filter amplifier, filter AMP))产生的时间信号经过横比定时甄别器(constant fraction discriminator, CFD) 分别提供给时间-幅度变换器(time-to-amplitude converter, TAC)的起始脉冲输入端和终止脉冲输入端的定时逻辑脉冲。这就是说TAC 输出脉冲的幅度大小与两个输入脉冲信号之间的时间间隔成正比，结合单通道分析仪(single channel analyzer, SCA)，并用 MCA 记录时间谱的系统如图 8.27 所示。

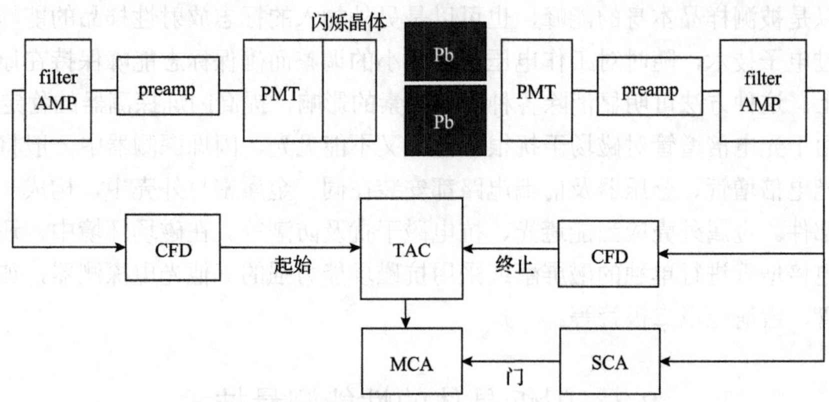

图 8.27　测量符合时间分辨率的实验装置

8.7.3　闪烁衰减时间

图 8.28 显示了闪烁晶体的发光衰减时间的测量系统图。时间-幅度变换器的起始信号由闪烁晶体和光电倍增管经定时放大器(timing amplifier, timing AMP)通过 CFD 产生，终止信号由另一光电倍增管产生的时间信号通过 CFD 后提供。测量

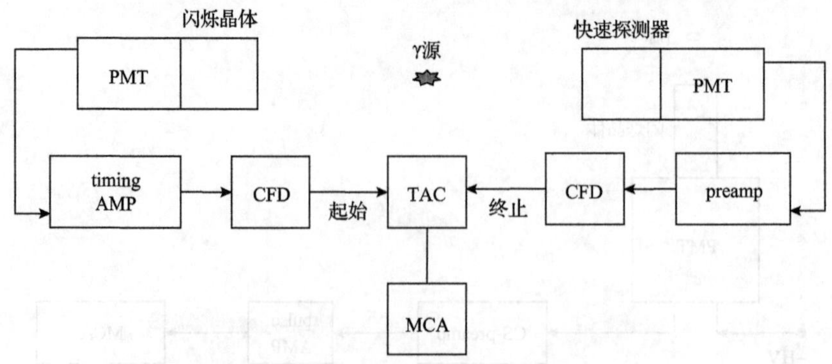

图 8.28　闪烁晶体发光衰减时间的测量系统

时需得到闪烁晶体的单光电子脉冲信号，这样需要将晶体弱耦合在光电倍增管上，将其接入前面所描述的测量脉冲幅度谱的线路中，调节晶体与光电倍增管的距离，使在脉冲幅度谱中只观察到单光子峰。该方法是由单光子计数法发展而来的，比较适合短寿命区域的测量；对于长寿命成分，由于测量的统计性误差，会给实验结果引入较大的误差。

不同的闪烁体的发光衰减成分不同，如 LSO 衰减成分有两种，PWO 有三种，不过它们都服从指数规律，即

$$f(t) = A_0 e^{-t/\tau_0} - A_1 e^{-t/\tau_1} + B \tag{8.34}$$

式中，$f(t)$ 为 t 时刻的发光强度；τ 为衰减时间；A_0、A_1 为系数。把测得的发光衰减时间谱用式(8.34)拟合，即可求得发光衰减时间参数[84]。

8.7.4　闪烁晶体的固有空间分辨率

闪烁晶体的固有空间分辨率也称为探测器响应函数(DRF)，可由图 8.29 所示的测量装置进行测定。实验中使用一个狭小的 γ 源，以一定的步进速度扫描通过整个探测器。对于闪烁晶体/PS-PMT 组成的探测器，辐射源位于探测器正前方约 10cm 处。光电倍增管阳极输出的四个位置信号经放大整形，其幅度由模数转换器(analog-to-digital converter, ADC)测定，并由计算机通过通用接口总线(general-purpose interface bus, GPIB)接口采集。光电倍增管倍增极输出的脉冲经 CFD 甄别后，门电路产生一宽度适当的门控信号给 ADC 开门。

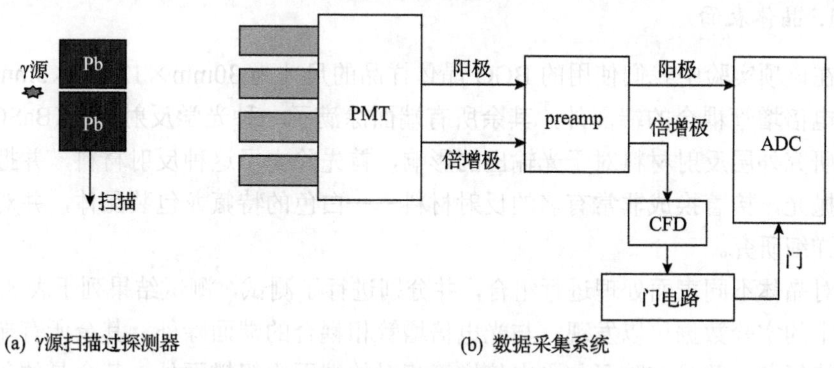

(a) γ源扫描过探测器　　(b) 数据采集系统

图 8.29　DRF 的测量装置

8.8　闪烁晶体性能测量及优化

8.8.1　闪烁晶体的性能测量

众所周知，闪烁晶体光输出量直接影响着位置、时间和能量分辨率，因此，

为了改善探测器的性能，需要使入射粒子打在闪烁晶体上的光子数传输损失最小化，也就是说要尽量提高传输系统的光的收集效率。因此研究闪烁光信号的收集是一个非常重要的课题。影响闪烁晶体光信号的主要因素是：反射材料的选择和晶体表面的光学条件。我们使用 BGO 晶体对反射材料和晶体表面的光学条件与光输出量的关系进行了研究。该项研究的目的是在更好地理解反射材料和晶体表面的光学条件与光输出量的关系的基础上，寻找构筑闪烁晶体阵列的最优化方法。该研究结果虽然是针对 BGO 晶体的，但是对于在 PET 应用中使用的闪烁晶体也具有普适意义。

接着我们对用于 γ 射线探测的 LSO 晶体的性能进行了测试和研究，结果表明在 PET 应用中使用 LSO 晶体，将会获得更好的空间、时间和能量分辨率[24]。

8.8.2　闪烁晶体的性能优化

大多数的商用 PET 成像系统使用 BGO 探测器。在表 8.1 中所列的晶体中，BGO 具有较高的密度、较大的有效原子序数和较短的射程。这也是现代 PET 探测器采用 BGO 晶体的主要原因。然而，BGO 晶体相对较弱的光输出量特别是较差的时间分辨率在一定程度上限制了它的应用。为了优化闪烁晶体的光输出，我们对多种反射材料和光学条件进行组合测试。

实验测量的是单个晶体响应的辐射光谱：使用 γ 射线点源 Cs-137 进行测量，实验中采用的特氟龙(teflon tape，聚四氟乙烯)的厚度为 0.1mm。

1. 晶体表面

在该项实验中我们使用的 BGO 晶体样品的尺寸为 30mm×12mm×5mm，除与光电倍增管耦合的端面外，其余所有端面涂满了一种光学反射材料($BaSO_4$)。为了研究外层反射材料对于光输出的影响，首先除去了这种反射材料，并把晶体端面抛光，接着换成非常有名的反射材料——白色的特氟龙包装晶体，并对此进行了详细研究。

对晶体不同表面处理进行组合，并分别进行了测试，测试结果列于表 8.6 中。从表中的实验数据可以发现，与光电倍增管相耦合的端面除外，其余所有端面均包以特氟龙，并且在除了与光电倍增管相对的端面为粗糙面外，其余晶体各端面均抛光的条件下，得到了最大的光输出。把与光电倍增管相对的端面也抛光，其余条件不变，晶体的脉冲光输出幅度略有降低，这说明所有端面都进行抛光的晶体使一些光子在晶体内来回发射，即被晶体所捕获。把其中的一个端面变为粗糙面后，就打破了光子的捕获条件，而且四周的反射材料和抛光表面把光子直接导向了光电传感器。

表 8.6　表面处理和光输出

表面处理	光输出值/lm
不做任何处理	459
所有晶体端面均抛光且均没有反射材料	308
所有晶体端面均抛光且均包以特氟龙	517
除与光电倍增管耦合的端面外，其余晶体端面均抛光且包以特氟龙	706
除与光电倍增管耦合的端面和另一个端面外，其余晶体端面均抛光且包以特氟龙	675
除与光电倍增管耦合的端面和另两个端面外，其余晶体端面均抛光且包以特氟龙	667

2. 晶体包装

实验中采用了两种方法包装晶体，即捆绑式(wrapped)方法和覆盖式(covered)方法。捆绑式方法是指晶体被外层特氟龙紧密包裹，这使得晶体表面与外层反射材料的空隙非常小。覆盖式方法是指晶体表面被整块特氟龙所覆盖，晶体表面与外层反射材料的空隙比捆绑式方法的空隙要大。图 8.30 是这两种方法的举例示意图。

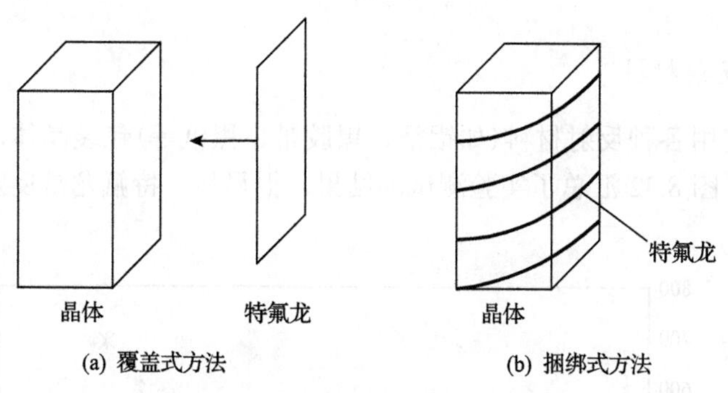

图 8.30　两种方法的举例示意图

然后，把 BGO 晶体的 5 面包以不同层数的反射材料，分别对其光输出进行了测试研究。表 8.7 给出了实验测试结果。

表 8.7　用覆盖式/捆绑式方法包以不同厚度的特氟龙时 BGO 的光输出

	光输出值/lm
用覆盖式/捆绑式方法包的特氟龙(一层)	517/602
用覆盖式/捆绑式方法包的特氟龙(两层)	567/654
用覆盖式/捆绑式方法包的特氟龙(三层)	596/674
用覆盖式/捆绑式方法包的特氟龙(四层)	608/678

从表 8.7 中可以看出，增加特氟龙的厚度，可以增大闪烁晶体的光输出信号。

包以三层的特氟龙的结果与包以四层的结果相差不大。单个闪烁晶体组合组成晶体阵列时，每个晶体都要用反射材料与相邻的晶体的隔离，反射材料过厚会降低系统的灵敏度，因此 0.2～0.3mm 的特氟龙是构筑闪烁晶体阵列的最佳选择。

接着我们尝试寻找晶体外层反射材料的最佳包装方式：如只对晶体的两边包以特氟龙等。这些测试结果显示在图 8.31 中。

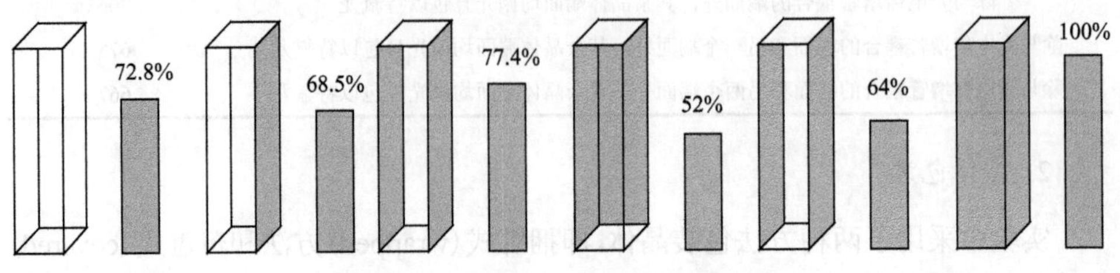

图 8.31　包装模式与光输出量的关系

所有这些测试，与光电倍增管相耦合的面为抛光面，不包以任何反射材料。对称的包装模式比非对称的包装模式有更大的光输出。这可以由光在晶体的传输理论来解析。

3. 使用反射材料

此外，使用各种反射材料(如铝箔、黑胶带、黑纸等)包装晶体，并分别进行了测试研究。图 8.32 汇总了实验测试的结果。很显然，特氟龙是反射材料的最佳选择。

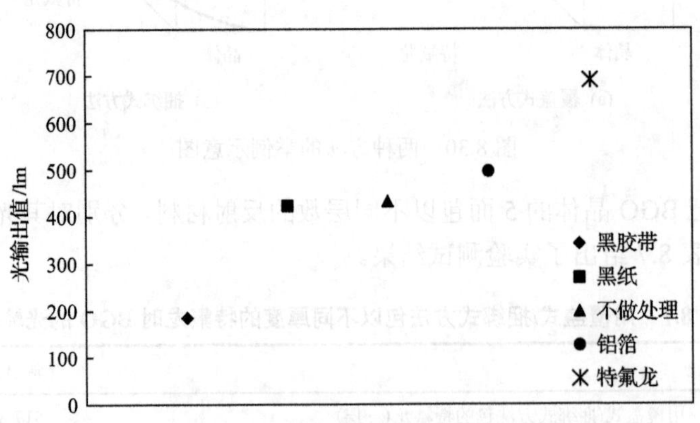

图 8.32　使用不同反射材料时的实验结果

4. 讨论及结论

光由发光点经过闪烁体表面的多次反射后进入光电倍增管的端窗。为了减少光在反射过程的损失，应充分利用全反射条件，增加镜反射(或漫反射)的反射效率。从以上实验可以发现，全反射(即晶体与发射材料间存在空气间隙)起着非常重要的作用。

光入射到反射材料界面上时，将会产生镜面反射(如果反射材料为表面光泽、明亮的材料，此时反射遵循反射定律：反射角=入射角)或漫反射，关于漫反射的理论至今还未弄清楚，使用蒙特卡罗模拟的漫反射结果与实验结果还不能完全匹配。好的反射材料，无论是镜面反射材料还是漫反射材料，反射效率均可达 90%左右。

闪烁晶体与光电倍增管接触处需要用耦合剂，这是因为若闪烁晶体与光电倍增管直接耦合，总免不了中间存在一层薄薄的空气，当光从闪烁晶体射入空气时，因为全反射而不能被光电阴极接收到，这里我们不希望这种全发射。我们使用的耦合剂是有机硅油，折射率为 1.55，与 BGO 晶体的折射率还有不小的差距，如果将来能找到与 BGO 晶体的折射率非常相近的耦合剂，也能提高光的收集效率。

综上所述，闪烁晶体探测器的最优化条件如下。

(1) 晶体的表面：除了入射端窗为粗糙面外，其余端面均应经过镜面抛光。

(2) 晶体的包装：使用厚度为 0.2～0.3mm 的特氟龙作为反射材料。

(3) 合适地选择晶体与光电倍增管间的耦合剂，对于提高光信号收集效率具有重要意义。

第 9 章 PET 用深度编码探测技术研究

9.1 PET 探测器研究现状

9.1.1 普通型 PET 探测器研究现状

PET 成像系统最重要的构件是探测器，探测器的性能优劣直接决定着 PET 成像系统的好坏。第一代 PET 探测器采用的是把单个闪烁晶体耦合在光电倍增管上的办法，它是在 1951 年由 Wrenn 等[85]首先提出的。如前所述，PET 成像系统的空间分辨率常常用线性扩展函数(LSF)的半峰全宽(FWHM)来描述。PET 成像系统中心位置的 LSF 的形状是三角形，它的 FWHM 值是探测器宽度的一半，也就是说减少探测器的宽度可以最大限度地提高系统的空间分辨率。近 10 年来，PET 成像系统的分辨率从 10～15mm 提高到 3～5mm，这都是通过减小探测器的物理尺寸来实现的。随着采用的晶体的尺寸越来越小，由于受到 PMT 的尺寸的限制，不可能采用单一的晶体耦合在 PMT 上的方法。

图 9.1(a)和(b)显示了现代 PET 成像系统常用的探测器的结构[86]。它们分别表示 BGO 晶体组成的矩阵阵列耦合在 2×2 光电倍增管阵列上或 2 个双光电倍增管阵列上。这种探测器的价格合理且能够紧密组合排列，适合构建成多环 PET 成像系统。但是它的空间分辨率受到了 PMT 尺寸的限制和 BGO 晶体产生的光子统计涨落的影响。为了克服这些缺点，Yamashita[21]提出了用一个位置灵敏型光电倍增管(PS-PMT)来取代 2×2 光电倍增管列阵或 2 个双光电倍增管，如图 9.1(c)所示。它的基本原理是：γ 射线被闪烁晶体吸收后，产生光子，光子通过 PS-PMT 的玻璃窗，激励光电阴极发射出光电子，光电子被各倍增级倍增放大，最后经阳极输出。阳极是电阻回路组成的网状结构，通过相应的电路来计算位置。基于 PS-PMT 的第一代 PET 成像系统是日本滨松光子学株式会社(Hamamatsu)的 SHR2000[87]。图 9.2 给出了基于 PS-PMT 的 PET 探测器的一个实例。8×4 BGO 阵列与 R5900-C8 PS-PMT 相耦合，阵列中每个晶体的尺寸为：在切平面上宽度为 2.8mm，在轴平面上宽度为 6.95mm，深度为 30mm。这个 PET 探测器已被用于 Watanabe 等[88]开发的动物 PET 成像系统中。

在过去的几十年中，PET 探测技术的发展主要依赖于光电倍增管技术的进步。闪烁晶体与光电倍增管组合成的探测器成为 PET 探测技术的主流，光电倍增管的优势在于具有良好的信噪比和可以用来探测微弱闪烁光的高增益。然而，人们早就意识到光电倍增管也具有许多缺点[89-91]，例如：

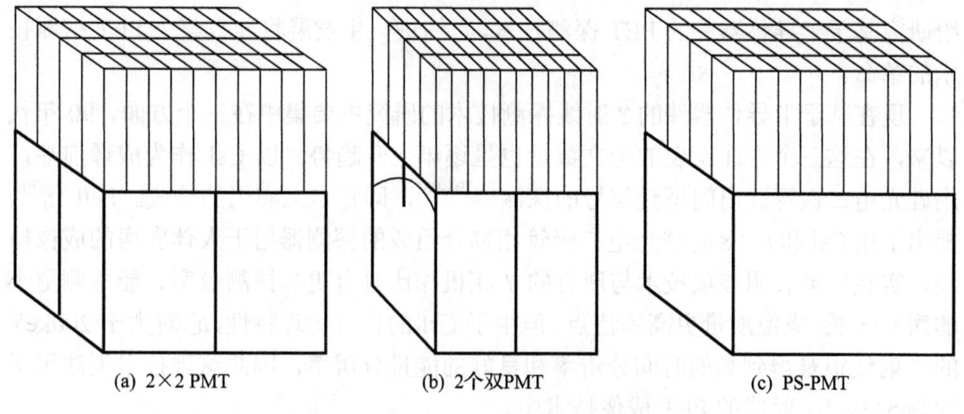

图 9.1　常用的 PET 探测器的三种结构

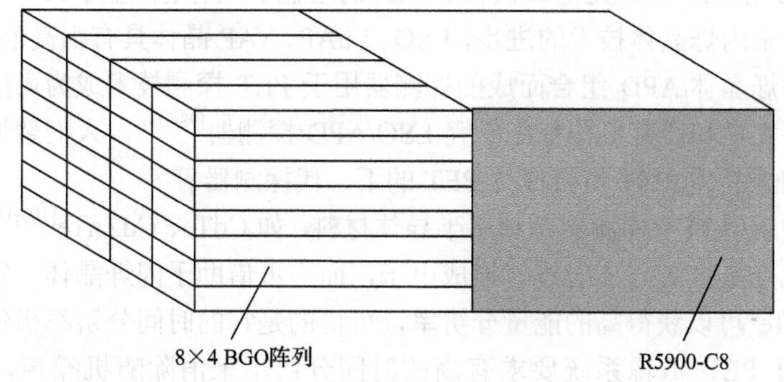

图 9.2　Watanabe 等[88]开发的由 8×4 BGO 阵列与 PS-PMT 耦合而成的探测器

(1)PMT 对磁场敏感；

(2)PMT 需要较高的电压，普通的 PMT 需要–1600V 左右，PS-PMT 需要–800V 左右；

(3)PET 成像系统的分辨率受到 PMT 的尺寸限制，现代的工业技术还无法做出像半导体器件一样大小的 PMT；

(4)PMT 的价格昂贵；

(5)PMT 的量子转换效率低，一般为 20%～30%。

所以基于 PMT 技术构造的探测器，整体上呈现出笨、重、贵和制作烦琐的特点。PMT 的这些缺点日益成为 γ 探测技术发展的瓶颈之一。

基于半导体技术的探测器与闪烁晶体、光电倍增管 PMT 组合相比，不仅价格上具有明显的优势，并且具有小巧紧凑，量子转换效率高，完全不受磁场的影响等优点；而它的缺点是噪声大，闪烁光的微弱信号很可能被噪声信号所淹没。20 世纪八九十年代，谢布克大学的 Lecomte 等[92,93]就试图使用雪崩光电二极管和闪烁晶体构造 PET 探测器，而鉴于当时的半导体技术状况，这也仅仅是一次尝试而已。近年来，随着半导体技术的飞速发展，人们看到了新的希望，许多科学家纷纷研究基于半导体器件的 PET 探测技术，它的进一步发展将导致整个 PET 探测技术的革命。

现在基于半导体器件的 γ 射线探测技术的研究主要集中在三个方面，90 年代以来，在这三个方面发表的论文数量也呈逐年上升趋势。以 CsI 作为成像前端，用硅光电二极管读出闪烁光信号的探测器[94-98]，即将走上实用的阶段。Patt 等[96]提出了用 CsI 和 8×8 的硅光电二极管相耦合组成的探测器用于人体乳房的成像检测，实验结果表明该项技术与现有的 γ 相机相比具有更高探测效率、能探测更小的病变区域、成像质量更高等特点。但由于 CsI 的自身物理特性，它对大于 200keV 的 γ 射线很难得到高的时间分辨率和良好的能量分辨率，因此这项技术无法用于探测 511keVγ 射线的 PET 成像技术中。

与 PMT 相比，雪崩光电二极管(APD)的增益(一般典型值为 100)比较低，但是由于近年来闪烁晶体技术的进步，LSO、LuAP、YAP 晶体具有很高的发光效率，使得使用闪烁晶体/APD 组合而成的探测器用于 PET 探测技术成为可能。如今，世界上许多大学和研究机构都在研究 LSO/APD 探测器[98-106]，人们普遍认为该组合将替代闪烁晶体/PMT 组合成为 PET 的下一代探测器。

另一种新型 PET 探测器是利用半导体材料，如 CdTe、CdZnTe[107,108]等。这种探测器的优点是直接把 γ 射线转换成电子，而不再借助于闪烁晶体。实验表明，利用 CdZnTe 可以获得高的能量分辨率，可惜的是它的时间分辨率极低和探测效率不高。而 PET 成像系统要求有高的时间分辨率来消除随机噪声，因此利用 CdZnTe 构造的 PET 探测器要实用化还有很长的一段路要走。实验表明 CdTe 形成的载流子的速度比 CdZnTe 要快，因而有可能获得较高的时间分辨率。在 PET 应用领域，一些研究者预言 CdTe 将要取代 CdZnTe。

9.1.2　带有 DOI 信息的 PET 探测器研究现状

正如前面所提到的，随着 PET 成像系统空间分辨率的提高，由于采用了狭小晶体，PET 探测器环视场空间分辨率不一致性问题更为突出。迄今为止，为了解决 PET 分辨率一致性的问题，研究者们提出了多种带有 DOI 信息的探测器的解决方案[109-123]，但总的来看可分为三类：phoswich 探测器、利用光耦合信号的差别和两个光传感器的比值来构建 DOI 探测器。

1. phoswich 探测器

phoswich 探测器是由两层闪烁晶体与几个 PMT 或一个 PS-PMT 耦合而成。Schmand 等[121]提出了一种由两层不同闪烁晶体构成的 DOI 探测器，见图 9.3(a)。LSO 晶体阵列层、GSO 晶体阵列层和光导管叠加放置在四个光电倍增管上。它利用波形鉴别回路，依靠闪烁晶体衰减时间的差别来区分是由哪一层所产生的信号。由于 GSO(或 YSO(Y_2SiO_5，硅酸钇))晶体的衰减时间较长，所以 GSO(或 YSO)晶体产生的信号较 LSO 晶体产生的信号相比在时间上表现更为滞后。图 9.3(b)清楚地表明了这种类型的 DOI 探测器是如何提高视野四周位置的空间分辨率的。

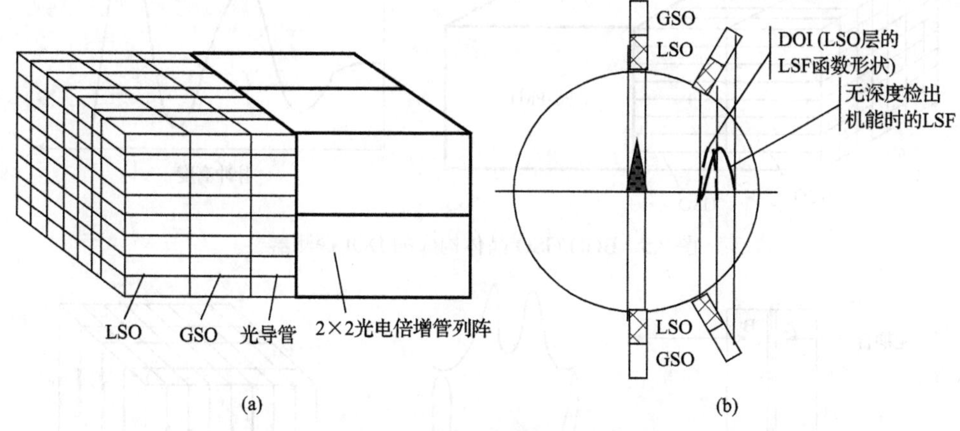

图 9.3　由两层不同闪烁晶体构成的 DOI 探测器

如果闪烁晶体能保持同一光产额的同时，而衰减时间上具有差异，那么这类闪烁晶体最适用于构筑 phoswich 探测器。Yamamoto 和 Ishibashi[122]报道了通过控制 GSO 闪烁晶体中的 Ce 的含量，而制作成的三层 GSO DOI 探测器。图 9.4 显示了这种 GSO 深度编码探测器的结构示意图。

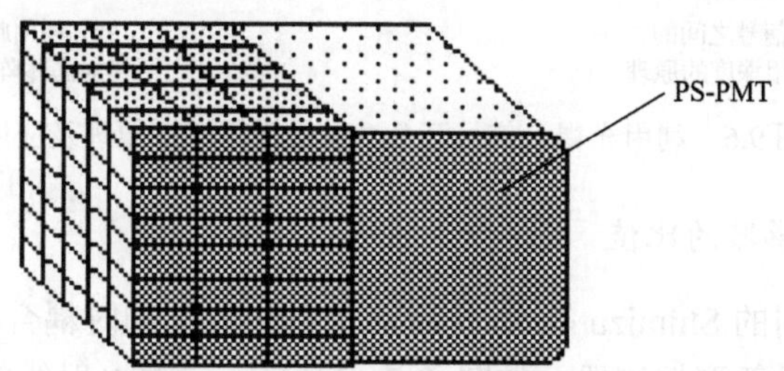

图 9.4　由三层具有不同 Ce 浓度的 GSO 闪烁晶体阵列组成的 phoswich 探测器

也有一些研究者试图利用输出脉冲分布的差别来鉴别作用深度。对于 BGO/GSO 晶体组成的探测器，由于 BGO 晶体与 GSO 晶体的光输出量差别很大，如图 9.5 所示，因此只要选择一个合适的能量的阈值就可鉴别是 BGO 事件还是 GSO 事件。

2. *利用光耦合信号的差别*

利用光耦合信号的差别来确定 DOI 信息的方法是由华盛顿大学的 Miyaoka 等[123]提出的。它的基本原理是：通过控制相邻晶体(A 和 B，见图 9.6(a))的共享光信号，利用简单的 Anger 型逻辑[A/(A+B)]得到采集的光信号的比值，从而获知γ射线作用深度信息。该项技术可推广到编码晶体阵列，如图 9.6(b)所示。

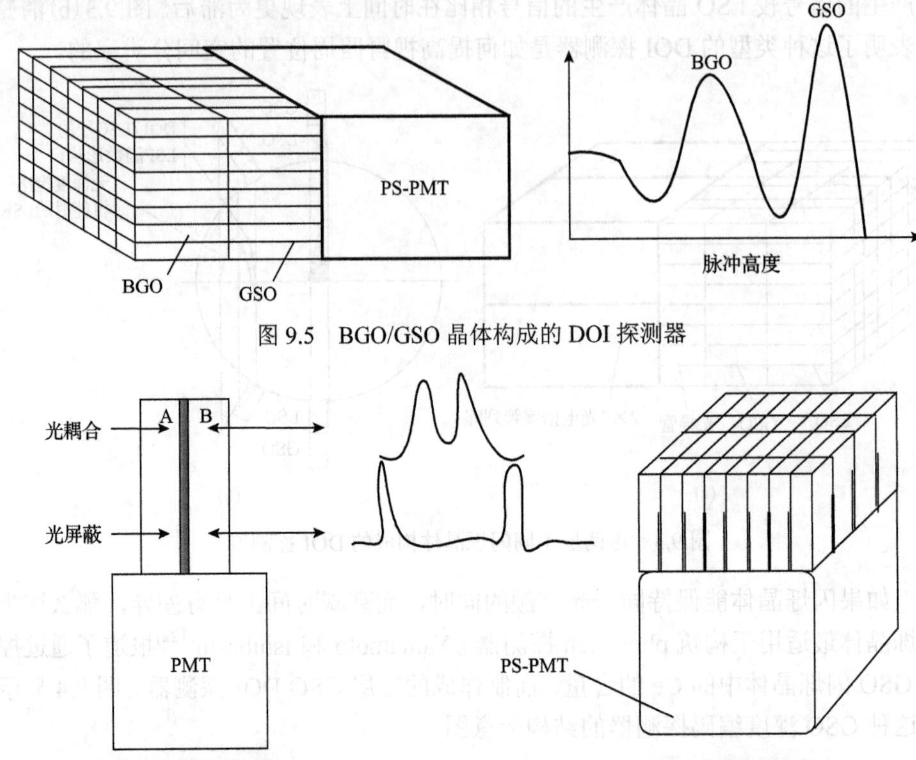

图 9.5　BGO/GSO 晶体构成的 DOI 探测器

图 9.6　利用光耦合信号区分 γ 射线作用深度原理及应用

3. 两个光传感器的比值

日本滨松公司的 Shimizu 等[112]使用两个 PS-PMT 同时耦合在 BGO 晶体阵列的两端构成了一种新型探测器，如图 9.7(a)所示。这样 γ 射线的作用深度可以通过计算两个 PS-PMT 的输出信号之比而得到。

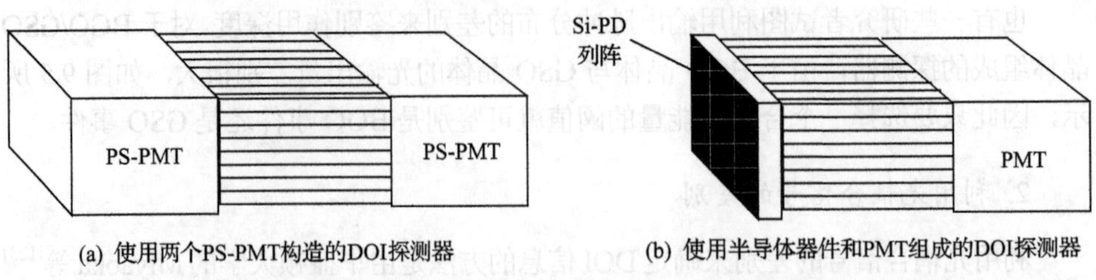

图 9.7　使用两个 PS-PMT 以及使用半导体器件和 PMT 组成的 DOI 探测器

利用 Si-PD(硅光电二极管)或 APD 等的常规半导体器件加上闪烁晶体构造

PET 探测器成为一个重要的研究方向，而且使用半导体器件，也为开发新型的 DOI 探测器创造了条件。图 9.7(b) 显示了由美国加利福尼亚大学(UCLA)的 Moses 和 Derenzo[117]设计的一种新型 PET 探测器。8×8 的 PIN-PD 阵列耦合在闪烁晶体阵列的一端，而闪烁晶体阵列的另一端耦合在光电倍增管上，因此利用 PIN-PD 和 PMT 的输出信号比，可以得到 γ 射线的作用深度[116,117]。

9.2　位置灵敏型光电倍增管研究

过去的 10 年涌现出许多种位置灵敏型光电倍增管(PS-PMT)。位置灵敏型光电倍增管的发展代表了基于单个管子的原理开发新概念 γ 相机的技术进步。

R5900-C8 是第一个带有十字丝网型阳极、金属通道倍增级的 PS-PMT[124]。它的外围尺寸为 27.7mm×27.7mm×20mm，有效面积为 22mm×22mm，X 和 Y 方向上各有 4 个丝状阳极。我们研究和设计了一种用于闪烁探测器的新型紧凑型的 PS-PMT——R7600-C12。R7600-C12 具有 11 级倍增级，X、Y 两个方向上都有 6 个交叉平面阳极。金属通道倍增级能够使倍增过程中的电子的空间扩展最小化。晶体的光输出通过玻璃端窗时的扩展会导致空间分辨率的下降，为了使光扩展最小化，与 R5900-C8 相比，玻璃端窗的厚度从 1.3mm 减小为 0.8mm，同样也缩小了交叉平面阳极的间距，以提高四周区域的空间线性度。

虽然 R5900-C8 的端窗面积为 27.7mm×27.7mm，但由于底部存在凸缘，故有效面积仅有 22mm×22mm。PMT 紧密排列成为环状系统，期望能够减小边缘区域的死区面积，故新设计的 PS-PMT 为底部无凸缘型，底部面积减小为 25.7mm×25.7mm，有效面积和外围面积的比值从 63% 增大为 73%。新 PS-PMT 的尺寸及其阳极结构显示在图 9.8 和图 9.9 中[124-126]。

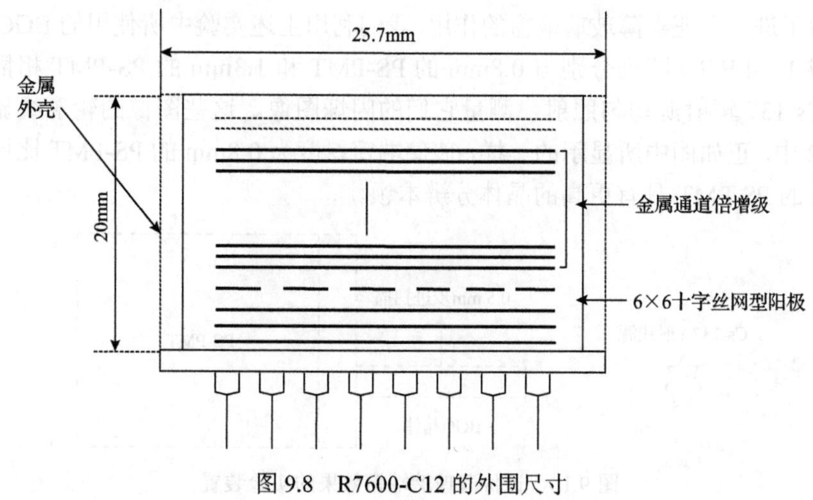

图 9.8　R7600-C12 的外围尺寸

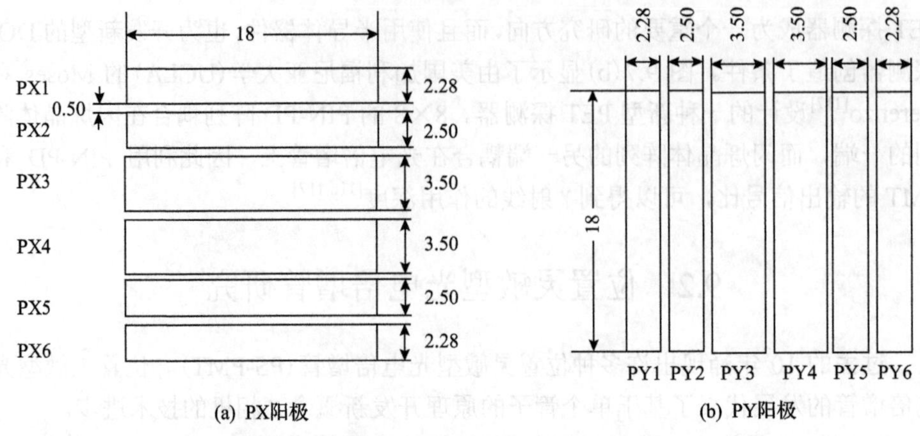

图 9.9　R7600-C12 的阳极结构（单位：mm）

9.2.1　薄玻璃端窗的作用

新的 PS-PMT（R7600-C12）采用厚度为 0.8mm 的玻璃端窗，而传统的 PS-PMT（R5900-C8）使用的是厚度为 1.3mm 的端窗。为了评价玻璃端窗厚度的作用，我们制作了端窗厚度为 1.3mm，*X*、*Y* 方向均为 6 个阳极的 PS-PMT。为了测量阳极的电子扩展，横截面为 2mm×2mm，高度为 20mm 的 BGO 晶体每隔 0.5mm 移过光电阴极的玻璃窗。晶体前端放置一个 Cs-137 γ 射线源，测量每个位置的 PY 阳极的输出信号，如图 9.10 所示。图 9.11（a）和（b）分别给出了两个 PS-PMT 的阳极响应曲线，计算所得 FWHM 数值也显示在图中。玻璃端窗厚度为 0.8mm 的 PS-PMT 的阳极响应曲线的 FWHM 数值比厚度为 1.3mm 的 PS-PMT 略小。尽管这些差距还不是很明显，但是考虑到 PY 阳极和晶体的细小宽度，我们仍可推断出通过减小端窗厚度可以有效地降低线性扩展。

为了进一步证实薄玻璃端窗的作用，我们利用上述实验中所使用的 BGO 晶体构造成 1×4 BGO 阵列分别与 0.8mm 的 PS-PMT 和 1.3mm 的 PS-PMT 相耦合，使用 Cs-137 辐射源均匀照射，测量它们的闪烁图像。这些图像的轮廓线显示在图 9.12 中。正如图中所显示的一样，玻璃端窗厚度为 0.8mm 的 PS-PMT 比厚度为 1.3mm 的 PS-PMT 具有更高的晶体分辨本领。

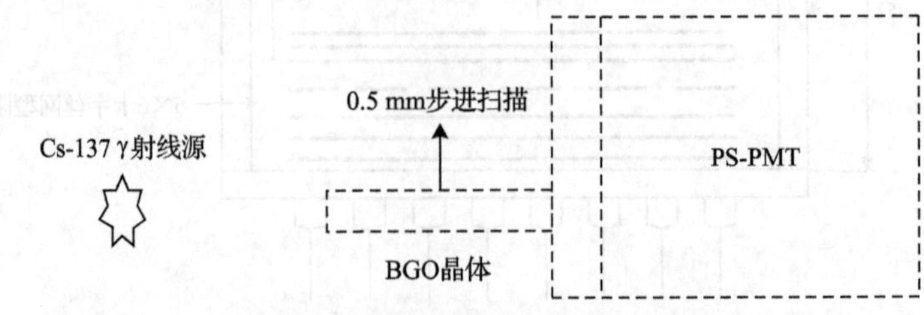

图 9.10　评价薄玻璃端窗效果的实验装置

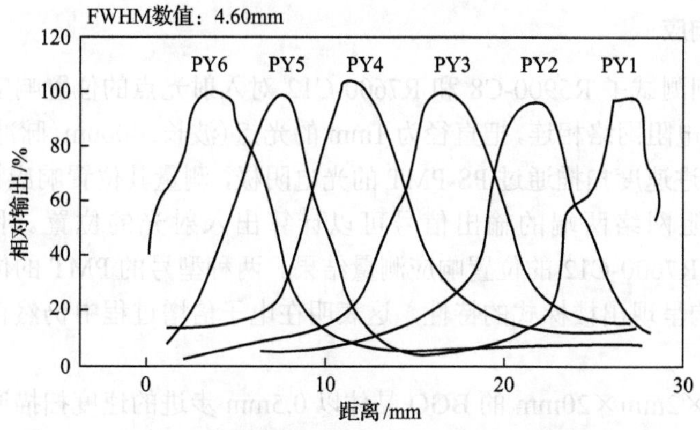

(a) 端窗厚度为1.3mm PS-PMT的阳极响应曲线

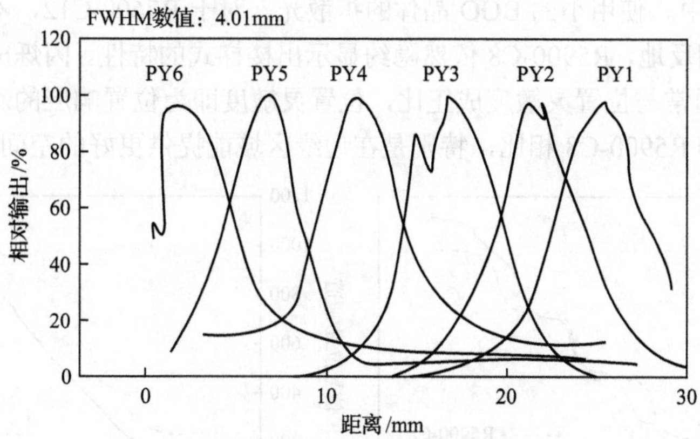

(b) 端窗厚度为0.8mm PS-PMT的阳极响应曲线

图 9.11　两个 PS-PMT 的阳极响应曲线(曲线是被输出最大值归一化的结果)

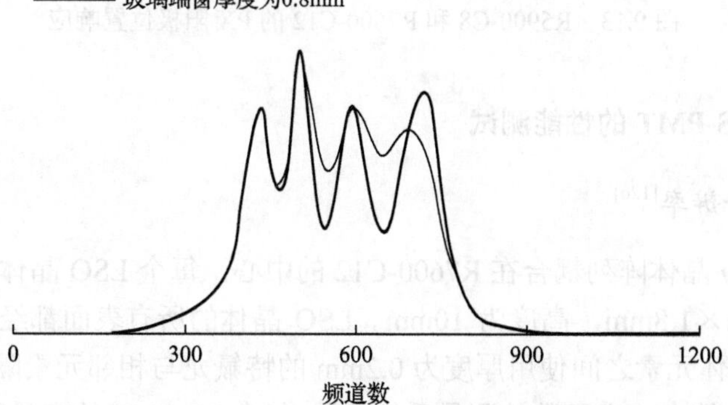

图 9.12　端窗厚度为 1.3mm 和 0.8mm 的 PS-PMT 与 1×4 BGO 阵列相耦合测得的图像轮廓线

9.2.2　位置响应

我们分别测试了 R5900-C8 和 R7600-C12 对入射光点的位置响应。把所有的 PX 阳极与一电阻网络相连，把直径为 1mm 的光点(波长：400nm，脉冲速率：1kHz)以 1mm 的步进速度扫描通过 PS-PMT 的光电阴极，测量其位置响应特性。利用重心法依据电阻网络两端的输出信号可以计算出入射光的位置。图 9.13(a) 是 R5900-C8 和 R7600-C12 的位置响应测量结果。两种型号的 PMT 的位置响应随它们的阳极结构呈现出楼梯式的特性，这表明在电子倍增过程中仍然存在少许电子扩展。

把 2mm×2mm×20mm 的 BGO 晶体以 0.5mm 步进的速度扫描通过光电阴极测量了闪烁晶体探测器的位置响应特性。R5900-C8 和 R7600-C12 的测试结果总结在图 9.13(b) 中。使用小的 BGO 晶体的扩散光，对于 R7600-C12，不再具有楼梯式的特性；相反地，R5900-C8 依然隐约显示出楼梯式的特性。闪烁成像系统中的空间分辨率通常与位置灵敏度成正比，位置灵敏度即为位置响应的斜率。所以，R7600-C12 和 R5900-C8 相比，特别是在边缘区域能提供更好的空间分辨率。

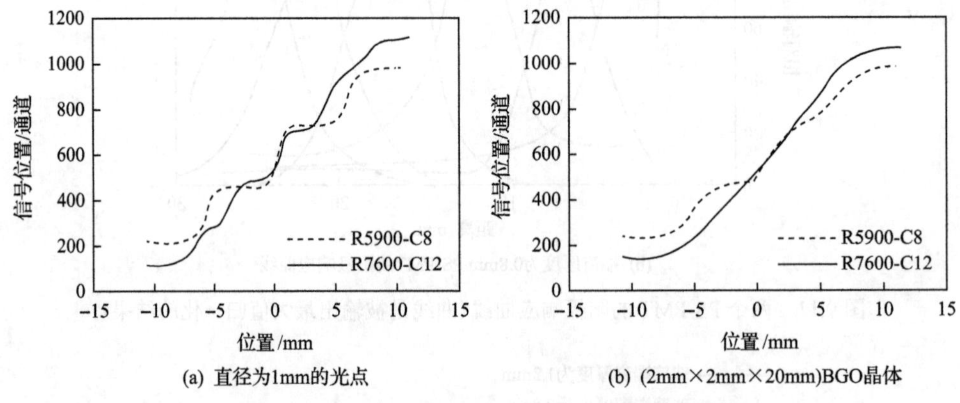

(a) 直径为1mm的光点　(b) (2mm×2mm×20mm)BGO晶体

图 9.13　R5900-C8 和 R7600-C12 的 PX 阳极位置响应

9.2.3　新型 PS-PMT 的性能测试

1. 空间分辨率[126]

6×6 LSO 晶体阵列耦合在 R7600-C12 的中心，每个 LSO 晶体的尺寸为：横截面为 1.8mm×1.8mm，高度为 10mm。LSO 晶体的所有表面都经过镜面抛光，阵列中每个晶体元素之间使用厚度为 0.2mm 的特氟龙与相邻元素隔离。

图 9.14 为符合响应函数的测量系统装置。每个 PS-PMT 的交叉平面阳极在 *X*、*Y* 方向上都与电阻网络连接，输出信号(*X*+，*X*−，*Y*+，*Y*−)分别被整形放大。每个

PS-PMT 的倍增级信号通过 CFD 后产生时间信号，这个信号被输入到快速符合一致(FC)模块用于确定是否发生符合一致事件。产生的符合信号为 ADC 开门，ADC 的作用是把输入的模拟信号转换为 12 位的数字信号，个人计算机(PC)通过 GPIB 接口采集数据。^{22}Na 点辐射源沿着探测器对的中线，以 0.25mm 的步进速度扫描整个探测器对，测量所得 CRF 曲线结果显示在图 9.15 中。CRF 曲线的能量窗口为 350～650keV 时，FWHM 数值约为 1.4mm。

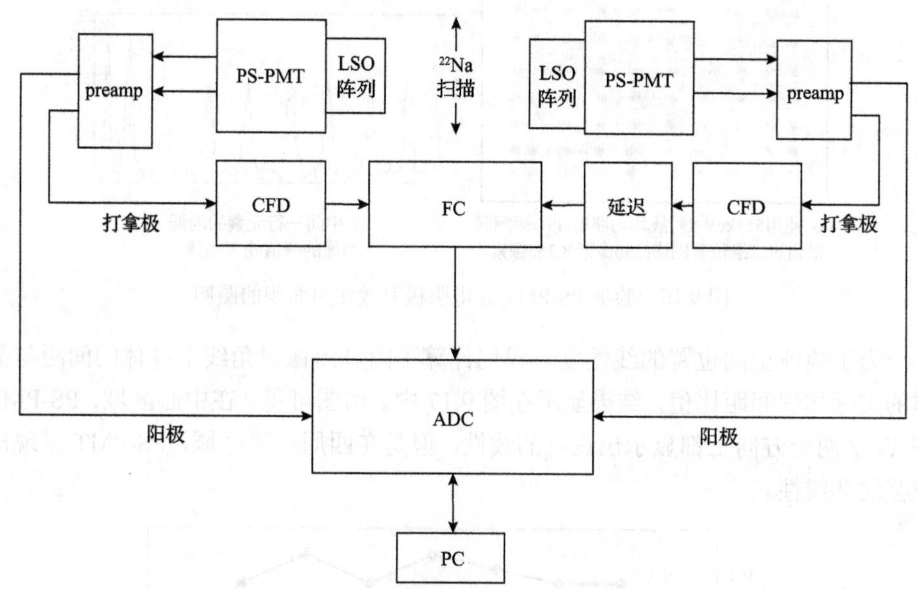

图 9.14　符合响应函数的测量系统

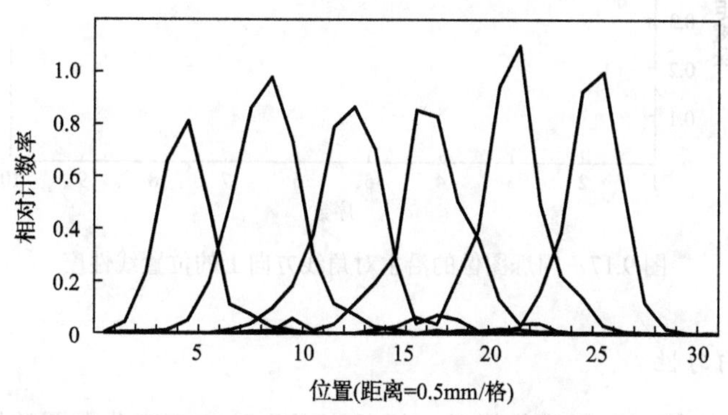

图 9.15　γ 射线入射角度为 0°时 LSO 探测器的 CRF 曲线

2. 空间线性度

接着我们使用由 2mm×2mm×10mm 的 GSO 晶体组成有效面积为 22mm×22mm 的 10×10 阵列，验证了 PS-PMT 光电阴极的有效使用面积。图 9.16(a)是使用 511keV 的γ射线均匀照射所得的二维位置图谱。从图中可以看出，100 个闪烁晶体的图像能够充分分离。图 9.16(b) 是晶体阵列一行元素的闪烁图像的峰值轮廓曲线，谷峰比值特性非常好。

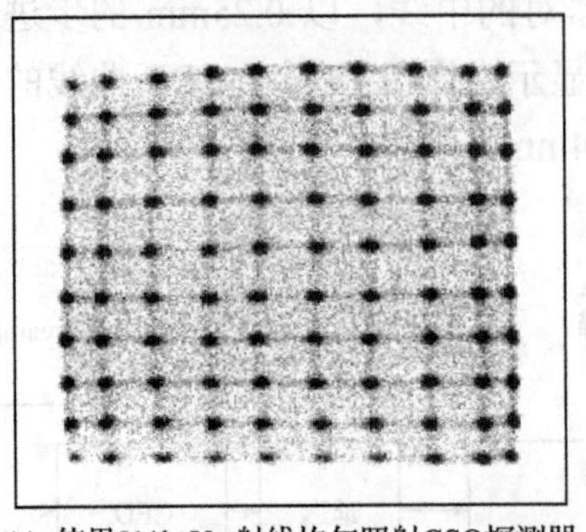

(a) 使用511keV γ射线均匀照射GSO探测器得到的二维位置图谱(256像素×256像素)

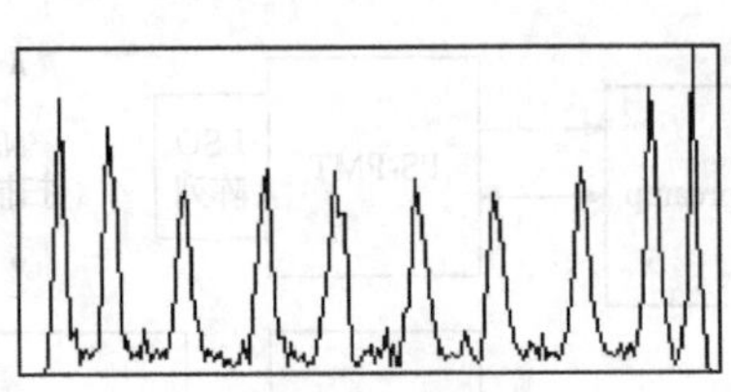

(b) 中间一行元素的闪烁图像的峰值轮廓曲线

图 9.16　验证 PS-PMT 光电阴极有效使用面积的图例

为了验证空间位置的线性度，我们计算了闪烁图像对角线上晶体的间距与晶体的实际物理间距比值，结果显示在图 9.17 中。由图可见，在中心区域，PS-PMT 在 X、Y 两个方向上都显示出良好的线性，但是在四周边缘区域，PS-PMT 呈现出很强的非线性。

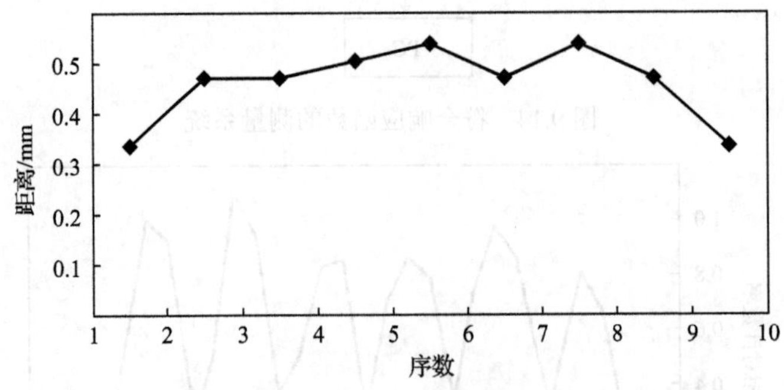

图 9.17　闪烁图像的沿主对角线方向上的位置线性度

3. 增益均匀性

接着我们计算了各元素的增益，增益定义为脉冲高度分布图的峰值所在的通道数。表 9.1 是 PS-PMT 归一化后的增益分布表。很显然，从中心到边缘，增益呈现出下降趋势，四角时最小。众所周知，PS-PMT 的入射端窗增益的不均匀性是造成闪烁探测器能量分辨率不均匀性的主要原因。增益的不均匀主要是电子在倍增过程中倍增极的边缘的电子损失所造成的。

表 9.1　PS-PMT 整个有效使用面积的增益均匀性

序号	1	2	3	4	5	6	7	8	9	10
1	0.517	0.634	0.529	0.502	0.486	0.483	0.529	0.498	0.506	0.556
2	0.524	0.763	0.665	0.654	0.572	0.541	0.584	0.572	0.521	0.564
3	0.685	0.541	0.533	0.702	0.859	0.734	0.514	0.533	0.549	0.541
4	0.584	0.763	0.681	0.726	0.973	0.879	0.912	0.675	0.755	0.617
5	0.607	0.638	0.549	0.823	0.971	0.973	0.88	0.758	0.689	0.658
6	0.662	0.65	0.587	0.724	0.971	1	0.965	0.833	0.669	0.665
7	0.767	0.704	0.665	0.795	0.883	0.899	0.781	0.665	0.704	0.716
8	0.778	0.686	0.755	0.773	0.834	0.844	0.681	0.712	0.672	0.651
9	0.809	0.678	0.747	0.773	0.846	0.849	0.635	0.604	0.574	0.672
10	0.525	0.568	0.537	0.498	0.463	0.459	0.494	0.471	0.49	0.483

4. 符合时间分辨率

我们测量了由 BaF_2 探测器和 1.8mm×1.8mm×10mm 单个 LSO 晶体耦合在 PS-PMT 的中心组成的探测器对的符合时间分辨率。BaF_2 探测器是由直径为 2cm、长为 2cm 的圆柱形晶体和 29mm 的滨松 R1668 构成的。图 9.18 是测量所得时间谱线，半峰全宽(FWHM)数值为 0.60ns，十分之一最大峰值处的全宽度(FWTM)数值为 1.18ns。

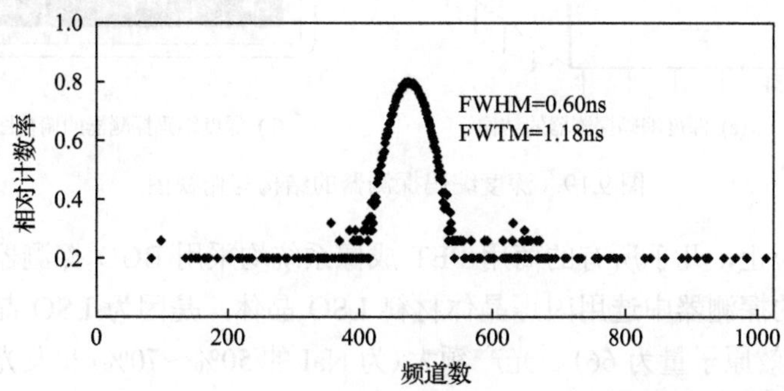

图 9.18　尺寸为 1.8mm×1.8mm×10mm 的单个 LSO 晶体与 PS-PMT 的中心耦合构成的探测器与 BaF_2 探测器组成的探测器对的符合时间图谱

5. 结论

PS-PMT 的发展代表了基于单个管子的原理开发新概念 γ 相机的技术进步。根据 PET 成像系统的应用特点，我们测试了由该 PS-PMT 组合成的闪烁晶体阵列探测器的空间分辨率、空间线性度、增益均匀性及时间分辨率。LSO 与该 PS-PMT

的组合空间分辨率达到1.4mm，而且显示出良好的空间线性、增益均匀性及优异的时间分辨特性。

9.3 新型 DOI 探测器理论及其设计

图 9.19 提供了我们所设计的深度编码探测器的结构。探测器由两层 LSO 闪烁晶体阵列和 PS-PMT 相结合组成。假设下层的晶体阵列为 $n\times m$ 维，则上层晶体阵列为 $(n-1)\times(m-1)$ 维，上下两层晶体单元的尺寸相同。上层晶体的位置相对于下层晶体在 X 和 Y 方向上都有半个阵列单元的错位，也就使得上层晶体刚好位于下层 2×2 晶体组成的阵列的中心位置[108]。

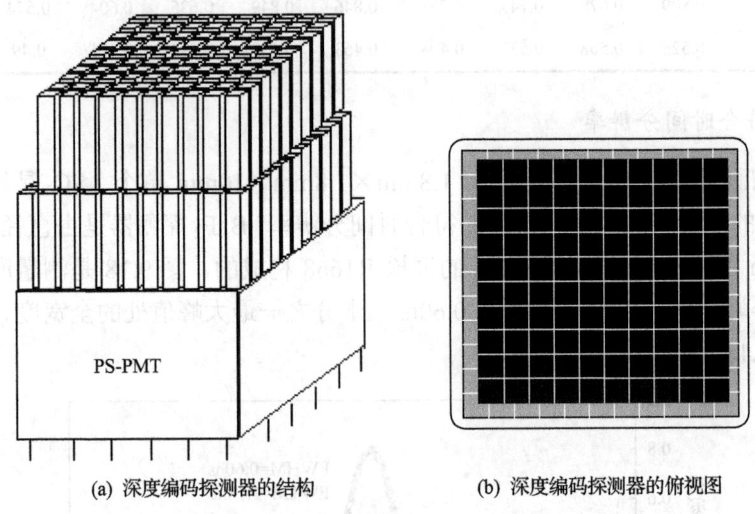

(a) 深度编码探测器的结构　(b) 深度编码探测器的俯视图

图 9.19　深度编码探测器的结构与俯视图

到目前为止，几乎所有的商用 PET 成像系统均采用 BGO 探测器。我们之所以在新设计的探测器中选用闪烁晶体材料 LSO 晶体，是因为 LSO 晶体具有高的探测效率(有效原子量为 66)、光产额大(为 NaI 的 50%～70%)和发光衰减时间短(约为 BGO 的 1/7.5)的特点。

图 9.20 是深度编码探测器的原理。如果 γ 射线与上层晶体发生相互作用，将产生光子，这些光子通过与该晶体紧密相关的下层 2×2 晶体阵列传输到 PS-PMT 光电阴极上。激励光电阴极发射出光电子，光电子被各倍增极倍增放大，最后经阳极输出。阳极是电阻回路组成的网状结构，最后通过相应的电路来计算位置。可以知道，上层晶体的闪烁光分布的重心则位于 2×2 晶体阵列的中心位置。

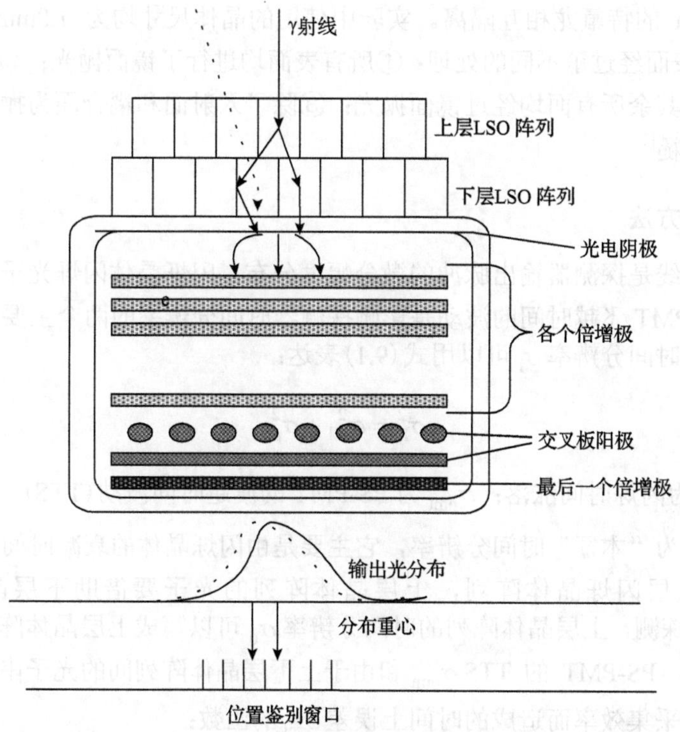

图 9.20　深度编码探测器的原理

另外，如果 γ 射线被下层的一个晶体所吸收，则产生的光子直接被 PS-PMT 采集和放大后，闪烁光分布的重心位于该晶体本身的中心位置。如此，只要我们设置合适的位置鉴别窗口，就能获得位置和 γ 射线作用深度信息。

9.3.1　新型 DOI 探测器性能优化

为了优化这种新型深度编码探测器，有必要对其性能产生影响的因素进行逐一分析。影响因素大致可以划分为以下几类[127]：

(1) PS-PMT 和闪烁晶体的本身特性；

(2) 上层晶体阵列与下层晶体阵列之间的耦合特性；

(3) 阵列间与阵列内的光子串扰；

(4) 上层晶体的位置相对于下层晶体阵列的对准程度；

(5) LSO 晶体的表面处理情况。

我们利用 511keV γ 射线源完成了多组实验，研究了晶体表面处理情况对于 DOI 探测器性能的影响。在这些实验中，使用了最简单的 DOI 探测器结构，它是由单个 LSO 晶体放置在 2×2 晶体阵列的中心位置上构成的。晶体之间都使用厚度为 0.2mm 的特氟龙相互隔离。实验中使用的晶体尺寸均为 1.8mm×1.8mm×10mm，而表面经过了不同的处理：①所有表面均进行了镜面抛光；②除了入射面为粗糙面，其余所有面均经过镜面抛光；③除了入射面和耦合面为抛光面，其余表面均为粗糙[128]。

9.3.2 分析方法

时间谱线是探测器输出脉冲的微分幅度分布。闪烁晶体闪烁光子的渡越时间涨落和 PS-PMT 飞越时间的波动是影响探测器时间分辨率的两个主要因素。这样，下层阵列的时间分辨率 σ_1 可以用式(9.1)表达：

$$\sigma_1^2 = \sigma_{scl}^2 + \sigma_{pmt}^2 \tag{9.1}$$

式中，σ_{scl} 为闪烁时间涨落；σ_{pmt} 为 PS-PMT 的渡越时间波动(TTS)。晶体闪烁时间涨落也称为“本征”时间分辨率，它主要是由闪烁晶体的衰减时间来确定的。

对于双层闪烁晶体阵列，上层晶体阵列的光子要借助下层晶体才能被 PS-PMT 所探测，上层晶体阵列的时间分辨率 σ_u 可以写成上层晶体阵列的闪烁时间涨落 σ_{scu}、PS-PMT 的 TTS σ_{pmt} 和由于上下层晶体阵列间的光子串扰、上层晶体阵列的光采集效率而造成的时间上误差 σ_{scl} 的函数：

$$\sigma_u^2 = \sigma_{scu}^2 + \sigma_{scl}^2 + \sigma_{pmt}^2 \tag{9.2}$$

闪烁时间涨落是由闪烁晶体的物理特性决定的，所以联合式(9.1)和式(9.2)可知，上下两层的时间分辨率的差异主要是受串扰噪声和上层晶体阵列的光收集效率影响的。

9.3.3 结果和讨论

1. 光输出和能量分辨率

表 9.2 总结了光输出和能量分辨率的测量结果。对于两层结构的探测器，为了获得良好的时间分辨率和能量分辨率，提高上层晶体阵列的光输出是非常重要的。4 个 DOI 探测器的上层阵列的光输出与下层阵列的光输出的比值分别为 0.92、0.58、0.86 和 0.85。由所有表面均抛光的晶体组成的 DOI 探测器显示出最优的性能。比较探测器#3 和#4 的结果，可以发现上层阵列的光输出会随着下层阵列的光输出的增大而增大。除了入射面和耦合面为抛光面，其余表面均为粗糙面的晶体组成的探测器的性能是所有组合中最差的。

表 9.2　光输出和能量分辨率与表面处理的关系

序号	DOI 探测器	阵列	光输出(峰值)/lm	能量分辨率/%
#1	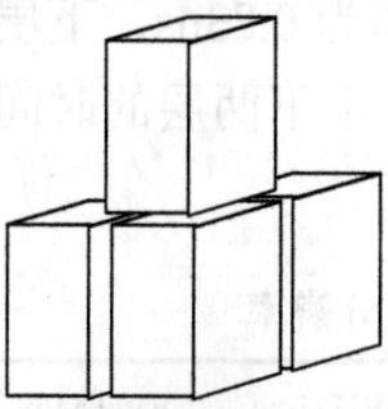	上层阵列	441	27.47
		下层阵列	477	19.35
#2	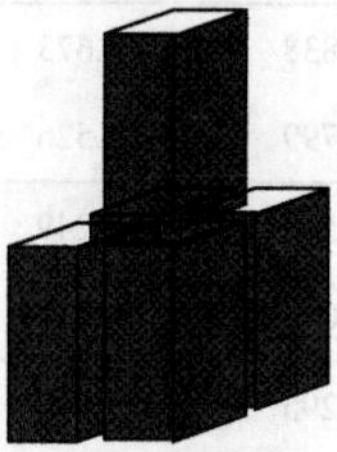	上层阵列	217	—
		下层阵列	372	—
#3	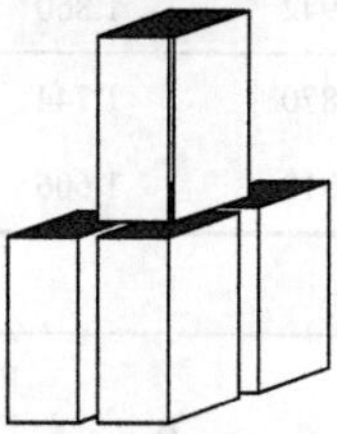	上层阵列	320	35.1
		下层阵列	371	27.44
#4	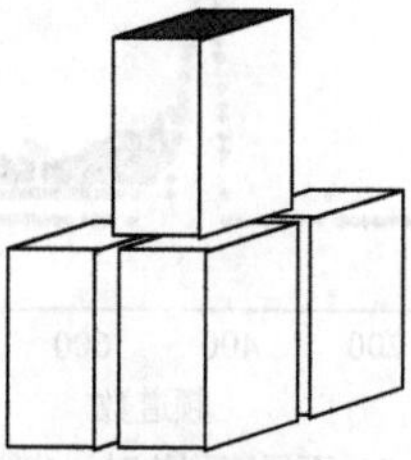	上层阵列	399	—
		下层阵列	470	20.14

所有表面均为光滑面的晶体得到了最大的光输出，并非我们前面所验证的入射面为粗糙面而其余面为抛光面的形式。为了进一步验证，我们使用单个晶体与 PS-PMT 相耦合测量其光输出，得到的结果仍然是所有面为光滑面的晶体给出了更大一些的光输出。这个结果表明，这两种 LSO 晶体使用了不同的制造技术或采用了不同的表面抛光技术。进一步的证实需要更多更详细的实验。

2. 时间分辨率

时间分辨率的测试结果列于表 9.3 中。当探测器具有最大的光收集效率时，时间分辨率最好。使用侧面为粗糙面、入射面和耦合面为光滑面的晶体组成的探测器具有最差的时间分辨率，上层阵列的FWHM数值为2.5ns，下层阵列的FWHM数值为1.0ns。当使用所有面为光滑面的晶体时，时间分辨率尤其是上层阵列的得到显著提高。如图9.21所示，上层阵列的时间分辨率为0.83ns，下层阵列的时间分辨率为0.79ns。对于DOI探测器#1、#2、#3和#4，上下两层的时间差别分别为0.2ns、1.4ns、0.4ns和0.28ns。

表 9.3　不同的探测器构成下的时间分辨率

DOI 探测器	表面处理	FWHM/ns	FWTM/ns	高峰期/ns
#1	上层：所有面为光滑面	0.838	1.673	434.5
	下层：所有面为光滑面	0.799	1.526	429.5
#2	上层：侧面为粗糙面，入射面和耦合面为光滑面	2.595	5.249	465
	下层：侧面为粗糙面，入射面和耦合面为光滑面	1.005	1.999	430.8
#3	上层：入射面和耦合面为粗糙面，侧面为光滑面	1.295	2.742	440
	下层：入射面和耦合面为粗糙面，侧面为光滑面	0.942	1.860	431.5
#4	上层：入射面和耦合面为粗糙面，侧面为光滑面	0.870	1.744	437
	下层：所有面为光滑面	0.810	1.606	430

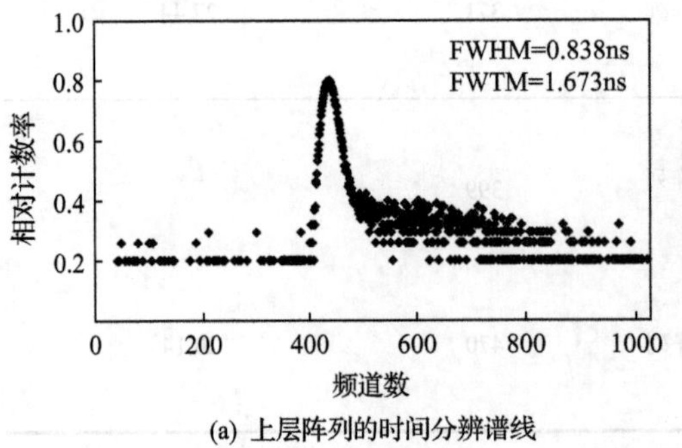

(a) 上层阵列的时间分辨谱线

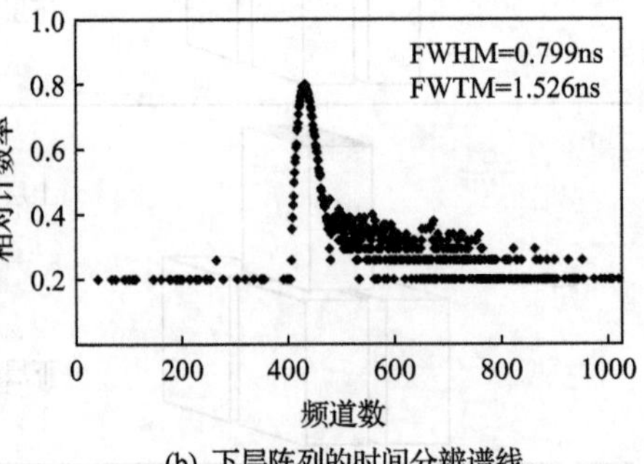

(b) 下层阵列的时间分辨谱线

图 9.21　上、下层阵列的时间分辨谱线

3. 结论

我们知道探测器的能量分辨率主要是由PS-PMT的特性和闪烁晶体的固有的能量分辨率所决定的。在PS-PMT和闪烁晶体给定的条件下，能量分辨率正比于$1/\sqrt{N}$，N为单位时间里闪烁晶体产生的光子数目。因为上层晶体阵列与下层晶体阵列相比，光输出量小，所以上层晶体的能量分辨率比下层晶体的能量分辨率要差。

从上面分析可以看出，当采用尺寸很小的晶体时，上下晶体产生的波峰的位置相当靠近，如何有效地屏蔽阵列间与阵列内的光子串扰变得非常重要，所以我们还有大量的工作要做，如提高和改善 PS-PMT 的性能，对单个 LSO 晶体的端面进行处理来看其对整个探测器性能的影响，使用一些新型黏合剂、反射材料等。

9.4　新型 DOI 探测器性能测试

9.4.1　DOI 探测器设计[129]

6×6 LSO 晶体阵列放置在 7×7 LSO 晶体阵列的上面，它的位置相对于 7×7 LSO 阵列在 X 和 Y 方向上均有半个阵列单元的错位，7×7 LSO 阵列的另一端面和 R7600-C12 耦合。单个晶体的尺寸为 1.8mm×1.8mm×10mm，所有端面均经过镜面抛光。图 9.22(a)是该探测器的结构图，图 9.22(b)是其照片。所有测试均使用 Na-22 点辐射源，LSO 晶体在暗室里至少存放 24h，以消除余辉效应。

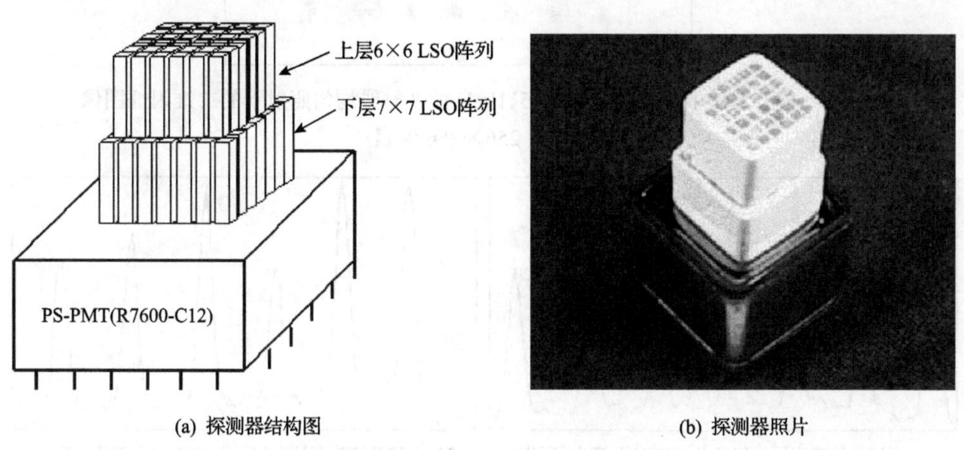

(a) 探测器结构图　　(b) 探测器照片

图 9.22　实验中使用的 DOI 探测器

9.4.2　晶体鉴别

DOI 探测器被放置在探测器前方 10cm 的 Na-22 点辐射源发射出的 511keV 均匀照射。PS-PMT 的四个位置信号通过整形时间为 2μs 的滤波放大器放大后，其幅度由 ADC 测定，2μs 的整形时间与 LSO 衰减时间 40ns 相比已经足够保证计算机辅助测量控制(computer automated measurement and control, CAMAC)ADC 的信号处理时间。末级倍增极信号被快速放大器放大、经恒比定时甄别器 CFD 甄别后产生时间信号，门电路产生一宽度适当的门控信号给 ADC 开门。随后，通过计算机采集上百万次事件，并根据重心计算法计算每个事件的位置生成二维 256×256 像素位置区域映射图谱。图 9.23 是用 511keV 的 γ 射线均匀照射 DOI

探测器获得的闪烁图像，图中的每一个光斑代表一个 LSO 晶体。从图中可以看出，85 个闪烁晶体的图像充分分离表明探测器的区分本领良好。图 9.24(a)是下层晶体阵列的一行元素(图 9.23 中箭头 A 所指)闪烁晶体图像的峰值轮廓曲线，图 9.24(b)是上层晶体阵列的一行元素(图 9.23 中箭头 B 所指)闪烁图像的峰值轮廓曲线。

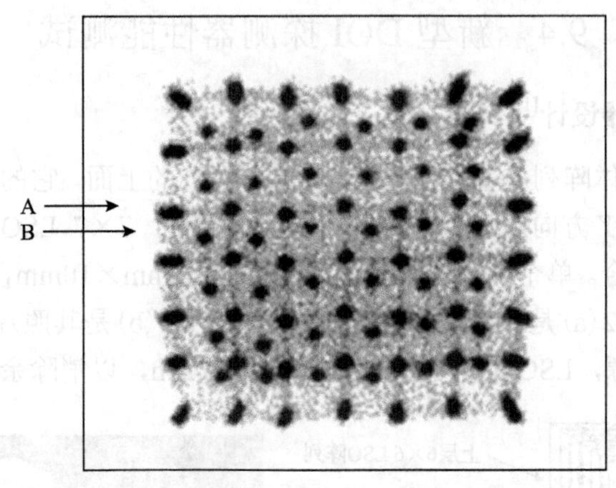

图 9.23　LSO DOI 探测器在能量为 511keV 的 γ 射线均匀照射下的二维闪烁图像(图像为 256×256 像素)

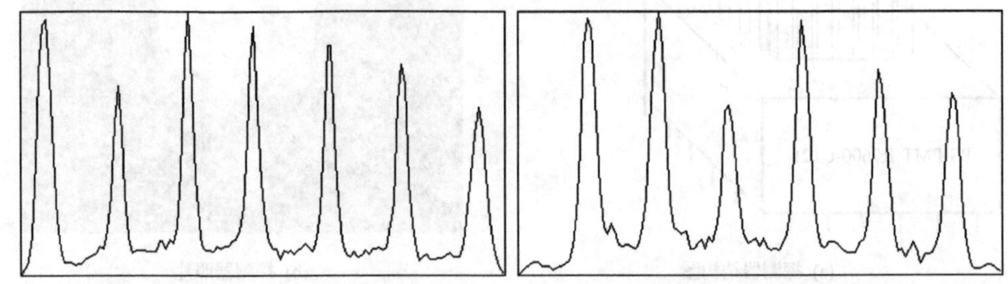

(a) 下层晶体阵列的一行元素(图9.23中箭头A所指)的闪烁晶体图像的峰值轮廓曲线　　(b) 上层晶体阵列的一行元素(图9.23中箭头B所指)的闪烁图像的峰值轮廓曲线

图 9.24　双层 LSO 阵列的晶体相对脉冲高度

9.4.3　能量分辨率

把二维图谱的区域与每个元素对应生成位置区域映射表。探测器元素的能量谱线可以通过把其相应区域的四个位置信号的能量相加而获得。每个晶体的脉冲高度分布图的峰值所在的通道变化显示在图 9.24 中。垂直轴的增益定义为每个晶体元素的峰值通道数的归一化数值。上层阵列的平均增益为 0.61，而下层阵列的平均增益为 0.76。上层和下层阵列的一行元素(图 9.23 箭头 A、B 所指的元素)的能量谱线显示在图 9.25 中。下层阵列的能量分辨率数值位于 18.3%～23.8%，平均能量分辨率为 20.7%，而上层阵列的能量分辨率在 21.9%～27.4%，平均能量分辨率为 24.6%。

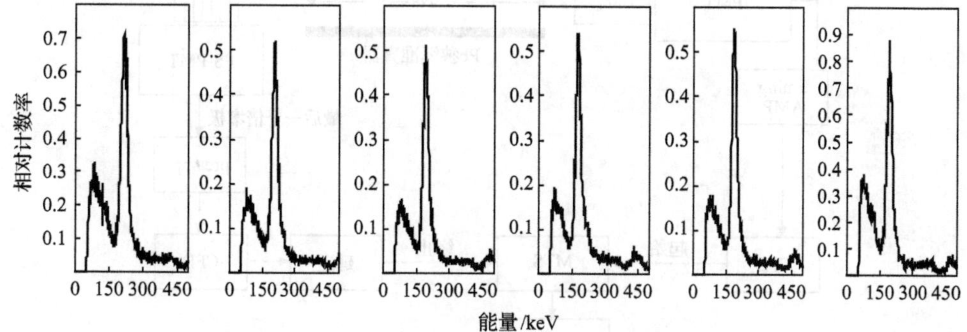

(a) 图9.23箭头B所指的6个元素的能量谱线

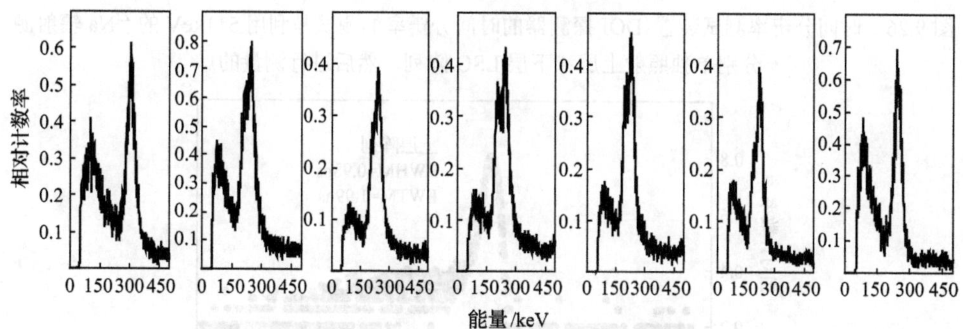

(b) 图9.23箭头A所指的7个元素的能量谱线

图 9.25　DOI 探测器上层和下层 LSO 元素的能量谱线

9.4.4　时间分辨率

我们测量了 DOI 探测器的时间分辨率，尤其是上层阵列的时间分辨率与下层阵列的时间分辨率的差别。时间分辨率由多道时间谱仪(multichannel time spectrometer, MTS)测量，如图 9.26 所示。MTS 的起始信号由 BaF_2 晶体耦合在滨松 R1668 光电倍增管上构成的探测器给出，停止信号由 DOI 探测器给出。多道分析仪用来显示时间谱线，图 9.27 为 DOI 探测器与 BaF_2 探测器对的时间谱线。用准直线辐射源分别照射上层阵列和下层阵列，这样可以分别求出上层和下层的时间分辨率。能量窗口设置为 350～650keV。上层阵列的时间分辨率 FWHM 数值为 0.98ns，FWTM 数值为 1.99ns，而下层阵列的时间分辨率 FWHM 数值为 0.83ns，FWTM 数值为 1.61ns。上层与下层阵列的渡越时间差别大约为 0.4ns。

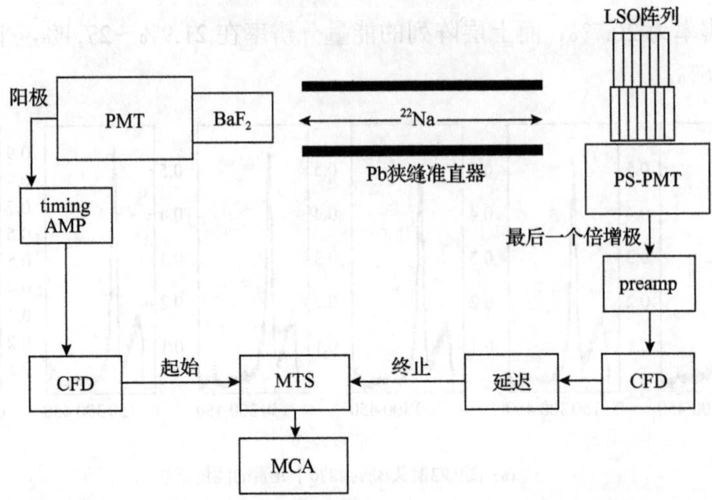

图 9.26　时间分辨率测试装置(DOI 探测器的时间分辨率的测试是利用 511keV 的 ^{22}Na 辐射源分别单独照射上层和下层 LSO 阵列，然后进行测量的)

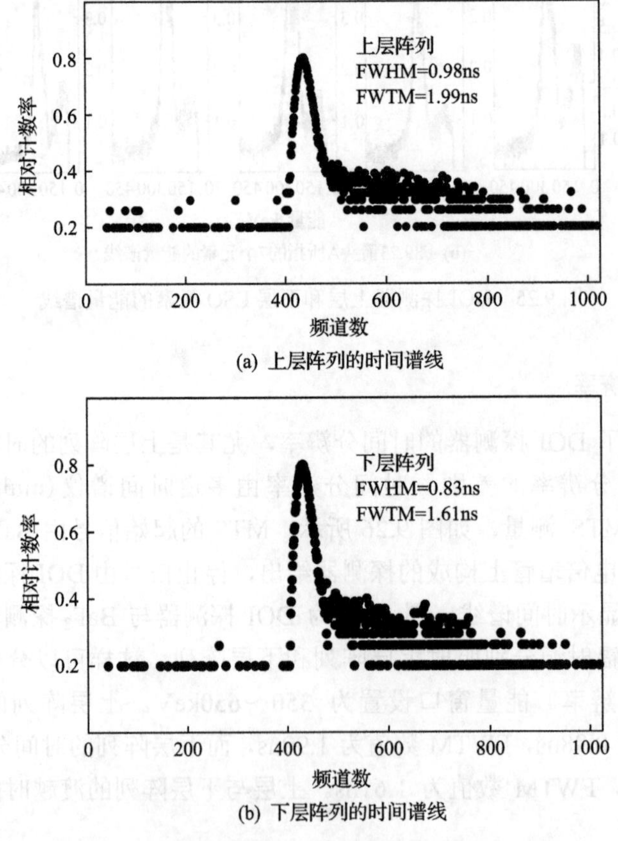

图 9.27　DOI 探测器与 BaF_2 探测器对的时间谱线

9.4.5　符合响应函数

符合响应函数定义为把符合事件的响应看作辐射源位置的函数。为了验证 DOI 探测器的空间分辨率本领，我们使用两个 DOI 探测器测量了它们的符合响应函数。为了对比，我们同样构造两个没有 DOI 信息的探测器，它们是由上层阵列相对下层阵列位置没有任何移动的两层 7×7 LSO 阵列构成，与 DOI 探测器使用相同的 LSO 晶体。图 9.28 是符合一致响应函数的测试装置。两个 PS-PMT 的位置信号被放大后输入到 ADC 模块。PS-PMT 的倍增级的时间信号经放大后输入到 FC 模块，FC 模块时间窗设置为 15ns，用来判断是否符合一致事件，若为符合一致事件则产生门控信号为 ADC 开门，并由计算机采集探测器对的 8 个位置信号数据。如图 9.29 所示，探测器对放置在直径为 110mm 的圆环的不同位置上，相

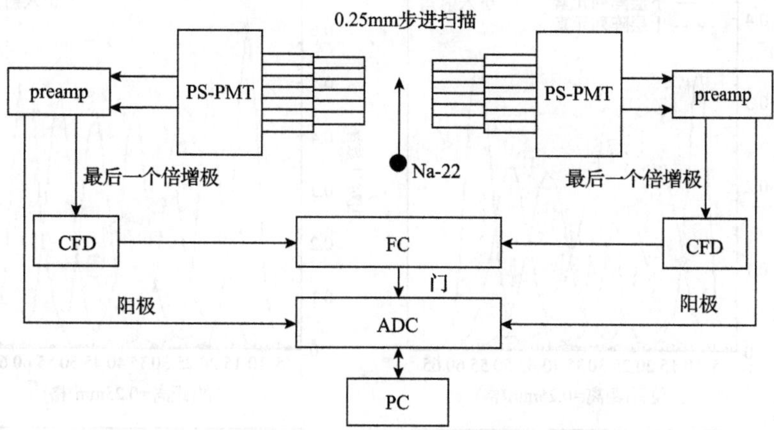

图 9.28　符合一致响应函数的测试装置

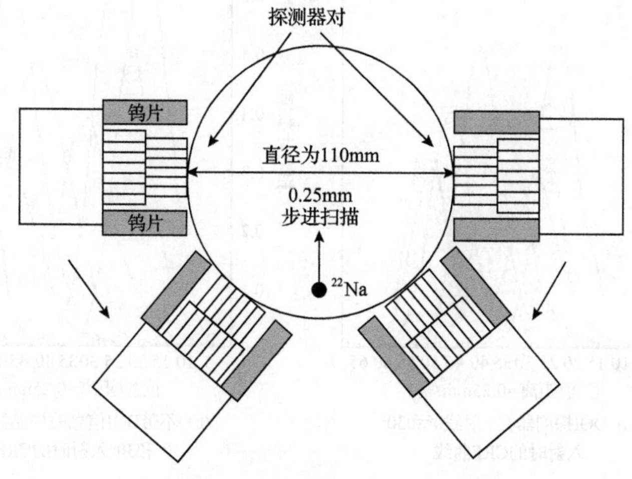

图 9.29　探测器对配置的举例说明

应的 γ 射线入射角分别为 0°、15°和 30°。点辐射源沿中线以 0.25mm/s 的速度扫描通过放置相距 110mm 的整个探测器对。在测量过程中，厚度为 10mm 的钨片放置在 LSO 阵列的两旁，以消除从 LSO 晶体侧面入射的 γ 射线。然后，分别对 DOI 探测器和不带 DOI 信息的探测器进行了测试。

从采集所得的数据，对探测器对相对元素的符合事件数据进行排序。对于 DOI 探测器，有两种符合的组合形式：即上层阵列的元素与上层阵列的元素连线，下层阵列的元素与下层阵列的元素连线。每个元素的能量窗口设置为 300～700keV。光子同时到达相向放置的探测器的同一位置才为"真"的符合一致数据，而其他的数据则舍弃不用。图 9.30 显示了 γ 射线在 0°和 30°入射时，测量所得 DOI 探测器和普通型探测器的 CRF 曲线。曲线的灵敏度波动是由探测器之间的连线的误差引起的。

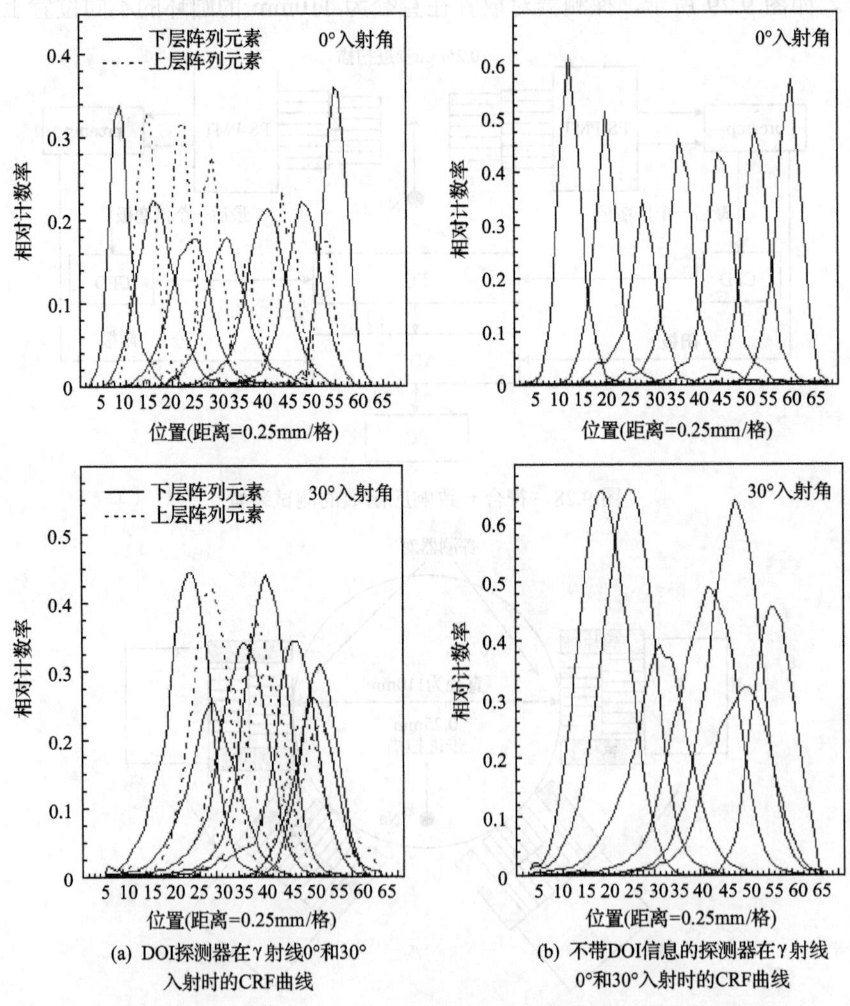

(a) DOI探测器在γ射线0°和30°入射时的CRF曲线

(b) 不带DOI信息的探测器在γ射线0°和30°入射时的CRF曲线

图 9.30　γ 射线在 0°和 30°入射时的 DOI 探测器和普通探测器的 CRF 曲线

CRF 曲线的平均 FWHM 数值作为距视野中心的距离即相应 γ 射线入射角度的函数曲线显示在图 9.31 中。同样地，我们依据晶体的几何尺寸计算的 FWHM 数值也在图中给出。对于没有深度检出机能的一般的探测器，CRF 曲线的 FWHM 数值随着 γ 入射角度的增大，从 1.5mm 上升为 4.5mm；而对于 DOI 探测器，在同等的条件下，其空间分辨率从 1.4mm 上升为 3.4mm。当 γ 射线垂直入射时，DOI 探测器和不带 DOI 信息的探测器均具有高空间分辨率，约为 1.5mm，但是当 γ 射线斜入射时，与不带 DOI 信息的探测器相比，DOI 探测器大大提高了空间分辨率的一致性。实验清楚地表明，我们新设计的 DOI 探测器能够提高 PET 成像系统的视野四周的空间分辨率。

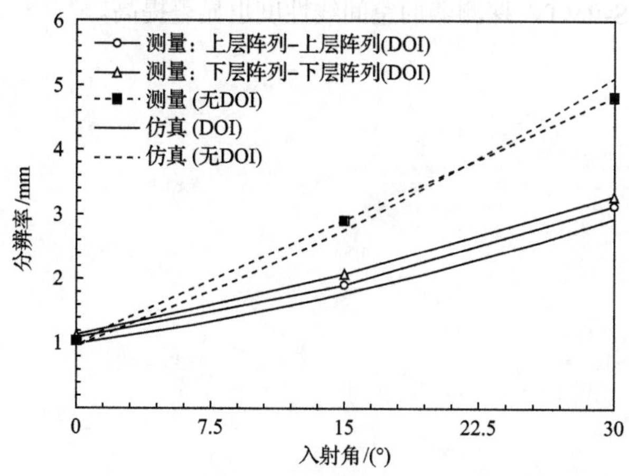

图 9.31　DOI 和不带 DOI 信息的探测器 CRF 曲线的 FWHM 值对比图

9.4.6　讨论

我们新提出的 DOI 探测器因为结构简单，所以非常易于构造。DOI 探测器不需要任何特殊的电子线路，只需要利用普通的 PS-PMT 探测器的电子线路而无须任何改动。当把 DOI 探测器应用到小动物 PET 的扫描器中去，考虑到实际情况的各种因素，可以预见视野中心的平面内的空间分辨率达到 2mm，视野四周径向空间分辨率约为 3mm。使用 DOI 探测器的 PET 成像系统的符合时间窗可以设置为小于 5ns，可以极大地减少在高计数率场合下的随机符合事件，传统的 BGO PET 成像系统的符合时间窗口通常设置为 20ns。

进一步优化 PET 成像系统的整体性能，需要设计三阶、四阶甚至 n 阶的 DOI 探测器。而用本书提出的类似技术也可以实现三阶或四阶 DOI 探测器。可以这样实现三阶 DOI 探测器：第二层晶体阵列相对于第一层晶体阵列在 X 方向上错开半个阵列单元，第三层晶体阵列相对于第二层晶体阵列在 Y 方向上错开半个阵列单元，这样三层的位置信号就可区分开来。同理，四阶 DOI 探测器可以使上层晶体阵列依次相对于自己相应的下层晶体阵列在 *X*、*Y* 和 *X* 方向上错开半个阵列单元。

9.4.7 结论

我们提出了一种新型 DOI 探测器，该探测器由两层 LSO 晶体阵列和一个新型 PS-PMT 构成。在 γ 射线垂直入射时，DOI 探测器符合空间分辨率 1.4mm，使用二阶编码的 DOI 信息大大提高了 γ 射线斜入射时的空间分辨率。探测器的时间分辨率对于上层晶体阵列为 0.98ns，下层晶体阵列为 0.83ns(参考探测器为 BaF_2)。下层阵列的平均能量分辨率为 20.7%，上层阵列的平均能量分辨率为 24.6%。由于使用了新的 PS-PMT，探测器的空间线性度也显著提高。

第 10 章 PET 成像数据校正

10.1 数据校正概述

PET 测量过程中因为要同时记录一对符合光子的信息，除了真符合计数，还会包含大量的伪符合计数，其来源大致可以分为散射符合计数(scatter coincidence)与随机符合计数(random coincidence)。PET 成像采集过程中得到的散射符合计数和随机符合计数都会造成对真实符合响应线(line of response，LOR)的定位错误，降低图像分辨率和对比度，影响成像质量，因此需要采用专门的方法来消除散射符合计数和随机符合计数的影响。通常随机符合计数利用延迟符合时间窗的方法进行校正。散射符合计数比较复杂，2D 采集时可通过铅(钨)挡板来部分消除，3D 采集时由于散射符合计数的比例大大提高，需要进行单独的考虑。

除了对数据进行散射和随机校正外[130]，实际的 PET 成像操作中，还需要进行如下一般性校正[131,132]。

(1) 归一化(normalization)校正：补偿不同探测器实际工作时性能的不均匀性带来的误差。探测效率归一化的方法很简单，如果探测器接收统一强度的辐射，各符合线上的计数即反映了它的探测效率，所有符合线计数的平均值与某条符合线的计数值之比即为该符合线对应探测器对的归一化因子。实际操作中可用旋转线源或者圆柱形体模来测试，以得到该归一化因子[133,134]。

(2) 死时间校正：死时间指“同时”入射到探测器晶体的光子不能被记录下来的现象。可以分为两种情况：一种是两个光子的时间间隔太小，以致两个光子在同一块晶体中产生的闪烁光重叠在一起，产生一个又宽又高的脉冲，从而造成能量超过了能窗上限，致使两个光子均不被记录，这个现象也叫作脉冲堆积(pulsepile-up)；另一种是两个光子到达晶体的时间间隔比第一种情况长，但仍不够，第二个光子到达时，第一个光子被系统接收并处理，系统处于不应期，所以无法接收第二个光子而造成第二个光子丢失。通常使用短半衰期核素，并且采集时间较短且注射剂量较高时，会有比较严重的死时间效应。实际 PET 成像系统中通过计算模块的计数率和电子系统的死时间来估计死时间校正系数。

(3) 衰减校正：衰减是指电子对湮灭产生的光子在介质中穿行时被介质反射、吸收等的现象。衰减的程度不仅与光子在介质中穿行的路程长度有关，也与介质的性质(即衰减系数)有关。当被测对象体积较大且不均匀时，衰减的影响是相当严重的，实际被探测到的光子数仅为湮灭发生光子数的百分之几，从而造成图像失真，并且使重建图像无法进行定量分析。通常衰减校正的方法为使用透射源(^{68}Ge、^{137}Cs)对成像组织器官进行透射扫描，测量出各部分的衰减系数。使用透射源进行透射扫描的方法最为精确，但透射扫描耗时较长，所以现代 PET/CT 中往往使用 CT 扫描数据来替代透射扫描，以减少采集时间。衰减系数的计算非常简单，对于任意一条符合线，衰减校正系数等于这条线的空白扫描计数除以透射扫描计数。还有一种实验中常用的缩短透射扫描时间的方法为分割法，即将人体各个组织按对光子的衰减特性分为三类，即肺、软组织和骨，这三类组织对特定的光子能量的衰减系数事前通过实验精确测得，从而可以粗略地估计系统的衰减分布。

(4) 衰变校正：放射性核素的不断衰变使探测到的计数值不断降低，尤其是短半衰期的放射性核素(如 ^{11}C)，在多帧动态扫描中，核素的衰变与示踪剂的动态分布变化混合在一起，使得结果难以解释，同时在多床位全身静态扫描中，核素的衰变也会使图像的灰度随不同床位呈阶梯状变化。校正的方法是将每一时刻的放射性浓度值向前推算到采集开始时的放射性浓度值。计算标准摄取值(standard uptake value，SUV)时[135]，每个像素的放射性浓度也被校正到放射性药物注射时刻的浓度。

(5) 几何校正(geometric profile correction)：在现代环形 PET 扫描仪中，探测器的环形排列使得沿某一视角平行排列的符合线间距不相等，从视野中心到边缘间距逐渐减小。校正过程为：首先根据具体的 PET 扫描仪探测环的半径和探测器晶体块的尺寸计算出各条符合线的实际坐标位置，以及空间取样间隔等分时各条符合线的等分坐标位置，然后依据实际坐标位置上的符合线计数值，通过线性插值计算出等分坐标位置上的符合线计数值。这一过程实际是在保持总计数不变的条件下，对各个符合线上的计数值的再分配。

(6) 灵敏度不均匀校正：灵敏度的空间不均匀性与扫描仪的实际构造及数据的采集方式有关，PET 扫描仪往往是中心位置灵敏度最高，边缘位置灵敏度下降。校正方法为：采集一个放射性浓度一致且均匀分布的空间模型，得到空间各点的放射性浓度分布与计数率的关系，从而建立放射性浓度与空间位置计数的转换系数关系，完成对 PET 成像系统的灵敏度空间不均匀性的校正。

最终探测到的符合计数经过上述各项校正之后依照探测器簇按不同角度(投影角)及位置排列的次序(投影位置)加以存储，形成存储数据及通常所说的正弦图(sinogram)。投影数据经过适当的重建就可以得到放射性药物的浓度分布。重建方法有很多种，常用的包括 FBP 算法、统计迭代法(如最大似然最大期望值法(maximum likelihood expectation maximization，MLEM)、有序子集最大期望值法(ordered subset expectation maximization，OSEM)等)等。

10.2　基于蒙特卡罗方法的 PET 散射特性分析及散射校正

PET 的成像效果依赖于对正电子发生湮灭后产生的γ光子对的符合探测。在全身 3D TOF-PET(time-of-flight PET)扫描仪中[136,137]，相对于传统的 2D 和扩展 2D 数据采集模式，对所有倾斜成像面的符合计数采集极大地提高了系统的灵敏度，但同时也引入了大量的散射符合计数，从而降低了系统的分辨率和 3D 成像的定量准确性。同样，在使用铅挡板或钨挡板的 2D 数据采集中，在挡板上产生的光子散射也会对 PET 成像的分辨率和对比度产生很大的影响。因此，为了提高 PET 成像的准确性，必须进行有效的散射校正[138]。

10.2.1　散射校正方法概述

目前有很多可以用于 3D PET 散射校正的方法，归结起来可以分为以下四类或者这几类方法组合：

(1)基于能量窗识别的方法；

(2)将散射补偿加入迭代重建过程的方法；

(3)基于卷积或反卷积处理的方法；

(4)利用蒙特卡罗模拟直接估计散射分布的方法。

1. 基于能量窗识别的方法

基于能量窗识别的方法最早被设计使用在 SPECT 上，到目前为止已经有超过 30 年的历史，所以基于能量窗识别的方法是最早的实际应用的方法之一[139,140]。这种方法利用光子被散射后能量会发生降低的特性，设置两个或多个合适的符合能量窗口来分辨真符合光子和散射符合光子，容易实现，速度快。随着探测器能量分辨率的提高，这种方法也被应用于 3D PET 的散射校正中，但是由于效率比较差，常常需要和其他的方法组合起来使用。基于能量窗识别的方法又可细分为双能窗[141]、三能窗[142]和多能窗[143]等。双能窗(dual energy window，DEW)散射校正的过程如下式所示：

$$\mathrm{SEW}_{\mathrm{true}}=\mathrm{SEW}-[\mathrm{SEW}-f\times(\mathrm{UEW})]_{\mathrm{smoothed}} \tag{10.1}$$

式中，SEW 为标准能量窗口采集到的数据；$\mathrm{SEW}_{\mathrm{true}}$ 为标准能量窗口采集到的数据的真值部分；UEW 为上游能量窗口采集到的数据；f 为统一标准能量窗口和上游能量窗口光子量级的统一化参数。双能窗散射校正假设上游能量窗口采集到的数据均为真实符合数据，所以散射校正的精度比较低。

2. 将散射补偿加入迭代重建过程的方法

将散射补偿加入迭代重建过程的方法在近十年里受到了越来越多的重视，出现了许多属于这一类别的不同种类的散射校正重建算法[144-150]。以 Zaidi 等提出的方法为例，将散射补偿加入迭代重建过程的方法基于以下两种假设：①散射分布主要是图像域里的低频信息；②在一般统计迭代重建的算法(如 MLEM 算法)中，低频信息的收敛速度要高于高频信息。这种非均匀的收敛特性在通过对 MLEM 算法的傅里叶分析后表现得更加明显。在线源放置于充满水的圆柱形模型的实验中，通过对响应函数的分析可以得知，非散射光子仅存在于线源周围的一个非常小的范围内，而散射光子的分布区域就相对要大得多，这也说明了散射光子更多地对应于采集到的光子分布的低频部分。设置合理的频率范围，将低频图像通过某种统计迭代的重建方法重建出来(如 MLEM、OSEM 算法)作为散射光子的分布，然后从总的重建图像中减去，即实现了将散射补偿加入迭代重建过程的散射校正方法。

3. 基于卷积或反卷积处理的方法

基于卷积或反卷积处理的思想最早由 Bergstrom 等[151]提出，这种方法使用标准点/线源测得的峰值数据作为卷积核，利用卷积或者反卷积的处理手段来估计散射光子的分布，然后将得到的散射光子分布从采集到的数据中减掉以实现 PET 的散射校正。1994 年，Bailey 和 Meikle[152]首先将这种卷积减(convolution subtraction, CS)的散射校正方法扩展到了 3D PET 中。随后 Bentourkia 等[153,154]将这种方法进行了改进，提出对不同组织的散射使用不同的卷积核，并且首次对不同来源的散射光子进行了区分(包括来自组织的散射光子和来自 PET 扫描仪挡板的散射光子等)。

CS 散射校正方法中最重要的是确定两个参数：一个是期望的散射光子的量级，即散射分数；另一个是散射光子的分布与峰值位置的空间关系，即散射函数。CS 散射校正的过程如式(10.2)和式(10.3)所示：

$$\hat{g}_u = g_0 - k(g_0 \otimes \kappa), \quad n=1 \tag{10.2}$$

$$\hat{g}_u^n = g_0 - k(\hat{g}_0^{(n-1)} \otimes \kappa), \quad n>1 \tag{10.3}$$

式中，k 为散射分数；κ 为散射函数；g_0 为采集到的数据；$\hat{g}_u$ 为散射校正之后的数据；n 为迭代的次数。3D PET 的 CS 散射校正的过程为：首先进行 2D 数据的校正，然后假设 3D 模式下倾斜符合面的散射光子分布(即散射函数)与 2D 模式下相差不大，将 2D 散射分布扩展到 3D 散射分布，从而实现 3D PET 的 CS 散射校正。CS 散射校正方法的特点是处理速度较快，但是精度相对不高，经过适当改进的 CS 散射校正方法目前在一些小动物 PET 扫描仪中仍然得到了有效的使用[155]。

4. 利用蒙特卡罗模拟直接估计散射分布的方法

利用蒙特卡罗模拟直接估计散射分布的方法是将实验中无法直接测量到的散射光子的信息通过设置严格的蒙特卡罗模拟过程估计出来的一种散射校正方法[156-159]。这种方法是目前精度最高、效果最好的散射校正方法，主要的 PET 生产厂商西门子和通用公司均采用了基于此方法的散射校正过程，但缺点是处理速度相对较慢。使用蒙特卡罗方法来计算和校正 3D PET 中的康普顿散射的思想首先由 Levin 等[160]提出。蒙特卡罗模拟需要放射源分布和相应的衰减系数分布作为模拟的输入数据，通常首先将还未进行散射校正的 3D 预重建图像作为第一次的真值进行模拟，假设预重建得到的放射性浓度分布即真实的放射性浓度分布，各个区域(器官和组织)的边界和衰减系数通过图像分割过的透射扫描数据得到，然后通过蒙特卡罗模拟即可得到散射光子和非散射光子的空间分布，从而可以得到任意符合面上的散射光子分布。考虑到实际 PET 成像采集过程中较低的探测效率及蒙特卡罗模拟巨大的时间消耗，最终通过蒙特卡罗模拟得到的散射光子及非散射光子的总数将远低于实际采集到的光子总数，所以在进行散射校正之前必须根据 PET 成像采集过程中的统计特性将蒙特卡罗模拟得到的数据和实际采集得到的数据统一到同样的量级，通常此统一化的参数(scaling factor)由两者包含的总的光子数的比值来决定。量级统一之后，将从采集到的实际数据中减去蒙特卡罗模拟得到的散射光子分布，进而实现了散射校正[161]。全过程可由式(10.4)来表示：

$$Y_0 \to \text{蒙特卡罗模拟} \to Y_S$$

$$Y_u = Y_0 - fY_S \tag{10.4}$$

式中，Y_0 为实际采集到的数据；Y_S 为 Y_0 通过蒙特卡罗模拟估计得到的散射光子的分布数据；f 为前面所述的统一化的参数；Y_u 为散射校正之后的数据。由于第一次输入的预重建的图像同时包含了散射光子和非散射光子，所以会在第一次进行散射校正时造成过估计，因此这种利用蒙特卡罗模拟直接估计散射分布的方法一般采用多次迭代达到最终收敛的形式实现准确的散射校正。

5. 几种散射校正方法联合使用的散射校正过程

为了更好地利用各散射校正方法的优点，相关研究提出了将两种散射校正方法联合使用的新方法[162,163]，包括将能量窗法与卷积法联合使用及将能量窗法与利用蒙特卡罗模拟的思想直接估计散射分布的方法联合使用两类。联合使用通常以能量窗法为基础，从另一种方法为辅助，于是既保证了处理速度，又有效地提高了处理精度，还能进一步实现在线散射校正。散射校正的过程如式(10.5)所示：

$$SEW_{true} = SEW - [SEW - f(UEW - UEW_{scatter})]_{smoothed} \tag{10.5}$$

式中，SEW 为标准能量窗口采集到的数据；SEW_{true} 为标准能量窗口采集到的数据的真值部分；UEW 为上游能量窗口采集到的数据；$UEW_{scatter}$ 为上游能量窗口采集到的数据的散射光子部分，实际使用中通过对上游能量窗口进行 CS 散射校正得到；f 为统一标准能量窗口和上游能量窗口光子量级的统一化参数。与式(10.1)比较可知，通过引入对上游能量窗口数据的散射校正，在提高整体的校正精度的同时又保留了能量窗散射校正方法的高速、易用的特点，从而可以实现 PET 成像采集过程中的在线散射校正。除此之外，还出现了从列表模式数据出发直接进行散射校正的研究[164,165]。

10.2.2　蒙特卡罗模拟在 ECT 成像系统中的应用

1. 蒙特卡罗方法

蒙特卡罗方法即概率模拟方法，也称为随机模拟方法或随机抽样技术方法，包含了采样理论和数值分析的思想。它是一种通过随机变量的统计试验、随机模拟来求解数学物理、工程技术问题近似解的数值方法。对于数学、物理、工程技术等领域所提出来的越来越复杂的随机性问题，除极少数情况外，要想给出它的严格解是不可能的，用确定性方法给出其近似解通常也是非常困难的，有时甚至是不可能的。而蒙特卡罗方法以对随机性问题进行仿真为其基本特征，首先建立一个概率模型或随机过程，使它的参数等于问题的解，然后通过对模型或过程的观察或抽样实验来计算所求参数的统计特征，最后给出所求解的近似值，解的精确度可用估计值的标准误差来表示[166,167]。

2. 模拟 ECT 成像系统使用的蒙特卡罗代码

蒙特卡罗方法可广泛地应用于 ECT 成像系统的系统辅助设计、新重建算法开发等方面，可以帮助我们了解一些无法直接测量得到的物理量[168]。在高能物理领域广泛应用的蒙特卡罗代码，诸如 EGS、MCNP、Geant4 等都提供了准确、灵活的物理建模工具、几何建模工具，并整合了有效的可视化接口。本书使用基于 Geant4 的应用代码 GATE(Geant4 Application for Tomographic Emission)对浙江大学及日本滨松公司已有的 PET 扫描仪进行建模分析[169-171]。GATE 提供了一组专门用于 ECT 成像系统的接口宏命令，通过对 Geant4 蒙特卡罗代码库文件的重新封装、调用，实现了模块化，提高了灵活性，特别是提供了对时间相关过程的模拟，如探测器移动、旋转、放射源动态衰减等，因此具备了模拟 ECT 成像系统真实采集环境的条件。

3. 应用 GATE 进行 ECT 成像系统建模

GATE 可以模拟包括 CT、SPECT 和 PET 在内的一系列设备，整个 GATE 程序分为核心层、应用层和用户层三个主要部分，普通用户无需任何 C++编程的知识就可以轻松地实现蒙特卡罗模拟的操作。GATE 可以根据需要定义任意的几何结构，包括扫描仪和模拟用模型，并可以导入常用的数字体模，如 NCAT、MOBY、Zubal 体模等，还可以将 CT 扫描得到的患者数据网格化之后导入系统进行模拟，具有很高的灵活性。基于模拟理论，GATE 可以模拟任何种类的放射性物质、原子或化合物，能够记录衰变发出的光子的运动路径、能量变换等一系列信息。GATE 可以完全地模拟 ECT 成像采集过程中的能量响应、空间响应、阈值设置及死时间等各种实验条件。最后 GATE 提供了方便的输出接口，可以输出普通正弦图、西门子 ECAT 扫描仪数据格式或串列数据格式，并利用 STIR(短时间反转恢复序列)工具包可以直接对输出的正弦图进行重建[172]。考虑到蒙特卡罗模拟需要巨大的时间消耗，GATE 同时提供了并行计算模式，可以有效地提高计算效率。

使用 GATE 分别对 SPECT 和 PET 成像系统建模的结果如图 10.1～图 10.3 所示。图 10.1 为通过蒙特卡罗建模得到的一台 4 头 SPECT 扫描仪的示意图，整个模拟过程还加入了 SPECT 探测头的旋转和床的移动。图 10.2 为日本滨松光子学株式会社研制的全身 3D TOF-PET/CT 扫描仪 SHR74000 和小动物用 PET 扫描仪 SHR17000。图 10.3 为通过蒙特卡罗建模之后的 PET 扫描仪与体模，其中模拟图 10.2(a)为 SHR74000 的 PET 部分；模拟图 10.2(b)为 SHR17000，该扫描仪含有钨挡板，可分别进行 2D 扫描和 3D 扫描。本章中的 PET 散射特性分析和 PET 散射校正方法的研究和验证主要是基于上述两台 PET 扫描仪完成的。

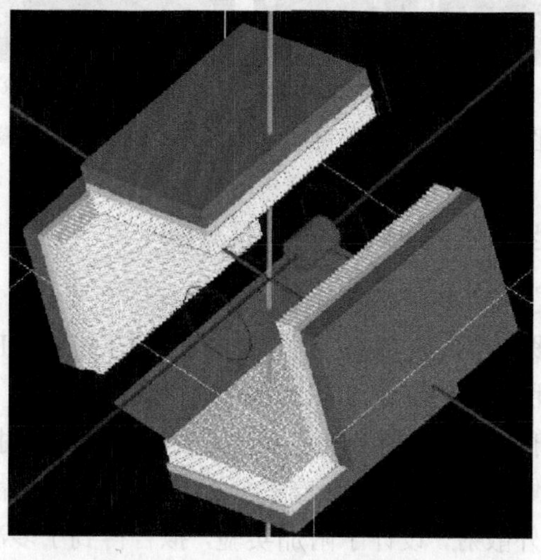

图 10.1　蒙特卡罗模拟得到的 4 头 SPECT 扫描仪

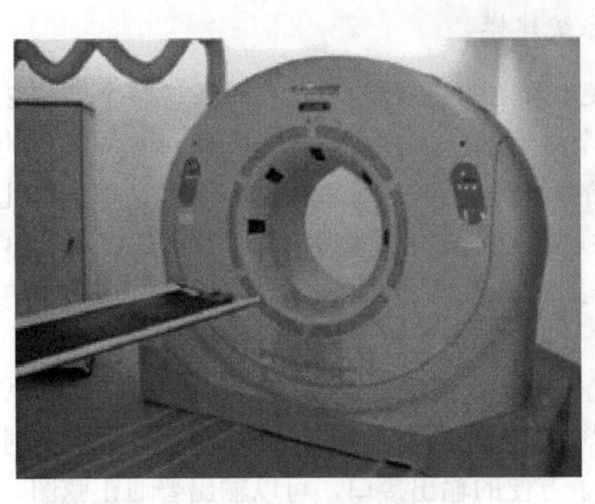

(a) 全身3D TOF-PET/CT扫描仪SHR74000

(b) 小动物用PET扫描仪SHR17000

图 10.2　日本滨松光子学株式会社研制的 PET 扫描仪

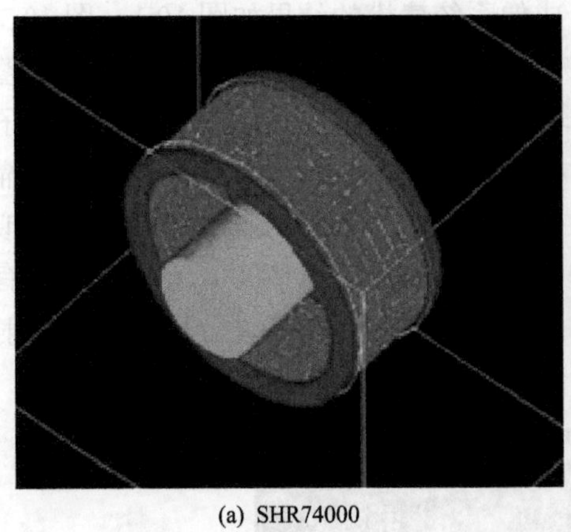

(a) SHR74000

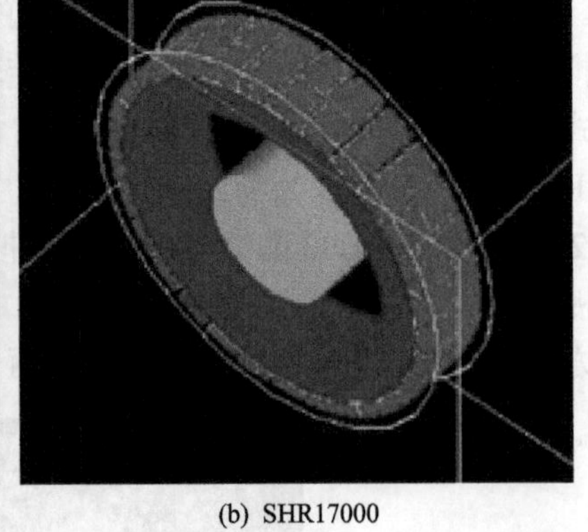

(b) SHR17000

图 10.3　蒙特卡罗建模之后的 PET 扫描仪与体模

10.2.3　基于蒙特卡罗方法的 PET 散射特性分析

蒙特卡罗模拟是目前 ECT 成像系统辅助设计中必要的一种工具。通过使用基于 Geant4 的蒙特卡罗模拟代码 GATE 对全身 3D PET 扫描仪 SHR74000 和含有钨挡板的 2D/3D 小动物用 PET 扫描仪 SHR17000 进行建模[173-176]，系统地分析了 3D 采集条件下 PET 的散射分数、散射分布、多次散射、视野外散射四个主要方面和 2D 采集条件下挡板对散射分数和散射分布的影响。针对全 3D 散射校正的难点，即多次散射[177]和视野外散射，设计了附加实验，拟合得到了多次散射光子的百分比随体模横截面积变化的关系和不同环的位置受到视野外散射光子的影响；针对 2D

散射校正，对挡板引入的散射光子进行分离，单独分析，为这部分散射光子的消去或加入重建过程提供了定量的参考。

1. SHR74000 散射特性分析

1) SHR74000 TOF-PET/CT 扫描仪

SHR74000 是日本滨松光子学株式会社研制的全身 3D TOF-PET/CT 扫描仪，该机含有 288 个探测器组(6 个探测器环×每环 48 个探测器组)，每组探测器耦合到一个 PS-PMT(R8400-00-M64 PMT)，每个探测器组含有 256(16×16)个 LYSO(硅酸钇镥)晶体，每个探测器晶体的尺寸为 2.9mm×2.9mm×20mm，总计构成了 96 个晶体环。系统的所有探测器模块，排列成内直径为 826mm 的探测器环。系统的横向视野为 576mm，轴向视野加长至 318mm，在其显像孔径的两端，加有内径为 375mm、厚度为 30mm 的屏蔽层，以限制视野外放射性因素的干扰。采集时的能量窗口设置为 400～650keV，以减少噪声信号的影响。SHR74000 扫描仪的主要特性如表 10.1 所示。

表 10.1　SHR74000 系统参数

特性	参数
闪烁晶体材料	LYSO
闪烁晶体尺寸	2.9mm×2.9mm×20mm
每个 PMT 上的闪烁晶体数目	256(16×16 PMT)
PMT 型号	R8400-00-M64
闪烁晶体总数	73728
PMT 总数	288
探测器环数	96
探测器环直径	826mm
横向视野	576mm
轴向视野	318mm

2) 实验设置

针对 SHR74000 使用的全 3D 采集模式，我们对散射分数、散射分布、多次散射、视野外散射四个主要方面进行了分析，考虑到大物体时散射符合计数的增加及散射校正效率的降低，除了美国电气制造商协会(NEMA)的标准体模外，我们着重增加了对大直径体模的模拟。标准体模为长为 70cm、直径为 20cm 的圆柱形体模，大直径体模为长为 70cm、直径为 35cm 的圆柱形体模。模拟实验设置如下：实验 1，大直径体模内充满水溶液，一根长为 70cm、直径为 1mm 的线源沿轴向插入体模中，距离中心偏移分别为 0mm、10mm、50mm、100mm、170mm，进行 5 组实验；实验 2，标准体模内，同样线源沿轴向插入体模内，距离中心偏移为 0mm 进行一组实验；实验 3，大直径体模内充满均匀 ^{18}F 溶液；实验 4，标准体模内充满均匀 ^{18}F 溶液。

3) 实验结果

大直径体模实验得到的散射分数如图 10.4 和图 10.5 所示，图 10.4 给出了散射分数随线源偏移的变化，图 10.5 给出了散射分数随符合环差(ring difference)的变化。散射分数为 40%～70%，与实际测试结果相符。图 10.6～图 10.10 给出了实验 1 中线源分别在 0mm、10mm、50mm、100mm、170mm 五组偏移实验中的散射分布，散射光子分布随线源偏移量的改变而有明显的移动。

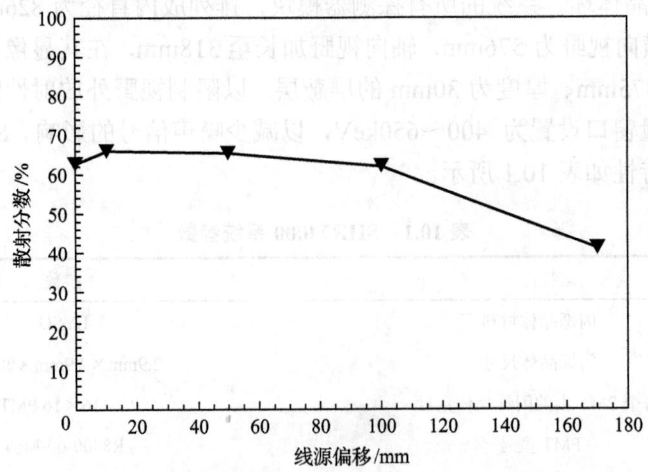

图 10.4　大直径体模实验中散射分数随线源偏移的变化

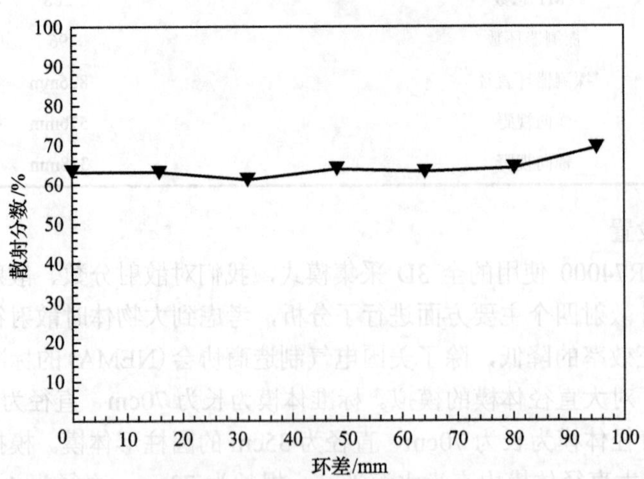

图 10.5　大直径体模实验中散射分数随符合环差的变化

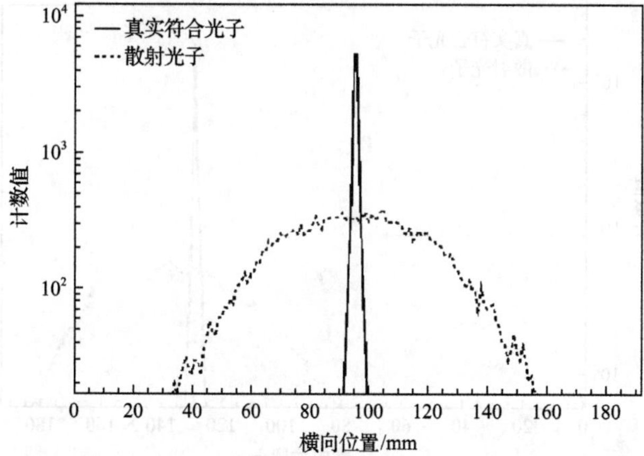

图 10.6　线源在 0mm 偏移实验中的散射分布和真值分布

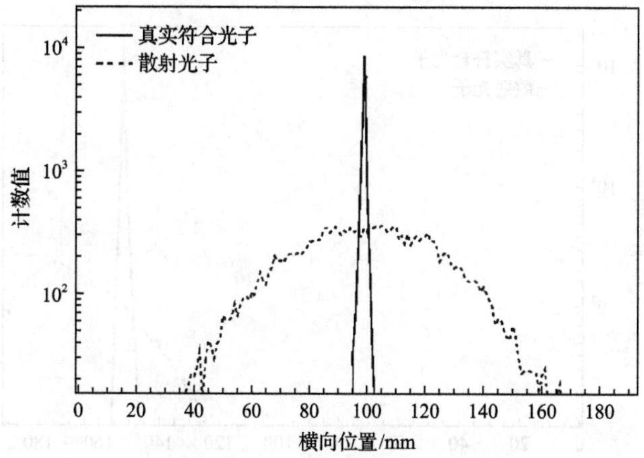

图 10.7　线源在 10mm 偏移实验中的散射分布和真值分布

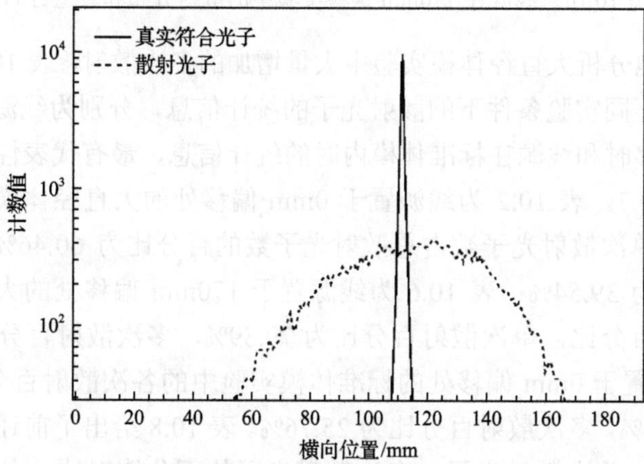

图 10.8　线源在 50mm 偏移实验中的散射分布和真值分布

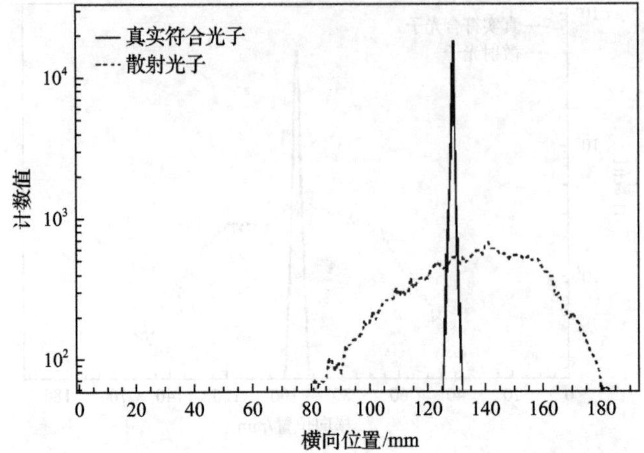

图 10.9　线源在 100mm 偏移实验中的散射分布和真值分布

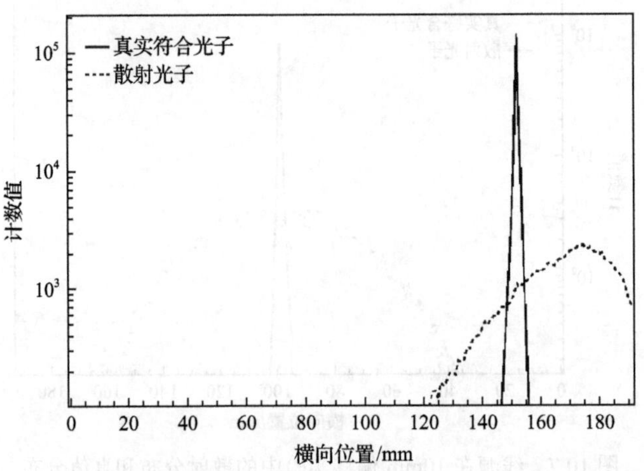

图 10.10　线源在 170mm 偏移实验中的散射分布和真值分布

为了更好地分析大直径体模实验中大量增加的多次散射，表 10.2～表 10.7 分别给出了六种不同实验条件下的散射光子的统计信息，分别为线源在大直径体模内五种不同偏移时和线源在标准体模内时的统计信息，最有代表性的为表 10.2、表 10.6 和表 10.7。表 10.2 为线源置于 0mm 偏移处的大直径体模实验中的各次散射百分比，单次散射光子数占总散射光子数的百分比为 60.46%，多次散射光子数的百分比为 39.54%；表 10.6 为线源置于 170mm 偏移处的大直径体模实验中的各次散射百分比，单次散射百分比为 79.89%，多次散射百分比为 20.11%；表 10.7 为线源置于 0mm 偏移处的标准体模实验中的各次散射百分比，单次散射百分比为 74.34%，多次散射百分比为 25.76%。表 10.8 给出了前述所有六个实验中未散射光子、单次散射光子、多次散射光子的百分比对比，从中我们可以看出，主要变化的部分为未散射光子和多次散射光子，当线源离中心偏移不太大时，散射光子的百分比变化规律与散射分数的变化规律基本保持近似关系。为了进一步研究多次散射光子随物体体积的变化规律，我们增加了一组横截面为椭圆的体模实验，体模体积覆盖从正常体模到大直径体模的范围，具体实验设置如表 10.9 所示，拟合得到的多次散射光子的百分比随体模横截面积变化的关系如图 10.11 所示，可近似认为是线性变化关系。此拟合结果可用于使用单散射模拟法(single scatter simulation，SSS)的散射校正中，基于此拟合结果，多次散射光子数可以更准确地从单次散射光子数计算得到，从而避免了简单地使用拟合(tail-fitting)法带来的误差[178-180]。

表 10.2　线源置于 0mm 偏移处时大直径体模实验中的各次散射百分比
(行和列分别对应两个光子的散射次数)　(单位：%)

散射次数	0×	1×	2×	3×	4×
0×	37.66	18.87	3.7	0.39	0.03
1×	18.82	10.98	2.18	0.23	0.01
2×	3.75	2.18	0.44	0.05	0
3×	0.38	0.23	0.05	0.01	0
4×	0.02	0.02	0	0	0

表 10.3　线源置于 10mm 偏移处时大直径体模实验中的各次散射百分比
(行和列分别对应两个光子的散射次数)　(单位：%)

散射次数	0×	1×	2×	3×	4×
0×	34.40	19.83	3.92	0.397	0.027
1×	19.79	11.56	2.3	0.24	0.01
2×	3.90	2.29	0.46	0.05	0
3×	0.40	0.24	0.05	0	0
4×	0.03	0.02	0	0	0

表 10.4　线源置于 50mm 偏移处时大直径体模实验中的各次散射百分比
(行和列分别对应两个光子的散射次数)　(单位：%)

散射次数	0×	1×	2×	3×	4×
0×	34.95	19.96	3.98	0.43	0.03
1×	19.95	10.91	2.14	0.22	0.02
2×	4.00	2.11	0.41	0.04	0
3×	0.43	0.23	0.04	0	0
4×	0.03	0.01	0	0	0

表 10.5　线源置于 100mm 偏移处时大直径体模实验中的各次散射百分比
(行和列分别对应两个光子的散射次数)　(单位：%)

散射次数	0×	1×	2×	3×	4×
0×	38.08	19.99	4.04	0.48	0.04
1×	20.00	8.84	1.54	0.17	0.01
2×	4.05	1.56	0.24	0.02	0
3×	0.49	0.17	0.02	0	0
4×	0.04	0.01	0	0	0

表 10.6　线源置于 170mm 偏移处时大直径体模实验中的各次散射百分比
(行和列分别对应两个光子的散射次数)　(单位：%)

散射次数	0×	1×	2×	3×	4×
0×	59.23	16.28	2.94	0.38	0.03
1×	16.29	1.18	0.1	0.01	0
2×	2.94	0.1	0	0	0
3×	0.38	0.01	0	0	0
4×	0.04	0	0	0	0

表 10.7　线源置于 0mm 偏移处时标准体模实验中的各次散射百分比
(行和列分别对应两个光子的散射次数)　(单位：%)

散射次数	0×	1×	2×	3×	4×
0×	55.36	16.58	1.92	0.11	0
1×	16.56	5.81	0.68	0.04	0
2×	1.92	0.7	0.08	0	0
3×	0.11	0.04	0.005	0	0
4×	0.005	0.001	0	0	0

表 10.8　六组实验条件下未散射光子、单次散射光子、多次散射光子的百分比对比
(单位：%)

对比项	实验一	实验二	实验三	实验四	实验五	实验六
未散射光子	37.66	34.40	34.95	38.08	59.23	55.36
单次散射光子	37.69	39.62	39.91	39.99	32.57	33.14
多次散射光子	24.65	25.98	25.14	21.93	8.2	11.5

表 10.9　椭圆横截面体模实验记录

长半轴/mm	短半轴/mm	多次散射光子百分比/%	体模横截面积/mm^2
175	170	29.959	29750π
175	160	29.304	28000π
175	150	28.648	26250π
175	125	26.548	21875π
175	100	23.773	17500π
140	100	22.606	14000π
130	100	22.113	13000π
120	100	21.671	12000π
105	100	20.632	10500π

注：多次散射光子百分比为多次散射光子数占总散射光子数的百分比。

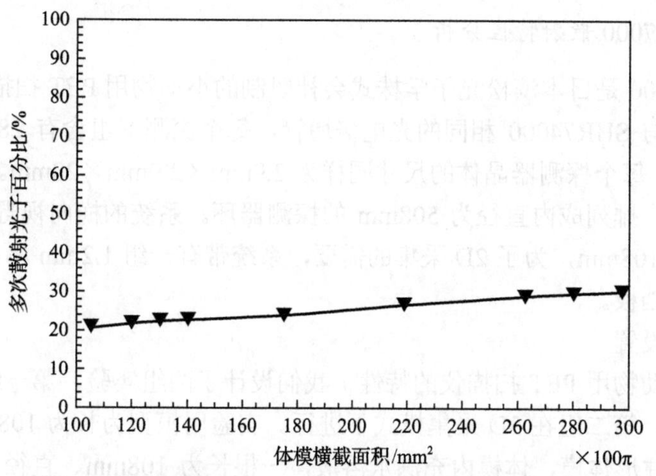

图 10.11　多次散射光子的百分比与体模横截面积的关系

来自视野外的符合计数全部由散射光子造成，对于这部分散射光子的影响，在线源置于 0mm 偏移处的大直径体模实验中，视野外的散射光子数占总散射光子数的百分比为 11.13%。考虑到全 3D 采集条件下不同晶体环处的灵敏度不同，我们增加了一组对比实验，使用长度为 318mm(与系统的轴向视野长度相等)、直径为 35cm 的圆柱形体模和长度为 700mm、直径为 35cm 的圆柱形体模，分别注入 ^{18}F 溶液，两体模单位体积内的放射性药物量设定为相同。图 10.12 给出了两个实验的结果对比，从而可以得到不同位置的环受到视野外散射光子的影响。当进行散射校正时，此结果可用于更有效的环间灵敏度补正[179]。

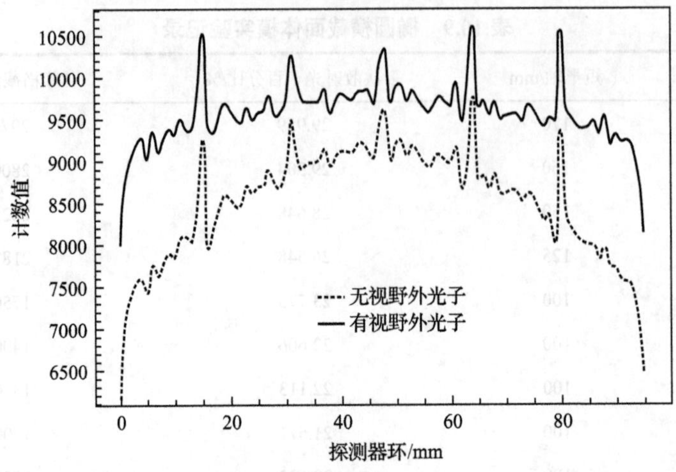

图 10.12　视野外散射光子造成的环间灵敏度差异

2. SHR17000 散射特性分析

SHR17000 是日本滨松光子学株式会社研制的小动物用 PET 扫描仪，60 个探测器组采用与 SHR74000 相同的光电倍增管，每个探测器组含有 288(16×18)个 LYSO 晶体，每个探测器晶体的尺寸同样为 2.9mm×2.9mm×20mm。系统的所有探测器模块，排列成内直径为 508mm 的探测器环。系统的横向视野为 330mm，轴向视野为 108mm，为了 2D 采集的需要，系统带有一组 1.2mm 厚、56mm 长的可移动的钨挡板。

1) 实验设置

根据小动物用 PET 扫描仪的特性，我们设计了两组实验，第一组在 2D 采集模式下进行，第二组在 3D 采集模式下进行。实验用模型为长为 108mm、直径为 20mm 的圆柱形体模，体模内充满水溶液，一根长为 108mm、直径为 1mm 的线源沿轴向插入体模中，距离中心偏移分别为 0mm、5mm、10mm、25mm、50mm、95mm 进行六组实验。

2) 实验结果

针对 SHR17000 含有钨挡板，可同时提供 2D 采集模式和 3D 采集模式的特性，本部分着重从散射分数和散射分布两个方面讨论使用 2D 采集模式时钨挡板对系统散射光子的影响[26]。2D 采集模式下整体散射分数和钨挡板造成的散射分数如图 10.13 所示，在中心区域整体散射分数大约为 33%，钨挡板造成的散射分数为 15%，钨挡板造成的散射光子数约占总散射光子数的 45%。图 10.14～图 10.19 分别给出了线源在六个不同偏移实验中的散射分布，图中将在物体中产生的散射光子和在钨挡板上产生的散射光子进行了明确的区分，从中分别可以看出两者的

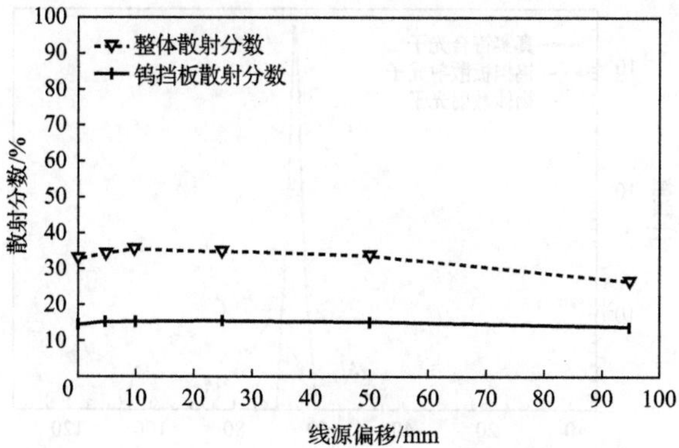

图 10.13　SHR17000 散射分数随线源偏移的变化

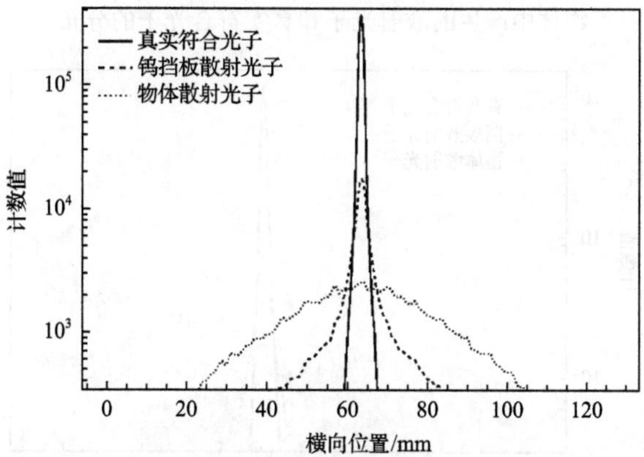

图 10.14　SHR17000 实验中线源距中心 0mm 偏移时钨挡板上产生的散射光子、物体中产生的散射光子和真实符合光子的分布

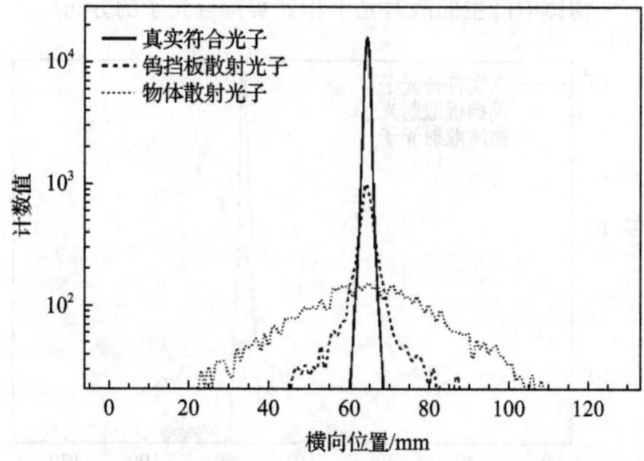

图 10.15　SHR17000 实验中线源距中心 5mm 偏移时钨挡板上产生的散射光子、物体中产生的散射光子和真实符合光子的分布

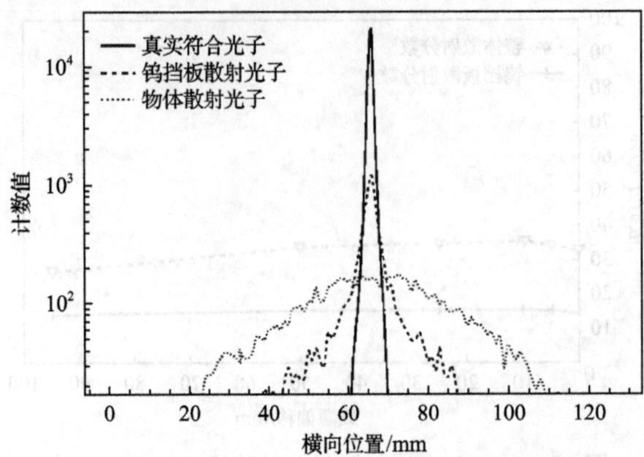

图 10.16　SHR17000 实验中线源距中心 10mm 偏移时钨挡板上产生的散射光子、物体中产生的散射光子和真实符合光子的分布

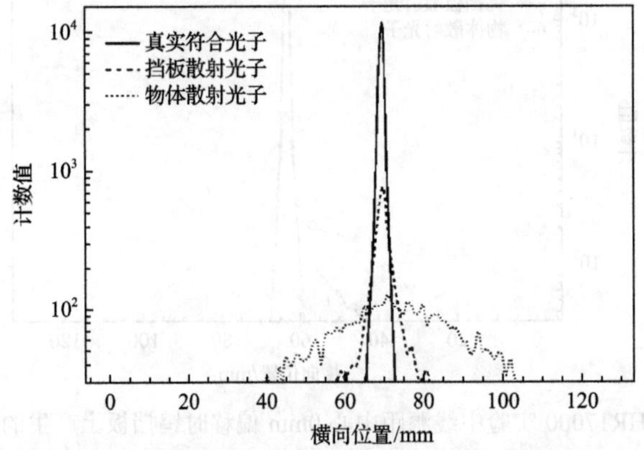

图 10.17　SHR17000 实验中线源距中心 25mm 偏移时钨挡板上产生的散射光子、物体中产生的散射光子和真实符合光子的分布

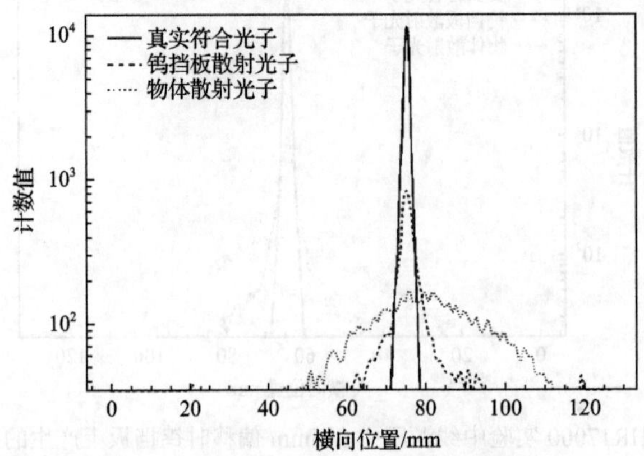

图 10.18　SHR17000 实验中线源距中心 50mm 偏移时钨挡板上产生的散射光子、物体中产生的散射光子和真实符合光子的分布

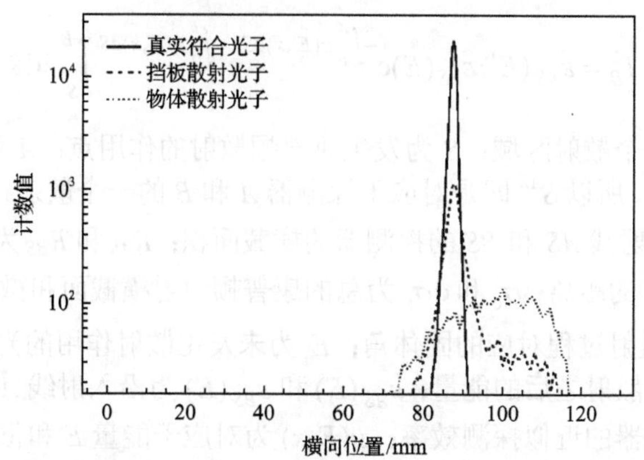

图 10.19　SHR17000 实验中线源距中心 95mm 偏移时钨挡板上产生的散射光子、物体中产生的散射光子和真实符合光子的分布

分布规律，并可以明显地看出两种散射光子随线源在不同偏移时的分布规律的变化情况。钨挡板造成的散射光子的分布更接近于线源的投影位置，从而为钨挡板造成的散射光子的消去或用于图像重建给出了定量的参照。

10.2.4　基于单散射模拟法的 PET 散射校正方法

依据 10.2.1 节对散射校正方法的综述和 10.2.3 节对各种情况下散射特性的分析，我们提出了以 SSS 为基础[178,181-186]、利用基于蒙特卡罗模拟直接估计散射分布的方法来进行全 3D 的散射校正。针对全 3D 散射校正中的两个难点(特别是大体模实验中)，即多次散射光子和轴向视野外光子，根据 10.2.3 节散射特性分析的结果，提出了新的统一化方法(scale method)，实现了更为精确的散射校正，并将其应用于 SHR74000 全身 3D PET 扫描仪上，更进一步，根据需要，也可将 TOF 信息加入到散射校正中来，从而获得更加理想的校正效果[187]。

1. SSS 的单次康普顿散射模拟

PET 扫描仪中 γ 光子发生的散射绝大部分是康普顿散射[188]，根据 Klein-Nishina 方程，物体中 γ 光子发生单次康普顿散射的过程可以近似为

$$S^{AB}=\int_O \mathrm{d}O\frac{\sigma_{AS}\sigma_{BS}}{4\pi R_{AS}^2R_{BS}^2}\frac{\mu}{\sigma_{\mathrm{c}}}\frac{\mathrm{d}\sigma_{\mathrm{c}}}{\mathrm{d}\Omega}\left(I_A+I_B\right) \tag{10.6}$$

式中

$$I_A=\varepsilon_{AS}(E)\varepsilon_{BS}(E')\mathrm{e}^{-\int_S^A\mu(E,x)\mathrm{d}S}\mathrm{e}^{-\int_S^B\mu(E',x)\mathrm{d}S}\int_S^A\lambda\mathrm{d}S$$

$$I_B = \varepsilon_{AS}(E')\varepsilon_{BS}(E)\mathrm{e}^{-\int_S^A \mu(E',x)\mathrm{d}S}\mathrm{e}^{-\int_S^B \mu(E,x)\mathrm{d}S}\int_S^B \lambda \mathrm{d}S$$

O 为采样后的一个散射区域；S 为发生康普顿散射的作用点；A 和 B 为采样后的一对探测器模块，所以 S^{AB} 即是对应于探测器 A 和 B 的一个散射符合计数；σ_{AS} 和 σ_{BS} 为对应于入射线 AS 和 BS 的探测器的横截面积；R_{AS} 和 R_{BS} 为从散射作用点 S 到探测器 A 和 B 的距离；σ_c 和 $\mathrm{d}\sigma_c$ 为总的康普顿散射横截面和微分的康普顿散射横截面；Ω 为散射过程对应的固体角；E 为未发生散射作用的光子的能量；E'为光子发生康普顿散射之后的能量；$\varepsilon_{AS}(E)$ 和 $\varepsilon_{BS}(E)$ 为沿入射线 AS 和 BS 入射的 γ 光子对应的探测器的近似探测效率；$\mu(E,x)$ 为对应于能量 E 和位置 x 的线性衰减系数；λ 为来自重建图像的放射性浓度分布。

2. 数据处理流程

基于 SSS 的散射校正方法数据处理流程设计如图 10.20 所示。首先使用预重建的发射扫描图像(放射性药物分布)和透射扫描图像(不同组织区域划分并提供衰减系数分布)，根据第 1 节描述的单次散射模拟公式计算出特定采样面的单次散射分布，然后使用立方插值得到全 3D 的空间散射分布；再使用第 3 节中将要引入的新的统一化方法，将计算得到的散射分布与采集到的数据统一到同样的计数量级；最后将此散射分布从采集到的数据中减掉以实现系统的散射校正，最终散射校正过的数据被重建以得到要求的放射性浓度分布图像。

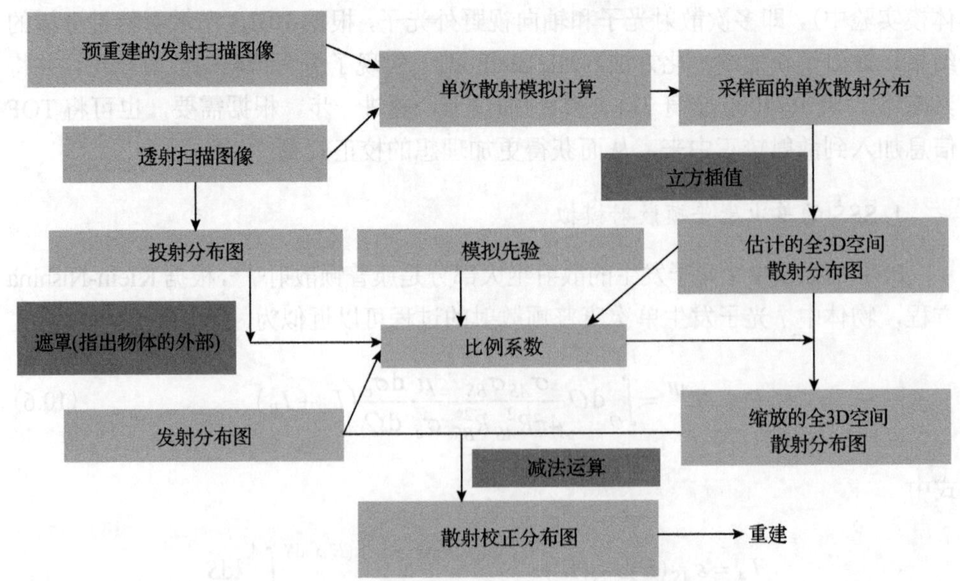

图 10.20　基于 SSS 的散射校正方法实现流程图

3. 统一化方法

根据图 10.20 所示的数据处理流程，单次散射模拟计算完成以后，单次散射光子分布需要被统一化到与测量得到的数据相同的计数量级上，这一步统一化的处理决定了整个散射校正的定量精度。同时，因为 SSS 仅仅计算了轴向视野范围内的单次散射光子分布，根据 10.2.3 节对散射特性的分析，为了得到更为精确的散射校正，轴向视野外散射光子的影响及多次散射光子的影响必须被加入到计算中，这两种散射光子的影响同时也是 PET 散射校正的难点。随着现代 PET 的大视野设计，我们特别增加了对大物体散射校正的分析，因为在大物体实验中，多次散射光子所占的比例有了明显的提高。为了对这两种光子进行有效校正，解决散射校正中的难题，我们通过大量的实验设计了新的统一化方法，其中每一层的统一化参数 $f_{\text{scale}}(n,m)$ 可以表示为

$$f_{\text{scale}}(n,m) = (An^2 + Bn + \text{offset})(1 + Cm + D)F \tag{10.7}$$

式中，n 为轴向位置；m 为当前层对应的物体的横截面积；F 为基于 SSS 散射校正方法中的统一化参数，通过对物体外只有散射光子的区域进行拟合(tail-fitting)得到。F 的作用是补偿符合探测估计中的误差，即光子计数量级的误差。新的统一化方法通过引入两个附加参数(An^2+Bn+offset)和(1+Cm+D)来实现对来自轴向视野外的散射光子的校正和多次散射光子的校正。参数(An^2+Bn+offset)与 PET 扫描仪的轴向位置有关，表述由视野外的放射性浓度分布造成的轴向灵敏度的差异。参数(1+Cm+D)与当前层对应的物体的横截面积有关，表述多次散射光子随物体横截面积的变化规律。两个参数的具体计算方式如下所述。

对于来自轴向视野外的散射光子，10.2.3 节蒙特卡罗模拟分析结果显示这部分散射光子数大约占总散射光子数的 11%。使用不同长度的圆柱形体模进行两组对比实验(一组体模长度为 318mm，与 PET 扫描仪的轴向视野相等，另一组体模长度为 700mm，与 NEMA 标准中规定的长度相同)，所有实验中单位体积内的放射性药物浓度设定为相同，体模分别包括标准直径(20cm)体模和大直径(35cm)体模，采集过程中体模均放置在横向视野的中心处。在某种程度上，两组直径的体模可分别认为是对胸腔部分的模拟和对头部的模拟。受视野外散射光子影响造成的计数差示意如第 10.2.3 节图 10.12 所示，由此得到的含有视野外散射光子影响和不含视野外散射光子影响的计数比值如图 10.21 和图 10.22 所示。图 10.21 为 35cm 大直径体模实验得到的结果，图 10.22 为 20cm 标准直径体模实验得到的结果。两图中 5 个异常的突起来自平板光电倍增管之间的缝隙。根据得到曲线的形状，我们选择 2 次曲线方程来进行拟合，参数(An^2+Bn+offset)正对应于此二次拟合曲线，设置中心层面为 n=0，然后分别计算两端。对于 35cm 大直径体模，计算

得到的 A、B 和 offset 分别为 1.13×10^{-4}、-5.87×10^{-4} 和 1.063；对于 20cm 标准直径体模，计算得到的 A、B 和 offset 分别为 3.05×10^{-5}、2.39×10^{-3} 和 1.072。

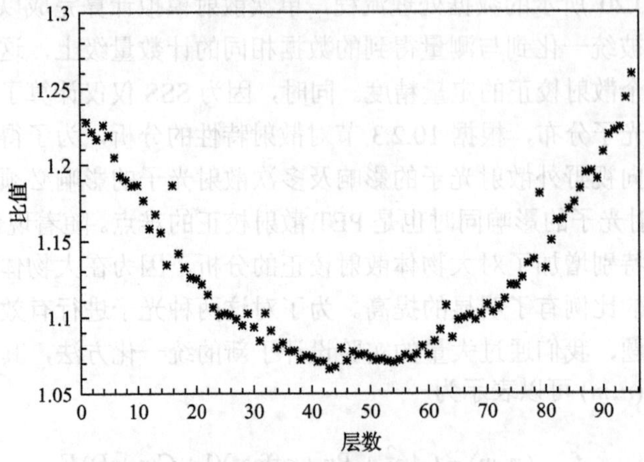

图 10.21　35cm 大直径体模实验得到的含有视野外散射光子影响和不含视野外散射光子影响的计数比值

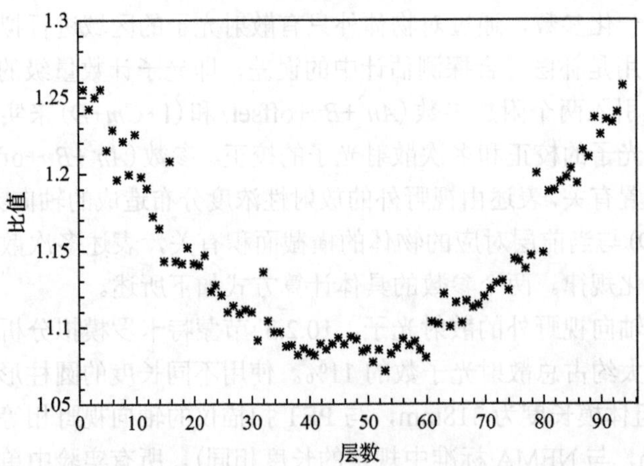

图 10.22　20cm 标准直径体模实验得到的含有视野外散射光子影响和不含视野外散射光子影响的计数比值

对于多次散射光子，10.2.3 节利用蒙特卡罗模拟对其进行了详细的分析，这部分散射光子数约占全部散射光子数的 20%～40%。10.2.3 节中已设计了详细的实验，来分析多次散射光子及其随物体在特定层面的横截面积的变化规律，结果分别如图 10.11 和表 10.9 所示。图 10.11 所示的近似线性关系可直接应用于我们的散射校正中，用于多次散射光子校正的参数 $1+Cm+D$ 就直接利用了图 10.11 中的近似线性关系。

4. TOF 信息加入到散射校正中

随着现代闪烁晶体转换速度与转换效率的提升及数字电路处理技术的进步，临床 PET 扫描仪的 TOF 差又重新成了 PET 研究领域的热点之一[136,184]。TOF 差表征了 PET 符合计数中两个光子到达探测器并被探测到的时间差，相对于非 TOF PET 扫描仪，加入 TOF 信息可以将符合光子限制在符合线上的某个区域内，从而提高了探测的精度。我们在散射校正中也引入相应的 TOF 信息，将不同 TOF 信息对应的散射光子归入不同的空间区域，从而在计算时间相对延长的情况下取得更好的散射校正效果。

10.2.5　散射校正的效果及在实际中的应用

为了评估 10.2.4 节中提出的散射校正方法，我们设计了两组使用不同圆柱形体模的实验，体模的横截面示意图如图 10.23 所示。两个体模在如下的实验中分别称为“模型 A”（图 10.23(a)）和“模型 B”（图 10.23(b)），为了实现定量分析及对比，两组实验数据均来自使用 GATE 的蒙特卡罗模拟。

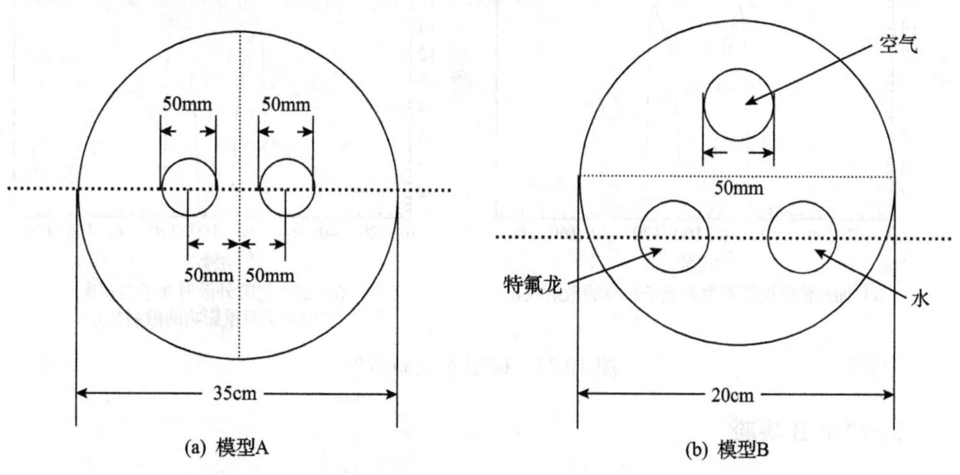

图 10.23　散射校正评估中使用的体模的横截面示意图

1. 模型 A 实验

模型 A 是一个直径为 350mm、长度为 700mm、充满水溶液的圆柱形体模。体模中间插入两个直径为 50mm、长度为 700mm 的小圆柱体，两个小圆柱体中注入剂量相同的 ^{18}F-FDG 溶液。本组实验的目的是测试大直径体模横向中心位置处的散射校正效果，经过散射校正的图像和未经过散射校正的图像均通过期望最大化(expectation maximization，EM)算法重建。图 10.24 给出了沿图 10.23 中虚线所示位置重建的放射性浓度分布曲线，包含了未进行散射校正、进行基于 SSS 的散射校正、加入轴向视野外散射光子影响的散射校正和加入视野外散射光子与多次散射光子双重影响的散射校正四种情况，重建图像的第 13～37 层共 25 层图像被合并起来，以改善图像的统计学特性。图 10.24 显示出了重建图像对比度上的改善，图像中心的轻微过估计可以通过使用 CT 扫描得到的透射图像来校正。

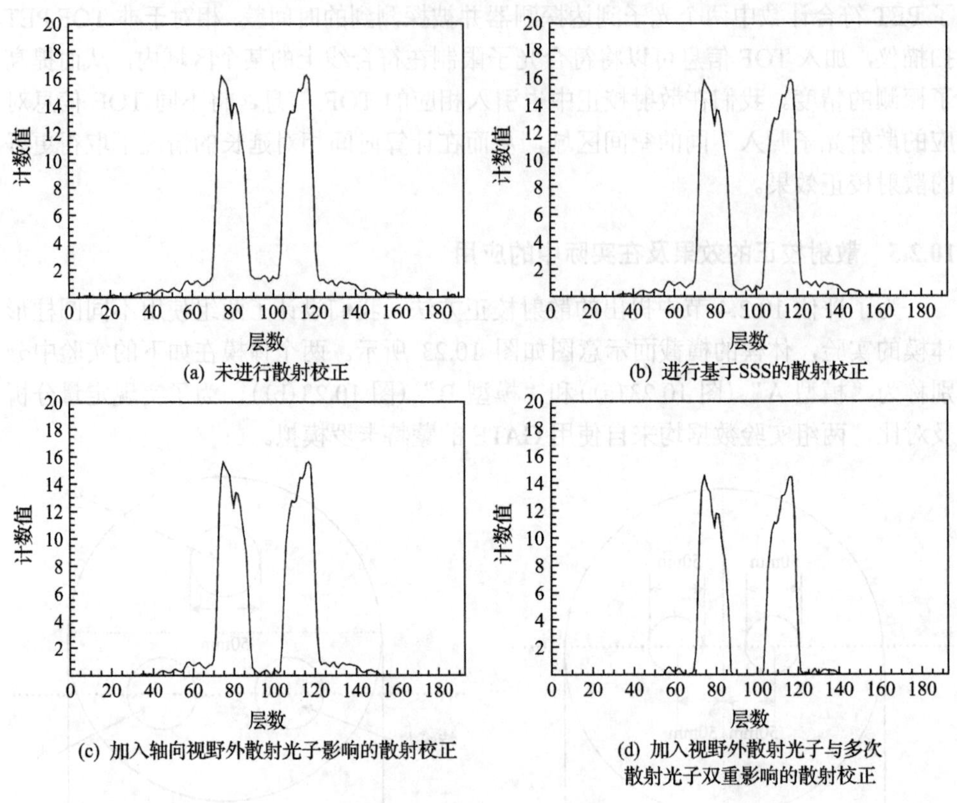

图 10.24　模型 A 实验结果

2. 模型 B 实验

模型 B 为常用的衰减散射测试模型，其直径为 200mm，长度为 700mm，整个体模中充满水溶液。体模中插入 3 个小的圆柱体，材料分别为空气、水和特氟龙，具体的位置和尺寸如图 10.23 所示。实验中大体模内充满 ^{18}F-FDG 溶液，此实验的目的是测试使用标准体模时引入不同统一化参数的散射校正的效果。全部图像使用含有衰减校正的 DRAMA 算法重建[189]。图 10.25 给出了沿图 10.23 中虚线所示位置重建的放射性浓度分布曲线，包含了未进行散射校正、进行基于 SSS 的散射校正、加入轴向视野外散射光子影响的散射校正和加入视野外散射光子与多次散射光子双重影响的散射校正四种情况。为了更好地反映出轴向视野外的散射光子对系统采集数据的影响，图 10.25 选取了离轴向视野边缘 15 层面的数据。

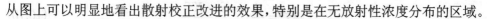

从图上可以明显地看出散射校正改进的效果，特别是在无放射性浓度分布的区域。

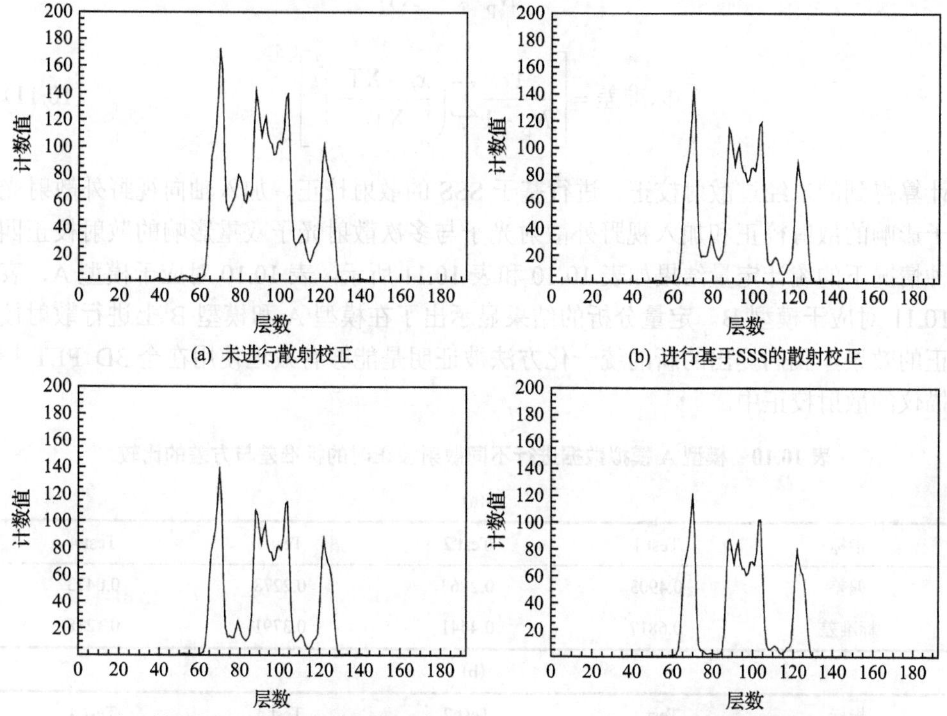

(a) 未进行散射校正

(b) 进行基于SSS的散射校正

(c) 加入轴向视野外散射光子影响的散射校正

(d) 加入视野外散射光子与多次散射光子双重影响的散射校正

图 10.25　模型 B 实验结果

3. 定量统计分析

因为实验数据来自蒙特卡罗模拟，所以可以很方便地就分离出原始数据中的散射符合计数和真实符合计数，通过进行统计定量分析，对比真符合计数分布与散射校正后的结果，实现对散射校正效果的分析。假设 N_{p} 为总的像素数，$\hat{x}_i$ 为对应于像素点 i 的经过散射校正之后的重建结果，XT_i 为对应于像素点 i 的真实符合计数，可以得到如下统计参数(偏差和标准差)定义：对于无放射性药物分布的区域

$$偏差 = \frac{1}{N_{\mathrm{p}}}\sum_i \hat{x}_i - \mathrm{XT}_i \tag{10.8}$$

$$标准差 = \left[\frac{1}{N_{\mathrm{p}}-1}\sum_i (\hat{x}_i - \mathrm{XT}_i)^2\right]^{0.5} \tag{10.9}$$

对于含有放射性药物分布的区域

$$偏差 = \frac{1}{N_{\mathrm{p}}} \sum_{i} \frac{\hat{x}_i - \mathrm{XT}_i}{\mathrm{XT}_i} \tag{10.10}$$

$$标准差 = \left[\frac{1}{N_{\mathrm{p}} - 1} \sum_{i} \left(\frac{\hat{x}_i - \mathrm{XT}_i}{\mathrm{XT}_i} \right)^2 \right]^{0.5} \tag{10.11}$$

计算得到的未经过散射校正、进行基于 SSS 的散射校正、加入轴向视野外散射光子影响的散射校正和加入视野外散射光子与多次散射光子双重影响的散射校正四种情况下的统计定量结果如表 10.10 和表 10.11 所示，表 10.10 对应于模型 A，表 10.11 对应于模型 B。定量分析的结果显示出了在模型 A 和模型 B 上进行散射校正的效果，我们提出的新的统一化方法被证明是能够有效地使用在全 3D PET 扫描仪的散射校正中。

表 10.10　模型 A 模拟数据进行不同散射校正时的标准差与方差的比较

(a)

指标	Test 1	Test 2	Test 3	Test 4
偏差	0.4903	0.2863	0.2278	0.0473
标准差	0.6817	0.4441	0.3791	0.1238

(b)

指标	Test 1	Test 2	Test 3	Test 4
偏差	0.1577	0.1144	0.0989	0.0687
标准差	0.1871	0.1541	0.1439	0.1170

注：Test 1 对应未经过散射校正，Test 2 对应进行基于 SSS 的散射校正，Test 3 对应加入轴向视野外散射光子影响的散射校正，Test 4 对应加入视野外散射光子与多次散射光子双重影响的散射校正。(a) 对应不含放射性浓度分布的区域，(b) 对应含有放射性浓度分布的区域。

表 10.11　模型 B 模拟数据进行不同散射校正时的标准差与方差的比较

(a)

指标	Test 1	Test 2	Test 3	Test 4
偏差	8.145	3.187	2.358	0.774
标准差	20.201	7.763	5.661	1.940

(b)

指标	Test 1	Test 2	Test 3	Test 4
偏差	0.6496	0.3715	0.3090	0.1324
标准差	0.7897	0.5200	0.4633	0.3218

注：Test 1 对应未经过散射校正，Test 2 对应进行基于 SSS 的散射校正，Test 3 对应加入轴向视野外散射光子影响的散射校正，Test 4 对应加入视野外散射光子与多次散射光子双重影响的散射校正。(a) 对应不含放射性浓度分布的区域，(b) 对应含有放射性浓度分布的区域。

4. 实际 PET 扫描仪中的应用

依照 10.2.4 节所述，针对 SHR74000 设计的全身 3D PET 散射校正方法已经成功地应用在该机上。在一台赛扬 1.2GHz、256MB 内存的测试计算机上，运行全部散射校正程序一个循环的实际计算时间为 5min20s。SHR74000 实际使用的处理电脑为 16 台服务器阵列，可用单机 CPU 预计必然优于 P4 3.0GHz，所以实际的散射校正单次循环运行时间将小于 10s，本散射校正程序的设计已达到商用 PET 的使用标准。PET 散射校正下一步的工作重点将集中在把 TOF 信息有机地融合进来，在控制计算时间的基础上进一步提高散射校正的精度。

第11章 图像重建

11.1 PET图像数据格式

PET成像系统探测到的数据通常以列表模式和正弦图的形式被储存下来。其中，列表模式数据是将符合事件按顺序一个一个存储下来。记录中所保存的符合事件信息包括探测器的位置信息(探测器环、探测器模块、晶体的编码)、事件的时间信息、事件的能量信息和其他一些因系统而异的信息(如DOI信息或TOF信息等)，其直观的表示见图11.1。列表模式数据的优点是其几乎包含了每个符合事件中所有的有效信息，利用这些信息可以获得更加准确的生物体内放射性示踪剂的代谢分布；缺点则是列表模式数据往往需要较大的存储空间。

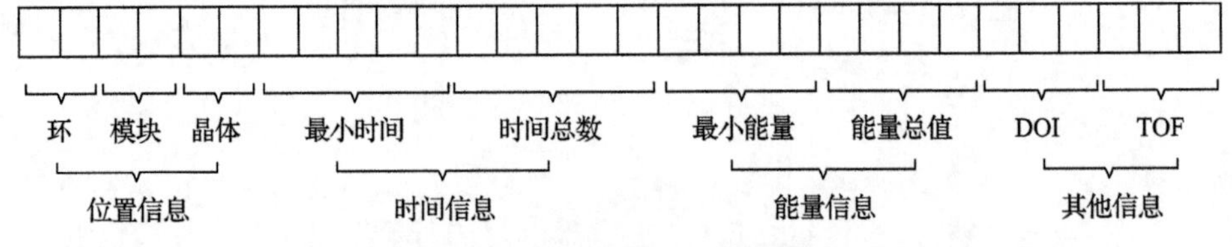

图11.1 列表模式数据模式

与之相对，正弦图数据形式则是将PET图像数据采用阵列的方式进行记录，所记录的数据中只包含事件的部分信息。在正弦图数据中，每一个符合事件都对应于一条符合线。当符合线到中心点的距离和其与竖直方向的夹角被确定后，就能唯一性地确定一条符合线，因此通过记录这两个变量就可以记录所有符合事件发生的具体位置。在正弦图数据中，横坐标代表符合线到中心点的距离，纵坐标代表符合线与竖直方向的夹角(图11.2(a))。正弦图中的每个元素代表某条符合线被系统记录下来的个数，其特定元素的数学表达式为

$$r = x\cos\varphi + y\sin\varphi \tag{11.1}$$

式中，r 为符合线到中心点的距离；φ 为符合线与竖直方向的夹角；x、y 分别为该元素在直角坐标系中的具体位置。完整的正弦图数据见图11.2(b)[190]。

在获取PET扫描数据之后，通过相应的数学重建算法就可获得放射性示踪剂在人体内部的浓度分布图。

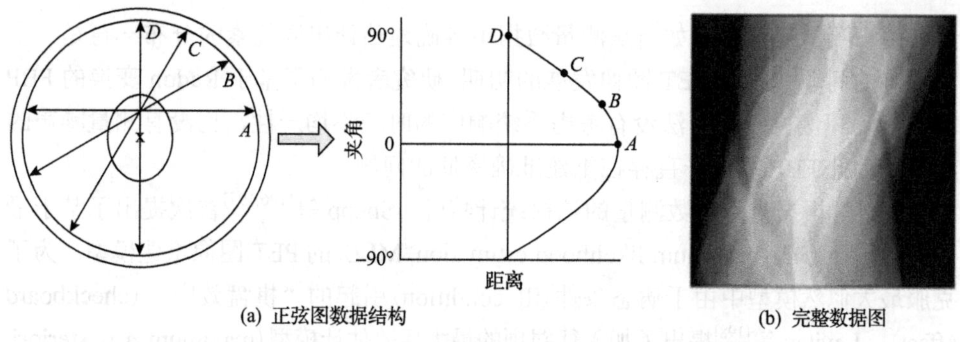

(a) 正弦图数据结构　(b) 完整数据图

图 11.2　正弦图数据的结构和完整数据图

11.2　数 据 重 组

图像采集过程通常包括 2D 模式和 3D 模式，对一般性医用图像重建来说，2D 数据已经足够，3D 数据除了包含全部的 2D 数据外，还增加了不同环之间的倾斜符合线。使用 3D 方式采集数据的主要目的是增加计数量，降低图像中的统计噪声，减少示踪剂用量，缩短采集时间。

3D 数据除了使用 3D FBP 等方法直接重建外，一般先重组为 2D 数据再使用 2D 重建方法进行重建[132,191,192]。将 3D 数据转换为 2D 数据的重组方法一般有三种。

(1) 单层重组(single slice rebinning，SSRB)：将倾斜的符合线(LOR)重组到两个探测器环的中间平面上。这种算法很快，但会降低视野边缘区域的空间分辨率，引起图像模糊。原因在于对于一条倾斜的 LOR，湮灭事件发生在该倾斜 LOR 的具体位置是未知的，人为将其定义在中间平面必将引起误差。通常计算中一般 LOR 的倾斜程度为不超过 7 个环差。

(2) 多层重组(multi slice rebinning，MSRB)：将倾斜 LOR 的计数均匀地分配到所有两个探测器环之间的 2D 平面上。这种方法相对于 SSRB 误差会减小，但是图像模糊的问题依然存在。

(3) 傅里叶重组(Fourier rebinning，FORB)[193]：在傅里叶空间进行重组。这种做法误差最小。将 3D 数据按照符合线的倾斜程度和方向分成几段(segment)，段的多少取决于 3D 采集时的最大环差(maximum ring difference)和单层重组跨度(span)。段的宽度即单层重组跨度。首先对段 0 内的符合线进行 SSRB，得到较高计数的 2D 数据，再由 2D 图像重建算法对此 2D 数据逐层重建得到初步图像，然后将此图像“投影”，得到±1 段和±2 段中缺失的 LOR 计数的估计值，最后再对±1 段和±2 段进行 SSRB 运算，形成最终的数据。

由于测量噪声大，如何从测量数据中准确地估计出同位素的分布一直是一个很困难的问题[194]。在 PET 图像发展的初期，研究者发明了基于 Radon 变换的 FBP 算法[195]。但是 FBP 算法没有考虑系统响应的时空不均一性，也没有测量噪声的影响，因此 FBP 算法一直存在重建准确率低的问题。

另外，根据光子计数测量的泊松统计特性，Shepp 等[196,197]首次提出了基于最大似然估计方法(maximum likelihood estimation, MLE)的 PET 图像重建模型。为了克服最大似然模型中由于病态条件(ill condition)引起的“棋盘效应”(checkboard effect)，Levitan 等[198]提出了加入惩罚项的最大后验估计模型(maximum a posteriori, MAP)和正则化统计方法(regularized statistical method)。常用的惩罚项包括平方差、logcosh、全变差和 M-estimator[199-201]。可是这些方法在低噪声的情况下都会出现过平滑的情况，一些重要的细节或是边界信息都会因此被破坏或丢失，因而很多研究都集中在如何控制局部平滑和保护边界信息的平衡上。

本书基于上述过平滑的问题，提出一种基于稀疏表达和字典学习的惩罚项，并在此惩罚项的基础上提出了一种新的基于统计方法重建 PET 图像的模型及其优化方法，并在不同噪声和参数的设置下分析了模型的成像精度和鲁棒性。

从数学的角度看，从函数各个方向的投影数据中重建函数本身最早可以追溯到 Radon[202]的开创性工作。CT 图像中传统的 FBP 算法就是基于 Radon 变换而来的。因为 PET 图像中的发射光子对来自正电子湮灭事件，正弦图同样可以看成是同位素分布函数在发射方向的投影，因此 FBP 算法也可以应用在 PET 图像重建上。但是 FBP 算法的推导是建立在没有噪声的理想测量条件下，而由于随机事件和散射事件，PET 图像测量数据中不可避免地存在大量噪声。因此 FBP 算法重建产生的图像噪声一般很大，需要平滑滤波器做后处理[203]。

由于 PET 图像信噪比较低的问题，以上提到的惩罚项很容易出现过平滑甚至是伪影的情况，因此有研究者设想可以利用 CT 和 MRI 提供解剖结构的信息作为 PET 图像重建的先验。CT 和 MRI 相比 PET 或者 SPECT 图像具有较高的分辨率和信噪比，因而可以提供更丰富的边界信息，而且不同模态图像之间的配准技术也使得这个设想成为可能。但是这种方法的关键依旧是解剖结构的信息和功能信息的符合程度。如果两种结构高度重合，那么我们可以依赖解剖信息作为先验。但是如果这两种信息并不重合的话，这样的先验反而会损害 PET 图像重建的准确率[204-206]。

Gindi 等[204]首次在文章中用猴脑的高分辨率的射线自显迹法证实了猴脑的解剖结构信息和神经代谢的功能信息存在高度的重合，由此首先从解剖图像(如 CT)中获得边界图谱。边界图谱在每个体素点的值反映了对边界的置信程度，图谱的数值越大说明在体素 i 和 j 之间越有可能出现边界。而且，对于垂直方向和水平方向，他们单独定义了两个边界图谱。边界图谱的信息并不是简单地通过边缘检测器获得，而是根据体素所在区域来决定。同时边界图谱也不完全决定于解剖图像，因为根据经验，即使在解剖图像平滑的区域也有可能出现功能图像的边界，这时我们需要将边界图谱的值设置得较大。在 Gindi 等[204]的文章中，使用手动的方式来确定图像的边界图谱。

虽然 PET 图像是非均一性的，但在很多情况下，我们可以假设在一块小区域内 PET 图像是局部平滑的。因此，如果已知图像中边界的位置，我们可以在这些位置允许较大的灰度变化而在其他地方鼓励平滑。这正是以上基于解剖结构先验的 PET 图像重建方法的基本思想。而且如上文所述，解剖成像的设备，如 CT 和 MRI 虽然有较高的分辨率和信噪比，但是这样的方法依赖于不同模态的配准，而且在有些情况下，图像的解剖信息和功能信息并不重合，解剖结构并不能完全覆盖 PET 图像的边缘信息。

11.3 系 统 模 型

由放射性示踪剂发射出的光子遵循泊松随机过程(Poisson stochastic process)。在 PET 成像过程中，每个光子衰减、探测器效率等问题都可用伯努利过程来描述。因为 PET 成像测量数据是基于计数的过程，并且每个发射光子的方向是在 360°上均匀分布的，所以我们可以假设每个探测器探测到的光子数服从泊松分布。下面我们介绍基于泊松统计分布假设下的 PET 成像系统模型。

假设人体内的放射性同位素的分布函数为 $f(x)$，因为最终是以体素网格的形式表示放射性浓度，可以把它写成离散的形式：

$$f(x)=\sum_{j=1}^{P} f_j b_j(x) \tag{11.2}$$

式中，f_j 为在第 j 个体素处的平均放射性浓度；$b_j(x)$ 为第 j 个探测器的标识函数。这样第 n 个探测器对测量到的数据就可以写成

$$\overline{y}_n(f)=\sum_{j=1}^{P} g_{nj} f_j + s_n^E \tag{11.3}$$

式中，s_n^E 为第 n 个探测器对探测到的散射事件的均值；$g_{nj}=c_n a_{nj}$ 为在第 j 个体素中湮灭事件对第 n 个探测器对的贡献，c_n 为第 n 个探测器对的系数，如标定系数、衰减系数、探测效率和死时间校正，a_{nj} 为第 j 个体素对第 n 个探测器对的贡献，可由系统的几何结构算出[12]。

给定系统的测量矩阵后，我们可以通过经典的 FBP 算法重建 PET 图像。FBP 算法虽然计算方便，但是没有考虑噪声对系统测量的影响，因此 FBP 算法的结果信噪比较低。下面我们介绍统计图像重建的方法。

11.4 统计方法重建

PET 成像中光子对计数的测量特性使得我们可以从统计学的角度表示测量的信号。而统计学方法则首先需要设计一个目标函数，用以测量数据对模型的符合程度。最终的结果就是找到测量数据符合得最好的模型参数。在图像重建中，我们一般选择最大似然估计方法，也就是我们希望模型的参数能够在给定观测数据后最大化模型的概率密度函数[196]。假设观测到的数据为 y，模型的参数为 x，PET 图像的最大似然估计为

$$\begin{aligned}\overline{x} &= \arg\max_{x\geqslant 0} p(y,x)\\ &= \arg\max_{x\geqslant 0} \ln p(y,x)\end{aligned} \tag{11.4}$$

式中，$p(y,x)$ 是测量的数据 y 的概率函数；$\ln p(y,x)$ 是对概率函数取对数。假设测量数据 y 在每个探测器上的值符合泊松分布：

$$y_n \sim \text{Poisson}\{\overline{y}_n(x)\},\quad n=1,2,\cdots,N \tag{11.5}$$

式中，N 为探测对的总数；$\overline{y}_n$ 为第 n 个探测器探测到的光子对的平均数；x 为要重建的图像。然后在给定观测数据后，对似然函数取对数就得到了 PET 图像重建的目标函数，即为

$$L(x)=\sum_{n=1}^{N} y_n \ln \overline{y}_n(x) - \overline{y}_n(x) \tag{11.6}$$

但是优化以上的函数没有直接解。因此在统计方法中，我们通过迭代的方法计算目标函数的最优值。一种最直接的方法就是梯度下降，我们将目标函数对 x_j 求偏导：

$$\frac{\partial}{\partial x_j} L(x) = -\sum_{n=1}^{N} g_{nj} + \sum_{n=1}^{N} g_{nj} \frac{y_n}{\sum_j g_{nj} x_j + s_n^E} = 0 \tag{11.7}$$

可以发现这个方程没有解析解。Shepp 和 Vardi[196]引入 EM 算法，并广泛应用到 PET 图像重建中。它假设伴随着观测数据还有一组隐含的数据空间。在每次迭代

的过程中，EM 算法首先计算隐含空间数据的条件期望，然后在给定隐含空间数据的基础上求目标函数的最优值。EM 算法每次迭代的步骤如下所示：

$$x_k^{i+1} = \frac{x_k^i}{\sum_n g_{nk}} \sum_{n=1}^{N} \frac{g_{nk} y_n}{\sum_k g_{nk} x_k + s_n^E} \tag{11.8}$$

11.4.1　正则化重建

因为 PET 采集到的数据较少而需要重建的图像的维数一般比较高，所以最大似然估计方法在重建时存在病态问题。为了解决这个问题，研究者们提出了各种不同的方法，提前终止迭代，加入平滑先验做正则化重建[207,208]。正则化重建也可以被看成是加入高斯马尔可夫场先验的最大后验方法。由于加入了局部平滑的约束，正则化方法可以产生更好的重建结果，而且因为平滑项增强了重建问题的约束，正则化方法的迭代收敛速度也更快。正则化重建方法的目标函数可以写成

$$Q(x) = L(x) - \beta R(x) \tag{11.9}$$

式中，β 为控制图像平滑的程度；$R(x)$ 为平滑惩罚项。因此，我们要重建的图像可以表示为

$$\overline{x} = \arg\max_{x \geqslant 0} Q(x) \tag{11.10}$$

为了减少噪声，我们在设计平滑惩罚项时通常希望相邻的体素值有接近的数值：

$$R(x) = \frac{1}{2} \sum_j \sum_{k \in N_j} w_{jk} \varphi(x_j - x_k) \tag{11.11}$$

式中，N_j 为体素 j 的相邻体素；$\varphi(x)$ 为对称的势函数，如平方函数 $\varphi(x) = 0.5x^2$、全变差函数或者广义 Huber 势函数[208]。平方函数容易出现过平滑的情况，而更复杂的函数需要引入更多的参数甚至不是凸的。因此在设计势函数时，我们希望它能使图像局部平滑，同时保持图像的边界等细节信息。因为在优化目标函数的过程中主要使用梯度下降的方式，所以也希望势函数有连续的一阶导数。因为泊松计数假设下的最大似然函数是凸函数，所以希望势函数也是凸函数。这样整体的目标函数的局部最优解就是全局最优解。下面我们进一步分析常用的势函数[209]。

(1) 平方函数：

$$\varphi(x) = \frac{1}{2} x^2 \tag{11.12}$$

平方函数易于优化，也可以写成简洁的矩阵形式，但是容易造成过拟合的情况，边界信息会被破坏掉。如果对边界信息要求较高，应该避免使用这样的形式。但是非平方的势函数一般需要更多的参数，用来调节保边的程度。这种调节通常需要肉眼来确定，如果参数过高，会引起伪影，严重的可能会造成医生把伪影区域误诊为肿瘤。

(2) 全变差函数：

$$\varphi(x)=\delta^2\left[|t/\delta|-\ln(1+|t/\delta|)\right] \tag{11.13}$$

它在自变量较大，即 $|t|\gg\delta$ 时接近于绝对值的函数形式，但是在自变量较小，即 $|t|\ll\delta$ 时更接近平方函数的性质，其中 δ 需要事先确定。我们在实际过程中经常使用这种势函数。

(3) 广义 Huber 势函数：广义 Huber 势函数是由 Huber 引入用来克服绝对值做函数时的问题，其具体形式如下：

$$\varphi(x)=\begin{cases}\dfrac{1}{2}p\delta^{p-2}t^2, & |t|\leqslant\delta\\ |t|^p-(1-p/2)\delta^p, & |t|>\delta\end{cases} \tag{11.14}$$

而且它具有连续的一阶导数。

11.4.2 解剖信息约束的统计重建方法

前面所述，在 Gindi 等[204]的文章中，使用手动的方式来确定图像的边界图谱。在确定了边界图谱后，重建目标函数的平滑项可以修改为如下的形式：

$$R(x)=\sum_{i,j}\left\{\varphi_v(x_i-x_j)[1-l_v(i,j)]\right\}+\sum_{i,j}\left\{\varphi_h(x_i-x_j)[1-l_h(i,j)]\right\} \tag{11.15}$$

式中，l 为配准到功能图像上的边界图谱；$\varphi_v(x)$ 为垂直方向的势函数；$\varphi_h(x)$ 为水平方向上的势函数。

但是在实际中，PET 图像和解剖成像之间的关系往往比边界信息更复杂，比如说有些病变区域在解剖结构上与周围正常区域并没有区别，而手动制作边界图谱的方式在实际 PET 设备中并不现实。因此，Tang 和 Rahmim[205]以两种图像特征之间的熵作为先验信息建立 PET 图像的最大后验重建模型。

随着多模态系统的出现，各个模态之间的配准问题比以前更加容易解决。Dewaraja 等[210]在 SPECT/CT 成像系统上建立了基于 CT 先验信息的 SPECT 图像重建模型，他们直接利用 CT 图像的结构信息来构造 SPECT 成像系统中的平滑惩罚函数。他们首先对 CT 图像进行预分割，使得每个体素点都有图像区域的标记，并且由此取得局部的掩模。区域内部的掩模值可为 0 或者 1，边界上的掩模值在 0 和 1 之间：

$$\omega_j = \begin{cases} 1, & |l_j - l_{j-1}| \leqslant \varepsilon \\ 0, & \text{其他} \end{cases} \tag{11.16}$$

式中，ε 的值为 0.1；ω_j 为第 j 个体素与第 j–1 个体素之间势函数的系数。在模拟实验和真实体模的实验中，他们发现以 CT 信息作为先验的重建方法都取得了更好的重建结果。OSEM 算法在迭代次数增多的时候会在图像边缘处出现明显的扭曲现象，但是基于 CT 图像的重建方法并没有出现这种问题。而且在数值(绝对值偏差和标准差)比较上，基于 CT 图像的重建方法也取得了更高的精度。这是因为惩罚项在分割好的区域内鼓励平滑而在基于预分割结果的边界上鼓励出现大的变化，因此可以保留边界等细节信息。

但是在存在多个目标的体模中，如果解剖信息和 SPECT 功能信息不一致，基于 CT 图像边缘信息的先验会降低重建的准确度。他们也表示基于 CT 图像重建的方法特别适用于存在肿瘤的 SPECT/CT 成像中，因为肿瘤的信息在 CT 图像中较为明显。

为了测试以上的算法，并且验证解剖信息在 PET 重建中真正能发挥的作用，Vunckx 等[206]利用 MRI 图像，基于解剖先验重建算法对脑部 PET 图像做了验证。他们验证了最初的 MAP 方法，熵作为先验的方法，以及 Bowsher 等[211]的基于马尔可夫场的重建模型。

在假设配准过程中不存在误差的理想情况下，他们对每个模型都手动调节参数使得其重建精度达到最好效果。基于熵信息重建的模型的解是局部最优而不是全局最优，因此不同的参数、图像初始值对最终的重建结果都有较大的影响[206]。而且在重建脑部图像的过程中，他们发现基于解剖信息重建的方法可以使灰质区域的重建精度有很大的提升，而那些惰性的病变区域在 PET 图像中可以清晰地显示，但是在解剖信息中并不会出现。因此，增大先验的权重很有可能使得重建出的 PET 图像丢失这一部分信息，而基于预分割的解剖重建模型则不易于出现这样的问题，而且在大部分测试中，基于预分割的模型都取得了最佳的重建精度。

11.5 优 化 算 法

对优化算法有多种分类方法。一种常用的分类标准是算法的单调性[200,201]。一个单调算法为在算法迭代的每一步目标函数都保证会下降。目前主要有三种类别：①完全单调，算法每次迭代都能保证目标函数下降；②强制单调，可以通过线搜索的方法保证优化算法保持单调；③非单调算法。单调算法的优势是它一定可以让算法在某一个局部最优解处收敛。

另一种常用的分类方法为更新函数的方式，如下所述。

(1) 同时更新算法：$x^{n+1} = L(x^n, y)$。

在同时迭代参数的算法中，所有的参数在每次迭代中根据上次迭代的值和测量值被同时更新。EM 算法就是同时更新的一种。同时更新算法有一个重要的优势就是可以并行化，每个体素点的更新独立于其他体素点。同时更新算法又可以被进一步分为两个子类。

①可分离同时更新：$x_j^{n+1} = L_j^1(x_j^n, y)$；

②不可分离更新：$x_j^{n+1} = L_j^2(x^n, y)$。

除了 EM 算法之外，可分离同时更新算法还包括 de Pierro[212]的修改版 EM 算法和 Lange[213]为扫描断层图像重建设计的凸算法[212-214]。共轭梯度下降是不可分离同时更新算法。PET 图像重建中的非负约束条件很容易加到可分离同时更新算法上，但是不可分离很难保证非负性的约束条件。

(2) 顺序更新，对每个 $j = 1, \cdots, p$，依次做如下形式的更新：

$$x_j^n = L_j(x_{j-1}^n, y)$$

在顺序迭代的算法中，每个参数按顺序依次更新，上一次迭代估计出的值 x_{j-1}^n 被用到 x_j^n 的更新中。坐标下降就是一种典型的顺序更新方法，而且顺序更新方法很容易考虑非负性的问题。如果某次计算中体素的值小于 0，我们可以直接把它重新设置为 0。通常在顺序更新中，高频的部分收敛速度更快，因此如果我们用 FBP 重建出的结果作为初值，顺序迭代算法收敛的速度相比其他的方法更快。另一个顺序更新算法的例子是空间广义期望最大(space alternating generalized expectation maximization，SAGE)算法，其相比 EM 算法利用了更少的隐含数据，但是每个体素的值的使用类似于 EM 算法的思想做更新[208]。对于 PET 成像，它的收敛速度非常快。但是因为 SAGE 算法需要系统矩阵每列的数据，比较难实现。

(3) 组更新：$x_k^n = L_k(x_{k-1}^n, y)$。

在组更新算法中，一组变量基于上一组变量和测量数据被同时更新。这是介于同时更新和顺序更新中间状态的算法。它同样可以并行化，而且如果算法实现合理的话，也需要更少的迭代次数。组梯度下降就属于这一类算法。和顺序算法一样，组更新算法也需要系统矩阵的列数据，因此也比较难实现。

(4) 有序子集算法：$x^{n,k} = L_k(x^{n,k-1}, y_{S_k})$。

在有序子集算法中，所有参数在每次更新时只使用一部分测量数据。通常情况下，这些算法都是近似算法，并且不能保证收敛。OSEM 算法是首个有序子集更新算法。可调子块迭代预期最大化(RBI-EM)算法相对 OSEM 算法具有更好的收敛性质。虽然大部分有序子集更新算法都不能保证收敛，但是它们的图像效果可以接受，并且非常容易实现，速度也非常快[215]。

本章的优化算法是基于 de Pierro[212]的凸包络算法模型，属于同时更新算法。

11.6 稀疏表达

稀疏表达是近年来信号处理和模式识别领域的热点[216]。给定一个冗余的字典 $\boldsymbol{D}\in\mathbf{R}^{n\times k}$，它的每一个列向量都是一个原型信号，$\{\boldsymbol{d}_j\}_{j=1}^{k}$。这样对任意一个信号 $\boldsymbol{y}\in\mathbf{R}^{n}$，我们都可以通过线性组合字典里的元素来重建目标信号。这种表达在数学上可以表示为 $\boldsymbol{y}=\boldsymbol{D}\boldsymbol{x}$，或者近似地表示为 $\boldsymbol{y}\approx\boldsymbol{D}\boldsymbol{x}$，或者 $\|\boldsymbol{y}-\boldsymbol{D}\boldsymbol{x}\|\leqslant\varepsilon$，其中向量 $\boldsymbol{x}$ 为信号在字典 $\boldsymbol{D}$ 下的表达，即稀疏系数。如果 $n<k$ 而且 $\boldsymbol{D}$ 是全秩矩阵，那么上述问题的 $\boldsymbol{x}$ 会有无穷多个解，因此我们必须对它有额外的约束条件。稀疏表达的出发点即为希望向量 $\boldsymbol{x}$ 大部分为 0，它可以表示成

$$\min_{\boldsymbol{x}}\|\boldsymbol{x}\|_0,\quad \text{s.t. } \boldsymbol{y}=\boldsymbol{D}\boldsymbol{x} \tag{11.17}$$

或者

$$\min_{\boldsymbol{x}}\|\boldsymbol{x}\|_0,\quad \text{s.t. } \|\boldsymbol{y}-\boldsymbol{D}\boldsymbol{x}\|_2\leqslant\varepsilon \tag{11.18}$$

式中，$\|\boldsymbol{x}\|_0$ 为向量的零范数，表示向量非 0 点的个数。可是上述问题是 NP 难问题，不存在多项式向量的解法[217]。在字典已知的情况下，这个问题又叫稀疏编码，研究者已经对它提出了很多有效的近似解法，并且有详细的理论分析。预先设定的字典有 wavelets、curvelets、contourlets 等[218,219]。但是也有研究表明，从信号中学习出字典可以进一步提升信号恢复、计算机视觉等问题的结果。下面我们详细介绍稀疏编码和字典学习的问题。

11.6.1 稀疏编码

稀疏编码意为在给定字典 $\boldsymbol{D}$ 的情况下求解信号 $\boldsymbol{y}$ 的表达系数 $\boldsymbol{x}$。它的数学形式如式(11.17)和式(11.18)所示。

针对这个问题的近似解一般被称为追踪(pursuit)算法[220]。最直接并且被广泛引用的一类追踪算法即为匹配追踪(matching pursuit，MP)算法和正交匹配追踪(orthogonal matching pursuit，OMP)算法[217]。它们基于贪心算法的思想，每次迭代选取最有价值的一个字典元素直到达到稀疏范数的上限或者重建误差的下限。

因为算法复杂度主要在向量内积上，所以这一类算法计算快并且简单易于实现。另一类常用的算法是基追踪(basis pursuit，BP)算法[221]，它把稀疏编码问题中的零范数通过凸放缩的形式变为一范数，再通过拉格朗日乘子的方法将上述问题变为无约束问题，然后用迭代的方式求解出信号的稀疏表示。

1. OMP 算法

OMP 算法是一种贪心算法，在计算的每一步，它选择能让信号重建的残差变得最小的字典元素[217]。在确定了字典的元素后，信号表达的系数由最小二乘法计算得出。从数学的角度看，给定一个信号 $\boldsymbol{y} \in \mathbf{R}^n$ 和一个字典 $\boldsymbol{D} \in \mathbf{R}^{n\times k}$ (其中字典的每个元素都已经被归一化)，首先假定残差 $\boldsymbol{r} = \boldsymbol{y}$，$k=1$，然后重复进行以下步骤：

(1) 选择一个新的字典元素，使得它和残差的内积最小，即 $i_k = \arg\min\limits_{w} \left|\langle \boldsymbol{r}_{k-1}, \boldsymbol{d}_w \rangle\right|$；

(2) 根据所选择的字典重新计算稀疏表达的系数，使得 $\boldsymbol{y}_k = \arg\min\limits_{\boldsymbol{y}_k} \|\boldsymbol{y} - \boldsymbol{y}_k\|$；

(3) 更新残差：$\boldsymbol{r}_k = \boldsymbol{y} - \boldsymbol{y}_k$。

迭代的终止条件有两种：一种是选择的字典个数达到预先设定的上限；另一种是在残差达到小于预先设定值时程序终止。

OMP 算法不仅易于实现，而且可以对给定零范数的值计算出信号的稀疏表达。这在字典学习中是一个很有用的性质。同时 OMP 算法也有几种改进的形式，例如：①跳过最小二乘法求解系数的步骤，直接用信号与所选字典元素的内积作为稀疏表达的系数；②对每个字典元素单独求它的稀疏系数。

2. BP 算法

BP 算法提出将零范数用一范数代替，因此稀疏表达的问题变为下述优化问题[215,216]：

$$\min_{\boldsymbol{x}} \|\boldsymbol{x}\|_1, \text{ s.t. } \boldsymbol{y} = \boldsymbol{D}\boldsymbol{x} \tag{11.19}$$

或者它的近似形式：

$$\min_{\boldsymbol{x}} \|\boldsymbol{x}\|_1, \text{ s.t. } \|\boldsymbol{y} - \boldsymbol{D}\boldsymbol{x}\|_2 \leqslant \varepsilon \tag{11.20}$$

给定上述形式后，我们可以通过拉格朗日乘子法将上述问题转化成无约束的形式。这样就可以用现有的各种标准优化方法来求解这个问题，如软阈值(soft shrinkage)算法[222]。

11.6.2 字典学习

稀疏表达中的字典可以由小波变换、傅里叶变换等方式提前确定，或者可以从数据中提取，也就是字典学习的方法。对于从训练数据中学习字典的方式，我们希望它具有以下几个性质：①兼容性，也就是字典学习算法可以和各种不同的稀疏编码算法兼容，而不能只局限于某一种稀疏编码的方式；②计算效率，字典学习算法应该容易实现，计算速度较快，因为训练集中一般含有大量的高维数据，所以如果算法的复杂度较高的话，它可能很难适用于真实的场景；③收敛性，对于任何的算法，我们都希望它能够在给定任意初值的情况下收敛并且给出符合预期的结果。

字典学习的具体形式如下：给定一组信号 $Y=\{\boldsymbol{y}_i\}_i^N$，我们希望能得到一个字典 $\boldsymbol{D}$，对这组训练集中的信号 $\boldsymbol{y}$，可以通过稀疏的线性组合字典里的列向量来得到信号 $\boldsymbol{y}$ 的稀疏表达 $\boldsymbol{x}$。下面我们介绍几种常用的字典学习方法。

(1) K-均值算法：它主要用在数据聚类中，但是如果把每个类的均值看成是一个信号的原型或者信号基，K-均值算法相当于先对训练集聚类然后计算每个类的信号基[223]。这样给定一个新的信号后，我们可以用信号所属聚类的均值来近似代替这个信号。但是这样的表达方式会丢失信号中的大量信息。

(2) 最大似然估计方法：这也是最早提出稀疏表达的文章中使用的算法[224]。假设每个训练集中的信号和字典都有如下关系：

$$\boldsymbol{y}=\boldsymbol{D}\boldsymbol{x}+\boldsymbol{v} \tag{11.21}$$

式中，$\boldsymbol{y}$ 为原信号；$\boldsymbol{D}$ 为字典；$\boldsymbol{x}$ 为信号 $\boldsymbol{y}$ 在给定字典 $\boldsymbol{D}$ 情况下的稀疏表达；$\boldsymbol{v}$ 为方差为 σ^2 的高斯白噪声。这样得到信号 $\boldsymbol{y}$ 的条件概率为

$$P(\boldsymbol{y}_i|\boldsymbol{D})=\int P(\boldsymbol{y}_i,\boldsymbol{x}\,|\,\boldsymbol{D})\mathrm{d}\boldsymbol{x}=\int p(\boldsymbol{y}_i\,|\,\boldsymbol{x},\boldsymbol{D})P(\boldsymbol{x})\mathrm{d}\boldsymbol{x} \tag{11.22}$$

我们假设 $\boldsymbol{v}$ 为高斯白噪声，因此 $P(\boldsymbol{y}_i|\boldsymbol{x},\boldsymbol{D})$ 为

$$P(\boldsymbol{y}_i\,|\,\boldsymbol{x},\boldsymbol{D})=Z\cdot\exp\left(\frac{1}{2\sigma^2}\|\boldsymbol{D}\boldsymbol{x}-\boldsymbol{y}_i\|^2\right) \tag{11.23}$$

式中，Z 为常数。因为我们希望 $\boldsymbol{x}$ 是稀疏的，所以可以假设 $\boldsymbol{x}$ 服从柯西分布或者拉普拉斯分布，这样可得到

$$P(\boldsymbol{y}_i|\boldsymbol{D})=Z\int\exp\left(\frac{1}{2\sigma^2}\|\boldsymbol{D}\boldsymbol{x}-\boldsymbol{y}_i\|^2\right)\exp(\lambda\|\boldsymbol{x}\|_1)\mathrm{d}\boldsymbol{x} \tag{11.24}$$

因为式(11.24)中的积分较难求解，所以研究者提出了用极值来代替积分，这

样就把字典的问题变成

$$\boldsymbol{D} = \arg\min_{\boldsymbol{D}} \sum_{i=1}^{N} \lambda \|\boldsymbol{x}_i\|_1 + \|\boldsymbol{y}_i - \boldsymbol{D}\boldsymbol{x}_i\|^2 \tag{11.25}$$

因为算法中没有约束字典 $\boldsymbol{D}$ 中的元素，所以这种算法会通过增大字典的数值的方式使得稀疏系数趋近于 0。直观的解决方法就是在目标函数中加入字典每一个列向量二范数的约束条件。对上述的目标函数，我们可以使用迭代的方法进行优化，在每一步迭代中首先利用上文提到的稀疏编码方法在给定字典情况下计算稀疏系数，然后用梯度下降的方式更新字典：

$$\boldsymbol{D}^{n+1} = \boldsymbol{D}^n + \alpha \sum_{i=1}^{N} (\boldsymbol{D}^n \boldsymbol{x}_i - \boldsymbol{y}_i) \boldsymbol{x}_i^{\mathrm{T}} \tag{11.26}$$

(3) K-奇异值分解(K-singular value decomposition，K-SVD)算法：K-SVD 算法是目前最有效也是被研究者广泛使用的方法[225,226]，可以看成是对 K-均值和最优方向算法(method of optimal directions, MOD)的改良。在介绍具体算法之前，我们重新回顾稀疏表达的数学问题：

$$\min_{\boldsymbol{D},\boldsymbol{x}} \left\{ \|\boldsymbol{y} - \boldsymbol{D}\boldsymbol{x}\|_F^{\ 2} \right\}, \quad \text{s.t.} \ \forall i, \|\boldsymbol{x}_i\|_0 \leqslant T_0 \tag{11.27}$$

或者它的另一种形式：

$$\min_{\boldsymbol{D},\boldsymbol{x}} \sum_i \|\boldsymbol{x}_i\|_0, \quad \text{s.t.} \ \|\boldsymbol{y} - \boldsymbol{D}\boldsymbol{x}\|_F^{\ 2} \leqslant \varepsilon \tag{11.28}$$

和 MOD 算法类似，K-SVD 算法同样分两步求解。首先假设字典 $\boldsymbol{D}$ 已知，利用稀疏编码求解信号的稀疏表达系数。求解稀疏系数后，K-SVD 算法分别按顺序计算字典每一列的值。但是在每次计算的同时它也考虑到稀疏系数支集的影响，下面我们介绍其具体计算步骤。

把残差写成字典每一列的形式，可得

$$\|\boldsymbol{y} - \boldsymbol{D}\boldsymbol{x}\|_F^2 = \left\| \boldsymbol{y} - \sum_{j=1}^{K} \boldsymbol{d}_j \boldsymbol{x}_T^j \right\|_F^2 = \left\| \left(\boldsymbol{y} - \sum_{j \neq k} \boldsymbol{d}_j \boldsymbol{x}_T^j \right) - \boldsymbol{d}_k \boldsymbol{x}_T^k \right\|_F^2 = \left\| \boldsymbol{E}_k - \boldsymbol{d}_k \boldsymbol{x}_T^k \right\|_F^2 \tag{11.29}$$

在求解字典的第 k 列时，固定字典的其他列不变，因此残差矩阵 $\boldsymbol{E}_k$ 为已知量。虽然上述目标函数可以直接用 SVD 算法进行优化，但是这样解出的稀疏系数并不能保证稀疏性。因此这里引入索引 $\boldsymbol{\omega}_k$，它表示训练集中使用了字典的第 k 列元素的信号$\{\boldsymbol{y}_i\}$：

$$\boldsymbol{\omega}_k = \{i \mid 1 \leqslant i \leqslant K, \boldsymbol{x}_T^k(i) \neq 0\} \tag{11.30}$$

并且定义矩阵$\boldsymbol{\Omega}_k \in \mathbf{R}^{N\times|\boldsymbol{\omega}_k|}$，矩阵在位置$(\boldsymbol{\omega}_k(i),i)$为 1，在其他位置为 0。这样我们可以把原向量$\boldsymbol{x}_T^k$通过矩阵$\boldsymbol{\Omega}_k$变为$\boldsymbol{x}_R^k = \boldsymbol{x}_T^k\boldsymbol{\Omega}_k$，其中$\boldsymbol{x}_R^k$仅和使用到第$k$列字典元素的稀疏系数有关。将同样的方式作用在信号数据和残差矩阵上，可得$\boldsymbol{y}_R^k = \boldsymbol{y}_T^k\boldsymbol{\Omega}_k$，$\boldsymbol{E}_R^k = \boldsymbol{E}_T^k\boldsymbol{\Omega}_k$。通过这样的操作可以把残差函数写成如下形式：

$$\left\| \boldsymbol{E}_k^R - \boldsymbol{d}_k\boldsymbol{x}_R^k \right\|_F^2 \tag{11.31}$$

这里就可以通过 SVD 方法直接求解上述目标函数了：

$$\boldsymbol{E}_k^R = \boldsymbol{U}\Delta\boldsymbol{V}^{\mathrm{T}} \tag{11.32}$$

字典元素$\boldsymbol{d}_k$为矩阵$\boldsymbol{U}$的第一列，稀疏系数$\boldsymbol{x}_R^k$为矩阵$\boldsymbol{V}$的第一列与矩阵$\boldsymbol{\Delta}$第一列元素的乘积。因为在计算稀疏编码时，需要字典的每一列都是归一化的，所以这一步计算后要对$\boldsymbol{d}_k$和$\boldsymbol{x}_R^k$做归一化处理：

$$\overline{\boldsymbol{d}}_k = \frac{\boldsymbol{E}_k^R(\boldsymbol{x}_R^k)^{\mathrm{T}}}{\boldsymbol{x}_R^k(\boldsymbol{x}_R^k)^{\mathrm{T}}},\quad \boldsymbol{x}_R^k = \frac{\overline{\boldsymbol{d}}_k^{\mathrm{T}}\boldsymbol{E}_k^R}{\overline{\boldsymbol{d}}_k^{\mathrm{T}}\cdot\overline{\boldsymbol{d}}_k} \tag{11.33}$$

在整个更新字典的过程中，*K*-SVD 算法类似于上文讨论的顺序迭代法。它按顺序依次迭代矩阵的每一列元素，并且每一次的残差矩阵都会根据最新的字典元素重新计算。

接下来我们讨论*K*-SVD 算法的收敛性问题。先假设每次稀疏编码的结果是完全正确的，这样稀疏编码会使信号重建的残差范数减小。进而，由于*K*-SVD 算法每计算字典的一列元素，残差一定会进一步减小，而且稀疏的约束条件也被继续保持，因此，*K*-SVD 算法的计算一定会减小目标函数。但是实际中，目前的稀疏编码方式均为近似算法，并不能保证结果，因此*K*-SVD 算法并不能保证收敛。

11.6.3 稀疏编码和字典学习在医学图像中的应用

由于受人脑中神经元工作的启发，稀疏编码最早被提出时多用于模式识别和计算机视觉等领域。在文献[224]和[227]中，以自然图像中提取出的图像块作为训练集，验证了稀疏编码的思想，并且发现训练出的字典的元素类似于 Garbor 滤波器的特征。下面我们依次介绍稀疏编码在图像恢复和医学图像重建中的应用。

1. 图像恢复

假设采集到的图像为 $\boldsymbol{y}$，真值图像为 $\boldsymbol{x}$，我们的测量模型为

$$\boldsymbol{y} = \boldsymbol{z} + \boldsymbol{v} \tag{11.34}$$

式中，$\boldsymbol{v}$ 为方差为 σ^2 的高斯白噪声。在应用稀疏编码进行图像复原时，我们首先把图像分解成多个重叠的区域块，每个区域块的大小为 $\sqrt{n}\times\sqrt{n}$，用 $\boldsymbol{z}_s$ 表示图像 $\boldsymbol{x}$ 的第 s 个区域块；然后假设存在一个字典 $\boldsymbol{D}$，使得图像 $\boldsymbol{x}$ 中每个区域块 $\boldsymbol{z}_s$ 都可以通过字典中的元素稀疏地表达。因此，可以得到如下目标函数：

$$\{\boldsymbol{D},\boldsymbol{Z},\boldsymbol{x}_{ij}\} = \arg\min_{\boldsymbol{D},\boldsymbol{x}} \sum_{ij} \mu_{ij} \left\|\boldsymbol{x}_{ij}\right\|_0 + \left\|\boldsymbol{D}\boldsymbol{x}_{ij} - \boldsymbol{R}_{ij}\boldsymbol{Z}\right\|_F^2 + \lambda\left\|\boldsymbol{Z}-\boldsymbol{Y}\right\| \tag{11.35}$$

式中，$\boldsymbol{Z}$ 为真值图像矩阵；$\boldsymbol{Y}$ 为测量图像矩阵；$\boldsymbol{R}_{ij}$ 为提取图像第 ij 个区域块的运算符；$\boldsymbol{x}_{ij}$ 为第 ij 个图像块在字典 $\boldsymbol{D}$ 下的稀疏编码系数。对于字典 $\boldsymbol{D}$，我们可以利用解析形式的字典，如离散余弦变换，从已有的数据库中学习字典，或者从要恢复的图像中自适应地训练得到。

在给定上述形式后，我们可以使用 OMP 算法和 K-SVD 算法对上述问题进行求解。常用于图像去噪的离散傅里叶变化字典和利用 K-SVD 算法从图像中训练出的字典如图 11.3～图 11.5 所示。

图像恢复效果如图 11.6 所示，可以发现从带有噪声图像中的自适应学习字典中可以得到更高的信噪比。

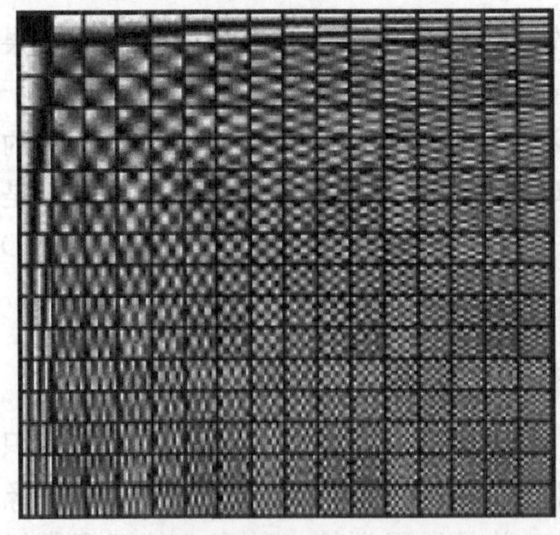

图 11.3　离散余弦变换产生的字典元素

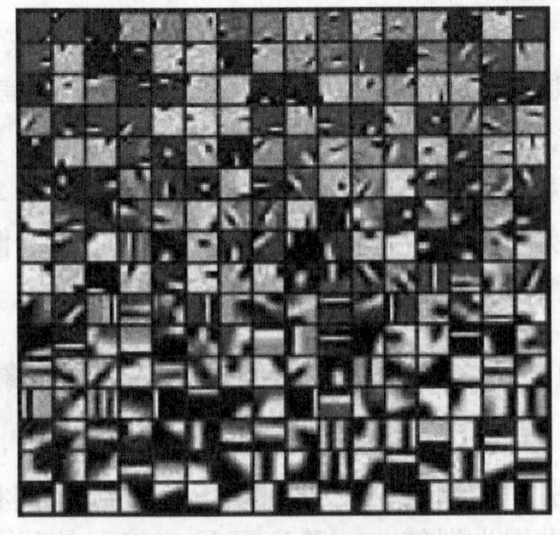

图 11.4　由自然图片组成的训练集中学习的字典

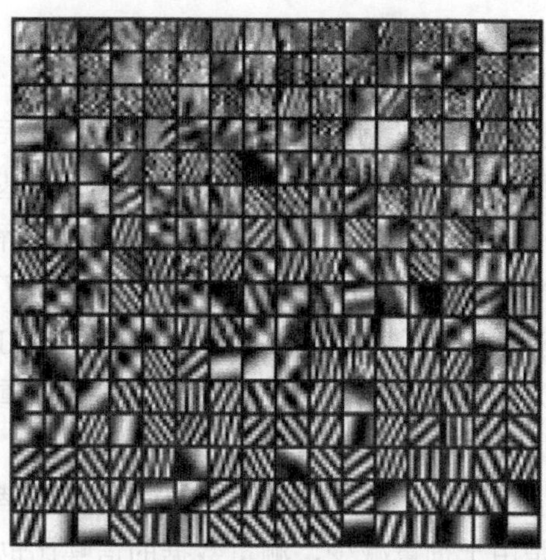

图 11.5 从带有噪声的测量数据中自适应的学习字典

(a) 原始图像

(b) 带有噪声的图像(22.1307dB，σ=20)

(c) 基于全局训练字典的去噪图像(28.8528dB)

(d) 基于自适应字典的去噪图像(30.8295dB)

图 11.6 基于不同字典学习方法所取得的去噪效果

2. 医学图像重建

在医学图像重建领域，Chen 等[228]首先提出了基于字典学习的 MRI 图像重建算法，他们首先利用已有的脑部 MRI 图像建立训练集，然后建立基于 BP 算法和全变差约束的目标函数。相对于只有全变差约束的情况，基于字典学习重建得到的 MRI 图像伪影更少，图像的细节也被更好地保存。为了解决训练集中信息和要重建图像相差较大的情况，Ravishankar 和 Bresler[229]提出了一种新的自适应字典学习方法，并将其用于 MRI 图像的重建。他首先利用 *K*-SVD 算法从 MRI 训练集中学习一个字典，作为图像重建中字典的初始值。在图像重建的迭代过程中，其根据目前估计出的图像更新字典的数值。

由于 CT 对人体具有一定的辐射，因此当前许多研究者都在进行低剂量 CT 图像重建的研究。但是由于剂量减少，测量数据的信噪比也随之降低。Xu 等[230]以带权重的最小二乘式作为 CT 图像的数据保真项，加入稀疏的先验，在低剂量 CT 图像重建中首次尝试了稀疏表达和字典学习模型。他们首先在临床上采集高剂量的 CT 图像，用在线 *K*-SVD 算法学习字典，并在相同的患者上采集低剂量 CT 图像数据，然后利用所学习的字典重建低剂量 CT 图像。

然而这种实验设计存在严重的问题。如果需要事先在同一患者上采集高剂量数据才能重建低剂量 CT 图像的话，这种模型的实际使用价值非常有限；而且高剂量 CT 图像本身就提供了患者解剖结构的真值信息，这样的实验结果因此也存在较大的疑问。

第12章　基于稀疏表达和字典学习方法的PET图像重建

12.1　问题背景

本章希望能针对正则化统计重建方法中过平滑的问题提出解决方法。我们基于解剖结构信息的思想设计重建中的平滑惩罚项，但是考虑到目前这类方法的重建效果依赖于不同模态之间的配准及功能和解剖信息重合度的问题，希望能将全局的解剖结构信息分解成局部的特征。虽然示踪剂在不同器官中分布并不一样，但是一般可以假设在局部的区域内 PET 图像是平滑或者分块平滑的。因此，对大部分的非边界图像块，我们只需要一个直流信号就可以复原。对于含有边界信息的区域块，我们可借助解剖图像中的局部信息来复原。下面具体介绍本章的方法。

12.2　问题描述

12.2.1　PET 成像数学模型

PET 所采集到的数据为正弦图，它是沿探测器环上每个探测器对探测到的符合事件的个数和。我们用 $\boldsymbol{y}=\{y_i, i=1,2,\cdots,M\}$ 来标记，其中 M 为探测器对的总数。因为每个探测器对检测到的光子数是相互独立的并且符合伯努利过程，正弦图中每个元素都可以用一个符合泊松分布的随机变量来描述。它与患者体内的示踪剂分布存在如下关系[2]：

$$\boldsymbol{y} \sim \text{Poisson}\{\overline{\boldsymbol{y}}\}, \quad \text{s.t.} \quad \overline{\boldsymbol{y}} = \boldsymbol{G}\boldsymbol{x} + \boldsymbol{r} + \boldsymbol{s} \tag{12.1}$$

式中，$\boldsymbol{G}$ 为系统矩阵，它的第 (i,j) 个元素表示在体素 j 内的湮灭事件被第 i 个探测器检测到的概率，主要由系统的几何结构决定；$\boldsymbol{r}$ 和 $\boldsymbol{s}$ 分别为系统的随机噪声和散射噪声。基于独立泊松分布的假设，可以得到正弦图的最大似然函数

$$\Pr(\boldsymbol{y} \mid \boldsymbol{x}) = \prod_{i=1}^{M} \mathrm{e}^{-\overline{y}_i} \frac{\overline{y}_i^{\,y_i}}{y_i\,!} \tag{12.2}$$

为了使计算方便，我们一般将上述函数取负对数，然后对其优化，而不是直接优化上述似然函数，其对数形式为

$$\min L(\boldsymbol{x}) = \min_{\boldsymbol{y}} \sum_{i=1}^{M} \overline{y}_i - y_i \ln(\overline{y}_i), \quad \text{s.t.} \quad \boldsymbol{y} = \boldsymbol{G}\boldsymbol{x} + \boldsymbol{r} + \boldsymbol{s} \tag{12.3}$$

式(12.3)中的负对数似然函数已经省略掉常数部分，因为它们对于结果没有影响。对于正则化重建，假设平滑惩罚函数为 $R(x)$，其最终的目标函数为

$$\min_{\boldsymbol{x}} \lambda L(\boldsymbol{x}) + R(\boldsymbol{x}), \quad \text{s.t.} \quad \overline{\boldsymbol{y}} = \boldsymbol{G}\boldsymbol{x} + \boldsymbol{r} + \boldsymbol{s} \tag{12.4}$$

式中，λ 为数据保真项的系数。

12.2.2　稀疏惩罚项

为了解决高维图像重建中的病态问题，已经有许多种平滑惩罚函数被应用在 PET 图像重建中，如平方势函数、全变差和 Huber 势函数。在本章提出的算法中，我们利用图像在字典表达上的稀疏性建立统计 PET 图像重建的惩罚项。具体而言，我们希望重建的图像的每个区域块能够被字典中的元素稀疏地表达，字典可以预先从解剖结构中学习或者从当前估计的 PET 图像中训练得到。

假设用一个 n 维的向量表示图像中大小为 $\sqrt{n} \times \sqrt{n}$ 的区域块。给定一个图像向量 $\boldsymbol{x} \in \mathbf{R}^N$，通过矩阵运算把它分解成 S 个重叠的区域块，$\boldsymbol{p}_s = \boldsymbol{E}_s \boldsymbol{x}$，$\boldsymbol{p}_s \in \mathbf{R}^n$，$s = 1, 2, \cdots, S$。对所有区域块在字典上稀疏的惩罚函数为

$$\min_{\boldsymbol{\alpha}} R_{\text{sparsity}}(\boldsymbol{x}) = \min_{\boldsymbol{\alpha}} \sum_{s} \mu \|\boldsymbol{\alpha}_s\|_0 + \|\boldsymbol{E}_s \boldsymbol{x} - \boldsymbol{D}\boldsymbol{\alpha}_s\|_F^2 \tag{12.5}$$

式中，$\boldsymbol{\alpha}_s$ 为第 s 个区域块的稀疏表达系数；μ 为稀疏项的权重系数。将以上稀疏惩罚项作为 PET 图像中的约束项，可得如下 PET 图像重建的目标函数：

$$\min_{\boldsymbol{\alpha}, \boldsymbol{x}} \psi(\boldsymbol{x}, \boldsymbol{\alpha}) = \min_{\boldsymbol{x}} \lambda L(\boldsymbol{x}) + R_{\text{sparsity}}(\boldsymbol{x}), \quad \text{s.t.} \quad \overline{\boldsymbol{y}} = \boldsymbol{G}\boldsymbol{x} + \boldsymbol{r} + \boldsymbol{s} \tag{12.6}$$

式中，$L(\boldsymbol{x})$ 为在泊松统计假设下的最大似然函数；$R_{\text{sparsity}}(\boldsymbol{x})$ 为稀疏惩罚函数；λ 为权重系数。

式(12.6)的目标函数没有解析解，因此采用迭代的优化算法。在算法迭代的每一步中我们按顺序求解 $\boldsymbol{x}$、$\boldsymbol{D}$、$\boldsymbol{\alpha}$ 各个变量的最优值，即固定其他变量为当前的数值并假设为已知，然后求解剩余目标函数的最优解。下面先介绍如何在给定 $\boldsymbol{D}$、$\boldsymbol{\alpha}$ 的情况下优化以下目标函数：

$$\boldsymbol{x}=\arg\min_{\boldsymbol{x}}\psi_{\boldsymbol{x}}(\boldsymbol{x},\boldsymbol{\alpha})=\lambda\sum_{i=1}^{M}\overline{y}_i-y_i\ln(\overline{y}_i)+\sum_{s=1}^{S}\left\|\boldsymbol{E}_s\boldsymbol{x}-\boldsymbol{D}\boldsymbol{\alpha}_s\right\|_F^2 \tag{12.7}$$

根据第 11 章中关于 PET 图像重建的介绍，发现上述目标函数是图像重建中典型的以平方势函数作为先验的最大后验模型。已经有很多方法可以求解上述函数，这里我们选用基于 EM 算法来求解[196]。

在介绍本章的算法之前，我们首先回顾 MLEM 算法在 PET 图像重建中使用的隐含空间模型。其假设每个探测器对探测到的光子数可以分解到各个体素上，并且每个探测器接收到来自各个体素的光子对为独立的泊松随机变量，这样就可以得到新的目标函数：

$$\boldsymbol{x}=\arg\min_{\boldsymbol{x}}\psi_{\boldsymbol{x}}(c_{ij},\boldsymbol{x},\boldsymbol{\alpha})=\lambda\sum_{j=1}^{N}\sum_{i=1}^{M}\left[g_{ij}x_j-c_{ij}\ln(g_{ij}x_j)\right]+\sum_{s=1}^{S}\left\|\boldsymbol{E}_s\boldsymbol{x}-\boldsymbol{D}\boldsymbol{\alpha}_s\right\|_F^2 \tag{12.8}$$

式中，c_{ij} 为隐含变量，它表示发生在体素 j 中并且被第 i 个探测器检测到的湮灭事件；g_{ij} 为系统矩阵 $\boldsymbol{G}$ 的第 (i,j) 个元素。式(12.8)的目标函数可以直接用 EM 算法求解。

(1) 期望：根据当前迭代优化中图像的估计值和测量数据求解隐含变量的期望，$\overline{c}_{ij}=\xi(c_{ij}\mid\boldsymbol{x}^k,\boldsymbol{y})$，其中 ξ 表示条件期望。将隐含变量的条件期望代入目标函数中，得到临时的目标函数 $\overline{\psi}_{\boldsymbol{x}}(\overline{c}_{ij},\boldsymbol{x},\boldsymbol{\alpha})$。

(2) 最大化：上述目标函数对 $\boldsymbol{x}$ 求偏导，并置为 0，求解最优值。

在第 k 次迭代中，假设当前图像的估计值为 $\boldsymbol{x}^k$，测量数据为 $\boldsymbol{y}$，上述中隐含变量的条件期望计算公式为

$$\overline{c}_{ij}=\xi(c_{ij}\mid y_i,x_j^k)=\frac{g_{ij}x_j^k}{\sum_{j=1}^{N}g_{ij}x_j^k+\overline{r}_i+\overline{s}_i}\cdot y_i \tag{12.9}$$

式中，$\overline{r}_i$ 和 $\overline{s}_i$ 分别为系统估计出的随机符合事件和散射符合事件。将式(12.9)计算的期望值代入 $\boldsymbol{x}$ 子问题的目标函数，可得

$$\overline{\psi}(\overline{c}_{ij},\boldsymbol{x},\boldsymbol{\alpha})=\lambda\sum_{j=1}^{N}\sum_{i=1}^{M}\left[g_{ij}\boldsymbol{x}_j-\overline{c}_{ij}\ln(g_{ij}\boldsymbol{x}_j)\right]+\sum_{s=1}^{S}\left\|\boldsymbol{E}_s\boldsymbol{x}-\boldsymbol{D}\boldsymbol{\alpha}_s\right\|_F^2 \tag{12.10}$$

将上述函数对变量 x_j 求导即可求得 $\boldsymbol{x}$ 子问题的最优解。但是我们发现上述函数的第二项对各个 $\boldsymbol{x}_j$ 不可分离，因此直接对 $\boldsymbol{x}_j$ 求导得到的方程无法求解。对这样的情况，常用的方法为 11.5 节中的优化方法按顺序求解图像 $\boldsymbol{x}$ 的每一个元素，但是这种方法不能保证函数一定收敛。另一种方法是将上一次迭代中的 $\boldsymbol{x}_j$ 代入求解函数

第二项的偏导数，而这种方法只有在给定良好初值的情况下才能取得好的收敛效果。本章选择采用 de Pierro[212]的凸放缩法，即将函数第二项替换成其对应的可分离的凸替代函数。为此，我们首先将式(12.10)中的函数第二项改写为

$$\|\boldsymbol{E}_s\boldsymbol{x}-\boldsymbol{D\alpha}_s\|_F^2=\sum_{l=1}^{n}\left(\left[\boldsymbol{E}_s\boldsymbol{x}\right]_l-\left[\boldsymbol{D\alpha}_s\right]_l\right)^2 \tag{12.11}$$

式中，$\left[\boldsymbol{E}_s\boldsymbol{x}\right]_l$ 为向量 $\boldsymbol{E}_s\boldsymbol{x}$ 的第 l 个元素，并且可被进一步改写为

$$\left[\boldsymbol{E}_s\boldsymbol{x}\right]_l=\sum_{j=1}^{N}\beta_{s,lj}\left[\frac{e_{s,lj}}{\beta_{s,lj}}(x_j-x_j^k)+\left[\boldsymbol{E}_s\boldsymbol{x}^k\right]_l\right],\ \text{ s.t. }\sum_{j=1}^{N}\beta_{s,lj}=1,\forall j,\beta_{s,lj}\geqslant 0 \tag{12.12}$$

式中，x_j^k 为当前第 k 次迭代中图像估计值的第 j 个体素的数值。因为 $\left(\left[\boldsymbol{E}_s\boldsymbol{x}\right]_l-\left[\boldsymbol{D\alpha}\right]_l\right)^2$ 相对 $\left[\boldsymbol{E}_s\boldsymbol{x}\right]_l$ 是凸函数，所以有

$$\left(\left[\boldsymbol{E}_s\boldsymbol{x}\right]_l-\left[\boldsymbol{D\alpha}_s\right]_l\right)^2\leqslant\sum_{j=1}^{N}\beta_{s,lj}\left[\frac{e_{s,lj}}{\beta_{s,lj}}(x_j-x_j^k)+\left[\boldsymbol{E}_s\boldsymbol{x}^k\right]_l-\left[\boldsymbol{D\alpha}_s\right]_l\right]^2 \tag{12.13}$$

不等式(12.13)右边的项即为惩罚项的可分离凸替代函数，将函数中的惩罚项替换成其替代函数后，我们得到新的目标函数

$$\begin{aligned}\phi(\boldsymbol{x};\boldsymbol{x}^k)=&\lambda\sum_{j=1}^{N}\sum_{i=1}^{M}\left[g_{ij}x_j-\overline{c}_{ij}\ln(g_{ij}x_j)\right]\\&+\sum_{s=1}^{S}\sum_{l=1}^{n}\sum_{j=1}^{N}\beta_{s,lj}\left[\frac{e_{s,lj}}{\beta_{s,lj}}(x_j-x_j^k)+\left[\boldsymbol{E}_s\boldsymbol{x}^k\right]_l-\left[\boldsymbol{D\alpha}_s\right]_l\right]^2\end{aligned} \tag{12.14}$$

为了满足凸集的条件，我们设置 $\beta_{s,lj}$ 为 $\beta_{s,lj}=e_{s,lj}\sum_{j=1}^{N}e_{s,lj}$，并且对上述目标函数求偏导

$$\begin{aligned}\frac{\partial\phi(\boldsymbol{x};\boldsymbol{x}^k)}{\partial x_j}=&\lambda\sum_{i=1}^{M}\left(g_{ij}-\overline{c}_{ij}\frac{1}{x_j}\right)\\&+\sum_{s=1}^{S}\sum_{l=1}^{n}2e_{s,lj}\left[\frac{e_{s,lj}}{\beta_{s,lj}}x_j+\left[\boldsymbol{E}_s\boldsymbol{x}^k\right]_l-\left[\boldsymbol{D\alpha}_s\right]_l-\frac{e_{s,lj}}{\beta_{s,lj}}x_j^k\right]=0\end{aligned} \tag{12.15}$$

求解上述方程，可得 x_j^{k+1} 为下列一元二次方程的解：

$$
\begin{cases}
A_j x_j + B_j + C_j \dfrac{1}{x_j} = 0 \\
A_j = \displaystyle\sum_{s=1}^{S}\sum_{l=1}^{n} 2e_{s,lj} \sum_{j=1}^{N} e_{s,lj} \\
C_j = -\lambda \displaystyle\sum_{i=1}^{M} \bar{c}_{ij} \\
B_j = \displaystyle\sum_{s=1}^{S}\sum_{j=1}^{N} 2e_{s,lj} \left(\left[\boldsymbol{E}_s \boldsymbol{x}^k \right]_l - \left[\boldsymbol{D}\boldsymbol{\alpha}_s \right]_l \right) - A_j x_j^k + \lambda \sum_{i=1}^{M} g_{ij}
\end{cases}
\tag{12.16}
$$

因为 $\phi(\boldsymbol{x};\boldsymbol{x}^k)$ 为严格的凸优化问题，所以 x_j^{k+1} 为上述方程两个根中数值更大的那个，相关证明可见 de Pierro[212]的文章。

$$
x_j^{k+1} = \frac{-B_j + \sqrt{B_j^2 - 4A_j C_j}}{2A_j} \tag{12.17}
$$

因为式(12.17)中的解仅为 $\boldsymbol{x}$ 子问题的近似解，所以我们交替计算 EM 算法中的期望和最值直到其收敛。

稀疏系数求解可以使用 OMP 算法[217]。如果字典 $\boldsymbol{D}$ 事先从解剖结构中学习，$\boldsymbol{D}$ 在重建图像过程中保持不变。如果字典需要从当前图像中自适应地学习，那么每次迭代中我们用 K-SVD 算法更新字典的数值[225]。当两次迭代中 $\boldsymbol{x}$ 的差别小于预先设置值时，整个迭代过程终止。

上述重建算法中有两个需要预先设定的参数。第一个参数为 λ，是数据最大似然函数前的权重系数。它主要取决于 PET 图像数据中的噪声大小，当测量数据的信噪比较大时，它的数值应该也较大，反之亦然。因为从直觉上来说，当数据中噪声较小时，数据保真项的重要性应该更大。只有当数据中噪声较大时，为了降低数据中的病态条件性，我们应该鼓励稀疏平滑等惩罚项。在本章的所有实验中，我们设置 λ 在 3 附近。第二个参数为稀疏编码 OMP 算法中的残差上限 ε。它的数值与区域块的大小和噪声大小有关，Elad 和 Aharon[226]建议选择为 1.15σ，其中 σ 为测量方程中高斯白噪声的标准差。但是在实际过程中，我们并不能预先知道噪声的分布，而且更重要的是 PET 的测量数据为符合泊松分布的随机变量，因此很难在理论上确定 ε 的选取。我们在实验中发现其在[0.05,0.105]的效果较好。

本章中解剖先验字典和自适应学习的字典都是从图像块中用 K-SVD 算法训练得到的。在目前的文献中，图像块的大小一般在 6×6 到 8×8 之间。大的字典元素易于丢失图像细节的信息，但是如果选择小的字典元素，字典学习的计算时间会更长。在本章的实验中，我们选择 7×7 大小。字典的元素个数取决于冗余程度和计算效率。如果 PET 图像本身结构较简单或者解剖结构和功能结构高度重合，那么只需要很少的字典元素就可以稀疏地表达出 PET 图像中的各个区域块。

12.3 实 验 验 证

为了验证本章的算法，我们将其用于重建蒙特卡罗模拟数据和真实人体肺部数据。其中模拟数据基于 Zubal 肺部体模，用来量化分析重建算法的准确度和病变区域可探测性的问题。真实数据包括 Fessler 教授在其网站上发布的由 CTI ECAT PET 扫描仪提供的肺部原始数据，以及由 SHR22000 获得的肺部肿瘤 PET 图像数据。我们也通过模拟数据进一步分析了上述模型的参数和字典设置对重建精度和可探测性的影响。因为本章中的模拟和真实数据均为肺部 PET 图像数据，所以我们从 8 张 CT 肺部图像中学习解剖结构字典(GD)，如图 12.1 所示，并用于本章所有实验中。自适应的字典(AD)从被重建的图像中选取。在实验的最后部分，为了分析解剖结构和被重建图像差别较大的情况，我们将肺部 CT 中学习的字典用于重建脑部 PET 图像，并且测试了重建的精度。

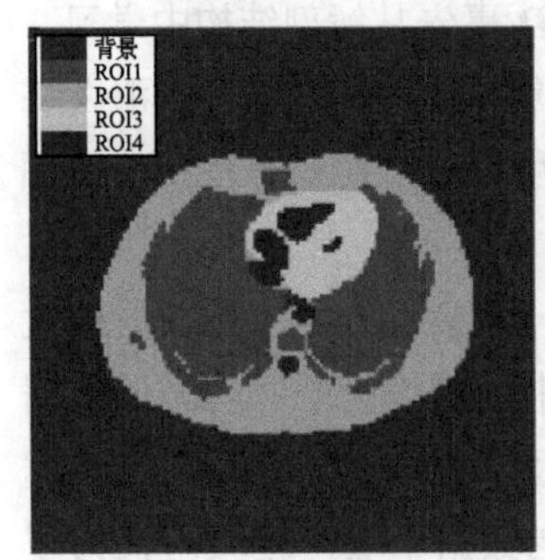

(a) Zubal体模

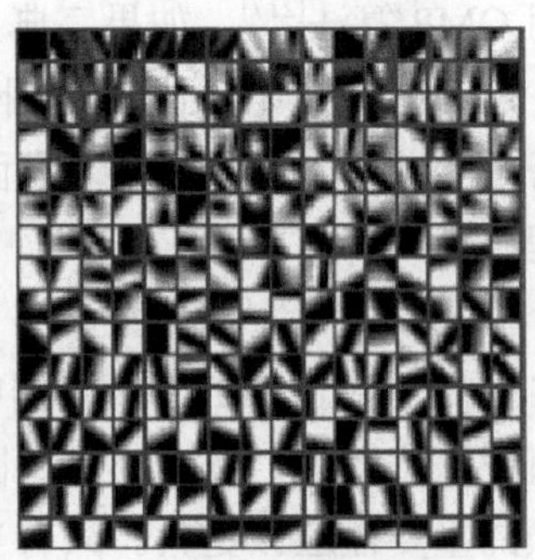

(b) 由CT图像集训练得到的解剖结构字典

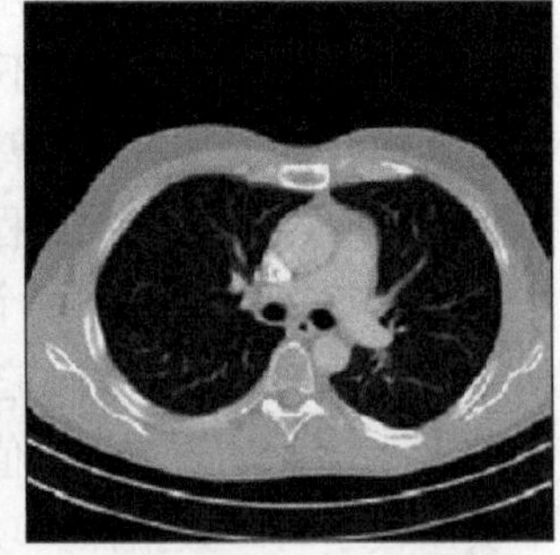

(c) CT训练集中的一幅图像

图 12.1 实验中所使用的体模数据、字典和 CT 图像

由于模拟数据可以获得图像的真值，我们利用相对偏差和相对方差来评价图像重建的精度，其计算公式如下：

$$\text{相对偏差}=\frac{1}{N}\sum_{j=1}^{N}\frac{\left|x_j-\overline{x}_j\right|}{\overline{x}_j},\ \text{相对方差}=\frac{1}{N-1}\sum_{j=1}^{N}\left(\frac{x_j-\overline{x}_j}{\overline{x}_j}\right)^2 \tag{12.18}$$

式中，$\overline{x}_j$ 为图像第 j 个像素点的真值；N 为所要评价的图像区域中总的像素点。另外，为了视觉上表现重建效果，我们也显示出了重建图像与真值图像差的绝对值图像。为了评价重建图像的病变区域可探测性的问题，我们用雅卡尔指数(Jaccard index, JI)来评价两个重建图像病变区域与真值图像中病变区域的重合程度：

$$\mathrm{JI}=\frac{A\cap B}{A\cup B} \tag{12.19}$$

为了显示本算法的优越性，我们将算法的重建结果与经典的 MLEM 算法和由 Huber 势函数约束的可分离抛物面型有序子集(SPS-OS)算法做比较[196,231]。

12.3.1　蒙特卡罗模拟实验

我们首先用基于 Zubal 体模的蒙特卡罗模拟数据来验证本章的算法。蒙特卡罗数据能够模拟真实成像的物理过程并且生成正弦图数据。更重要的是，它所提供重建图像的真值使得我们可以量化地分析重建算法的精度。本章的实验数据均基于 SHR22000 系统的设置情况，如死时间、能力分辨率等。Zubal 体模如图 12.1(a)所示，总共有四个感兴趣的区域(ROI1～ROI4)。其正弦图大小为 128×128，并基于两种不同的计数率(1×10^6，1×10^5)分为两组。

图 12.2 中展示了蒙特卡罗模拟数据的重建结果。因为有基于 Huber 势函数的平滑约束，SPS-OS 算法相比 MLEM 算法可以得到更平滑的图像，其边界信息也保留得较好。而基于解剖信息先验的全局字典方法则更好地去除了图像的噪声，更多的图像细节也被保留下来。图 12.2 的第三排(d)列所展示的自适应学习的字典存在较多的伪影。从最后一列的差值图像上看，几乎所有的重建算法的重建误差集中在边界部分和 ROI4。表 12.1 中的数值结果进一步验证了基于稀疏表达的重建算法在两种不同的信噪比情况下都取得了更好的结果。

12.3.2　病变区域可探测性

本节中我们基于简单的体模实验检测重建算法的病区可探测性。体模中含有六个圆形的病变区域，其大小从 6.5 像素到 1.5 像素不等，我们分别标记其为病变#1～#6。体模的正弦图数据由蒙特卡罗模拟取得。

利用重建算法得到图像后，我们首先用 K-均值的方法根据图像的像素值将图像分成三个类别，即黑色的背景、体模的背景及六个病变区域；然后进一步根据各个像素点的坐标将所得病变区域聚类成 5～6 个子类。为了真实地呈现各个算法的可探测性，我们尽可能减少聚类过程中人为设置的影响。对每张图像，我们都重复 K-均值结果 10 次取平均聚类结果。

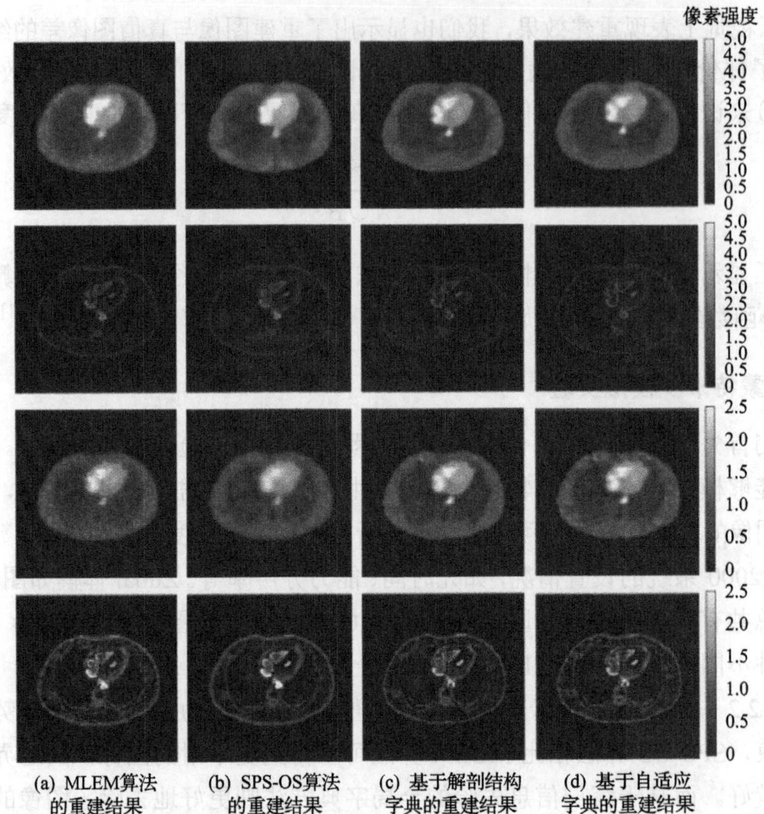

图 12.2　基于蒙特卡罗模拟实验的结果(从上到下依次为基于 1×10^6 计数率的重建图像、重建图像与真值图像的差值图像、基于 1×10^5 计数率的重建图像及重建图像与真值图像的差值图像)

表 12.1　基于蒙特卡罗模拟的 Zubal 体模重建分析

算法 (计数率 1×10^6)	偏差					方差				
	全图	ROI1	ROI2	ROI3	ROI4	全图	ROI1	ROI2	ROI3	ROI4
MLEM	0.1812	0.1441	0.2143	0.1492	0.2650	0.0522	0.0393	0.0650	0.0331	0.0855
SPS-OS	0.1820	0.1587	0.2020	0.1388	0.2897	0.0524	0.0481	0.0570	0.0294	0.0952
GD	0.1557	0.1389	0.1701	0.1345	0.2133	0.0387	0.0334	0.0445	0.0266	0.0560
AD	0.1584	0.1388	0.1755	0.1347	0.2211	0.0413	0.0345	0.0484	0.0282	0.0608
算法 (计数率 1×10^5)	偏差					方差				
	全图	ROI1	ROI2	ROI3	ROI4	全图	ROI1	ROI2	ROI3	ROI4
MLEM	0.1918	0.1631	0.2186	0.1574	0.2653	0.0590	0.0497	0.0694	0.0372	0.0873
SPS-OS	0.1868	0.1707	0.2009	0.1436	0.2871	0.0572	0.0566	0.0596	0.0310	0.0947
GD	0.1611	0.1496	0.1708	0.1362	0.2241	0.0445	0.0434	0.0471	0.0293	0.0611
AD	0.1696	0.1604	0.1795	0.1392	0.2202	0.0493	0.0489	0.0524	0.0310	0.0615

图 12.3 展示了两种不同计数率(1×10^6、1×10^5)下重建的体模图像及上述过

程后的聚类结果。首先我们注意基于稀疏表达的方法重建的体模图像更清晰，边界也更明显，而由于图像中较大的噪声，MLEM 算法的聚类结果较差。在 1×10^5 计数率的实验中，SPS-OS 算法、基于解剖结构字典算法和自适应字典算法都没有准确地重建出第六个病变区域。虽然 MLEM 算法可以聚类出六个子类，但是其第六个区域由于噪声的干扰，和真实区域差别非常大。从表 12.2 中我们可以看到，基于稀疏表达的算法得到的病变区域与真值区域重合度最高。更重要的是，当病变区域和字典元素的大小接近时，自适应字典学习的重建可以取得更好的效果。

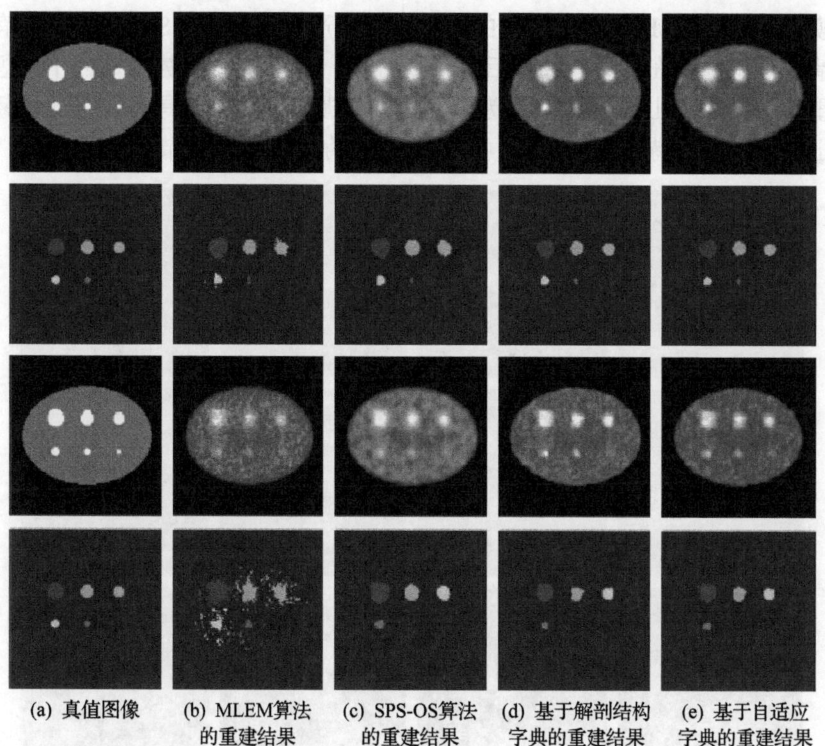

(a) 真值图像　(b) MLEM算法的重建结果　(c) SPS-OS算法的重建结果　(d) 基于解剖结构字典的重建结果　(e) 基于自适应字典的重建结果

图 12.3　基于病变体模的可探测性实验结果(从上到下依次为基于 1×10^6 计数率的重建图像及其聚类结果、基于 1×10^5 计数率的重建图像及其聚类结果)

表 12.2　基于蒙特卡罗模拟的病变体模可探测性分析

病变	1×10^6 计数率				1×10^5 计数率			
	MLEM	SPS-OS	GD	AD	MLEM	SPS-OS	GD	AD
#1	0.6939	0.6990	0.8563	0.8447	0.4308	0.6850	0.8947	0.8509
#2	0.8393	0.7698	0.9029	0.8750	0.4524	0.7638	0.7455	0.8165
#3	0.6635	0.6273	0.8519	0.8481	0.3636	0.6832	0.8608	0.8481
#4	0.6600	0.7347	0.7442	0.7805	0.2628	0.8222	0.6579	0.8250
#5	0.4545	0.3810	0.5238	0.5909	0.2140	0.8261	0.8261	0.8636
#6	0.5455	0.2222	0.2222	0.4444	0.0957	0	0	0

12.3.3 真实数据

我们用 Fessler 教授个人网站提供的 CTI ECAT PET 图像数据验证本章提出的重建算法。原始数据包括正弦图、衰减系数及探测器的探测效率，其中正弦图已经被延迟窗口预先校正过，这里选择其中的四个切片进行重建实验。而且为了展示各个算法的鲁棒性，我们在所有的四个切片图像重建中固定重建算法中的参数。

图 12.4 展示了用 MLEM 算法、SPS-OS 算法和本章提出算法的重建结果。类似于模拟实验，MLEM 算法重建的图像具有较严重的噪声，SPS-OS 算法有过拟合的情况，特别是在其重建的最后两个切片中，基于 Huber 势函数的平滑惩罚项使其重建的图像中出现了较多的伪影。而本章提出的算法则具有较强的鲁棒性，重建出的图像在保持局部平滑的同时较好地保存了图像的细节和边缘信息。

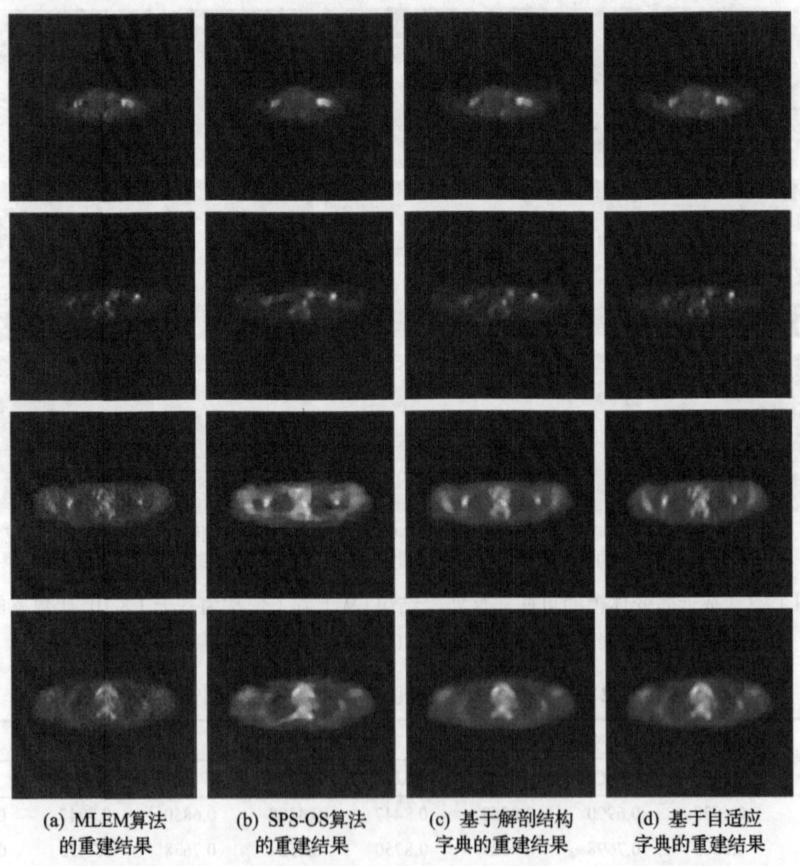

图 12.4 基于真实肺部 PET 图像数据的重建结果（从上至下依次为肺部数据的第 19、27、35、43 个切片图像）

为了验证算法在真实数据中的可探测性指标，这里使用由滨松 SHR22000 扫描仪获得的真实人体数据，患者的左部肺叶外有肿瘤。在扫描过程中，先进行了 20min 的正电子发射扫描，然后进行了 20min 的投射扫描用以计算衰减系数。其正弦图像维数为 384×384，我们重建的图像为 128×128。我们从总共的 63 个切片中选择第 32 个切片，并在图 12.5 中展示其重建结果。

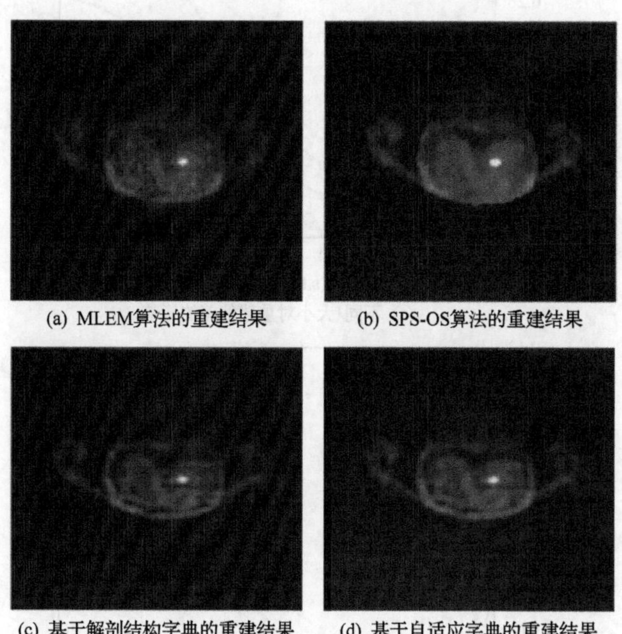

(a) MLEM算法的重建结果　(b) SPS-OS算法的重建结果

(c) 基于解剖结构字典的重建结果　(d) 基于自适应字典的重建结果

图 12.5　基于肺部肿瘤数据的重建结果

图 12.5 显示了肿瘤患者的 PET 图像及其重建结果，其中亮点即为肿瘤区域，可以发现四种方法都可以区分出肿瘤的部分。但是 MLEM 算法的图像噪声较大，而 SPS-OS 算法也出现了过拟合的情况。基于稀疏表达的解剖结构字典和自适应学习字典重建方法都得到更清晰的器官轮廓，图像中的噪声也较小。

12.3.4　参数分析

为了确定上述算法中的参数选择及检查模型相对可调节参数的鲁棒性，我们选取不同的参数并且计算在此基础上重建图像的重建精度。其中第一个参数 λ 为 0.01～10，OMP 算法中的残差上限 ε 的范围为[0.05,0.5]。本节的实验中所使用的正弦图为计数率为 1×10^6 的 Zubal 胸腔体模。在我们验证 λ 对重建精度的影响时，固定 ε 为 0.055。类似地，当测试 ε 的影响时，我们固定 λ 为 3。

不同参数选择下的重建图像的相对偏差和相对方差如图 12.6 所示。当 λ 在 1～3 变动时，重建精度的相对偏差和相对方差的改变相对平稳。相对而言，重建模型对 ε 的选取更加敏感，从图中可发现 ε 在 0.1 左右时，算法的重建相对偏差和相对方差最好。

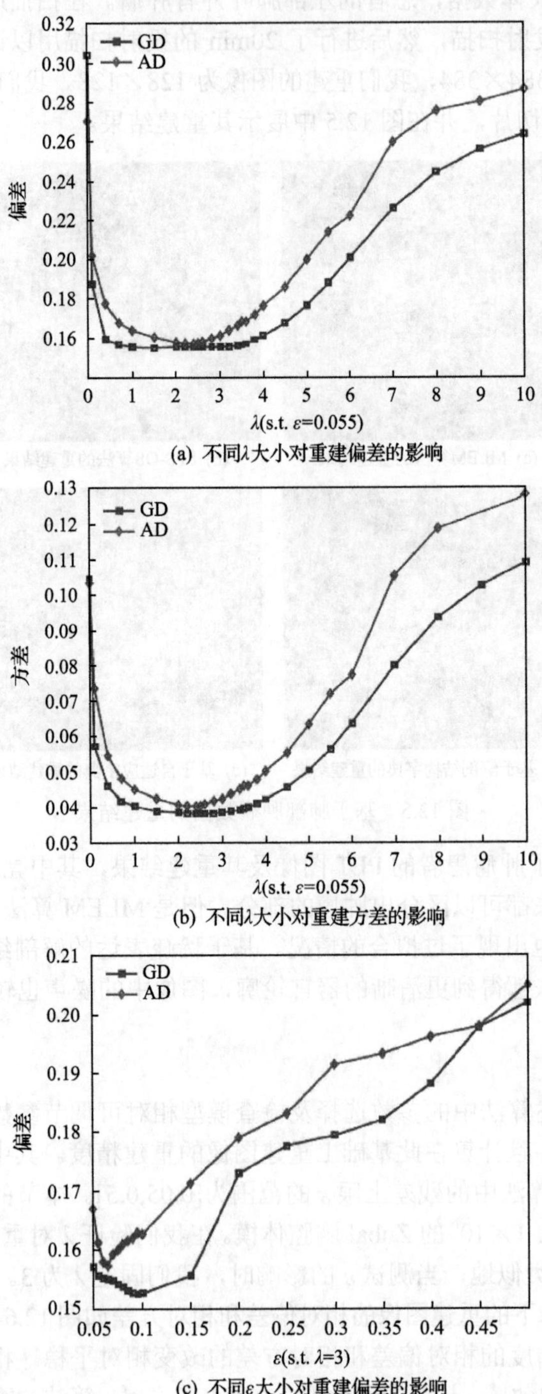

(a) 不同λ大小对重建偏差的影响

(b) 不同λ大小对重建方差的影响

(c) 不同ε大小对重建偏差的影响

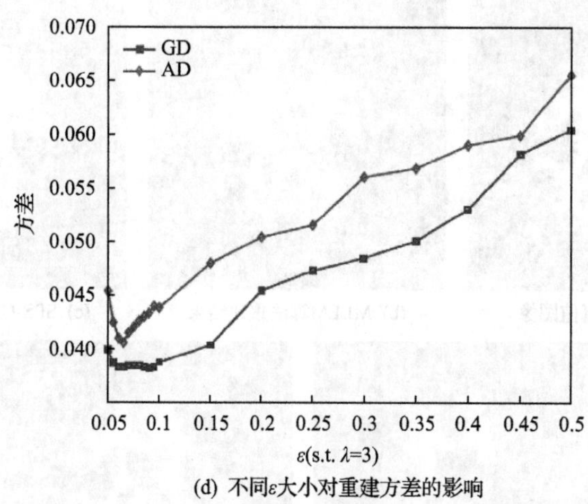

(d) 不同ε大小对重建方差的影响

图 12.6　算法中不同参数设置对重建精度的影响

12.3.5　字典

本节中我们检验不同字典设置对本章中模型的影响。如前文所述，本章的实验部分均使用由肺部CT图像中训练的全局解剖结构字典来重建肺部的PET图像。这里我们首先使用之前的全局字典重建脑部的PET图像，然后测试不同字典元素大小对重建模型的影响。

脑部的体模(128×128)如图 12.7(a)所示，其正弦图数据由 1×10^6 计数率下的蒙特卡罗模拟产生。重建结果如图 12.7(b)～(d)所示，可见 MLEM 算法重建的图像较模糊。SPS-OS 算法重建的图像有较高的对比度，噪声较小且有些细节的特征被过度平滑了。肺部 CT 解剖结构字典虽然和脑部结构相差较大，但是仍然产生了较好的结果。这是因为从肺部 CT 图像中学习的特征均为局部特征(7×7)，即使训练集与要重建的图像全局结构相差较大，脑部 PET 图像重建依然通过线性组合等局部特征来达到较高的重建精度。我们注意到，在这种情况下，基于从目标图像中自适应字典取得了最好的结果，而且如果全局结构相差较大，重建目标图像所需要的字典数，也就是稀疏程度也会增加。我们在表 12.3 中展示了重建每个 PET 图像的区域块所需要的字典数目。可以发现，对于从肺部 CT 图像中学习的字典，如果将其应用于重建肺部的体模或者真实数据，平均每个区域块只需要1～9 个字典元素。如果要用它重建脑部 PET 图像，则每个区域块需要 22 个字典元素。因为稀疏编码近似解的精确度直接取决于解的稀疏程度，所以当所需要元素增加时，重建效果会下降。

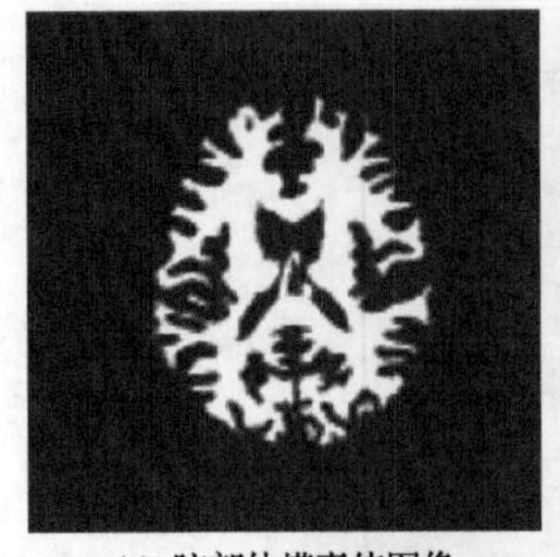

(a) 脑部体模真值图像

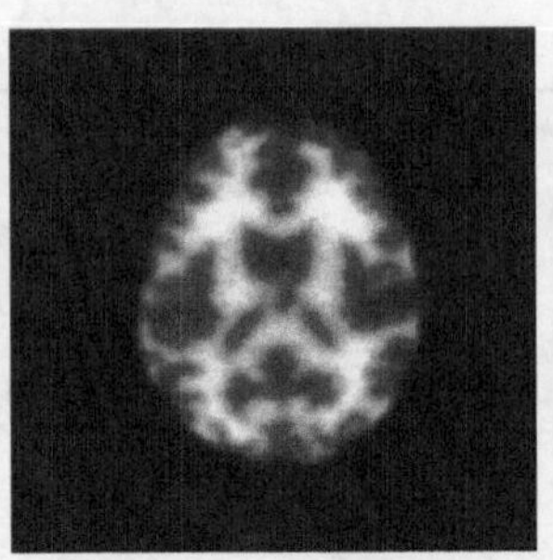

(b) MLEM算法重建结果

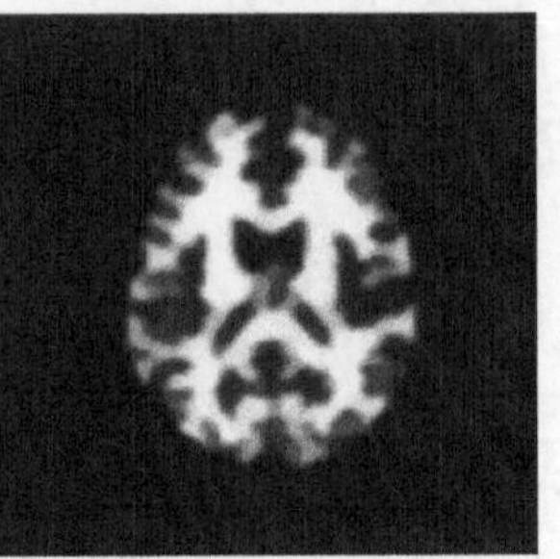

(c) SPS-OS算法重建结果

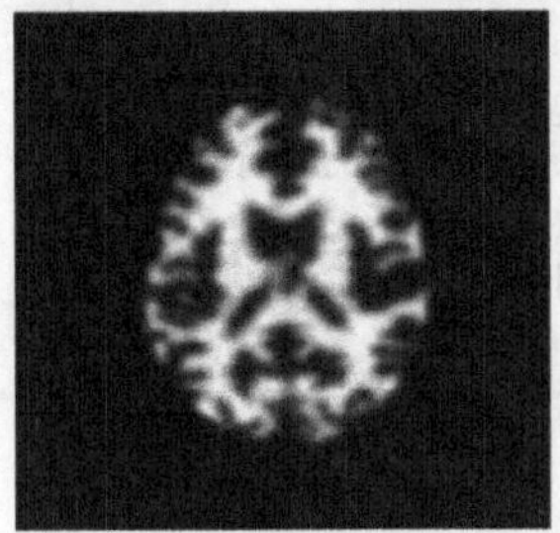

(d) 基于肺部解剖结构字典的重建结果

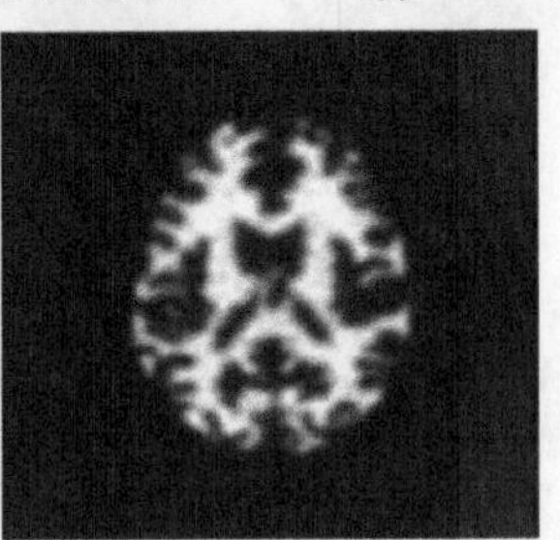

(e) 基于自适应字典的重建结果

图 12.7　基于蒙特卡罗模拟的脑部 PET 图像重建结果

表 12.3　基于蒙特卡罗模拟的脑部体模重建结果的统计分析

统计量	MLEM	SPS-OS	GD	AD
偏差	1.3239	1.0730	1.0597	1.0459
方差	5.5813	3.2954	3.1065	2.9672

然后我们测试了两种不同字典元素大小(7×7 和 10×10)对重建结果的影响。实验中的数据基于 1×10^6 计数率下蒙特卡罗模拟的 Zubal 胸腔体模数据。从表 12.4 中可见，当字典元素大小为 10×10 时，重建图像容易出现过拟合的情况。例如，图 12.8 中箭头所指的区域，它在 10×10 重建的算法中已经几乎无法辨别。在放大的区域中，我们发现当字典元素较小时，7×7 重建图像的细节也较好。

表 12.4　不同数据重建过程中每个区域块所需要的字典个数

字典个数	Zubal 1×10^6	Zubal 5×10^5	Lesion 1×10^6	Lesion 5×10^5	脑部
平均值	4.56	5.34	1.66	1.40	22.48
字典个数	CRI ECAT 数据				SHR22000 肺部
	切片 19	切片 27	切片 35	切片 43	
平均值	7.59	9.09	7.42	6.87	4.95

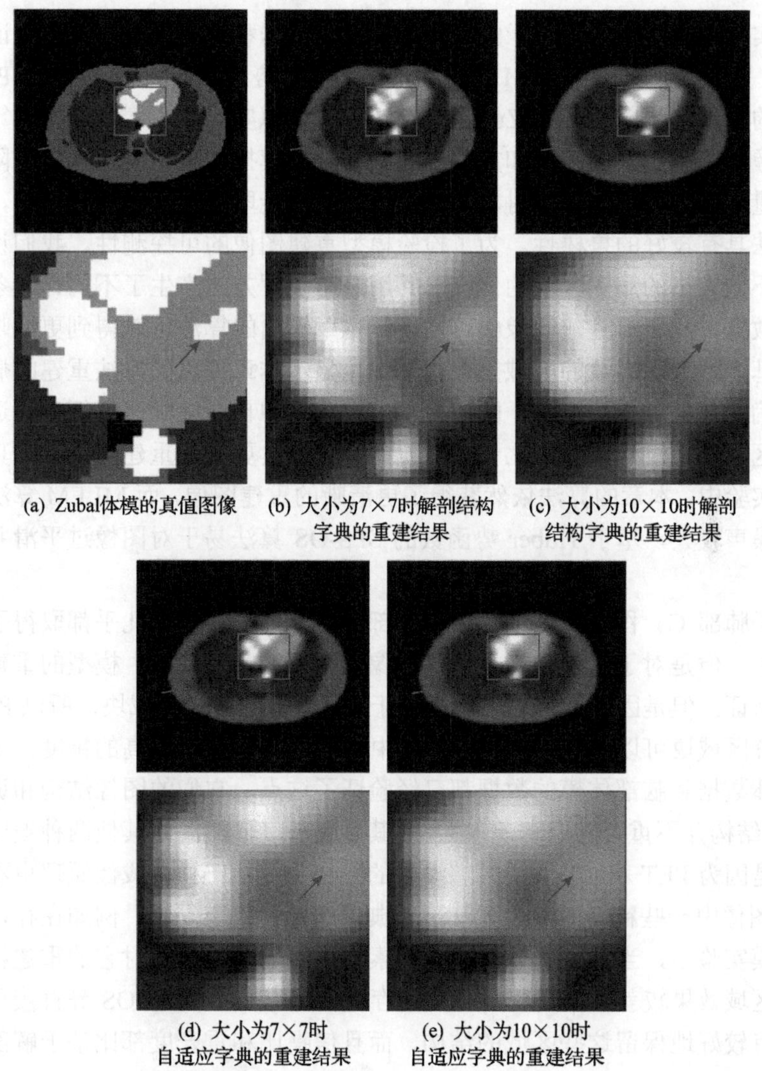

(a) Zubal体模的真值图像　(b) 大小为7×7时解剖结构字典的重建结果　(c) 大小为10×10时解剖结构字典的重建结果

(d) 大小为7×7时自适应字典的重建结果　(e) 大小为10×10时自适应字典的重建结果

图 12.8　不同字典元素大小设置对重建结果的影响(第一行为重建结果，第二行为感兴趣区域的放大图像)

12.3.6　实验总结

本章提出了一种基于稀疏表达和字典学习的 PET 图像重建框架。鉴于解剖结构信息和 PET 图像功能性结构的相似性，我们从肺部 CT 图像中训练了全局字典。另外，我们还探索了从目标重建图像中自适应地学习字典的情况。将字典的上稀疏的约束作为重建最大似然目标函数的惩罚项，把图像重建转化为优化问题，并且提出了相应的迭代优化方法。

在实验部分，我们在基于蒙特卡罗模拟的数据和真实人体数据上验证了本章的算法，并且以经典的 MLEM 算法和带有 Huber 势函数作为惩罚项的 SPS-OS 算法重建的结果作为比较。在 Zubal 肺部体模的模拟实验中，本章提出的算法所重建的图像都有了更好的偏差和方差表现。而且当模拟过程中的计数率下降时，也就是测量数据的信噪比下降时，本章的算法依旧能取得较好的重建结果，因此本章的算法具有较好的鲁棒性。为了检验模型重建图像的可探测性，我们设计了含有六个不同大小的病变区域的体模，并用蒙特卡罗方法产生了不同计数条件下的正弦图数据。从所得重建图像中可发现，本章提出的算法可以得到更清晰的图像结构。基于雅卡尔指数的区域重合指标中也显示本章提出的方法重建的病变区域更加准确。而且更重要的是，因为是从目标图像中自适应学习特征，自适应字典在病变区域较小时可以获得比预先设定的全局字典更好的重建结果。在真实人体数据的实验中，本章的算法依然获得了更清晰的重建图像，而 MLEM 算法所重建的图像噪声较大，基于 Huber 势函数的 SPS-OS 算法易于对图像过平滑并且产生伪影。

基于肺部 CT 图像训练的字典在肺部图像重建的实验中几乎都取得了最优的重建结果。但是对于解剖结构与目标图像结构不符合的情况，模型的重建精度可能无法保证。但是因为训练的字典是基于 CT 图像的局部区域块，所以 PET 图像中大部分区域块可以通过线性组合字典中 144 个元素得到较高的精度。实验中的真实人体数据和脑部体模的数据都已经验证了这点，它们的图像结构和训练集中 CT 图像结构并不重合甚至相差很大，而其重建精度依然高于其他两种被比较的方法。但是因为 PET 和 CT 两种模态设备的图像强度不一样，成像原理也不同，因此 CT 图像中一些精细的结构无法被字典中的元素完全复原。例如在存在病变区域的体模实验中，当病变区域和字典元素大小接近时，模型对它的重建精度相比较大的区域效果较差。但是由于噪声的存在，MLEM 和 SPS-OS 等直接重建的算法也没有较好地保留这些区域的结构，而且信噪比和重合度都比基于解剖先验的方法差。值得注意的是，在这种情况下，基于自适应字典的算法因为直接从目标重建图像中学习局部特征，所以可以取得更好的重建精度，一些图像细节的部分也可以较好地复原。

第四部分　PET 成像技术未来发展

第 13 章　切连科夫光成像

13.1　切连科夫辐射基本介绍

切连科夫辐射最早由玛丽·居里和皮埃尔·居里在 20 世纪初观察到的[232]，但是其物理原理的具体数学解释则由诺贝尔物理学奖获得者苏联科学家切连科夫在 1934 年[233,234]给出。通常来讲，当带电粒子以高于介质中光速的运动速度在介质中传播时，带电粒子会导致传播途中的介质的粒子发生极化反应，且这一极化现象是对称的。这一短时的极化会导致介质粒子产生一个短时的电磁脉冲。当带电粒子传播的速度低于介质中的光速时，这一电磁脉冲将会以多普勒频移[235]的方式展现出来；当传播速度等于介质中的光速时，在带电粒子的前方会产生一个障碍波使得电磁脉冲无法传播出去；只有当带电粒子的传播速度大于介质中的光速时，这个电磁脉冲才可以突破障碍波以切连科夫光的形式被外界观测到。而这个可以被外界观测到的电磁波就是切连科夫光。自切连科夫光被发现以来，它实际应用就是各研究者关注的重点[236]。目前基于切连科夫光的一些成像方式已经被研究出来，如切连科夫辐射成像(Cherenkov luminescence imaging, CLI)和切连科夫辐射断层成像(Cherenkov luminescence tomography, CLT) [237-239]。但是目前这些成像方式的研究还处于初级阶段。大多数的研究学者还是将切连科夫光作为一种辅助成像方式，来辅助其他一些比较成熟的医学影像方式。

带电粒子在介质中传播所产生的切连科夫光子数，一般可以用式(13.1)来表示[240]：

$$N(\lambda,\beta,n)=\frac{2\pi\alpha L}{\lambda}\left(1-\frac{1}{\beta^2 n^2}\right) \tag{13.1}$$

式中，N 为生成的切连科夫光子数；L 为粒子的运动距离；β 为粒子运动速度与光速之比，$\beta=v/c$；α 为常数，其值为 1/137。

假设示踪剂在释放出的能量在 $E\sim E+\mathrm{d}E$ 的粒子数为 N_2，则其可以表示为[238]

$$N_2\mathrm{d}E = gF(Z,E)\,p\,E(E_{\max}-E)^2\,\mathrm{d}E \tag{13.2}$$

式中，E 为粒子的最大能量；p 为量子的动量值；g 为常数；而 $F(Z,E)$ 对应于费米函数(Fermi-function)，其具体表达如下[241]：

$$F(Z,E) = -\frac{2\pi\alpha ZE}{p}\left[1-\exp\left(\frac{2\pi\alpha ZE}{p}\right)\right] \tag{13.3}$$

将式(13.1)和式(13.2)相乘，即可得到切连科夫的光子数：

$$NN_2\mathrm{d}E = gF(Z,E)pE(E_{\max}-E)^2\frac{2\pi\alpha L}{\lambda}\left(1-\frac{1}{\beta^2 n^2}\right)\mathrm{d}E \tag{13.4}$$

式中，p、E 和 β 存在以下一系列关系：

$$\begin{cases} E=\gamma m_0 c^2, \quad p=\gamma m_0 \beta c \\ \gamma=\dfrac{1}{\sqrt{1-\beta^2}}, \quad \beta^2 = 1-\dfrac{m_0^2 c^4}{E^2} \end{cases} \tag{13.5}$$

将式(13.5)代入式(13.4)，我们可以得到

$$NN_2\mathrm{d}E = gF(Z,E)E^2(E_{\max}-E)^2\frac{2\pi\alpha L}{\lambda c}\sqrt{1-\frac{m_0^2c^4}{E^2}}\left[1-\frac{1}{\left(1-\dfrac{m_0^2c^4}{E^2}\right)n^2}\right]\mathrm{d}E \tag{13.6}$$

假设所产生的所有切连科夫光子数为 N_{tot}，则其可表示为

$$N_{\text{tot}} = \int_{E_{\min}}^{E_{\max}} gF(Z,E)E^2(E_{\max}-E)^2\frac{2\pi\alpha L}{\lambda c}\sqrt{1-\frac{m_0^2c^4}{E^2}}\left[1-\frac{1}{\left(1-\dfrac{m_0^2c^4}{E^2}\right)n^2}\right]\mathrm{d}E \tag{13.7}$$

对式(13.7)求在波长方向的导数，就可以获得切连科夫光响应的光谱范围表达式[242]：

$$\frac{\mathrm{d}N_{\text{tot}}}{\mathrm{d}\lambda} = \frac{2\pi g\alpha L}{\lambda^2 c}\int_{E_{\min}}^{E_{\max}} gF(Z,E)E^2(E_{\max}-E)^2\sqrt{1-\frac{m_0^2c^4}{E^2}}\left[1-\frac{1}{\left(1-\dfrac{m_0^2c^4}{E^2}\right)n^2}\right]\mathrm{d}E \tag{13.8}$$

所以经过简单的计算，可以得到切连科夫光的光谱范围应当为 500～850nm 内，且和波长的二次方成反比。

在生物组织内，切连科夫光子的被组织吸收的程度与其波长有一定联系。一

般来讲，波长越短，吸收程度越大。因此，切连科夫光子的最终被探测到的强度可以表示为

$$I(\lambda_1)=I_0(\lambda_1)\exp(-u_{\text{eff}}d) \tag{13.9}$$

式中，u_{eff} 为有效衰减系数；d 为切连科夫光产生点在生物组织内的深度。其中有效衰减系数 u_{eff} 可以表示为

$$u_{\text{eff}}=\sqrt{3u_{\text{a}}(u_{\text{s}}+u_{\text{a}})} \tag{13.10}$$

式中，u_{a} 为光子在组织介质中的吸收系数；u_{s} 为散射衰减系数。其中，在生物体组织内由散射所造成的衰减要强于由吸收所造成的衰减。在所有的散射中，瑞利散射（Rayleigh scattering）和米氏散射（Mie scattering）是生物体组织内最重要的两种散射方式，而这些衰减系数的存在导致切连科夫光的光谱向着红光和近红外光谱范围移动。经过衰减校正过后的切连科夫光谱与发射波长的关系将变得更加复杂，不同波长所产生的切连科夫光强比可以表示为

$$\frac{I(\lambda_1)}{I(\lambda_2)}=\frac{\lambda_2^2}{\lambda_1^2}\exp\{[u_{\text{eff}}(\lambda_2)-u_{\text{eff}}(\lambda_1)]d\} \tag{13.11}$$

13.2 基于切连科夫光的双示踪剂成像蒙特卡罗模拟

为了检验基于切连科夫光的 PET 双示踪剂成像方法的实际分离效果，我们使用蒙特卡罗模拟的 PET 成像数据来进行验证。蒙特卡罗模拟所使用的软件为 GAMOS（GEANT4 Architecture for Medically Oriented Simulations）[243,244]，其主要用在图像引导放射性治疗等方面。GAMOS 的底层应用与前面所使用的 GATE 相同，都是利用 GEANT4 来进行蒙特卡罗模拟，因此，在 GAMOS 上可以同时进行 PET 和切连科夫光的模拟。在模拟过程中，整体模拟环境的散射与吸收参数按照水（折射率 1.4）的系数进行模拟，生物组织区域（目标区域）的模拟参数按照人体肌肉组织的各项参数进行模拟。吸收系数从生物组织中心到边缘分别设置为 0.1～0.235。在散射参数方面，我们只对瑞利散射和米氏散射进行模拟，其他散射参数设置为 0。米氏散射系数从中心到边缘为 14.54545～9.41176；瑞利散射系数为 0.09。所有模拟中放射性示踪剂被置于生物组织区域中心。

在 PET 成像中，我们使用目前最为成熟且方便的 MLEM 算法进行图像重建；而在切连科夫光成像方面，我们使用背照式电荷耦合器件（charge-couple device, CCD）相机进行成像。在从 CCD 相机获取了被测物体的切连科夫光图像后，我们还使用多步骤图像处理方式，利用双边滤波器和中值滤波器来过滤数据中的各种噪声，从而实现最佳的切连科夫光成像效果。

双示踪剂成像的验证实验分为两部分，第一部分用于检验在单一示踪剂的条件下，示踪剂计量的多少是否会对其产生的切连科夫光产生影响；第二部分则具体检验利用切连科夫光是否能够有效地将两种标记了不同核素的放射性示踪剂分离出来。通过分析这两组实验的结果，就可以验证所提出的基于切连科夫光的双示踪剂成像方式是否有效。

1. 实验一

在实验一中，所模拟的示踪剂为 ^{18}F-FDG 溶液，所使用的模拟模型是一个 5 球模型(图 13.1)，这 5 个球的大小相同，直径为 20mm。每个球中的示踪剂的浓度都是均匀分布，按照顺时针方向分别给这 5 个球编号为 #1～#5。从 #1 到 #5，球中的示踪剂计量依次下降，其对应的计数率分别为：#1，1×10^7；#2，5×10^6；#3，2.5×10^6；#4，1×10^6；#5，5×10^5。在这个实验中，切连科夫光数据和 PET 数据将被同时模拟，通过分析 PET 和切连科夫光的重建结果，就可以获得示踪剂计量对切连科夫光的具体影响。

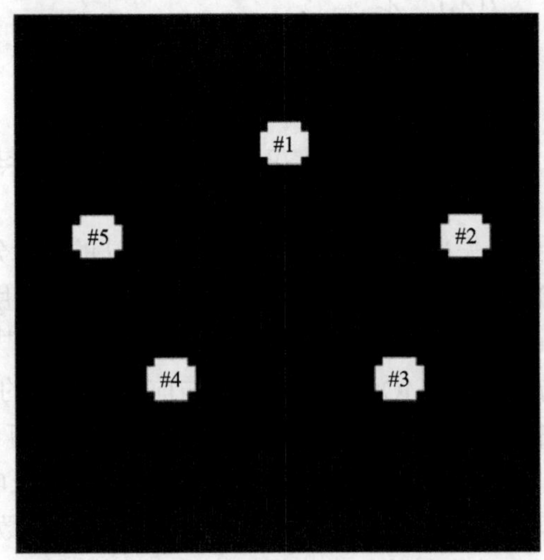

图 13.1　5 球模型的示意图

具体的重建结果如图 13.2 所示，其中图 13.2(a)为 5 球模型的 PET 重建图像。由于 5 个球的计数率不同，可以清楚地在图中分辨出 5 个亮度不同的区域。与之对应，在图 13.2(b)～(f)中分别给出了这 5 个球的切连科夫光重建图像(左)和其对应的光谱范围直方图(右)。在图 13.2(b)～(f)#1 到#5 的切连科夫光重建图像中，同一个球体内，切连科夫光的强度随着其距球心点的距离的增加而不断减少；在不同球体中，切连科夫光的总体重建强度会随着计数率的下降而减小。在图 13.2(b)～(f)#1 到#5 的切连科夫光光谱范围直方图中，我们对光谱中的峰值波长和波长范围中位数进行了统计，其结果记录在表 13.1 中。

(a) PET重建结果

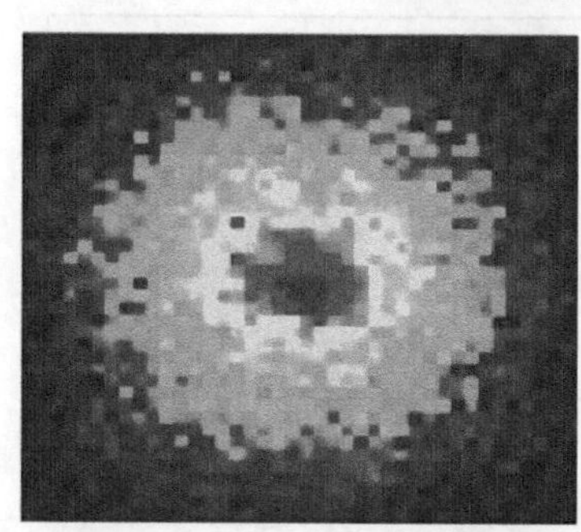

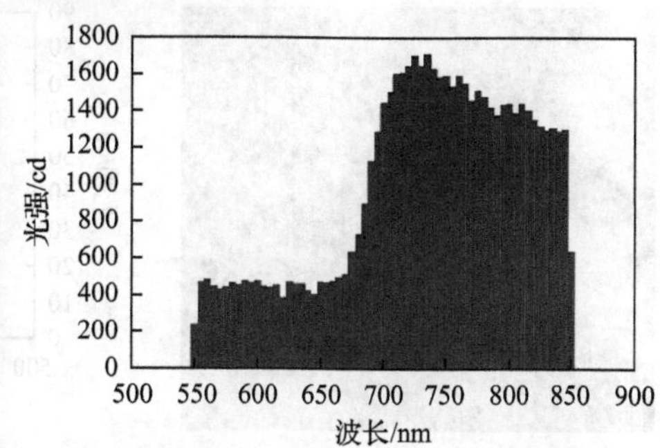

(b) #1切连科夫光重建图像及对应光谱图

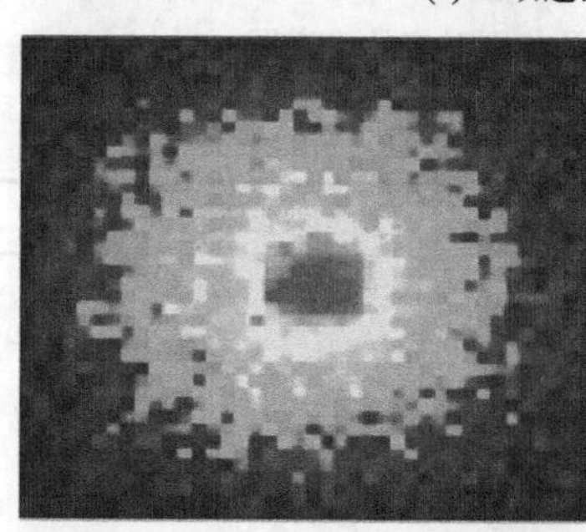

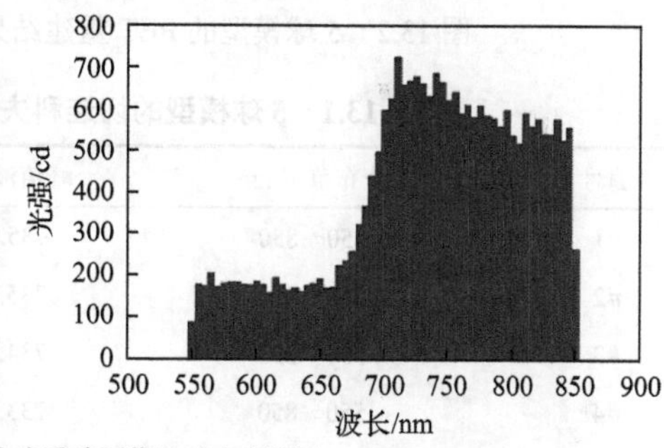

(c) #2切连科夫光重建图像及对应光谱图

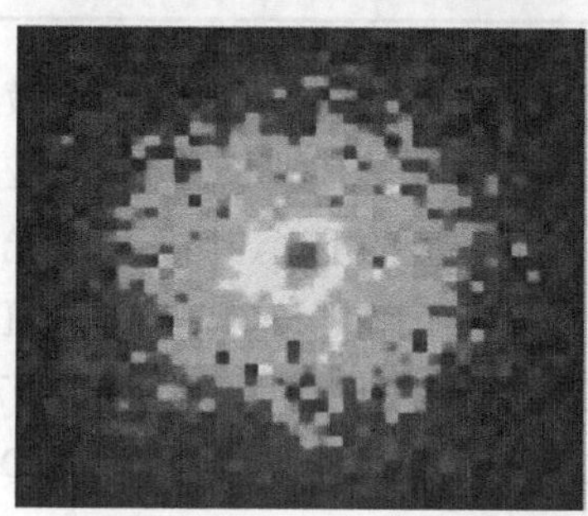

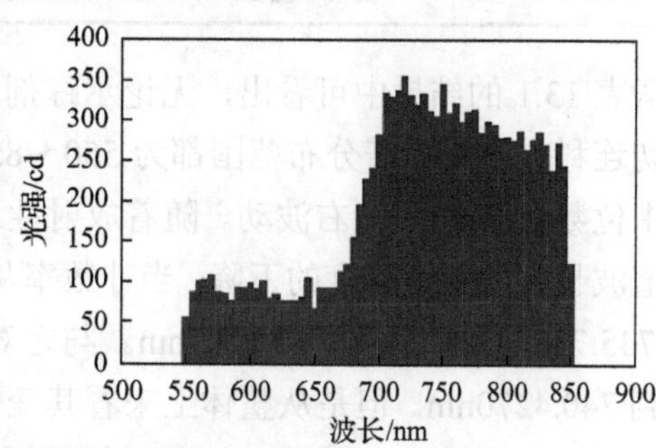

(d) #3切连科夫光重建图像及对应光谱图

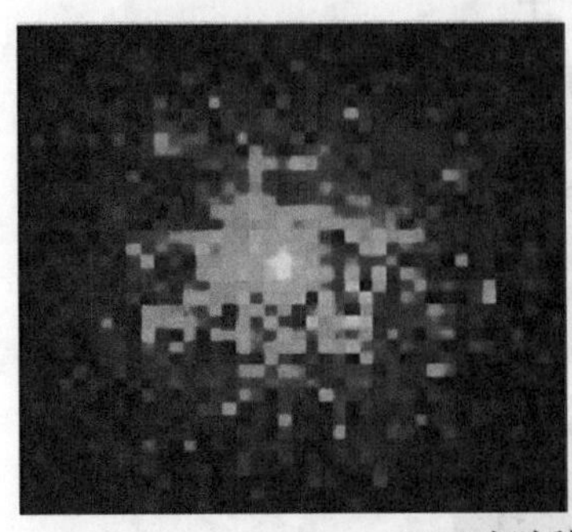

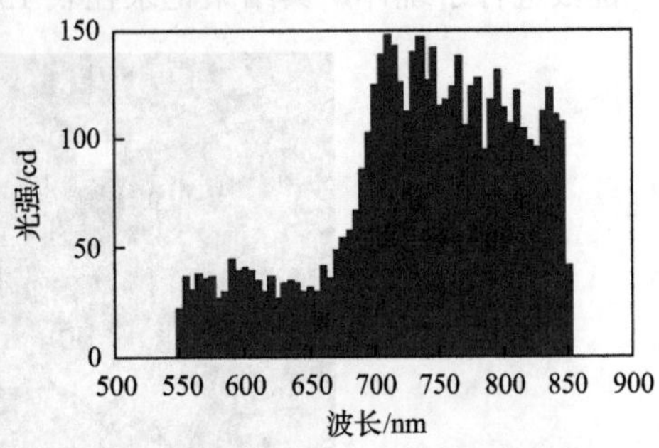

(e) #4切连科夫光重建图像及对应光谱图

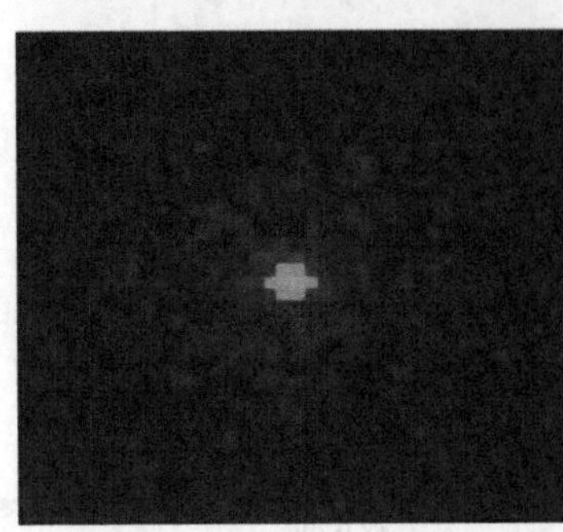

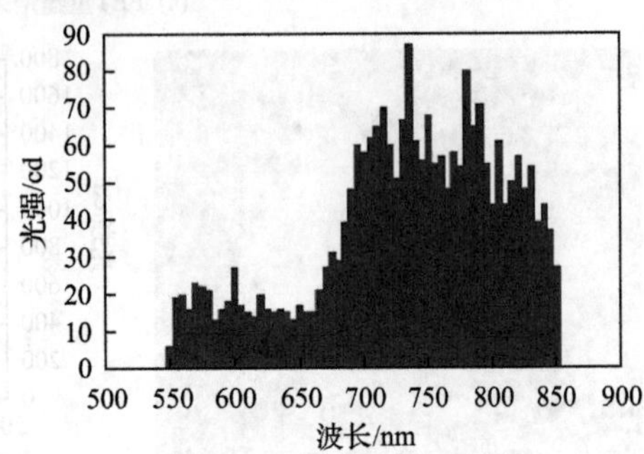

(f) #5切连科夫光重建图像及对应光谱图

图 13.2　5 球模型的 PET 重建结果及分别对应的光谱图

表 13.1　5 球模型的切连科夫光谱范围数值分析

编号	分布范围/nm	峰值波长/nm	波长范围中位数/nm
#1	550～850	735.7342	743.4275
#2	550～850	735.4761	742.8950
#3	550～850	734.3188	742.7480
#4	550～850	733.9934	741.8810
#5	550～850	733.1107	740.4270

从表 13.1 的结果中可看出，无论示踪剂的计量如何改变，^{18}F-FDG 溶液所产生的切连科夫光的光谱分布范围都为 550～850nm，光谱峰值波长在 735nm 左右，光谱中位数在 743nm 左右波动。随着放射性示踪剂浓度的下降，切连科夫光光谱的峰值波长会发生小幅度的下降，当计数率从 1×10^7 下降到 5×10^5 时，峰值波长会从 735.7342nm 下降到 733.1107nm。与之对应，光谱中位数也会从 743.4275nm 下降到 740.4270nm。但是从整体上来看其变化范围较小。因此，对于 ^{18}F-FDG 溶液，可以一般性地认为其所对应的切连科夫光的峰值波长为 735nm。

2. 实验二

在实验二中，为了验证所提出的基于切连科夫光的双示踪剂成像方法的可行性，将使用两种标记了不同核素的示踪剂，它们分别是 ^{18}F 和 ^{22}Na。在这个实验中所使用的模型为一个 6 球模型(图 13.3)，这 6 个球按顺时针方向依次编号为#1～#6，其直径按照编号顺序分别为 37mm、28mm、22mm、17mm、13mm、10mm。在#1、#3 和#5 球体中注入标记了 ^{22}Na 的示踪剂，而在#2、#4 和#6 球体中则注入标记了 ^{18}F 的示踪剂。每个球体中所注入的示踪剂的计量是相同的。之后对 6 球模型进行数据扫描，在探测器扫描双示踪剂 PET 和切连科夫数据时，通过使用一个波长滤波器来进行两种示踪剂切连科夫光信息的分离，并以此为依据对 PET 成像数据进行分离。分离后的结果通过标准 MLEM 算法获得其重建结果，在所有重建中其迭代次数设定值为 50。两种示踪剂未分离的混合重建结果在图 13.4(a)中给出，而两种示踪剂的理论完全分离重建图像则分别在 13.4(b)和(c)中给出。

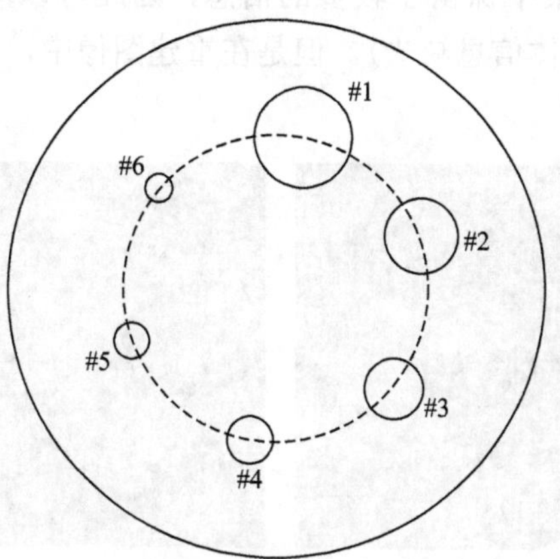

图 13.3　6 球模型的示意图

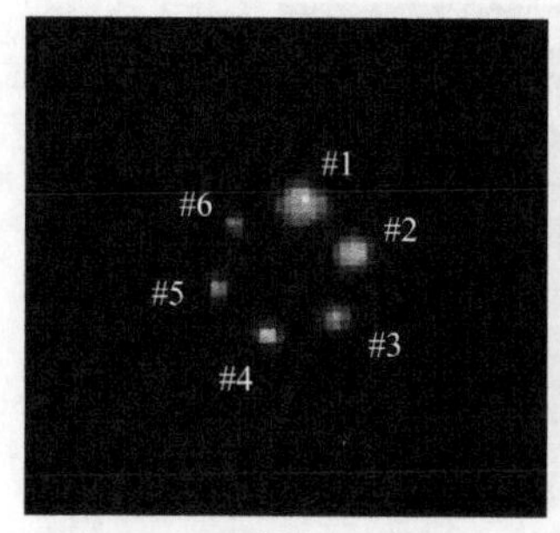

(a) 双示踪混合重建图

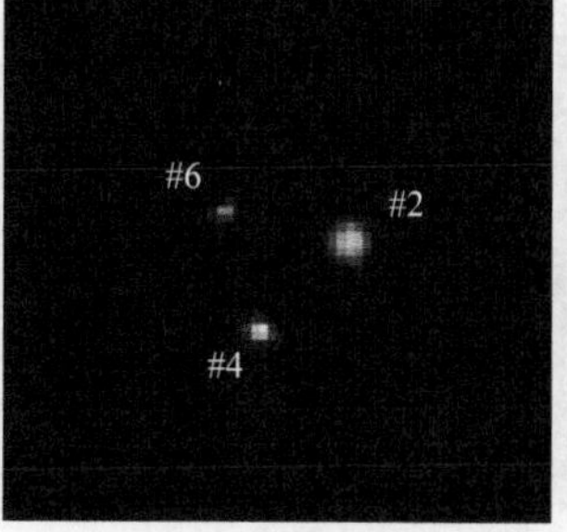

(b) ^{18}F单一示踪剂时的重建结果

(c) ^{22}Na单一示踪剂时的重建结果

图 13.4　两种示踪剂未分离和分离后的重建结果

实际上两种示踪剂分离的结果在图 13.5 中给出，两种不同的切连科夫光峰值波长滤波器被用在两种示踪剂的分离过程中。第一种滤波器是一个带通滤波器，分别选取 ^{18}F 和 ^{22}Na 的切连科夫光谱的峰值波长作为阈值(分别为 735nm 和 713nm)，将大于 735nm 的 PET 成像数据归类为 ^{18}F 数据，将小于 713nm 的 PET 成像数据归类为 ^{22}Na 数据，而将波长位于 713～735nm 的数据舍弃。第二种滤波器则采用一个简单的均值阈值，选取两者峰值波长的均值(724nm)作为阈值波长，将大于阈值波长的 PET 成像数据归为 ^{18}F 数据，将小于阈值波长的 PET 成像数据归为 ^{22}Na 数据。^{18}F 和 ^{22}Na 的分离结果在图 13.5 给出，从结果可以看出第一种滤波方式能较好地将不同的示踪剂完全分离出来，但是由于第一种滤波方式要舍去一部分波长内的数据，因此其会丢失很多的有效信息，这就导致在第一种方法的重建图像中，只有最大的两个球体(#1 和#2)被重建出来，而其他球体的信息丢失。而在第二种滤波方式中，由于滤波阈值为两种示踪剂峰值波长的均值，所以在重建结果中保留了较多的信息，因此可以基本上获得所有球体的重建信息(#5 和 #6 球体信息缺失)。但是在重建图像中，两种示踪剂之间的干扰较强。

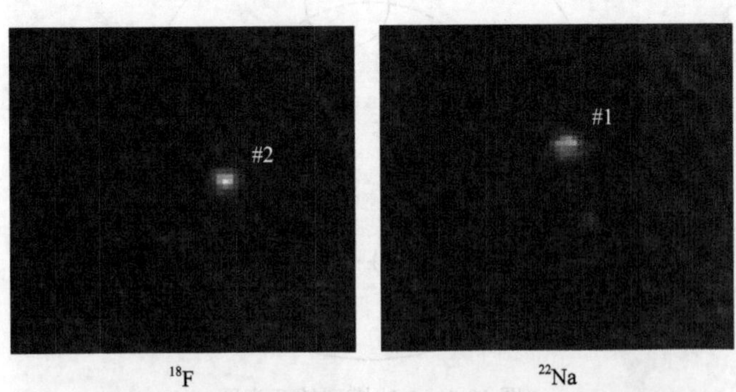

(a) 使用第一种滤波方式所获得的两种示踪剂的分离重建图像

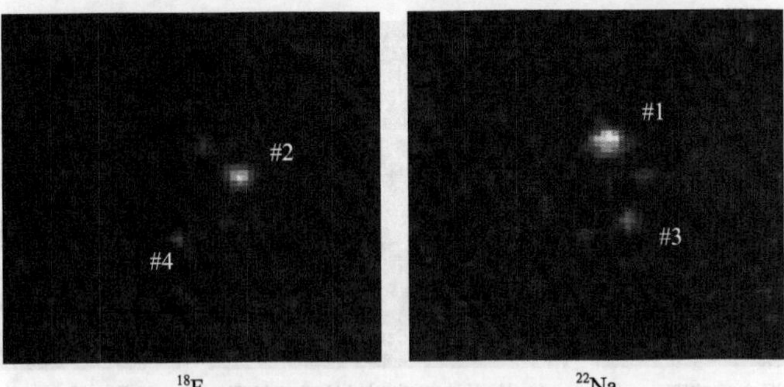

(b) 使用第二种滤波方式所获得的两种示踪剂的分离重建图像

图 13.5　^{18}F 和 ^{22}Na 的分离结果

考虑到 ^{18}F 和 ^{22}Na 之间峰值波长的差距较小，因此尝试用一组原子数差距较大的示踪剂进行实验，所使用的示踪剂为 ^{18}F 和 ^{124}I，其峰值波长分别为 735nm 和 758nm。两种滤波方式的双示踪剂重建结果在图 13.6 中给出。由图可以看出，增大两种示踪剂之间的峰值波长差距后，其分离效果和重建信息保留度都优于之前的两种示踪剂，但示踪剂之间的干扰也相对增加。

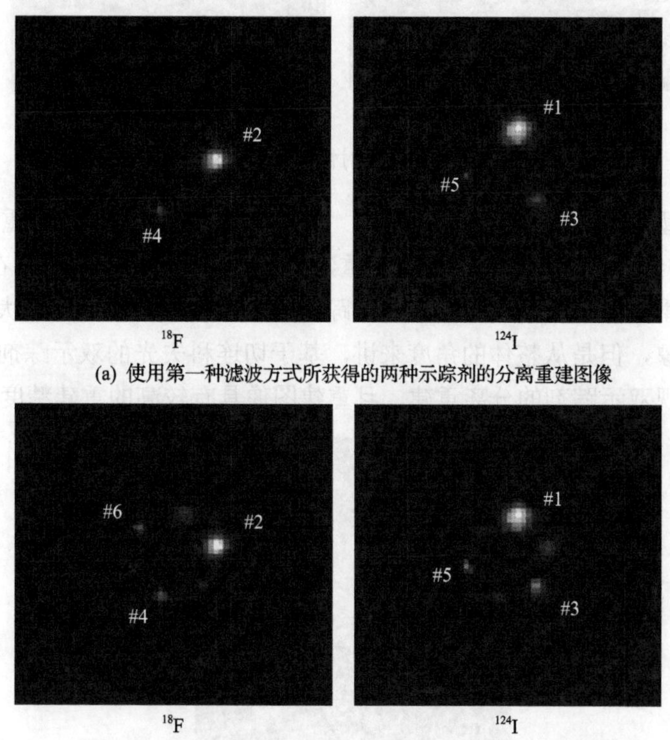

(a) 使用第一种滤波方式所获得的两种示踪剂的分离重建图像

(b) 使用第二种滤波方式所获得的两种示踪剂的分离重建图像

图 13.6 ^{18}F 和 ^{124}I 的分离结果

为了验证所提出的双示踪剂成像方式在实际小动物成像中的可行性，我们对小鼠的脑部体模进行了双示踪剂分离实验。我们所使用的示踪剂为 ^{18}F-FDG 和 ^{124}I-IAZA。^{124}I-IAZA 常用于检测肿瘤细胞在厌氧状态下的代谢情况，它和 ^{18}F-FDG 联合使用可以检查放疗后处在厌氧状态下的肿瘤细胞(尤其是神经类肿瘤)的代谢情况，以检测治疗效果。这两种示踪剂在大脑中的代谢率有很大的不同。小鼠脑部左上部存在一个肿瘤区域，其中理论上 ^{124}I-IAZA 示踪剂会在这个肿瘤区域内聚集，使这里成为一个高亮区域；而与之相对的 ^{18}F-FDG 在这部分区域的代谢率较低，因此，该区域在理想重建图中为暗区域。为了方便之后的比较，图 13.7 中分别给出了理想状态(理论上)两种示踪剂在小鼠脑部理想状态下的独立分布图。

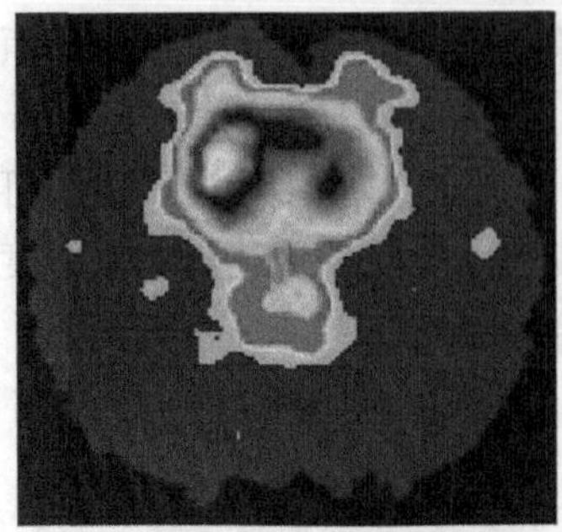
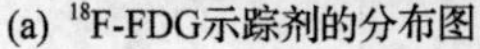
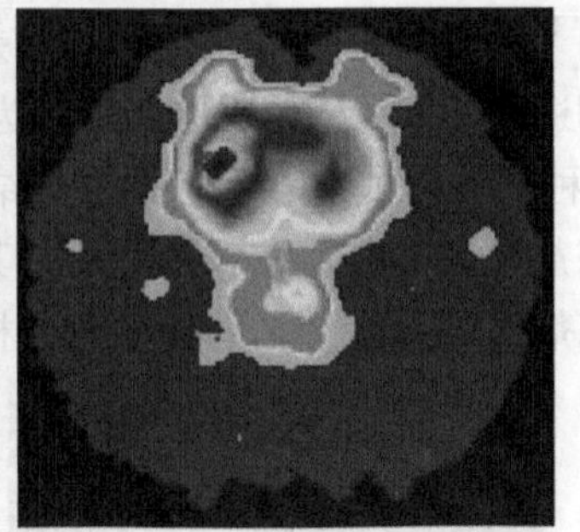

(a) ^{18}F-FDG示踪剂的分布图　　(b) ^{124}I-IAZA示踪剂的分布图

图 13.7　小鼠脑部放射性浓度理想状态分布图

最终的重建图像在图 13.8 中给出，为了方便评估我们方法的重建效果，在图 13.8(a)中给出了两种示踪剂的混合重建图像，而分离后的结果则在图 13.8(b)中给出。从重建结果来看，虽然两种示踪剂的重建结果相较于理想状态都存在一定的模糊现象，但是从整体的角度来讲，基于切连科夫光的双示踪剂重建方法能够有效地实现双示踪剂的分离重建，且重建图像具有较高的重建精度。

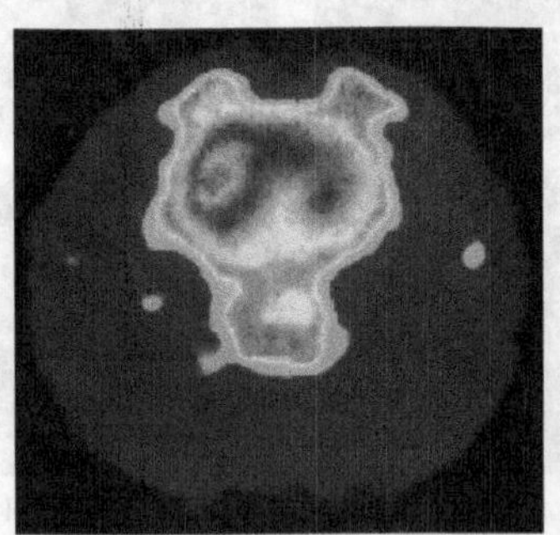

(a) 两种示踪剂的混合重建结果

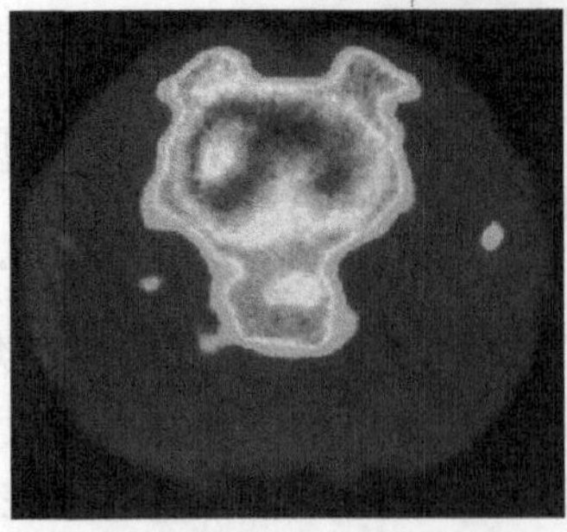
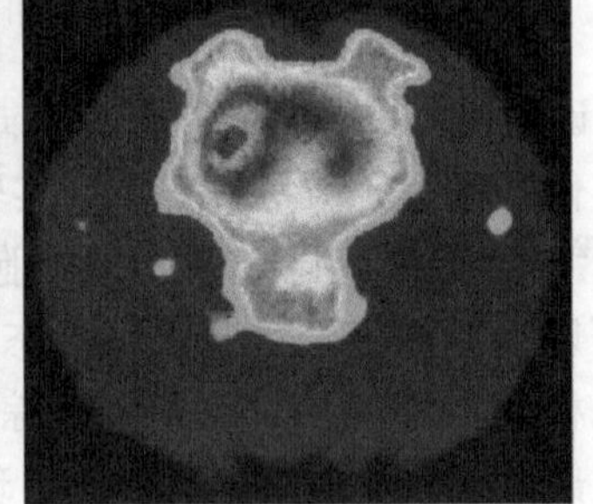

(b) ^{18}F-FDG示踪剂的分离重建结果　　(c) ^{124}I-IAZA示踪剂的分离重建结果

图 13.8　两种示踪剂的混合重建结果及分离后的重建结果

根据以上的重建结果，可以得出以下结论：①随着不同核素之间切连科夫光峰值波长之间差距的增加，其分辨效果会得到一定的提升；②使用第一种滤波方式可以较为彻底地对不同示踪剂进行有效的分离，但是由于舍去了部分数据，导致了一些细节信息的丢失；③使用第二种方法，可以较好地获得所有相关信息的重建结果，但是其同时也会保留一部分其他示踪剂的信息，因此其分离不是十分彻底；④理论上应当存在一个波长阈值的最佳选择，但是这一值的确定需要进行更多的实验。在未来的工作中，基于切连科夫光的 PET 双示踪剂重建方法将主要在这方面进行研究。

第 14 章　多示踪剂 PET 成像

在有些情况下，单一示踪剂就可以为我们提供某些特定生理过程的有效信息。但是，对于较为复杂的生理过程，单一示踪剂所提供的单一生理信息往往是不充足的。所以，为了获得更加翔实的生理信息，两种示踪剂或多种示踪剂会被一同使用。但是由于无论何种示踪剂，其所产生的 γ 光子都是由正电子与负电子发生湮灭反应所产生的，其能量都是 511keV。因此，如果同时注入两种示踪剂，我们在其物理原理上是无法将不同示踪剂所产生的光子分辨出来的。

为了有效地实现双示踪剂或多示踪剂 PET 成像，很多研究人员都进行了深入的研究。早期对于双示踪剂成像往往采取的是两种示踪剂分别注射、分别采集的方式，即双注入-双扫描模式。这种模式可以使得两种示踪剂在相应的衰减周期内不会发生相互干扰的现象，但是这种模式需要较长的扫描时间，会给患者造成较大的麻烦，且其完全独立的操作不适用于神经类药物的研究。之后，为了解决这一问题，Koeppe 等[245]提出了一种双注入-单扫描模式，即对双示踪剂进行一次统一的扫描，通过将两种示踪剂进行较短时间间隔(10～20min)的分别注入的方式来减弱信号的叠加效应，并通过分析像素时间放射性曲线(TAC)或非线性最小二乘法(NLS)模拟感兴趣区域(ROI)的方式将不同的示踪剂信号分离出来。这种方法虽然可以将两次扫描合并成一次扫描，在一定程度上减少了扫描时间，但是 10～20min 的扫描间隔使其并不是最完美的扫描方式。为了能实现完全的无注射间隔的双示踪剂扫描方式，很多研究者正在努力研究中，但目前已有的一些无间隔双示踪剂成像方法大多是利用先验信息(TAC 数据、房室模型数据)来进行不同示踪剂的分离。但是这种基于先验信息的分离方式对先验信息的准确性和双示踪剂数据的信噪比要求较高，这就使其实际应用受到了一定的限制。因此，如何利用示踪剂的一些本质特性来进行区分就成为双示踪剂成像的重要研究方向之一。

14.1　双示踪剂 PET 成像

目前，随着生物化学学科的发展，能够应用在临床上的示踪剂种类越来越多。尽管如此，由于特定的示踪物质一般只能反映出生物体内特定的生命活动信息(如特定化合物的合成、代谢、转运分布等)，在情况比较复杂时只依据一种示踪物质的成像结果来进行诊断是不够准确的。为了获得多示踪剂的成像信息，相较于对每个示踪剂进行单独扫描，对所有的示踪物质进行同时扫描可以使我们在了解多示踪剂的图像分布信息的基础上，减少扫描成本和辐射剂量，同时也节约了时间，避免由于多次扫描产生的时间差导致的生理环境差异带来的影响。

由于来自不同示踪剂的正电子发生湮灭反应后出射的光子能量均为 511keV，无法从物理硬件上直接对其进行区分。在成像算法上，大多数的双示踪剂研究都通过非线性最小二乘法在像素的层面或者感兴趣区域的层面对 TAC 进行拟合。由于不同示踪剂在匹配示踪剂动力学模型时对应的动力学参数不同，基于不同的动力学参数表现出不同的时间放射性强度变化来实现对双示踪剂成像的区分也成为一种可行的方案。

TAC 反映了放射性强度随时间的变化，基于 TAC 的双示踪剂信号分离让我们联想到了在语音识别中对左右声道进行分离的研究。目前，有非负矩阵分解(NMF)和概率潜在语义索引(PLSI)两种常用的线性模型能够完成语音分离的任务，另外，基于非线性的深度神经网络和递归神经网络的研究在语音分离领域中也成功地实现了很多系统[246]。受到深度神经网络在语音信号处理领域中应用的启发，本章将从这个角度出发探索深度学习理论在双示踪剂分离问题上的应用可行性，并尝试用蒙特卡罗模拟的数据进行实验。

14.1.1　双示踪剂 PET 成像放射性浓度分离

1. *分离方法*

对双示踪剂的图像进行分离可以概括为对一条混合的 TAC 分离出两个单示踪剂 TAC 的过程。我们采用一个深度神经网络(DNN)和一个递归神经网络来学习出最优的隐藏表达，从而实现目标 TAC 的重建。深度神经网络是一个多隐藏层感知器，相邻两层之间的点采用全连通，整个网络首先采用无监督的预处理训练出初始权重，然后通过误差的反向传播的方法对整个网络的参数进行调整。图 14.1 是一个使用 DNN 来进行学习的例子。在训练中使用的输入记作 $\boldsymbol{X}_{\text{dual}}^{\text{train}} \in \mathbf{R}^{M\times 1}$，表示双示踪剂成像结果中一条 TAC 按照采样时间间隔得到的一个数组，即同一个像素点或同一个 ROI 在不同帧的动态图像序列上对应的放射性强度的集合，其中 M 指的是一组图像序列的总的帧数。输出记作 $\hat{\boldsymbol{Y}}_1^{\text{train}} \in \mathbf{R}^{M\times 1}$ 和 $\hat{\boldsymbol{Y}}_2^{\text{train}} \in \mathbf{R}^{M\times 1}$，分别对应分离出的两条单示踪剂 TAC 按照采样时间间隔得到的数组。此时，对于一个 DNN 系统，第 l 个隐藏层可以由式(14.1)计算得到：

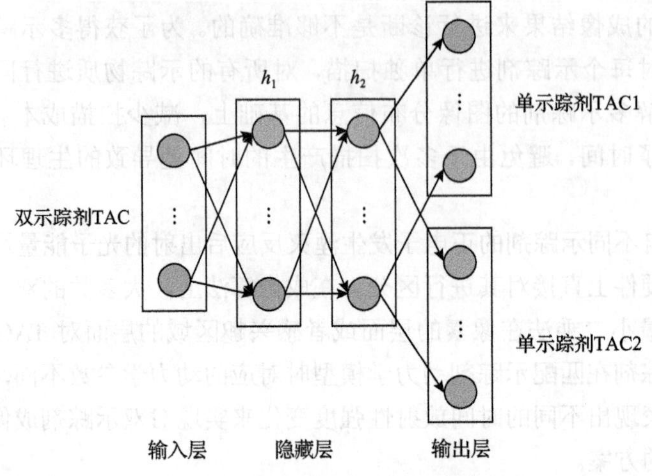

图 14.1　深度神经网络系统

$$h^l(\boldsymbol{X}_{\text{dual}}^{\text{train}}) = \begin{cases} f(\boldsymbol{W}^l h^{l-1}(\boldsymbol{X}_{\text{dual}}^{\text{train}}) + \boldsymbol{b}^l), & l>1 \\ f(\boldsymbol{W}^l \boldsymbol{X}_{\text{dual}}^{\text{train}} + \boldsymbol{b}^l), & l=1 \end{cases} \tag{14.1}$$

式中，$\boldsymbol{W}^l$ 和 $\boldsymbol{b}^l$ 分别是权重矩阵和偏差向量；$f(\cdot)$ 是一个非线性的方程，在本系统中我们选用了线性纠正函数 $f(\boldsymbol{X}_3^{\text{train}})=\max(0,\boldsymbol{X}_3^{\text{train}})$ [247]作为激活函数。最后的输出层是一个线性层，可由式(14.2)计算：

$$\hat{\boldsymbol{Y}}^{\text{train}} = \boldsymbol{W}^l \boldsymbol{h}^{l-1}(\boldsymbol{X}_{\text{dual}}^{\text{train}}) + \boldsymbol{c} \tag{14.2}$$

式中，$\boldsymbol{c}$ 是参数向量；$\hat{\boldsymbol{Y}}^{\text{train}} \in \mathbf{R}^{2M\times 1}$ 是 $\hat{\boldsymbol{Y}}_1^{\text{train}}$ 和 $\hat{\boldsymbol{Y}}_2^{\text{train}}$ 的一个线性组合。

在分类的训练学习中，基于真值 $\overline{\boldsymbol{Y}}_1^{\text{train}}$、$\overline{\boldsymbol{Y}}_2^{\text{train}}$ 和输出的预测值 $\hat{\boldsymbol{Y}}_1^{\text{train}}$、$\hat{\boldsymbol{Y}}_2^{\text{train}}$，可以通过最小化以下的平方误差来优化神经网络的参数：

$$\left\|\hat{\boldsymbol{Y}}_1^{\text{train}} - \overline{\boldsymbol{Y}}_1^{\text{train}}\right\|_2^2 + \left\|\hat{\boldsymbol{Y}}_2^{\text{train}} - \overline{\boldsymbol{Y}}_2^{\text{train}}\right\|_2^2 \tag{14.3}$$

尽管利用式(14.3)能在预测过程中增加预测结果和目标相似性，但是对于一个分离任务而言，使用上述平方误差来优化本分类系统忽视了双示踪剂 TAC 应为单示踪剂 TAC 之和这一约束。因此，我们参考已有的研究[248]，进一步将预测结果之和与真值之和的相似程度加入式(14.3)中，得到了最终的目标方程：

$$\left\|\hat{\boldsymbol{Y}}_1^{\text{train}} - \overline{\boldsymbol{Y}}_1^{\text{train}}\right\|_2^2 + \left\|\hat{\boldsymbol{Y}}_2^{\text{train}} - \overline{\boldsymbol{Y}}_2^{\text{train}}\right\|_2^2 - \xi\left\|\hat{\boldsymbol{Y}}_1^{\text{train}} + \hat{\boldsymbol{Y}}_2^{\text{train}} + \overline{\boldsymbol{Y}}_1^{\text{train}} + \overline{\boldsymbol{Y}}_2^{\text{train}}\right\|_2^2 \tag{14.4}$$

式中，ξ 是一个权重系数，用于控制预测结果与另一组真值之间相似性在目标方程中的比重。

2. 数据仿真

在数据仿真中，我们基于已知的单示踪剂动力学参数和房室模型理论来模拟生成双示踪剂放射性强度分布的时间序列，然后对其进行蒙特卡罗模拟获得实验数据。蒙特卡罗模拟由于不仅能够基于已有的放射性强度分布模板模拟出 PET 扫描的真实物理环境，从而获得投影数据正弦图，还能为算法验证实验提供可靠的比较标准，即放射性强度分布的真值，因此在 PET 成像算法相关的研究中有着重要的应用。然而，由于通过蒙特卡罗模拟得到的是投影数据，在进行下一步的分类操作前我们首先要对其进行重建并获得 TAC。

由于对 ROI 内所有像素点的 TAC 做了平均处理，因此对噪声的鲁棒性更高，然而一组动态数据只能针对每个 ROI 各提取一条曲线，对数据的利用率较低。事实上，由于物理条件的限制，模拟一组动态 PET 成像数据所需的时间较长，PET 成像数据量是很有限的。如果一组动态数据仅提取出 ROI 对应数量的 TAC，则总数据量在深度学习的系统中是远远不够的。因此，我们选择提取基于像素点的 TAC，对于一组视场大小为 64×64 像素的数据，其中除背景像素外的有效 TAC 在 2000 组以上，极大地提高了一组动态数据的利用率。此外，我们还通过改变噪声的腐蚀程度(改变计数率和混合模板上手动添加不同程度的噪声)来增加训练集数据量，同时也希望能训练得到一个鲁棒性更好的学习系统。

14.1.2　实验分析

1. ^{18}F-FDG 和 ^{62}Cu-ATSM 的 PET 放射性浓度分离实验

在临床疗法和放射疗法中，局部缺氧是一种重要的不良愈后因子，为了实现更加有效的治疗，了解缺氧组织的分布和轮廓是非常重要的[249]。一种双乙酰双铜配合物(^{62}Cu-ATSM)作为缺氧组织显像示踪物开始被用于显示心脏和脑部的缺血变化及肿瘤中的缺氧组织[250]。为了了解其在肿瘤中具体有哪些区域性的差异，可以通过比较 ^{62}Cu-ATSM 与 ^{18}F-FDG 的放射性强度分布来观察得到。^{18}F-FDG 是一种常用的分析肿瘤的分期和随访的示踪物质，以 ^{18}F-FDG 示踪物的放射性强度为基准能够比较肿瘤内 ^{62}Cu-ATSM 的吸收和分布模式，对 ^{62}Cu-ATSM 作为示踪物质的应用价值有一个更具体的了解[251]。

在数据仿真中，我们在探索基于深度学习的分类功能对本组双示踪剂的分离准确度的基础上，探索了不同噪声模型下的重建方法对分离结果的影响，设置的训练集和测试集如表 14.1 所示。针对高斯噪声模型，我们使用加入全变差的交替方向乘子(alternating direction method of multipliers，ADMM)算法进行重建；针对泊松噪声模型，我们使用 MLEM 算法进行重建。图 14.2 是本组数据的生成模板，图 14.3 和图 14.4 是基于深度神经网络实现的单示踪剂分离结果。

表 14.1　^{18}F-FDG 和 ^{62}Cu-ATSM 训练集和测试集图像重建模型

训练集：双示踪剂混合 TAC 重建噪声模型	测试集：双示踪剂混合 TAC 重建噪声模型
高斯噪声模型	高斯噪声模型
	泊松噪声模型
泊松噪声模型	高斯噪声模型
	泊松噪声模型

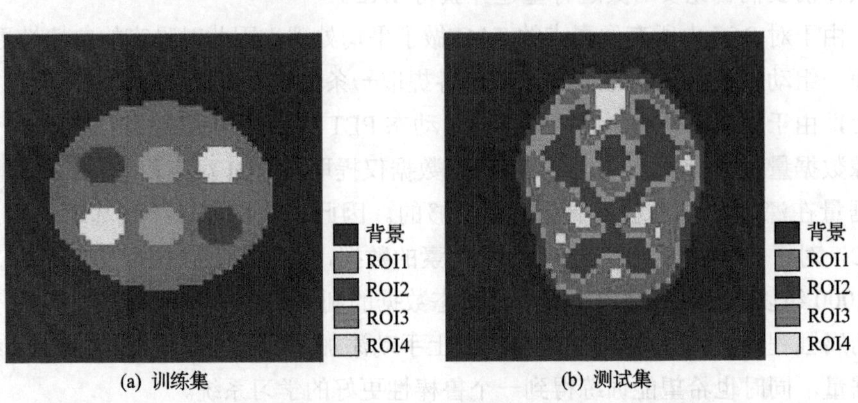

图 14.2　^{18}F-FDG 和 ^{62}Cu-ATSM 训练集及测试集数据模板

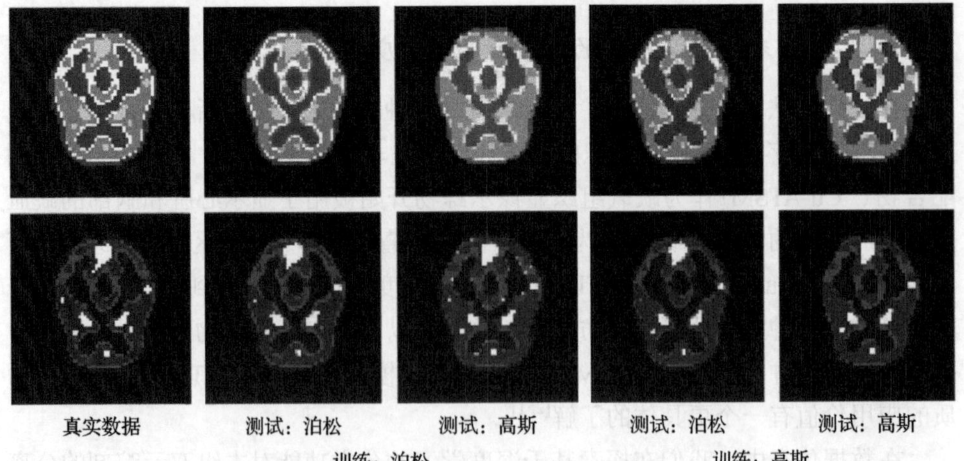

图 14.3　第 7 帧双示踪剂 TAC 分离结果(从上至下分别对应 ^{18}F-FDG 和 ^{62}Cu-ATSM)

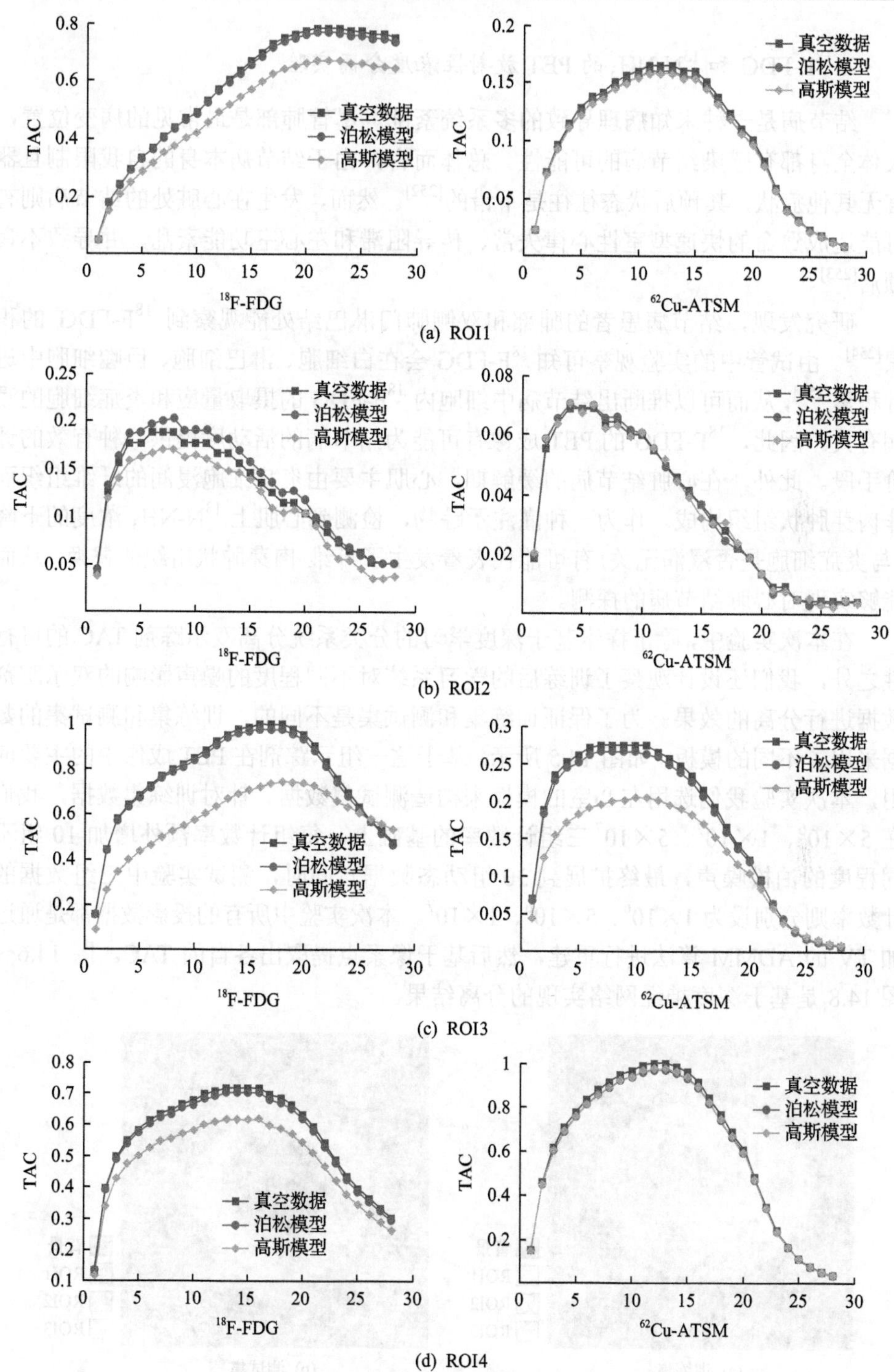

图 14.4　分离得到的单示踪剂 TAC 对比结果

2. ^{18}F-FDG 和 ^{13}N-NH_3 的 PET 放射性浓度分离实验

结节病是一种未知病理导致的多系统紊乱。尽管肺部是最常见的病变位置，人体全身都有感染结节病的可能性。总体而言，由于结节病本身的自我限制且器官无其他症状，其预后状态往往是不错的[252]。然而，发生在心脏处的结节病则有可能造成致命的快速型室性心律失常、传导阻滞和左心室功能紊乱，并导致不良预后[253]。

研究发现，结节病患者的肺部和双侧肺门淋巴结处能观察到 ^{18}F-FDG 的积累[254]。由试管中的实验观察可知 ^{18}F-FDG 会在白细胞、淋巴细胞、巨噬细胞中进行积累[255]，从而可以推断出结节病中细胞内 ^{18}F-FDG 的摄取量应和炎症细胞的浸润有关。因此，^{18}F-FDG 的 PET 成像有可能为结节病的活动度提供一种有效的评价手段。此外，在心脏结节病的缓解期，心肌主要由炎症细胞浸润的纤维组织而非肉芽肿状组织构成。作为一种灌注示踪物，检测到心肌上 ^{13}N-NH_3 浓度的下降(与炎症细胞是否浸润无关)有可能代表着发生了纤维-肉芽肿状组织的替换，从而能够实现对心脏结节病的探测。

在本次实验中，除了探索基于深度学习的分类系统分离双示踪剂 TAC 的可行性之外，我们还设计观察了训练后的学习系统对不同程度的噪声影响的双示踪剂数据进行分离的效果。为了保证训练集和测试集是不同的，训练集和测试集的数据采用了不同的模板，如图 14.5 所示。基于这一组示踪剂在 PET 成像中的主要应用，本次实验我们选用左心室的模板来构造测试集数据。针对训练集数据，我们在 5×10^6、1×10^7、5×10^7 三组计数率的基础上，每组计数率额外增加 10 组不同程度的泊松噪声，最终扩展到 30 组动态数据。同时，测试实验中三组数据的计数率则分别设为 1×10^6、5×10^6、1×10^7。本次实验中所有的投影数据都是通过加 TV 的 ADMM 算法进行重建，然后基于像素点提取出各自的 TAC。图 14.6～图 14.8 是基于深度神经网络实现的分离结果。

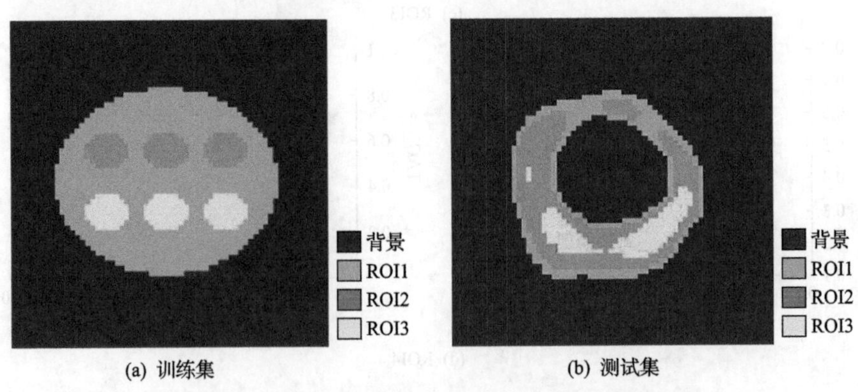

(a) 训练集　(b) 测试集

图 14.5　^{18}F-FDG 和 ^{13}N-NH_3 训练集及测试集数据模板

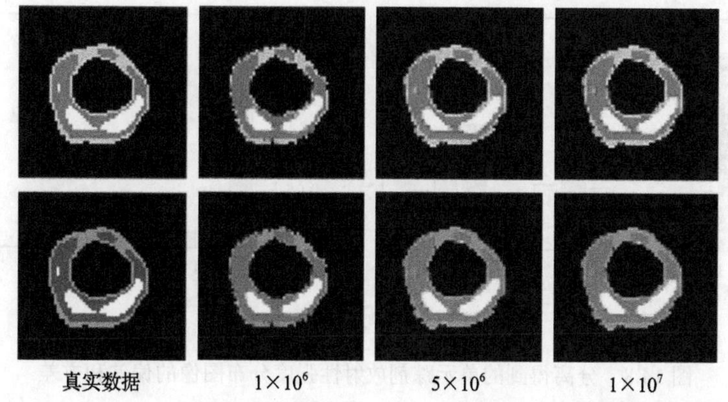

图 14.6　第 7 帧双示踪剂分离结果(从上至下分别对应 ^{18}F-FDG 和 ^{13}N-NH_3)

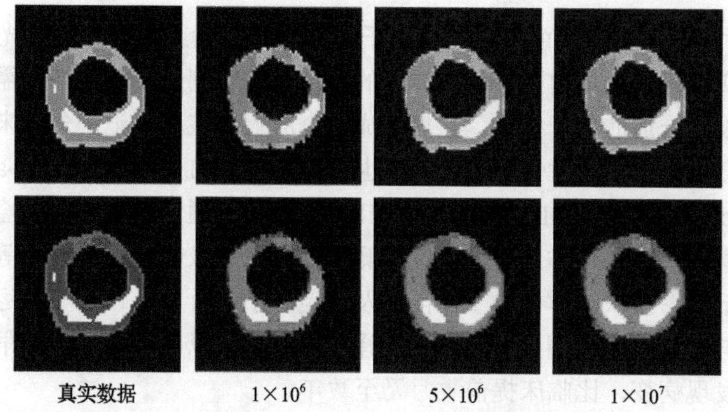

图 14.7　第 12 帧双示踪剂分离结果(从上至下分别对应 ^{18}F-FDG 和 ^{13}N-NH_3)

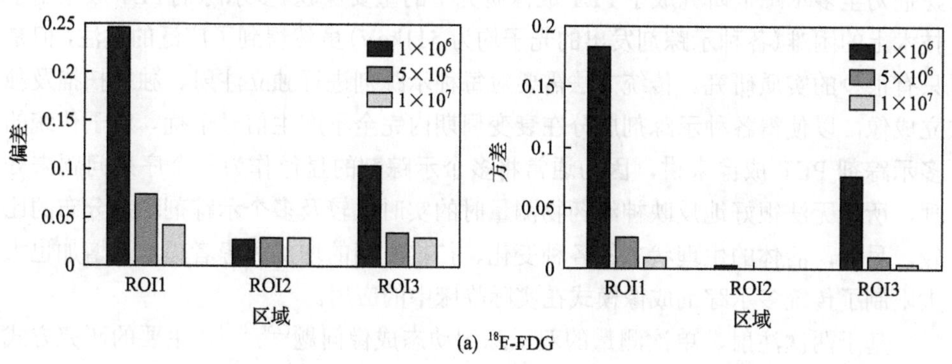

(a) ^{18}F-FDG

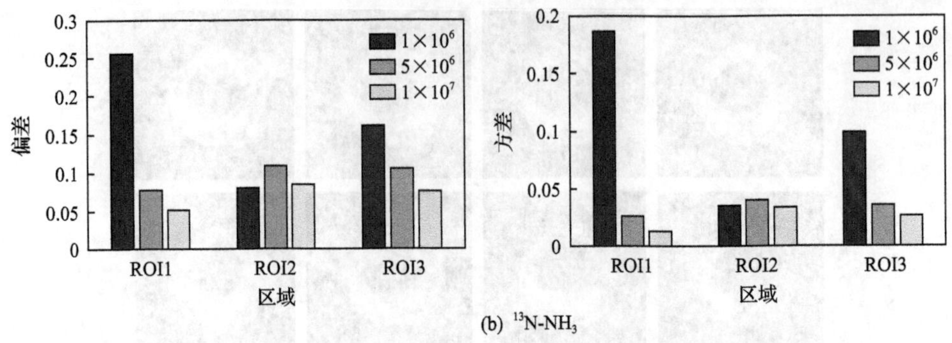

图 14.8　分离得到的单示踪剂放射性强度分布图像的偏差和方差

14.2　动力学参数引导的多示踪剂放射性浓度的同时估计

PET 和 SPECT 使用可以发射正电子的放射性核素或发射单个 γ 光子的放射性核素来实现对生物体内生理化学过程的活体显像和测量。首先根据需要研究的生理过程设计合适的分子探针，然后合成一个放射性核素标记的分子来参与到生物体的代谢过程中。放射性药物的范围也越来越广，如 ^{18}F-FDG、^{13}N-ammonia、^{11}C-dihydrotetrabenazin (DBTZ) 和 ^{11}C-WIN35428 等，通常分别用于肿瘤诊断、心肌诊断、囊泡单胺转运体结合位密度监测和多巴胺重吸收位密度监测等方面。特定的示踪剂能够反映活体内的生命活动及特定分子的合成、代谢与转运、受体作用、分布与功能、基因调控、转录与翻译等环节，可以在疾病发生的早期阶段从分子水平发现病变，比临床提前数月乃至数年。

目前有很多的临床和生化研究利用不同生理过程的分子相互作用。考虑到疾病的复杂生理特性，为了从图像中获得尽可能多的信息，在同一活体内进行双示踪剂乃至多示踪剂研究成了 PET 成像研究中的重要课题。多示踪剂 PET 成像由于技术上的困难 (各种示踪剂发出的光子均为 511keV) 虽然得到了广泛的关注，但是只有很少的实质研究。传统方法需要对每种示踪剂进行独立注射、独立扫描及独立成像，以使得各种示踪剂成分在衰变周期内完全不产生信号干扰。对于传统的多示踪剂 PET 成像来讲，因为通常将多个示踪剂的显像作为一个序列问题来处理，所以无法很好地反映神经药物测量时的实时比较及多个示踪剂动态分布的比较。另外，活体的生理状态的各种变化、扫描时间的增加和患者辐射的增加也大大限制了传统多示踪剂成像模式在实际临床中的应用。

基于两次注射、单次测量的双示踪剂动态成像问题[256-264]，主要的研究方式为利用 FBP 或 EM 算法重建的放射性浓度分布作为先验知识，然后使用这些放射性浓度分布先验来进行最优化动力学参数的估计，目前为止还没有单独重建出每种示踪剂的放射性浓度分布的工作。为此我们建立了动力学参数引导的多示踪剂放射性浓度的同时估计框架。使用状态空间方法建模了多次注射、单次扫描的过程，其中使用多示踪剂的平行房室模型作为状态空间体系的状态方程，同时将复合的光子采集过程作为系统的测量方程，从而将重建问题变为状态空间体系下的状态估计问题，最后应用 H_∞ 滤波来做系统的鲁棒估计。本章以 PET 成像为例，分别使用 Zubal 体模模拟数据、蒙特卡罗模拟数据和实际模型扫描数据来验证双示踪剂放射性浓度同时估计的实际效果[256,257,259,265]。

14.2.1　PET 图像动态重建与平行房室模型

1. PET 图像动态重建

PET 图像静态重建为某一时间段内放射性药物的静态平均分布，PET 图像动态重建则是通过连续短时间窗内采集符合计数，量化分析生理代谢过程的技术。PET 图像动态数据采集的总时间窗可以设置为跨越示踪化合物中同位素的整个或大半个半衰期，从而通过一次注射获得多帧测量数据，而每帧的持续时间窗都短于一个静态时间窗。

放射性药物从进入活体开始就不断参与到生物体的生化合成与分解过程中，其分布也是在不断改变的，因此在某些情况下，我们不仅需要得到示踪物质在生物体内的空间分布，更希望对生物体组织或器官的真实代谢水平进行定量分析。而定量分析的基础就是 PET 图像的动态重建，通常计算的计算标准摄取值(SUV)仅仅是半定量的数据。

示踪动力学正是分析代谢系统中生病和病理特征的有力手段。把含有反映组织功能状态的参数耦合到特定的生理结构模型(房室模型)中，结合动态测量数据描述生理代谢过程，再通过必要的计算就能估计得到所需的定量参数。动态 PET 成像技术为代谢生理学、药物学和神经化学等众多学科研究提供了独一无二的成像手段。

2. PET 图像动态采集过程建模

PET 成像过程中，将放射性药物注射入生物体内后，药物将被感兴趣的区域传导或吸收，放射性核素放出一个正电子，正电子经过碰撞，损失能量，然后与一个自由电子相结合，发生湮灭效应放出两个能量相同、方向相反的 γ 光子。

如果两个光子在 PET 扫描仪符合时间窗内被探测到，就被认为是一个符合事件，两个光子的连线即一条符合线(LOR)，所有 LOR 的组合即形成了放射性同位素分布的一个近似线积分。动态 PET 成像包括不同时间分辨率上的连续 PET 图像采集序列，一个时间序列的放射性浓度图像需要从采集数据中重建出来，整个过程可以被建模成从图像到数据的投影变换。采集过程可以用如下方程来表示：

$$\boldsymbol{Y}(t)=\boldsymbol{D}\boldsymbol{I}(t)+\boldsymbol{e}(t) \tag{14.5}$$

$$\boldsymbol{X}(t)=\boldsymbol{\Lambda}\boldsymbol{\varphi}(t) \tag{14.6}$$

式中，$\boldsymbol{Y}(t)$ 为从时间帧 0 到时间帧 t 采集得到的投影正弦图数据；系统概率矩阵 $\boldsymbol{D}$ 通过对 PET 扫描采集系统物理和几何结构的建模来计算得到；$\boldsymbol{e}(t)$ 为采集过程中系统总的采集噪声；$\boldsymbol{\varphi}(t)$ 为 $n\times1$ 矩阵，表示组织中的放射性药物聚集浓度；$\boldsymbol{\Lambda}$ 为一个分块对角矩阵，具有分块结构$[1\quad 1\quad 1\quad 1]$，来帮助将模型扩展到双示踪剂重建问题。为了与动态 PET 成像中的时间设置相符合，测量方程可以表示为

$$\boldsymbol{Y}(t_k)=\boldsymbol{D}\boldsymbol{I}(t_k)+\boldsymbol{e}(t_k) \tag{14.7}$$

式中，t_k($k=1,2,\cdots,M$，M 为总的时间帧的数目）为第 k 个时间帧结束时的时间绝对值。

3. 平行房室模型

房室模型可以将复杂的生理学系统简化为有限数量的房室及相互之间的联系来表示，从而描述示踪剂的代谢特性，并提供了一个简单的方法来估计系统的微观和宏观的动力学参数[44,266]。房室模型可以很好地满足多种示踪剂的需要，包括通常用于测量葡萄糖代谢率的 ^{18}F-FDG、用于测量心肌氧化代谢和检测肿瘤生长的 ^{11}C-acetate、用于检测血流的 ^{62}Cu-PTSM 等。对应本章讨论的双示踪剂同时成像，我们引入了一组平行双示踪剂房室模型来描述系统的双示踪剂动力学特性，具体模型如图 14.9 所示。

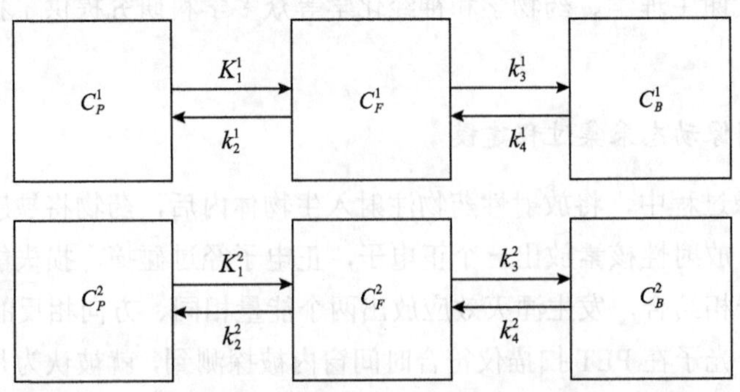

图 14.9　平行双示踪剂房室模型示意图

图中字母上标 1、2 分别对应于第一个示踪剂和第二个示踪剂，C_P^1、C_P^2(pmol/mL)分别是血浆中对应的示踪剂 1、2 的浓度；C_F^1、C_F^2 (pmol/mL)分别对应组织中未发生生化作用的示踪剂 1、2 的浓度；C_B^1、C_B^2 (pmol/mL)分别对应组织中已发生生化作用的示踪剂 1、2 的浓度。房室间的动力学参数 K_1^1 及 K_1^2、k_2^1 及 k_2^2、k_3^1 及 k_3^2、k_4^1 及 k_4^2 分别为示踪剂 1、2 的房室间物质交换的一阶速率常数。模型中两个动脉血输入 C_P^1 和 C_P^2 分别被引入各自示踪剂的代谢过程中，每个房室模型独立运行而不受另外一个的干扰，模型如图 14.9 所示，单个体元内的动力学信息随时间的变化就可以由如下一阶微分方程表示：

$$\frac{\mathrm{d}C_{Fi}^1}{\mathrm{d}t} = K_{1i}^1 C_P^1(t) + k_{4i}^1 C_{Bi}^1(t) - (k_{2i}^1 + k_{3i}^1) C_{Fi}^1(t) \tag{14.8}$$

$$\frac{\mathrm{d}C_{Bi}^1}{\mathrm{d}t} = k_{3i}^1 C_{Fi}^1(t) - k_{4i}^1 C_{Bi}^1(t) \tag{14.9}$$

$$\frac{\mathrm{d}C_{Fi}^2}{\mathrm{d}t} = K_{1i}^2 C_P^2(t) + k_{4i}^2 C_{Bi}^2(t) - (k_{2i}^2 + k_{3i}^2) C_{Fi}^2(t) \tag{14.10}$$

$$\frac{\mathrm{d}C_{Bi}^1}{\mathrm{d}t} = k_{3i}^2 C_{Fi}^2(t) - k_{4i}^2 C_{Bi}^2(t) \tag{14.11}$$

式中，下标 i 表示重建图像中对应像素的位置。方程(14.8)～方程(14.11)用向量空间的方式来表示，即为

$$\begin{bmatrix} \dot{C}_{Fi}^1(t) \\ \dot{C}_{Bi}^1(t) \\ \dot{C}_{Fi}^2(t) \\ \dot{C}_{Bi}^2(t) \end{bmatrix} = \begin{bmatrix} -(k_{2i}^1 + k_{3i}^1) & k_{4i}^1 & 0 & 0 \\ k_{3i}^1 & -k_{4i}^1 & 0 & 0 \\ 0 & 0 & -(k_{2i}^2 + k_{3i}^2) & k_{4i}^2 \\ 0 & 0 & k_{3i}^2 & -k_{4i}^2 \end{bmatrix} \begin{bmatrix} C_{Fi}^1(t) \\ C_{Bi}^1(t) \\ C_{Fi}^2(t) \\ C_{Bi}^2(t) \end{bmatrix} + \begin{bmatrix} K_{1i}^1 & 0 \\ 0 & 0 \\ 0 & K_{1i}^2 \\ 0 & 0 \end{bmatrix} \begin{bmatrix} C_P^1(t) \\ C_P^2(t) \end{bmatrix} \tag{14.12}$$

上述方程可以表示为一个紧凑的形式：

$$\dot{\boldsymbol{x}}_i(t) = \boldsymbol{a}_i \boldsymbol{x}_i(t) + \boldsymbol{b}_i \tilde{\boldsymbol{C}}_P(t) \tag{14.13}$$

式中

$$\dot{\boldsymbol{x}}_i(t) = \left[\int_0^t C_{Fi}^1(\tau)\mathrm{d}\tau \quad \int_0^t C_{Bi}^1(\tau)\mathrm{d}\tau \quad \int_0^t C_{Fi}^2(\tau)\mathrm{d}\tau \quad \int_0^t C_{Bi}^2(\tau)\mathrm{d}\tau \right]$$

$$\tilde{\boldsymbol{C}}_P(t)=\left[\int_0^t C_P^1(\tau)\mathrm{d}\tau \quad \int_0^t C_P^2(\tau)\mathrm{d}\tau\right]$$

$$\boldsymbol{a}_i=\begin{bmatrix}-(k_{2i}^1+k_{3i}^1) & k_{4i}^1 & 0 & 0\\ k_{3i}^1 & -k_{4i}^1 & 0 & 0\\ 0 & 0 & -(k_{2i}^2+k_{3i}^2) & k_{4i}^2\\ 0 & 0 & k_{3i}^2 & -k_{4i}^2\end{bmatrix},\quad \boldsymbol{b}_i=\begin{bmatrix}K_{1i}^1 & 0\\ 0 & 0\\ 0 & K_{1i}^2\\ 0 & 0\end{bmatrix}$$

通过方程(14.13)即可以得到对所有像素元的标准状态转移方程，如下式所示：

$$\dot{\boldsymbol{X}}(t)=\boldsymbol{A}\boldsymbol{X}(t)+\boldsymbol{B}\tilde{\boldsymbol{C}}_P(t)+\boldsymbol{v}(t) \tag{14.14}$$

式中，状态向量 $\boldsymbol{X}(t)=\left[\boldsymbol{x}_1^{\mathrm{T}}(t),\boldsymbol{x}_2^{\mathrm{T}}(t),\cdots,\boldsymbol{x}_n^{\mathrm{T}}(t)\right]^{\mathrm{T}}$（$n$ 为重建图像的总的像素数）；$\boldsymbol{A}$ 是一个 $4n\times4n$ 的分块对角矩阵，每个块由 $\boldsymbol{a}_i$ 构成；$\boldsymbol{B}$ 是一个 $4n\times2$ 的行分块矩阵，每个块由 $\boldsymbol{b}_i$ 构成；$\boldsymbol{v}(t)$是一个 $4n\times1$ 的列向量，用来描述系统误差。

14.2.2 状态空间表述及重建求解过程

1. 状态空间表述

根据前文对双示踪剂成像问题的描述，我们引入了状态空间表述来解决动态双示踪剂的 PET 图像重建问题。方程(14.7)和方程(14.14)构成了动态双示踪剂 PET 图像重建的状态空间求解框架，其中，平行房室模型作为一个连续时间状态方程来描述示踪剂在生物体内的动力学过程，同时测量得到的投影正弦图数据用对测量方程观测值的离散采样来表述。当给出了某一时刻的测量值 $\boldsymbol{Y}(t_k)$，动态双示踪剂 PET 图像重建的目的就变成了分别得到每个示踪剂的放射性浓度分布：

$$\boldsymbol{X}_k^1=\boldsymbol{\Lambda}_1[\boldsymbol{X}(t_{k+1})-\boldsymbol{X}(t_k)] \tag{14.15}$$

$$\boldsymbol{X}_k^2=\boldsymbol{\Lambda}_2[\boldsymbol{X}(t_{k+1})-\boldsymbol{X}(t_k)] \tag{14.16}$$

式中，$\boldsymbol{\Lambda}_1$ 和 $\boldsymbol{\Lambda}_2$ 均为 $4n\times n$ 的分块对角矩阵，它们的作用是区分示踪剂一和示踪剂二，具体分别由子块按形式[1 1 0 0]和[0 0 1 1]来构成。鲁棒 H_∞ 滤波算法被用来求解此双示踪剂 PET 状态空间重建框架。

2. H_∞滤波器

PET 采集到的数据并非简单的高斯分布或者泊松分布，尤其是当进行了散射校正、灵敏度归一化及死时间校正等一系列校正后，但是通常的 PET 图像重建算法往往将数据假设为符合某种分布规律，如泊松分布或偏移泊松分布。这里采用的基于最大化-最小化理论的 H_∞ 估计理论则不需要关于噪声统计规律的任何先验知识，它能够最小化状态估计的最大可能误差，H_∞ 估计理论的这个特性使得它非常适合具有复杂的噪声分布规律的 PET 图像重建问题。H_∞首先被使用在静态 PET 图像重建[267]和动态单示踪剂 PET 图像重建上[268]，利用前述同样的思想，类似的重建框架被用于当前的工作中，来解决双示踪剂重建时更加复杂的参数设置和噪声影响。状态方程(14.14)包含了每个示踪剂各自的组分，因此不同动力学过程的状态噪声和估计误差需要在平行计算中被同时考虑。另外，测量方程(14.7)也描述了每一个动态采集时间帧内采集到的两种示踪剂的复合数据，所以在重建过程中也必须考虑滤除这种复合的采集噪声。

H_∞ 滤波的目标函数通过如下方程给出：

$$\sup \frac{\left\|\boldsymbol{X}(t)-\tilde{\boldsymbol{X}}(t)\right\|_{\boldsymbol{Q}(t)}^{2}}{\left\|\boldsymbol{v}(t)\right\|_{\boldsymbol{V}^{-1}(t)}^{2}+\left\|\boldsymbol{e}(t)\right\|_{\boldsymbol{W}^{-1}(t)}^{2}+\left\|\boldsymbol{X}_{0}-\tilde{\boldsymbol{X}}_{0}\right\|_{\boldsymbol{H}_{0}^{-1}}^{2}} \leqslant \gamma^{2} \tag{14.17}$$

式中，$\tilde{\boldsymbol{X}}(t)$ 是 $\boldsymbol{X}(t)$ 在时间点 t 时的估计值；下标 $\boldsymbol{Q}(t)$、$\boldsymbol{V}^{-1}(t)$、$\boldsymbol{W}^{-1}(t)$ 和 $\boldsymbol{H}_0^{-1}$ 分别表示估计误差、状态误差、测量误差和初始值误差的权重矩阵；γ^2 是一个常数，表示扰动的量级。方程(14.17)给出了所有可能噪声干扰下估计误差的上确界。H_∞ 滤波理论就是这样一个鲁棒的估计理论，来处理实际情况下的噪声不确定性。它是一个内在的估计与外在的干扰相互博弈的过程[269]。信息在这个框架中是不需要复杂的噪声统计学的。方程(14.17)中给出的最小化扰动 $\gamma^* \leqslant \gamma^2$ 也可以用一个最小-最大(min-max)问题来表示：

$$\min_{\boldsymbol{X}} \max_{\boldsymbol{V}(t),\boldsymbol{W}(t),\boldsymbol{X}_0} \gamma^{*}=\left\|\boldsymbol{X}(t)-\tilde{\boldsymbol{X}}(t)\right\|_{\boldsymbol{Q}(t)}^{2}-\gamma^{2}\left(\left\|\boldsymbol{v}(t)\right\|_{\boldsymbol{V}^{-1}(t)}^{2}+\left\|\boldsymbol{e}(t)\right\|_{\boldsymbol{W}^{-1}(t)}^{2}+\left\|\boldsymbol{X}_{0}-\tilde{\boldsymbol{X}}_{0}\right\|_{\boldsymbol{H}_{0}^{-1}}^{2}\right) \tag{14.18}$$

对应状态空间模型的 H_∞ 估计问题的一个完整迭代解可以表示为[26]

$$\tilde{\boldsymbol{X}}(t_k)=\boldsymbol{A}\tilde{\boldsymbol{X}}(t_k^-)+\boldsymbol{H}(t_k)[\boldsymbol{Y}(t_k)-\boldsymbol{D}\tilde{\boldsymbol{X}}(t_k^-)] \tag{14.19}$$

$$\boldsymbol{H}(t_k)=\boldsymbol{H}(t_k^-)[\boldsymbol{I}+\boldsymbol{C}^{\mathrm{T}}\boldsymbol{V}^{-1}(t)\boldsymbol{C}\boldsymbol{H}(t_k^-)]^{-1}\boldsymbol{C}^{\mathrm{T}}\boldsymbol{V}^{-1}(t) \tag{14.20}$$

式中，$\boldsymbol{H}(t_k)$ 为满足 Riccati 方程的滤波增益：

$$\tilde{\boldsymbol{H}}(t)=\boldsymbol{A}\boldsymbol{H}(t)+\boldsymbol{H}(t)\boldsymbol{A}^{\mathrm{T}}+\frac{\boldsymbol{H}(t)\boldsymbol{Q}(t)\boldsymbol{H}(t)}{\gamma^{2}}+\boldsymbol{N}(t),\quad \boldsymbol{H}(0)=\boldsymbol{H}_0 \tag{14.21}$$

有很多的数值算法可以通过逐次积分解上述 Riccati 方程，如 Schiff 和 Shnider[270] 提到的方法，就可以有效地避免迭代过程中出现奇异值并取得稳定解。

14.2.3　结果分析及讨论

双示踪剂重建框架的重点在于准确地重建出每种示踪剂的放射性浓度分布，包括 Zubal 数字胸腔体模模拟实验、蒙特卡罗模拟实验、实际机器采集数据实验在内的三组实验被用来检验框架的准确性和重建算法的鲁棒性。

1. Zubal 数字胸腔体模模拟实验

图 14.10 给出了一个 Zubal 数字胸腔体模的图示，其中含有三个分离的组织部分和一个背景部分。该图像在实验中设置的数字分辨率为 32×32 像素。本实验中用于注射过程和代谢过程模拟的双示踪剂为最通用的两种示踪剂：用于葡萄糖代谢研究的 ^{18}F-FDG 和用于肿瘤生长监测的 ^{11}C-acetate。模拟中每个区域内每种示踪剂使用的动力学参数(即 k 参数)均来自已有的示踪剂动力学研究的文献[271,272]，具体的参数列于表 14.2。^{18}F-FDG 的血浆示踪剂输入函数可以模拟为

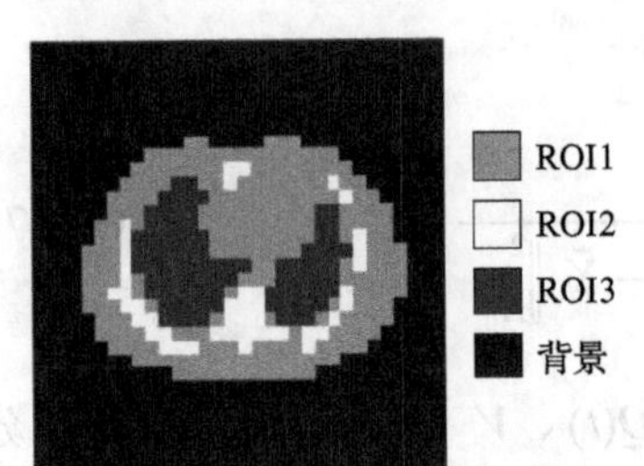

图 14.10　Zubal 数字胸腔体模示意图

$$C_P^{\mathrm{FDG}}(t)=(A_1t-A_2-A_3)\mathrm{e}^{-\lambda_1 t}+A_2\mathrm{e}^{-\lambda_2 t}+A_3\mathrm{e}^{-\lambda_3 t} \tag{14.22}$$

表 14.2　Zubal 数字胸腔模型不同区域使用的动力学参数列表

区域	K_1^{FDG}	k_2^{FDG}	k_3^{FDG}	k_4^{FDG}	K_1^{acetate}	k_2^{acetate}	k_3^{acetate}	k_4^{acetate}
ROI1	0.55951	2.75288	0.44793	0.01101	0.65188	0.22766	0.05311	0.03882
ROI2	0.37811	1.04746	0.13483	0.00857	0.45044	0.22871	0.07253	0.01417
ROI3	0.78364	1.15641	0.11200	0.02706	0.70372	0.53690	0.17755	0.01425

参数 λ_i 和 A_i 经过选择后与血流中每种示踪剂的血流曲线相吻合，此处具体使用的值为 A_1=851.1225μCi/(mL·min)，A_2=20.8113μCi/mL，A_3=21.8798μCi/mL，λ_1=4.133859min^{-1}，λ_2=0.01043449min^{-1} 和 λ_3=0.1190996min^{-1}。^{11}C-acetate 的血浆示踪剂输入函数通过校正用于循环代谢的全身血流可以得到[261]

$$C_P^{\mathrm{acetate}}(t)=\left[1-0.88\left(1-\exp\left(-\frac{2\ln 2}{15}t\right)\right)\right]C_P^{\mathrm{FDG}}(t) \tag{14.23}$$

两个输入函数被耦合进输入方程(14.14)，通过对房室模型的模拟得到 18 帧含有放射性浓度的图像，采样时间设置为 4×0.5min、4×2min 和 10×5min。方程(14.4)中的系统概率矩阵使用 J. Fessler 教授等开发的 MATLAB 工具包计算得到。然后这些含有放射性浓度分布的图像使用一个泊松模型投影得到正弦图来产生最终需要的正弦图数据。随机符合光子被模拟为泊松分布并在线减除。可用两组实验来检验算法的准确性。在每组实验中，噪声光子的数目被模拟为约占总光子数目的 30%。为了验证重建的准确度，我们定义了一个平均百分误差(average percentage error, APE)，如下所示：

$$\text{APE} = \frac{1}{N}\sum_{i}\left|\psi_{ik} - \tilde{\psi}_{ik}\right|/\psi_{ik} \tag{14.24}$$

式中，N 为总的感兴趣区域内的像素数；ψ_{ik} 为重建得到的放射性浓度值；$\tilde{\psi}_{ik}$ 为对应像素点的真值。第一组模拟实验中，我们设定产生的正弦图中 ^{18}F-FDG 和 ^{11}C-acetate 各自的光子计数值近似相等。数据模拟中总的计数值设定为 5 组：10^4、10^5、10^6、10^7 和 10^8，这组实验的目的在于测试不同计数水平下的重建结果。图 14.11 给出了在这五种计数量级下重建结果的 APE，随着总的光子数目的上升，每组示踪剂重建的 APE 会随之上升。初始图像和重建图像在总计数为 10^6 时的图像对比如图 14.12 所示，其中 ^{18}F-FDG 重建后计算得到的 APE 为 0.360%，^{11}C-acetate 重建后计算得到的 APE 为 0.037%。第二组模拟实验中，我们设定产生的正弦图中 ^{18}F-FDG 和 ^{11}C-acetate 各自的光子计数值不等。这组实验的目的在于研究两种示踪剂之间的相互影响，若 ^{18}F-FDG 总的光子计数值设定为 10^6，^{11}C-acetate 总的

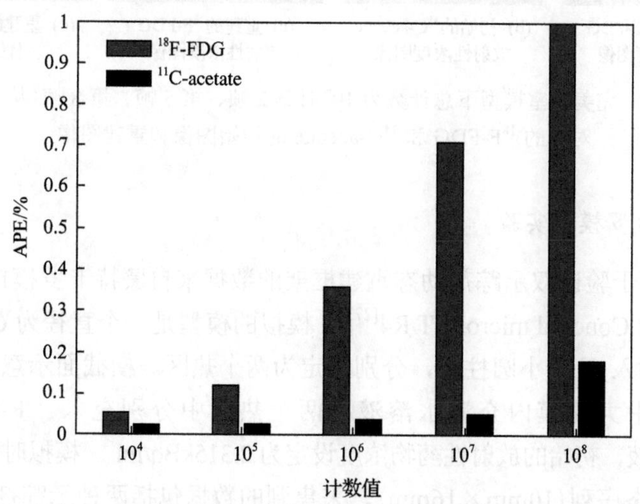

图 14.11　第一组实验中不同计数量级下重建图像计算得到的 APE

光子计数值在 10^5～10^7 以间距 5×10^5 进行变化，^{11}C-acetate 重建图像的 APE 从 0.022% 增加到 0.085%，^{18}F-FDG 重建图像的 APE 从 0.400% 减少到 0.161%；若 ^{11}C-acetate 总的光子计数值设定为 10^6，^{18}F-FDG 总的光子计数值在 10^5～10^7 变化，是一个类似的结果，^{18}F-FDG 重建图像的 APE 从 0.075%增加到 0.850%，^{11}C-acetate 重建图像的 APE 从 0.045%减少到 0.021%。

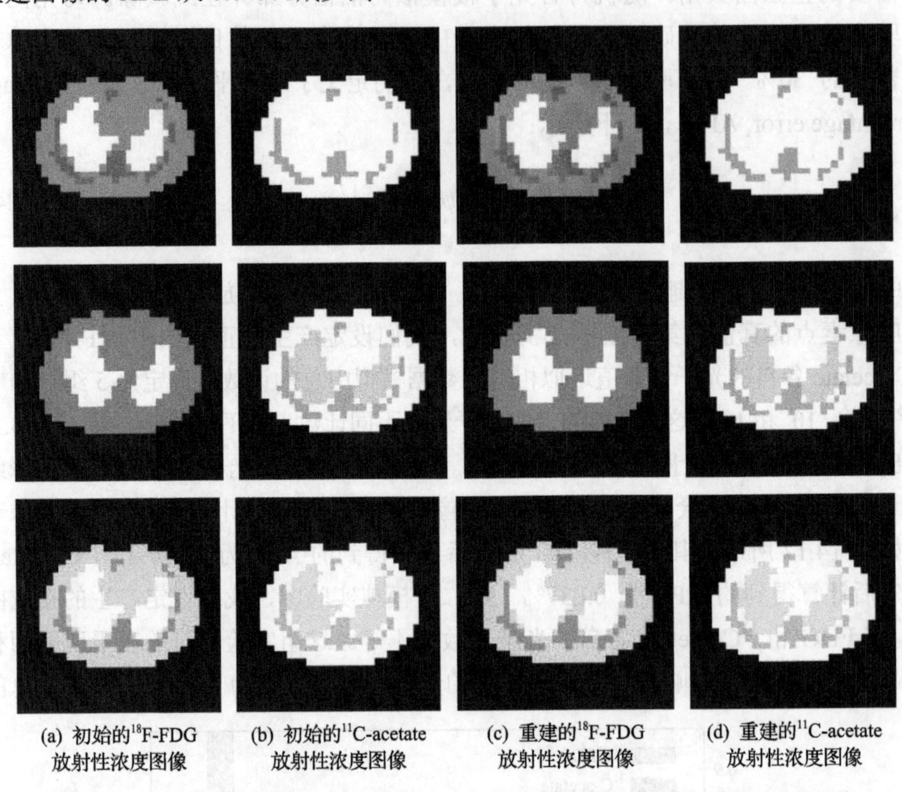

(a) 初始的^{18}F-FDG 放射性浓度图像　(b) 初始的^{11}C-acetate 放射性浓度图像　(c) 重建的^{18}F-FDG 放射性浓度图像　(d) 重建的^{11}C-acetate 放射性浓度图像

图 14.12　完美房室模型下总计数为 10^6 时第 2 帧、第 5 帧、第 8 帧(从上至下)对应的 ^{18}F-FDG 和 ^{11}C-acetate 的初始图像和重建图像

2. 蒙特卡罗模拟实验

第二组用于验证双示踪剂动态重建框架的数据来自蒙特卡罗模拟[161]。模拟的 PET 扫描仪为 Concord microPET R4[273]，模拟的模型是一个直径为 6cm 的圆柱形体模，其中插入 2 个小圆柱体，分别设定为两个热区。横截面示意图如图 14.13 所示。实验中大体模内充满水溶液，两个热区中分别充入 ^{18}F-FDG 溶液和 ^{11}C-acetate 溶液，初始的放射性药物浓度设定为 2.315kBq/mL。模拟时间为 160min，分为 10 个动态序列(10mm×16mm)，采集到的数据包括两种示踪剂的复合效果，每一层投影数据的大小为 128×128 像素。首先选定几个时间点进行静态重建，重

建结果用来计算平行房室模型中用到的动力学参数 K_1^1 及 K_1^2、k_2^1 及 k_2^2、k_3^1 及 k_3^2、k_4^1 及 k_4^2，计算工具为 COMKAT[274]。由于本组实验是蒙特卡罗模拟，我们可以很明确地知道任意时间点的真值，通过 EM 算法重建得到的静态图像如图 14.14 所示，^{18}F-FDG 和 ^{11}C-acetate 的放射性浓度分布是无法被区分出来的。通过我们的状态空间双示踪剂放射性浓度重建框架同时重建得到的 ^{18}F-FDG 和 ^{11}C-acetate 的图像如图 14.15 所示，图中给出了四个时间帧，即第 1、2、5、8 帧时的真值图像和重建图像。

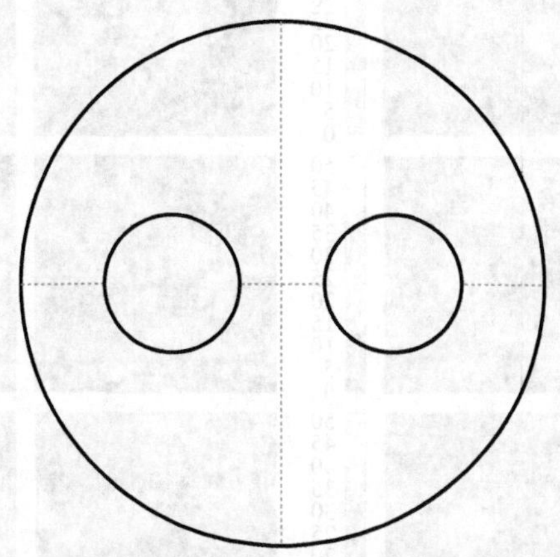

图 14.13　蒙特卡罗模拟中使用的模型的横截面图

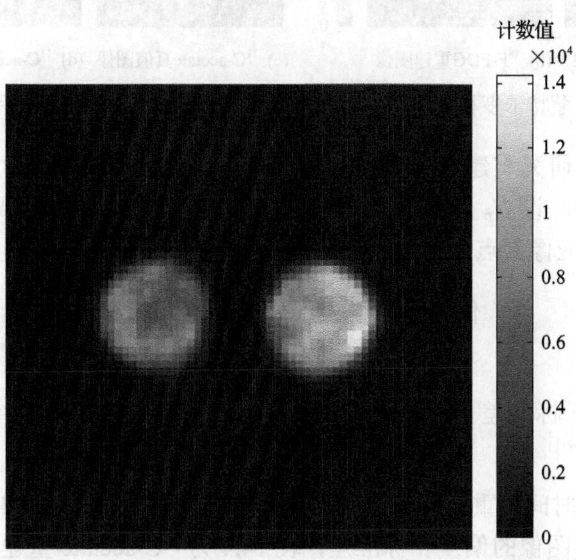

图 14.14　蒙特卡罗模拟数据的 EM 算法静态重建结果

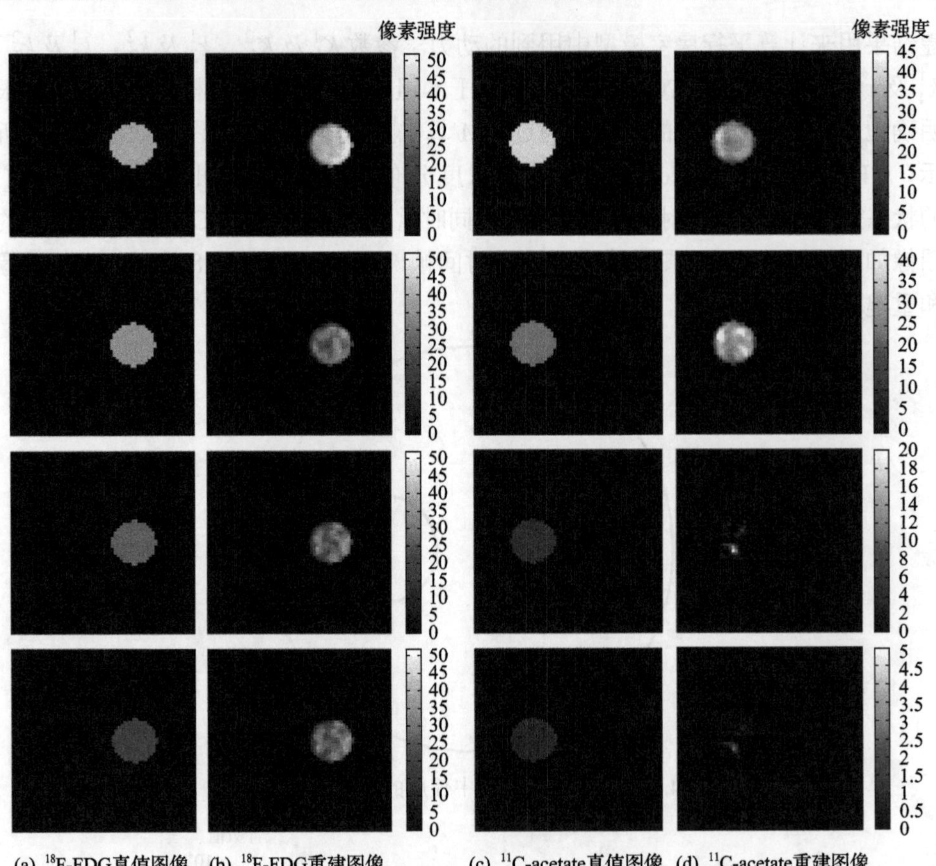

图 14.15　蒙特卡罗模拟实验中 ^{18}F-FDG 和 ^{11}C-acetate 的真值图像和重建图像

为了进一步研究重建的精确度，我们使用已知的真值图像和重建图像对热区进行统计学分析。设 N_p 为感兴趣区域内的总的像素数，XR_i 为第 i 个像素点的重建值，XT_i 为对应像素点 i 的真实值，根据如下的误差定义：

$$\text{偏差} = (1/N_p)\sum_i (\text{XR}_i - \text{XT}_i)/\text{XT}_i \tag{14.25}$$

$$\text{标准差} = \left[1/(N_p - 1)\right]\sum_i \left[(\text{XR}_i - \text{XT}_i)/\text{XT}_i)^2\right]^{0.5} \tag{14.26}$$

计算得到的不同时间帧重建图像的偏差和标准差如表 14.3 和表 14.4 所示。表 14.3 为 ^{18}F-FDG 重建图像的偏差和标准差，表 14.4 为 ^{11}C-acetate 重建图像的偏差和标准差。因为 ^{18}F-FDG 的半衰期为 110min，而 ^{11}C-acetate 的半衰期只有约 20min，^{11}C-acetate 的衰减比 ^{18}F-FDG 要快很多，所以 ^{18}F-FDG 的标准差首先由于 ^{11}C-acetate 的快速衰减在前 5 个时间帧内减少，然后由于自身的衰减在第 8 帧时增加。^{11}C-acetate 由于其快速的衰变在前几个时间帧内标准差快速上涨，第 5 帧后，由于模型中 ^{11}C-acetate 的浓度变得很小，标准差保持在一个很高的量级。

表 14.3　^{18}F-FDG 重建结果的统计分析列表

统计量	第 1 帧	第 2 帧	第 5 帧	第 8 帧
偏差	–0.0343	–0.0313	–0.0812	0.2432
标准差	0.2378	0.3664	0.2878	0.4461

表 14.4　^{11}C-acetate 重建结果的统计分析列表

统计量	第 1 帧	第 2 帧	第 5 帧	第 8 帧
偏差	–0.2983	0.1979	–0.7256	–0.7894
标准差	0.3445	0.4016	0.9053	0.8930

3. 实际机器采集数据实验

真实 PET 采集数据通过使用复原模型在 SHR22000 上采集得到，复原模型通常就是用来测量复原系数的。SHR22000[275]是日本滨松光子学株式会社设计的一台全身 PET 成像系统，晶体环的直径为 838mm，患者入口孔径为 600mm，系统轴向视野为 224mm，可以同时进行 2D 模式和 3D 模式的采集。对于模型，内置六个直径不同的小球，直径分别为 37mm、28mm、22mm、17mm、13mm、10mm，所有小球被放入一个直径为 200mm 的圆柱形体模中，对应圆柱形体模的体积为 9300mL，如图 14.16 所示。实验中圆柱形体模内充满水溶液，放置于轴向视野和横向视野的中心，我们向直径为 28mm 的圆球内注射 22mCi ^{11}C-acetate 溶液，5min 以后，向直径为 37mm 的圆球内注射 8mCi ^{18}F-FDG 溶液。动态采集共 10 帧 20min（10×2min），最终采集到数据为 192×192 像素的投影数据(正弦图)。

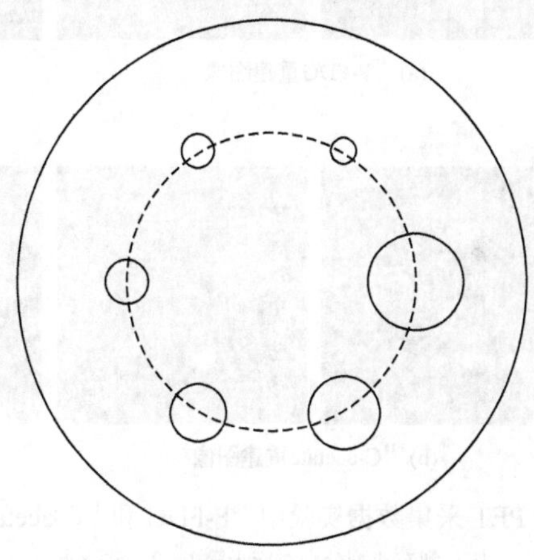

图 14.16　真实 PET 成像采集中使用的复原模型的横截面图

此处使用的动力学参数按照上文的步骤同样使用 COMKAT 计算得到。EM 算法静态重建得到的图像如图 14.17 所示。通过我们的状态空间双示踪剂放射性浓度重建框架同时重建得到的 ^{18}F-FDG 和 ^{11}C-acetate 的图像如图 14.18 所示，图中

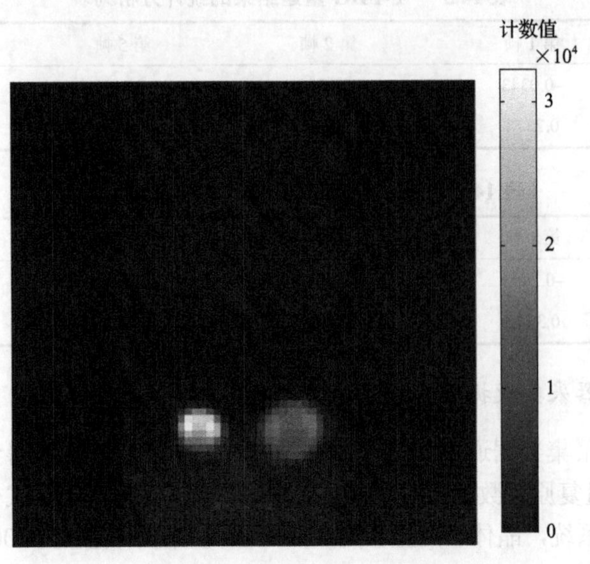

图 14.17　实际采集数据的 EM 算法静态重建结果

图 14.18　实际 PET 采集数据实验中 ^{18}F-FDG 和 ^{11}C-acetate 的重建图像

从左到右 4 列分别对应于第 1、2、5、8 帧

给出了四个时间帧，即第 1、2、5、8 帧时的重建图像。从图中可以看出两种示踪剂都能被正确地重建出来。

上述实验有力地证明了我们提出的状态空间双示踪剂放射性浓度分布同时估计的框架能够很好地求解双示踪剂两次注射单次采集的 PET 图像重建问题。

14.2.4　结论

本节提出了使用状态空间框架和房室模型动态同时重建多示踪剂放射性浓度分布的方法。该方法以两次注射、单次测量的双示踪剂动态成像问题为例，建立了多示踪剂同时 PET 成像的状态空间框架，使用多示踪剂的平行房室模型作为状态空间体系的状态方程，同时将符合的光子采集过程作为系统的测量方程，从而将重建问题变为状态空间体系下的状态估计问题，最后应用 H_∞ 滤波来做系统的鲁棒估计。Zubal 数字胸腔体模模拟实验、蒙特卡罗模拟实验和实际机器采集数据实验均证明了使用状态空间框架和房室模型动态重建多示踪剂放射性浓度分布的方法，能够有效地同时重建出各种示踪剂的放射性浓度分布。

参 考 文 献

[1] Kraft G. The impact of nuclear science on medicine[J]. Nuclear Physics A, 1999, 654 (1): 1058-1067.

[2] Anger H O. Scintillation camera[J]. Review of Scientific Instruments, 1958, 29 (1): 27-33.

[3] Rankowitz S, Robertson J S, Higinbotham W A, et al. Positron scanner for locating brain tumors[J]. IRE (Inst. Radio Engrs.) Intern. Con. Record, 1961, 9: 49-56.

[4] Hounsfield G N. Computerized transverse axial scanning (tomography): Part 1. Description of the system[J]. British Journal of Radiology, 1973, 46 (552): 1016-1022.

[5] Phelps M E, Hoffman E J, Mullani N A, et al. Application of annihilation coincidence detection to transaxial reconstruction tomography[J]. The Journal of Nuclear Medicine, 1975, 16 (3): 210-224.

[6] Ter-Pogossian M M, Phelps M E, Hoffman E J, et al. A positron-emission transaxial tomograph for nuclear imaging (PETT Ⅰ) [J]. Radiology, 1975, 114 (1): 89-98.

[7] Phelps M E, Hoffman E J, Mullani N A, et al. Design considerations for a positron emission transxial tomograph (PETT III) [J]. IEEE Transactions on Nuclear Science, 1976, 23 (1): 516-522.

[8] Cho Z H, Farukhi M R. Bismuth germanate as a potential scintillation detector in positron cameras[J]. Journal of Nuclear Medicine, 1977, 18 (8): 840-844.

[9] Thompson C J, Yamamoto Y L, Meyer E. Positome II: A high efficiency positron imaging device for dynamic brain studies[J]. IEEE Transactions on Nuclear Science, 1979, 26 (1): 583-589.

[10] Sorenson J A, Phelps M E. Physics in Nuclear Medicine: Chaper 1[M]. New York: Grune & Stratton Inc. , 1980.

[11] Ter-Pogossian M M, Mullani N A, Ficke D C, et al. Photon time-of-flight-assisted positron emission tomography[J]. Journal of Computer Assisted Tomography, 1981, 5 (2): 227-239.

[12] 陈惟昌, 谢建周. 电子计算机断层图的原理、应用与展望[J]. 生物化学与生物物理进展, 1980, 2: 26-31.

[13] 李学军, 赵永界. 医学影像技术的发展[J]. 现代科学仪器, 1996, (1): 15-17.

[14] Ter-Pogossian M M. PET, SPECT, and NMRI: Competing or complementary disciplines?[J]. Journal of Nuclear Medicine, 1985, 26 (12): 1487-1498.

[15] Tanaka E. Instrumentation for PET and SPECT Studies[C]. Proceedings of an International Symposium on Tomography in Nuclear Medicine, Vienna, 1995.

[16] Phelps M E, Huang S C, Hoffman E J, et al. Tomographic measurement of local cerebral glucose metabolic rate in humans with (F-18) 2-fluoro-2-deoxy-D-glucose: Validation of method[J]. Annals of Neurology, 1979, 6 (5): 371-388.

[17] Frackowiak R S, Lenzi G L, Jones T, et al. Quantitative measurement of regional cerebral blood flow and oxygen metabolism in man using ^{15}O and positron emission tomography: Theory, procedure, and normal values[J]. Journal of Computer Assisted Tomography, 1980, 4 (6): 727-736.

[18] Kuhl D E, Phelps M E, Kowell A P, et al. Effects of stroke on local cerebral metabolism and perfusion: Mapping by emission computed tomography of ^{18}FDG and $^{13}NH_3$[J]. Annals of Neurology, 1980, 8 (1): 47-60.

[19] di Chiro G, Delapaz R L, Brooks R A, et al. Glucose utilization of cerebral gliomas measured by [^{18}F] fluorodeoxyglucose and positron emission tomography[J]. Neurology, 1982, 32 (12): 1323-1329.

[20] Phelps M E, Mazziotta J C, Schelbert H R. Positron Emission Tomography[M]. New York: Raven Press, 1986.

[21] Yamashita T. Development of new position-sensitive detectors for positron emission tomography[D]. Tokyo: Tokyo University, 1992.

[22] Knoll G F. Radiation Detection and Measurement[M]. New York: John Wiley & Sons Inc., 1989.

[23] Greitz T, Ingvar D H, Widen L. The Metabolism of the Human Brain Studied with Positron Emission Tomography[M]. New York: Raven Press, 1983.

[24] Yavuz M. Statistical tomographic image reconstruction methods for randoms precorrected PET measurements[D]. Ann Arbor: The University of Michigan, 2000.

[25] 汤彬, 葛良全, 方方等. 核辐射测量原理[M]. 哈尔滨: 哈尔滨工程大学出版社, 2011.

[26] 陈伯显, 张智. 核辐射物理及探测学[M]. 哈尔滨: 哈尔滨工程大学出版社, 2011.

[27] Wagner H N, Burns H D, Dannals R F, et al. Assessment of dopamine receptor densities in the human brain with carbon-11-labeled N-methylspiperone[J]. Annals of Neurology, 1984, 15 (S1): 79-84.

[28] Farde L, Pauli S, Hall H, et al. Stereoselective binding of ^{11}C-raclopride in living human brain—A search for extrastriatal central D2-dopamine receptors by PET[J]. Psychopharmacology, 1988, 94 (4): 471-478.

[29] Gunn R, Rabiner I. Making drug development visible-and viable[J]. Drug Discovery Today, 2014, 19 (1): 1-3.

[30] Frost J J, Douglass K H, Mayberg H S, et al. Multicompartmental analysis of [^{11}C]-carfentanil binding to opiate receptors in humans measured by positron emission tomography[J]. Journal of Cerebral Blood Flow and Metabolism, 1989, 9 (3): 398-409.

[31] Jones A K, Cunningham V J, Hakawa S, et al. Quantitation of [^{11}C]diprenorphine cerebral kinetics in man acquired by PET using presaturation, pulse-chase and tracer-only protocols[J]. Journal of Neuroscience Methods, 1994, 51 (2): 123-134.

[32] Pappata S, Cornu P, Samson Y, et al. PET study of carbon-11-PK 11195 binding to peripheral type benzodiazepine sites in glioblastoma: A case report[J]. Journal of Nuclear Medicine, 1991, 32 (8): 1608-1610.

[33] Gründer G, Vernaleken I, Müller M J, et al. Subchronic haloperidol downregulates dopamine synthesis capacity in the brain of schizophrenic patients in vivo[J]. Neuropsychopharmacology, 2003, 28 (4): 787-794.

[34] Willeit M, Ginovart N, Kapur S, et al. High-affinity states of human brain dopamine D2/3 receptors imaged by the agonist [^{11}C]-(+)-PHNO[J]. Biological Psychiatry, 2006, 59 (5): 389-394.

[35] Mizrahi R, Houle S, Vitcu I, et al. Side effects profile in humans of ^{11}C-(+)-PHNO, a dopamine D2/3 agonist ligand for PET[J]. Journal of Nuclear Medicine, 2010, 51 (3): 496-497.

[36] Ding Y S, Lin K S, Logan J, et al. PET imaging of norepinephrine transporters[J]. Current Pharmaceutical Design, 2006, 12 (30): 3831-3845.

[37] Ametamey S M, Honer M, Schubiger P A. Molecular imaging with PET[J]. Chemical Reviews, 2008, 108 (5): 1501-1516.

[38] Kadir A, Darreh-Shori T, Almkvist O, et al. Changes in brain ^{11}C-nicotine binding sites in patients with mild alzheimer's disease following rivastigmine treatment as assessed by PET[J]. Psychopharmacology, 2007, 191 (4): 1005-1014.

[39] Ashworth S, Rabiner E A, Gunn R N, et al. Evaluation of ^{11}C-GSK189254 as a novel radioligand for the H3 receptor in humans using PET[J]. The Journal of Nuclear Medicine, 2010, 51 (7): 1021-1029.

[40] Asselin M C, Montgomery A J, Grasby P M, et al. Quantification of PET studies with the very high-affinity dopamine D2/D3 receptor ligand [^{11}C]FLB 457: Re-evaluation of the validity of using a cerebellar reference region[J]. Journal of Cerebral Blood Flow and Metabolism, 2007, 27 (2): 378-392.

[41] Guo Q, Brady M, Gunn R N, et al. A biomathematical modeling approach to central nervous system radioligand discovery and development[J]. The Journal of Nuclear Medicine, 2009, 50(10): 1715-1723.

[42] Mathis C A, Mason N S, Lopresti B J, et al. Development of positron emission tomography beta-amyloid plaque imaging agents[J]. Seminars in Nuclear Medicine, 2012, 42(6): 423-432.

[43] Lassen N A, Perl W. Tracer Kinetic Methods in Medical Physiology[M]. New York: Raven Press, 1979.

[44] Gunn R N, Gunn S R, Turkheimer F E, et al. Positron emission tomography compartmental models: A basis pursuit strategy for kinetic modeling[J]. Journal of Cerebral Blood Flow and Metabolism, 2002, 22(12): 1425-1439.

[45] Nichols T E, Qi J, Asma E, et al. Spatiotemporal reconstruction of list-mode PET data[J]. IEEE Transactions on Medical Imaging, 2002, 21(4): 396-404.

[46] Verhaeghe J, de Ville D V, Khalidov I, et al. Dynamic PET reconstruction using wavelet regularization with adapted basis functions[J]. IEEE Transactions on Medical Imaging, 2008, 27(7): 943-959.

[47] Reader A J, Sureau F C, Comtat C, et al. Joint estimation of dynamic PET images and temporal basis functions using fully 4D ML-EM[J]. Physics in Medicine and Biology, 2006, 51(21): 5455-5474.

[48] Anderson D H. Compartmental Modeling and Tracer Kinetics[M]. Berlin: Springer Science & Business Media, 2013.

[49] Jacquez J A. Compartmental Analysis in Biology and Medicine[M]. Ann Arbor: University of Michigan Press, 1985.

[50] Gunn R N, Gunn S R, Cunningham V J. Positron emission tomography compartmental models[J]. Journal of Cerebral Blood Flow and Metabolism, 2001, 21(6): 635-652.

[51] Kety S S. The theory and applications of the exchange of inert gas at the lungs and tissues[J]. Pharmacological Reviews, 1951, 3(1): 1-41.

[52] Crone C. The permeability of capillaries in various organs as determined by use of the "indicator diffusion" method[J]. Acta Physiologica Scandinavica, 1963, 58(4): 292-305.

[53] 刘华锋, 鲍超, 袁听, 等. 正电子放射层析成像系统设计的计算机模拟[J]. 光子学报, 2000, 29(11): 1015-1020.

[54] Lecomte R, Schmitt D, Lamoureux G, et al. Geometry study of a high resolution PET detection system using small detectors[J]. IEEE Transactions on Nuclear Science, 1984, 31(1): 556-561.

[55] Lupton L R, Keller N A, Thompson C J, et al. On the use of tapered bismuth germanate crystals in positron emission tomography[J]. Nuclear Instruments and Methods in Physics Research Section A, 1984, 227(2): 361-368.

[56] Schmitt D, Karuta B, Carrier C, et al. Fast point spread function computation from aperture functions in high-resolution positron emission tomography[J]. IEEE Transactions on Medical Imaging, 1988, 7(1): 2-12.

[57] Schmitt D, Lecomte R, LeBel E. Wedge-shaped scintillation crystals for positron emission tomography[J]. The Journal of Nuclear Medicine, 1986, 27(1): 99-104.

[58] Derenzo S E, Moses W W, et al. Discovery of lead sulfate a new scintillator for high-rate high-resolution PET[J]. Journal of Medicine, 1991, 32: 995.

[59] Cho Z H, Chan J K, Ericksson L, et al. Positron ranges obtained from biomedically important positron-emitting radionuclides[J]. The Journal of Nuclear Medicine, 1975, 16(12): 1174-1176.

[60] Derenzo S E. Mathematical removal of positron range blurring in high resolution tomography[J]. IEEE Transactions on Nuclear Science, 1986, 33(1): 565-569.

[61] de Benedetti S, Cowan C E, Konneker W R, et al. On the angular distribution of two-photon annihilation radiation[J]. Physical Review, 1950, 77(2): 205-212.

[62] Colombino P, Fiscella B, Trossi L. Study of positronium in water and ice from 22 to −144℃ by annihilation quanta measurements[J]. Il Nuovo Cimento, 1965, 38(2): 707-723.

[63] Derenzo S E, Moses W W, Huesman R H, et al. Critical instrumentation issues for < 2mm resolution, high sensitivity brain PET[J]. Annals of Nuclear Medicine, 1993, 7: 25-37.

[64] Hoffman E J, Guerrero T M, Germano G, et al. PET system calibrations and corrections for quantitative and spatially accurate images[J]. IEEE Transactions on Nuclear Science, 1989, 36(1): 1108-1112.

[65] Brooks R A, Sank V J, Friauf W S, et al. Design considerations for positron emission tomography[J]. IEEE Transactions on Biomedical Engineering, 1981, (2): 158-177.

[66] Strother S C, Casey M E, Hoffman E J, et al. Measuring PET scanner sensitivity: relating countrates to image signal-to-noise ratios using noise equivalents counts[J]. IEEE Transactions on Nuclear Science, 1990, 37(2): 783-788.

[67] Alpert N M, Chesler D A, Correia J A, et al. Estimation of the local statistical noise in emission computed tomography[J]. IEEE Transactions on Medical Imaging, 1982, 1(2): 142-146.

[68] Muehllehner G. Effect of resolution improvement on required count density in ECT imaging: A computer simulation[J]. Physics in Medicine and Biology, 1985, 30(2): 163-173.

[69] Tanaka E, Murayama H. Properties of statistical noise in positron emission tomography[J]. Physics and Engineering in Medical Imaging, 1982, 372: 158-164.

[70] Moses W W, Derenzo S E, Budinger T F, et al. PET detector modules based on novel detector technologies[J]. Nuclear Instruments and Methods in Physics Research Section A, 1994, 353(1-3): 189-194.

[71] Birks J B. The theory and Practice of Scintillation Counting[M]. New York: The MacMillan Co., 1964.

[72] Melcher C L, Schweitzer J S. Cerium-doped lutetium oxyorthosilicate: A fast, efficient new scintillator[J]. IEEE Transactions on Nuclear Science, 1992, 39(4): 502-505.

[73] Lempicki A, Randles M H, Wisniewski D, et al. $LuAlO_3$: Ce and other aluminate scintillators[J]. IEEE Transactions on Nuclear Science, 1995, 42(4): 280-284.

[74] Moses W W, Derenzo S E, Fyodorov A A, et al. $LuAlO_3$: Ce—A high density, high speed scintillator for gamma detection[J]. IEEE Transactions on Nuclear Science, 1995, 42(4): 275-279.

[75] Drobyshev G Y, Fyodorov A A, Korzhik M, et al. Optimization of a lead-tungstate crystal/photodetector system for high-energy physics[J]. IEEE Transactions on Nuclear Science, 1995, 42(4): 341-344.

[76] Ludziejewski T, Moszyńska K, Moszyński M, et al. Advantages and limitations of LSO scintillator in nuclear physics experiments[J]. IEEE Transactions on Nuclear Science, 1995, 42(4): 328-336.

[77] Van Eijk C W. Development of inorganic scintillators[J]. Nuclear Instruments and Methods in Physics Research Section A, 1997, 392(1-3): 285-290.

[78] Zhu R Y. Precision crystal calorimetry in future high energy colliders[J]. IEEE Transactions on Nuclear Science, 1997, 44(3): 468-476.

[79] Moszynski M, Kapusta M, Mayhugh M, et al. Absolute light output of scintillators[J]. IEEE Transactions on Nuclear Science, 1997, 44(3): 1052-1061.

[80] Lecomte R, Pepin C M, Rouleau D, et al. Investigation of GSO, LSO and YSO scintillators using reverse avalanche photodiodes[J]. IEEE Transactions on Nuclear Science, 1998, 45(3): 478-482.

[81] van Eijk C W, Andriessen J, Dorenbos P, et al. Ce^{3+} doped inorganic scintillators[J]. Nuclear Instruments and Methods in Physics Research Section A, 1994, 348(2-3): 546-550.

[82] Ishibashi H, Shimizu K, Susa K, et al. Cerium doped GSO scintillators and its application to position sensitive detectors[J]. IEEE Transactions on Nuclear Science, 1989, 36(1): 170-172.

[83] Cherry S R, Shao Y, Tornai M P, et al. Collection of scintillation light from small BGO crystals[J]. IEEE Transactions on Nuclear Science, 1995, 42(4): 1058-1063.

[84] Casey M E, Eriksson L, Schmand M J, et al. Investigation of LSO crystals for high spatial resolution positron emission tomography[J]. IEEE Transactions on Nuclear Science, 1997, 44(3): 1109-1113.

[85] Wrenn E R, Good M L, Handler P. The use of positron-emitting radioisotopes for the localization of brain tumors[J]. Science, 1951, 113(2940): 525-527.

[86] Tanaka E. Current status and future prospect of positron emission tomography[J]. Radioisotopes, 1997, 46(10): 733-742.

[87] Watanabe M, Uchida H, Okada H, et al. A high resolution PET for animal studies[J]. IEEE Transactions on Medical Imaging, 1992, 11(4): 577-580.

[88] Watanabe M, Omura T, Kyushima H, et al. A compact position-sensitive detector for PET[J]. Nuclear Science Symposium and Medical Imaging Conference, 1995, 42(4): 1090-1094.

[89] Saitoh Y, Akamine T, Satoh K, et al. New profiled silicon PIN photodiode for scintillation detector[J]. IEEE Transactions on Nuclear Science, 1995, 42(4): 345-350.

[90] Fries O, Bradbury S M, Gebauer J, et al. A small animal PET prototype based on LSO crystals read out by avalanche photodiodes[J]. Nuclear Instruments and Methods in Physics Research Section A: Accelerators, Spectrometers, Detectors and Associated Equipment, 1997, 387(1-2): 220-224.

[91] Farrell R, Olschner F, Shah K, et al. Advances in semiconductor photodetectors for scintillators[J]. Nuclear Instruments and Methods in Physics Research Section A: Accelerators, Spectrometers, Detectors and Associated Equipment, 1997, 387(1-2): 194-198.

[92] Carrier C, Lecomte R. Recent results in scintillation detection with silicon avalanche photodiodes[J]. IEEE Transactions on Nuclear Science, 1990, 37(2): 209-214.

[93] Lecomte R, Martel C, Carrier C. Status of BGO-avalanche photodiode detectors for spectroscopic and timing measurements[J]. Nuclear Instruments and Methods in Physics Research Section A: Accelerators, Spectrometers, Detectors and Associated Equipment, 1989, 278(2): 585-597.

[94] Bird A J, Carter T, Dean A J, et al. The optimisation of small CsI(Tl) gamma-ray detectors[J]. IEEE Transactions on Nuclear Science, 1993, 40(4): 395-399.

[95] Wang Y J, Patt B E, Iwanczyk J S, et al. High efficiency CsI(Tl)/HgI_2/gamma ray spectrometers[J]. IEEE Transactions on Nuclear Science, 1995, 42(4): 601-605.

[96] Patt B E, Iwanczyk J S, Tull C R, et al. High resolution CsI(Tl)/Si-PIN detector development for breast imaging[J]. IEEE Transactions on Nuclear Science, 1998, 45(4): 2126-2131.

[97] Tonetto F, Abbondanno U, Chiari M, et al. Optimizing performances of CsI(Tl) crystals with a photodiode readout[J]. Nuclear Instruments and Methods in Physics Research Section A: Accelerators, Spectrometers, Detectors and Associated Equipment, 1999, 420(1-2): 181-188.

[98] Fioretto E, Innocenti F, Viesti G, et al. CsI(Tl)-photodiode detectors for γ-ray spectroscopy[J]. Nuclear Instruments and Methods in Physics Research Section A: Accelerators, Spectrometers, Detectors and Associated Equipment, 2000, 442(1-3): 412-416.

[99] Vaska P, Stoll S P, Woody C L, et al. Effects of intercrystal crosstalk on multielement LSO/APD PET detectors[J]. IEEE Transactions on Nuclear Science, 2003, 50(3): 362-366.

[100] Holl I, Lorenz E, Natkaniez S, et al. Some studies of avalanche photodiode readout of fast scintillators[J]. IEEE Transactions on Nuclear Science, 1995, 42(4): 351-356.

[101] Schmelz C, Bradbury S M, Holl I, et al. Feasibility study of an avalanche photodiode readout for a high resolution PET with nsec time resolution[J]. IEEE Transactions on Nuclear Science, 1995, 42(4): 1080-1084.

[102] Pichler B J, Boning G, Rafecas M, et al. Feasibility study of a compact high resolution dual layer LSO-APD detector module for positron emission tomography[C]. IEEE Nuclear Science Symposium and Medical Imaging Conference(Cat. No. 98CH36255), Toronto, 1998: 1199-1203.

[103] Pichler B, Boning G, Lorenz E, et al. Studies with a prototype high resolution PET scanner based on LSO-APD modules[C]. IEEE Nuclear Science Symposium Conference Record, Albuquerque, 1997: 1649-1653.

[104] Casey M E, Dautet H, Waechter D, et al. An LSO block detector for PET using an avalanche photodiode array[C]. IEEE Nuclear Science Symposium and Medical Imaging Conference(Cat. No. 98CH36255), Toronto, 1998: 1105-1108.

[105] Shah K S, Farrell R, Grazioso R F, et al. Planar processed APDs and APD arrays for scintillation detection[C]. IEEE Nuclear Science Symposium and Medical Imaging Conference(Cat. No. 99CH37019), Seattle, 1999: 56-60.

[106] Shao Y, Silverman R W, Farrell R, et al. Design studies of a high resolution PET detector using APD arrays[J]. IEEE Transactions on Nuclear Science, 2000, 47(3): 1051-1057.

[107] Scheiber C. New developments in clinical applications of CdTe and CdZnTe detectors[J]. Nuclear Instruments and Methods in Physics Research Section A: Accelerators, Spectrometers, Detectors and Associated Equipment, 1996, 380(1-2): 385-391.

[108] Khusainov A K, Dudin A L, Ilves A G, et al. High performance p–i–n CdTe and CdZnTe detectors[J]. Nuclear Instruments and Methods in Physics Research Section A: Accelerators, Spectrometers, Detectors and Associated Equipment, 1999, 428(1): 58-65.

[109] 刘华锋，鲍超，山下贵司. PET 探测器的现状及发展趋势[J]. 仪表技术与传感器, 2000, 7: 39-41.

[110] Wong W. Designing a stratified detection system for PET cameras[J]. IEEE Transactions on Nuclear Science, 1986, 33(1): 591-596.

[111] Karp J S, Daubewitherspoon M E. Depth-of-interaction determination in NaI(Tl) and BGO scintillation crystals using a temperature gradient[J]. Nuclear Instruments and Methods in Physics Research Section A, 1987, 260(2-3): 509-517.

[112] Shimizu K, Ohmura T, Watanabe M, et al. Development of 3-D detector system for positron CT[J]. IEEE Transactions on Nuclear Science, 1988, 35(1): 717-720.

[113] Rogers J G, Harrop R, Coombes G H, et al. Design of a volume-imaging positron emission tomograph[J]. IEEE Transactions on Nuclear Science, 1989, 36(1): 993-997.

[114] Bartzakos P, Thompson C I. A depth-encoded PET detector[J]. IEEE Transactions on Nuclear Science, 1991, 38(2): 732-738.

[115] Moses W W, Derenzo S E, Budinger T F, et al. Design for a high-rate, high-resolution PET module using room temperature silicon photodiodes for crystal identification[J]. The Journal of Nuclear Medicine, 1992, 33: 862.

[116] Moses W W, Derenzo S E, Nutt R, et al. Performance of a PET detector module utilizing an array of silicon photodiodes to identify the crystal of interaction[J]. IEEE Transactions on Nuclear Science, 1993, 40(4): 1036-1040.

[117] Moses W W, Derenzo S E. Design studies for a PET setector module using a PIN photodiode to measure depth of interaction[J]. IEEE Transactions on Nuclear Science, 1994, 41(4): 1441-1445.

[118] Rogers J G. A method for correcting the depth-of-interaction blurring in PET cameras[J]. IEEE Transactions on Medical Imaging, 1995, 14(1): 146-150.

[119] Rogers J G, Moisan C, Hoskinson E M, et al. A practical block detector for a depth-encoding PET camera[J]. IEEE Transactions on Nuclear Science, 1996, 43 (6) : 3240-3248.

[120] Dahlbom M, Macdonald L R, Eriksson L, et al. Performance of a YSO/LSO phoswich detector for use in a PET/SPECT system[J]. IEEE Transactions on Nuclear Science, 1997, 44 (3) : 1114-1119.

[121] Schmand M J, Eriksson L, Casey M E, et al. Performance results of a new DOI detector block for a high resolution PET-LSO research tomograph HRRT[J]. IEEE Transactions on Nuclear Science, 1998, 45 (6) : 3000-3006.

[122] Yamamoto S, Ishibashi H. A GSO depth of interaction detector for PET[C]. IEEE Transactions on Nuclear Science, 1998, 45 (3) : 1078-1081.

[123] Miyaoka R S, Lewellen T K, Yu H, et al. Design of a depth of interaction (DOI) PET detector module[J]. IEEE Transactions on Nuclear Science, 1998, 45 (3) : 1069-1073.

[124] 刘华锋, 山下贵司. 新型位置灵敏光电倍增管的性能测量[J]. 高能物理与核物理, 2000, 9: 875-879.

[125] Nagai S, Watanabe M, Shimoi H, et al. A new compact position-sensitive PMT for scintillation detectors[J]. IEEE Transactions on Nuclear Science, 1999, 46 (3) : 354-358.

[126] Liu H, Bao C, Yamashita T. Performance of a new position sensitive PMT[J]. High Energh Physics and Nuclear Physics, 2000, 24 (9) : 875-879.

[127] 刘华锋, 鲍超, 渡边光男, 等. PET 用新型深度编码探测器设计[J]. 光子学报, 2000, 29 (6) : 564-568.

[128] Liu H, Omura T, Watanabe M, et al. Effect of crystal surface treatment on the timing response of a DOI detector for PET[J]. Nuclear Electronics and Detection Technology, 2001, 21 (1) : 9-13.

[129] Liu H, Omura T, Watanabe M, et al. Development of a depth of interaction detector for γ-rays[J]. Nuclear Instruments and Methods in Physics Research Section A, 2001, 459 (1) : 182-190.

[130] Reader A J, Zhao S, Julyan P J, et al. Adaptive correction of scatter and random events for 3D backprojected PET data [J]. IEEE Transactions on Nuclear Science, 2001, 48 (4) : 1350-1356.

[131] 陈盛祖. PET/CT 技术原理及肿瘤学应用[M]. 北京：人民军医出版社, 2007.

[132] de Jong H W, Boellaard R, Knoess C, et al. Correction methods for missing data in sinograms of the HRRT PET scanner[J]. IEEE Transactions on Nuclear Science, 2003, 50 (5) : 1452-1456.

[133] Kitamura K, Ishikawa A, Mizuta T, et al. Detector normalization and scatter correction for the jPET-D4: A 4-layer depth-of-interaction PET scanner[J]. Nuclear Instruments and Methods in Physics Research Section A, 2007, 571 (1) : 231-234.

[134] Bai B, Li Q, Holdsworth C H, et al. Model-based normalization for iterative 3D PET image reconstruction[J]. Physics in Medicine and Biology, 2002, 47 (15) : 2773-2784.

[135] Souvatzoglou M, Ziegler S I, Martinez M J, et al. Standardised uptake values from PET/CT images: Comparison with conventional attenuation-corrected PET[J]. European Journal of Nuclear Medicine and Molecular Imaging, 2007, 34 (3) : 405-412.

[136] Moses W W. Time of flight in PET revisited[J]. IEEE Transactions on Nuclear Science, 2003, 50 (5) : 1325-1330.

[137] Moses W W, Derenzo S E. Prospects for time-of-flight PET using LSO scintillator[J]. IEEE Transactions on Nuclear Science, 1999, 46 (3) : 474-478.

[138] Lercher M J, Wienhard K. Scatter correction in 3-D PET[J]. IEEE Transactions on Medical Imaging, 1994, 13 (4) : 649-657.

[139] Jaszczak R J, Greer K L, Floyd C E, et al. Improved SPECT quantification using compensation for scattered photons[J]. The Journal of Nuclear Medicine, 1984, 25 (8) : 893-900.

[140] Popescu L M, Lewitt R M, Matej S, et al. PET energy-based scatter estimation and image reconstruction with energy-dependent corrections[J]. Physics in Medicine and Biology, 2006, 51 (11) : 2919-2937.

[141] Bendriem B, Trebossen R, Frouin V, et al. A PET scatter correction using simultaneous acquisitions with low and high lower energy thresholds[C]. IEEE Conference Record Nuclear Science Symposium and Medical Imaging Conference, San Francisco, 1993: 1779-1783.

[142] Shao L, Freifelder R, Karp J S. Triple energy window scatter correction technique in PET[J]. IEEE Transactions on Medical Imaging, 1994, 13 (4) : 641-648.

[143] Bentourkia M, Msaki P, Cadorette J, et al. Energy dependence of scatter components in multispectral PET imaging[J]. IEEE Transactions on Medical Imaging, 1995, 14 (1) : 138-145.

[144] Hutton B F, Baccarne V. Efficient scatter modelling for incorporation in maximum likelihood reconstruction[J]. European Journal of Nuclear Medicine and Molecular Imaging, 1998, 25 (12) : 1658-1665.

[145] Kadrmas D J, Frey E C, Karimi S S, et al. Fast implementations of reconstruction-based scatter compensation in fully 3D SPECT image reconstruction[J]. Physics in Medicine and Biology, 1998, 43 (4) : 857-873.

[146] Zaidi H. Comparative evaluation of scatter correction techniques in 3D positron emission tomography[J]. European Journal of Nuclear Medicine and Molecular Imaging, 2000, 27 (12) : 1813-1826.

[147] Zaidi H, Montandon M L, Slosman D O, et al. Magnetic resonance imaging-guided attenuation and scatter corrections in three-dimensional brain positron emission tomography[J]. Medical Physics, 2003, 30 (5) : 937-948.

[148] Zaidi H. Reconstruction-based estimation of the scatter component in positron emission tomography[J]. Annals Nuclear Medicine, 2001, 14 (3) : 161-172.

[149] Zaidi H. Statistical reconstruction-based scatter correction: A new method for 3D PET[C]. International Conference of the IEEE Engineering in Medicine and Biology Society, Chicago, 2000: 86-89.

[150] Tamal M, Reader A J, Markiewicz P J, et al. Noise properties of four strategies for incorporation of scatter and attenuation information in PET reconstruction using the EM-ML algorithm[J]. IEEE Transactions on Nuclear Science, 2006, 53 (5) : 2778-2786.

[151] Bergstrom M, Eriksson L, Bohm C, et al. Correction for scattered radiation in a ring detector positron camera by integral transformation of the projections[J]. Journal of Computer Assisted Tomography, 1983, 7 (1) : 42-50.

[152] Bailey D L, Meikle S R. A convolution-subtraction scatter correction method for 3D PET[J]. Physics in Medicine and Biology, 1994, 39 (3) : 411-424.

[153] Bentourkia M, Msaki P, Cadorette J, et al. Assessment of scatter components in high-resolution PET: Correction by nonstationary convolution subtraction[J]. The Journal of Nuclear Medicine, 1995, 36 (1) : 121-130.

[154] Bentourkia M, Msaki P, Cadorette J, et al. Nonstationary scatter subtraction-restoration in high-resolution PET[J]. The Journal of Nuclear Medicine, 1996, 37 (12) : 2040-2046.

[155] Lubberink M, Kosugi T, Schneider H, et al. Non-stationary convolution subtraction scatter correction with a dual-exponential scatter kernel for the Hamamatsu SHR-7700 animal PET scanner[J]. Physics in Medicine and Biology, 2004, 49 (5) : 833-842.

[156] Sakellios N, Karali E, Lazaro D, et al. Monte-carlo simulation for scatter correction compensation studies in SPECT imaging using GATE software package[J]. Nuclear Instruments and Methods in Physics Research Section A, 2006, 569 (2) : 404-408.

[157] Holdsworth C H, Levin C S, Janecek M, et al. Performance analysis of an improved 3-D PET Monte Carlo simulation and scatter correction[J]. IEEE Transactions on Nuclear Science, 2002, 49 (1) : 73-80.

[158] Holdsworth C H, Badawi R D, Santos P, et al. Evaluation of a monte carlo scatter correction in clinical 3D PET[C]. IEEE Nuclear Science Symposium Conference Record, Portland, 2003: 2540-2544.

[159] Holdsworth C H, Levin C S, Farquhar T H, et al. Investigation of accelerated monte carlo techniques for PET simulation and 3D PET scatter correction[J]. IEEE Transactions on Nuclear Science, 2001, 48 (1) : 74-81.

[160] Levin C S, Dahlbom M, Hoffman E J, et al. A Monte Carlo correction for the effect of compton scattering in 3-D PET brain imaging[J]. IEEE Transactions on Nuclear Science, 1995, 42 (4) : 1181-1185.

[161] Zaidi H. Relevance of accurate Monte Carlo modeling in nuclear medical imaging[J]. Medical Physics, 1999, 26 (4) : 574-608.

[162] Ishikawa A, Kitamura K, Mizuta T, et al. Implementation of on-the-fly scatter correction using dual energy window method in continuous 3D whole body PET scanning[C]. IEEE Nuclear Science Symposium Conference Record, Fajardo, 2005: 2497-2500.

[163] Ferreira N C, Trébossen R, Lartizien C, et al. A hybrid scatter correction for 3D PET based on an estimation of the distribution of unscattered coincidences: Implementation on the ECAT EXACT HR+[J]. Physics in Medicine and Biology, 2002, 47 (9) : 1555-1571.

[164] Cheng J C, Rahmim A, Blinder S, et al. A scatter-corrected list-mode reconstruction and a practical scatter/random approximation technique for dynamic PET imaging[J]. Physics in Medicine and Biology, 2007, 52 (8) : 2089-2106.

[165] Mcelroy D P, Hoose M, Pimpl W, et al. A true singles list-mode data acquisition system for a small animal PET scanner with independent crystal readout[J]. Physics in Medicine and Biology, 2005, 50 (14) : 3323-3335.

[166] Landau D P, Binder K. A Guide to Monte Carlo Simulations in Statistical Physics[M]. Cambridge: Cambridge University Press, 2000.

[167] Liu J S. Monte Carlo Strategies in Scientific Computing[M]. New York: Springer-Verlag, 2001.

[168] Adam L E, Karp J S, Brix G. Investigation of scattered radiation in 3D whole-body positron emission tomography using Monte Carlo simulations[J]. Physics in Medicine and Biology, 1999, 44 (12) : 2879-2895.

[169] Jan S, Santin G, Strul D, et al. GATE: A simulation toolkit for PET and SPECT[J]. Physics in Medicine and Biology, 2004, 49 (19) : 4543-4561.

[170] Assie K, Breton V, Buvat I, et al. Monte Carlo simulation in PET and SPECT instrumentation using GATE[J]. Nuclear Instruments and Methods in Physics Research Section A, 2004, 527 (1) : 180-189.

[171] Staelens S, De Beenhouwer J, Kruecker D, et al. GATE: Improving the computational efficiency[J]. Nuclear Instruments and Methods in Physics Research Section A, 2006, 569 (2) : 341-345.

[172] Tsoumpas C, Aguiar P, Nikita K S, et al. Evaluation of the single scatter simulation algorithm implemented in the STIR library[C]. IEEE Nuclear Science Symposium Conference Record, Rome, 2004: 3361-3365.

[173] Pshenichnov I, Mishustin I, Greiner W. Distributions of positron-emitting nuclei in proton and carbon-ion therapy studied with GEANT4[J]. Physics in Medicine and Biology, 2006, 51 (23) : 6099-6112.

[174] Vandervoort E, Camborde M L, Jan S, et al. Monte-Carlo modeling of the microPET R4 small animal PET scanner for coincidence-mode emission and singles-mode transmission data acquisition[C]. IEEE Nuclear Science Symposium Conference Record, Fajardo, 2005: 2449-2453.

[175] Zaidi H, Koral K F. Scatter modelling and compensation in emission tomography[J]. European Journal of Nuclear Medicine and Molecular Imaging, 2004, 31 (5) : 761-782.

[176] Zaidi H. Scatter modelling and correction strategies in fully 3-D PET[J]. Nuclear Medicine Communications, 2001, 22 (11) : 1181-1184.

[177] Tsoumpas C, Aguiar P, Ros D, et al. Scatter simulation including double scatter[C]. IEEE Nuclear Science Symposium Conference Record, Fajardo, 2005, 3: 1615-1619.

[178] Watson C C. New, faster, image-based scatter correction for 3D PET[J]. IEEE Transactions on Nuclear Science, 2000, 47(4): 1587-1594.

[179] Gao F, Yamada R, Watanabe M, et al. Investigation and evaluation of scatter correction method based on single scatter simulation for 3D whole-body PET scanner[J]. Japanese Journal of Medical Physics, 2008, 28(2): 49-50.

[180] Markiewicz P J, Tamal M, Julyan P J, et al. High accuracy multiple scatter modelling for 3D whole body PET[J]. Physics in Medicine and Biology, 2007, 52(3): 829-847.

[181] Ollinger J M. Model-based scatter correction for fully 3D PET[J]. Physics in Medicine and Biology, 1996, 41(1): 153-176.

[182] Werling A, Bublitz O, Doll J, et al. Fast implementation of the single scatter simulation algorithm and its use in iterative image reconstruction of PET data[J]. Physics in Medicine and Biology, 2002, 47(16): 2947-2960.

[183] Accorsi R, Adam L E, Werner M E, et al. Optimization of a fully 3D single scatter simulation algorithm for 3D PET[J]. Physics in Medicine and Biology, 2004, 49(12): 2577-2598.

[184] Watson C C. Extension of single scatter simulation to scatter correction of time-of-flight PET[J]. IEEE Transactions on Nuclear Science, 2007, 54(5): 1679-1686.

[185] Thielemans K, Manjeshwar R M, Jansen F, et al. A new algorithm for scaling of PET scatter estimates using all coincidence events[C]. IEEE Nuclear Science Symposium Conference Record, Honolulu, 2007: 3586-3590.

[186] Thielemans K. Scatter estimation and motion correction in PET[C]. IEEE Nuclear Science Symposium Conference Record, Fajardo, 2005: 1745-1747.

[187] Yamaya T, Obi T, Yamaguchi M, et al. High-resolution image reconstruction method for time-of-flight positron emission tomography[J]. Physics in Medicine and Biology, 2000, 45(11): 3125-3134.

[188] Kazantsev I G, Matej S, Lewitt R M, et al. Geometric model of single scatter in PET[C]. IEEE Nuclear Science Symposium Conference Record, San Diego, 2006: 2740-2743.

[189] Tanaka E, Kudo H. Subset-dependent relaxation in block-iterative algorithms for image reconstruction in emission tomography[J]. Physics in Medicine and Biology, 2003, 48(10): 1405-1422.

[190] Fahey F H. Data acquisition in PET imaging[J]. Journal of Nuclear Medicine Technology, 2002, 30(2): 39-49.

[191] Defrise M, Kinahan P E, Townsend D W, et al. Exact and approximate rebinning algorithms for 3-D PET data[J]. IEEE Transactions on Medical Imaging, 1997, 16(2): 145-158.

[192] Defrise M, Liu X. A fast rebinning algorithm for 3D positron emission tomography using John's equation[J]. Inverse Problems, 1999, 15(4): 1047-1065.

[193] Defrise M, Casey M E, Michel C, et al. Fourier rebinning of time-of-flight PET data[J]. Physics in Medicine and Biology, 2005, 50(12): 2749-2763.

[194] Muehllehner G, Karp J S. Positron emission tomography[J]. Physics in Medicine and Biology, 2006, 51(13): 117-137.

[195] Dahlbom M, Hoffman E J, Hoh C K, et al. Whole-body positron emission tomography: Part I. Methods and performance characteristics[J]. The Journal of Nuclear Medicine, 1992, 33(6): 1191-1199.

[196] Shepp L A, Vardi Y. Maximum likelihood reconstruction for emission tomography[J]. IEEE Transactions on Medical Imaging, 1982, 1(2): 113-122.

[197] Vardi Y, Shepp L A, Kaufman L, et al. A statistical model for positron emission tomography[J]. Journal of the American Statistical Association, 1985, 80(389): 8-20.

[198] Levitan E, Chan M, Herman G T, et al. Image-modeling gibbs priors[J]. Graphical Models and Image Processing, 1995, 57(2): 117-130.

[199] Chan M T, Herman G T, Levitan E. A bayesian approach to PET reconstruction using image-modeling gibbs priors: implementation and comparison[J]. IEEE Transactions on Nuclear Science, 1997, 44(3): 1347-1354.

[200] Leahy R M, Qi J. Statistical approaches in quantitative positron emission tomography[J]. Statistics and Computing, 2000, 10(2): 147-165.

[201] Qi J, Leahy R M. Iterative reconstruction techniques in emission computed tomography[J]. Physics in Medicine and Biology, 2006, 51(15): 541-578.

[202] Radon J. On the determination of functions from their integral values along certain manifolds[J]. IEEE Transactions on Medical Imaging, 1986, 5(4): 170-176.

[203] Fessler J A. Penalized weighted least-squares image reconstruction for positron emission tomography[J]. IEEE Transactions on Medical Imaging, 1994, 13(2): 290-300.

[204] Gindi G, Lee M, Rangarajan A, et al. Bayesian reconstruction of functional images using anatomical information as priors[J]. IEEE Transactions on Medical Imaging, 1993, 12(4): 670-680.

[205] Tang J, Rahmim A. Bayesian PET image reconstruction incorporating anato-functional joint entropy[J]. Physics in Medicine and Biology, 2009, 54(23): 7063-7075.

[206] Vunckx K, Atre A, Baete K, et al. Evaluation of three MRI-based anatomical priors for quantitative PET brain imaging[J]. IEEE Transactions on Medical Imaging, 2012, 31(3): 599-612.

[207] Levitan E, Herman G T. A maximum a posteriori probability expectation maximization algorithm for image reconstruction in emission tomography[J]. IEEE Transactions on Medical Imaging, 1987, 6(3): 185-192.

[208] Huber P J. Robust Statistics[M]. New York: Springer-Verlag, 2011.

[209] Bouman C A, Sauer K. A unified approach to statistical tomography using coordinate descent optimization[J]. IEEE Transactions on Image Processing, 1996, 5(3): 480-492.

[210] Dewaraja Y K, Koral K F, Fessler J A. Regularized reconstruction in quantitative SPECT using CT side information from hybrid imaging[J]. Physics in Medicine and Biology, 2010, 55(9): 2523-2539.

[211] Bowsher J E, Yuan H, Hedlund L W, et al. Utilizing MRI information to estimate F18-FDG distributions in rat flank tumors[C]. IEEE Nuclear Science Symposium Conference Record, Rome, 2004: 2488-2492.

[212] de Pierro A R. A modified expectation maximization algorithm for penalized likelihood estimation in emission tomography[J]. IEEE Transactions on Medical Imaging, 1995, 14(1): 132-137.

[213] Lange K. Convergence of EM image reconstruction algorithms with Gibbs smoothing[J]. IEEE Transactions on Medical Imaging, 1990, 9(4): 439-446.

[214] Fessler J A, Hero A O. Space-alternating generalized expectation-maximization algorithm[J]. IEEE Transactions on Signal Processing, 1994, 42(10): 2664-2677.

[215] Leahy R, Yan X. Incorporation of anatomical MR data for improved functional imaging with PET[C]. Information Processing in Medical Imaging Berlin, Heidelberg, 1991: 105-120.

[216] Donoho D L. Compressed sensing[J]. IEEE Transactions on Information Theory, 2006, 52(4): 1289-1306.

[217] Tropp J A, Gilbert A C. Signal recovery from random measurements via orthogonal matching pursuit[J]. IEEE Transactions on Information Theory, 2007, 53(12): 4655-4666.

[218] Candes E J, Romberg J. Quantitative robust uncertainty principles and optimally sparse decompositions[J]. Foundations of Computational Mathematics, 2006, 6(2): 227-254.

[219] Candes E J, Donoho D L. Recovering edges in ill-posed inverse problems: optimality of curvelet frames[J]. Annals of Statistics, 2002, 30(3): 784-842.

[220] Chen S, Donoho D L. Basis pursuit[C]. Proceedings of the 28th Asilomar Conference on Signals, Systems and Computers, Pacific Grove, 1994: 41-44.

[221] Chen S, Donoho D L, Saunders M A, et al. Atomic decomposition by basis pursuit[J]. SIAM Journal on Scientific Computing, 1998, 20(1): 33-61.

[222] Tibshirani R. Regression shrinkage and selection via the lasso[J]. Journal of the Royal Statistical Society Series B-Methodological, 1996, 58(1): 267-288.

[223] Hartigan J, Wong M. Algorithm AS 136: A K-means clustering algorithm[J]. Applied Statistics, 1979, 28(1): 100-108.

[224] Olshausen B A, Field D J. Emergence of simple-cell receptive field properties by learning a sparse code for natural images[J]. Nature, 1996, 381(6583): 607-609.

[225] Aharon M, Elad M, Bruckstein A M, et al. K-SVD: An algorithm for designing overcomplete dictionaries for sparse representation[J]. IEEE Transactions on Signal Processing, 2006, 54(11): 4311-4322.

[226] Elad M, Aharon M. Image denoising via sparse and redundant representations over learned dictionaries[J]. IEEE Transactions on Image Processing, 2006, 15(12): 3736-3745.

[227] Olshausen B A, Field D J. Natural image statistics and efficient coding[J]. Network: Computation in Neural Systems, 1996, 7(2): 333-339.

[228] Chen Y, Ye X, Huang F, et al. A novel method and fast algorithm for MR image reconstruction with significantly under-sampled data[J]. Inverse Problems and Imaging, 2010, 4(2): 223-240.

[229] Ravishankar S, Bresler Y. MR image reconstruction from highly undersampled k-space data by dictionary learning[J]. IEEE Transactions on Medical Imaging, 2011, 30(5): 1028-1041.

[230] Xu Q, Yu H, Mou X, et al. Low-dose X-ray CT reconstruction via dictionary learning[J]. IEEE Transactions on Medical Imaging, 2012, 31(9): 1682-1697.

[231] Fessler J A, Erdogan H. A paraboloidal surrogates algorithm for convergent penalized-likelihood emission image reconstruction[C]. IEEE Nuclear Science Symposium and Medical Imaging Conference, Toronto, 1998: 1132-1135.

[232] Frank I M, Tamm I E. Coherent Visible Radiation of Fast Electrons Passing Through Matter[M]. Berlin: Springer, 1991: 29-35.

[233] Cherenkov P A. Visible emission of clean liquids by action of γ radiation[J]. Doklady Akademii Nauk SSSR, 1934, 2: 451-454.

[234] Vavilov S I. On possible reasons for the blue γ-radiation in fluids[J]. Dokl. Akad Nauk., 1934, 2(8): 457-459.

[235] Dicke R H. The effect of collisions upon the Doppler width of spectral lines[J]. Physical Review, 1953, 89(2): 472-473.

[236] Jelley J V. Cerenkov radiation and its applications[J]. British Journal of Applied Physics, 1955, 6(7): 227-232.

[237] Ruggiero A, Holland J P, Lewis J S, et al. Cerenkov luminescence imaging of medical isotopes[J]. The Journal of Nuclear Medicine, 2010, 51(7): 1123-1130.

[238] Li C, Mitchell G S, Cherry S R. Cerenkov luminescence tomography for small-animal imaging[J]. Optics Letters, 2010, 35(7): 1109-1111.

[239] Thorek D L, Robertson R, Bacchus W A, et al. Cerenkov imaging-a new modality for molecular imaging[J]. American Journal of Nuclear Medicine and Molecular Imaging, 2012, 2(2): 163-173.

[240] Levin C S, Hoffman E J. Calculation of positron range and its effect on the fundamental limit of positron emission tomography system spatial resolution[J]. Physics in Medicine and Biology, 1999, 44(3): 781-799.

[241] Hillas A M. Cerenkov light images of EAS produced by primary gamma[J]. International Cosmic Ray Conference, 1985, 3: 445-448.

[242] Spinelli A E, Dambrosio D, Calderan L, et al. Cerenkov radiation allows in vivo optical imaging of positron emitting radiotracers[J]. Physics in Medicine and Biology, 2010, 55(2): 483-495.

[243] Canadas M, Arce P, Mendes P R, et al. Validation of a small-animal PET simulation using GAMOS: A Geant4-based framework[J]. Physics in Medicine and Biology, 2011, 56(1): 273-288.

[244] Amako K, Guatelli S, Ivanchencko V, et al. Geant4 and its validation[J]. Nuclear Physics B-Proceedings Supplements, 2006, 150: 44-49.

[245] Koeppe R A, Raffel D M, Snyder S E, et al. Dual-[^{11}C] tracer single-acquisition positron emission tomography studies[J]. Journal of Cerebral Blood Flow and Metabolism, 2001, 21(12): 1480-1492.

[246] Parveen S, Green P D. Speech enhancement with missing data techniques using recurrent neural networks[C]. IEEE International Conference on Acoustics, Speech, and Signal Processing, Montreal, 2004: 733-736.

[247] Glorot X, Bordes A, Bengio Y. Deep sparse rectifier neural networks[J]. Journal of Machine Learning Research, 2011, 15: 315-323.

[248] Huang P, Kim M, Hasegawa-Johnson M, et al. Deep learning for monaural speech separation[C]. IEEE International Conference on Acoustics, Speech and Signal Processing, Florence, 2014: 1562-1566.

[249] Rockwell S, Dobrucki I T, Kim E Y, et al. Hypoxia and radiation therapy: Past history, ongoing research, and future promise[J]. Current Molecular Medicine, 2009, 9(4): 442-458.

[250] Takahashi N, Fujibayashi Y, Yonekura Y, et al. Copper-62 ATSM as a hypoxic tissue tracer in myocardial ischemia[J]. Annals of Nuclear Medicine, 2001, 15(3): 293-296.

[251] Kositwattanarerk A, Oh M, Kudo T, et al. Different distribution of ^{62}Cu ATSM and ^{18}F-FDG in head and neck cancers[J]. Clinical Nuclear Medicine, 2012, 37(3): 252-257.

[252] Newman L S, Rose C S, Maier L A. Sarcoidosis[J]. The New England Journal of Medicine, 1997, 336(17): 1224-1234.

[253] Sharma O P, Maheshwari A, Thaker K. Myocardial sarcoidosis[J]. Chest Journal, 1993, 103(1): 253-258.

[254] Lewis P J, Salama A. Uptake of fluorine-18-fluorodeoxyglucose in sarcoidosis[J]. The Journal of Nuclear Medicine, 1994, 35(10): 1647-1649.

[255] Kubota R, Kubota K, Yamada S, et al. Microautoradiographic study for the differentiation of intratumoral macrophages, granulation tissues and cancer cells by the dynamics of fluorine-18-fluorodeoxyglucose uptake[J]. The Journal of Nuclear Medicine, 1994, 35(1): 104-111.

[256] Huang S C, Carson R E, Hoffman E J, et al. An investigation of a double-tracer technique for positron computerized tomography[J]. The Journal of Nuclear Medicine, 1982, 23(9): 816-822.

[257] Koeppe R A, Ficaro E P, Raffel D M, et al. Temporally Overlapping Dual-tracer PET studies[M]. New York: Academic Press, 1998: 359-366.

[258] Koeppe R A, Raffel D M, Snyder S E, et al. Dual-[^{11}C]tracer single-acquisition positron emission tomography studies[J]. Journal of Cerebral Blood Flow and Metabolism, 2001, 21(12): 1480-1492.

[259] Ikoma Y, Toyama H, Uemura K, et al. Evaluation of the reliability in kinetic analysis for dual tracer injection of FDG and flumazenil PET study[C]. IEEE Nuclear Science Symposium Conference Record, San Diego, 2001: 2054-2057.

[260] Ikoma Y, Toyama H, Suhara T. Simultaneous quantification of two brain functions with dual tracer injection in PET dynamic study[J]. International Congress Series, 2004, 1265: 74-78.

[261] Kadrmas D J, Rust T C. Feasibility of rapid multi-tracer PET tumor imaging[C]. IEEE Nuclear Science Symposium and Medical Imaging Conference, Rome, 2004: 2664-2668.

[262] Rust T C, Kadrmas D J. Rapid dual-tracer PTSM+ATSM PET imaging of tumour blood flow and hypoxia: A simulation study[J]. Physics in Medicine and Biology, 2006, 51 (1): 61-75.

[263] Rust T C, Dibella E V, Mcgann C J, et al. Rapid dual-injection single-scan ^{13}N-ammonia PET for quantification of rest and stress myocardial blood flows[J]. Physics in Medicine and Biology, 2006, 51 (20): 5347-5362.

[264] Hayashi T, Kudomi N, Watabe H, et al. A rapid CBF/CMRO2 measurement with a single PET scan with dual-tracer/integration technique in human[J]. Journal of Cerebral Blood Flow and Metabolism, 2005, 25: 609.

[265] Black N F, Mcjames S, Rust T C, et al. Evaluation of rapid dual-tracer ^{62}Cu-PTSM + ^{62}Cu-ATSM PET in dogs with spontaneously occurring tumors[J]. Physics in Medicine and Biology, 2008, 53 (1): 217-232.

[266] Cobelli C, Foster D, Toffolo G. Tracer Kinetics in Biomedical Research: From Data to Model[M]. New York: Kluwer Academic/Plenum Publishers, 2000.

[267] Liu H, Tian Y, Shi P. PET image reconstruction: A robust state space approach[C]. International Conference on Information Processing in Medical Imaging, Berlin, 2005: 197-209.

[268] Tong S, Shi P C. Tracer kinetics guided dynamic PET reconstruction[J]. International Conference on Information Processing in Medical Imaging, Berlin, 2007: 421-433.

[269] Shen X M, Deng L. Game theory approach to discrete H_∞ filter design[J]. IEEE Transactions on Signal Processing, 1997, 45 (4): 1092-1095.

[270] Schiff J, Shnider S. A natural approach to the numerical integration of riccati differential equations[J]. SIAM Journal on Numerical Analysis, 1999, 36 (5): 1392-1413.

[271] Li X, Feng D, Lin K P, et al. Estimation of myocardial glucose utilisation with PET using the left ventricular time-activity curve as a non-invasive input function[J]. Medical and Biological Engineering and Computing, 1998, 36 (1): 112-117.

[272] Chen S, Ho C, Feng D, et al. Tracer kinetic modeling of ^{11}C-acetate applied in the liver with positron emission tomography[J]. IEEE Transactions on Medical Imaging, 2004, 23 (4): 426-432.

[273] Knoess C, Siegel S, Smith A, et al. Performance evaluation of the microPET R4 PET scanner for rodents[J]. European Journal of Nuclear Medicine and Molecular Imaging, 2003, 30 (5): 737-747.

[274] Muzic R F, Cornelius S. COMKAT: Compartment model kinetic analysis tool[J]. The Journal of Nuclear Medicine, 2001, 42 (4): 636-645.

[275] Tian Y, Katabe A, Liu H. Performance evaluation of the Hamamatsu SHR22000 whole-body PET scanner using the IEC standard[J]. High Energy Physics and Nuclear Physcis, 2006, 30: 1123-1127.